Lee M. Silver
Das geklonte Paradies

Lee M. Silver

Das geklonte Paradies

Künstliche Zeugung und Lebensdesign im neuen Jahrtausend

Aus dem Amerikanischen von
Henning Thies und
Susanne Kuhlmann-Krieg

Droemer

Originaltitel: Remaking Eden. Cloning and Beyond in a Brave New World
Originalverlag: Avon Books, New York

Die Folie des Schutzumschlages sowie die Einschweißfolie sind PE-Folien und biologisch abbaubar. Dieses Buch wurde auf chlor- und säurefreiem Papier gedruckt.

Umschlaggestaltung: Graupner & Partner, München
Satz: Ventura Publisher im Verlag
Druck und Bindung: Clausen & Bosse, Leck
Printed in Germany
ISBN 3-426-26978-3

5 4 3 2 1

Für Joseph und Ethel Silver,
die mich auf altmodische Weise
geschaffen haben

Für Sylvia Goodman, dem Andenken
von Leon Goodman
und für Joseph und Rebecca Silver,
mit Dank für Gene und Meme

Und wie immer,
für die Frau meines Lebens und
meine Kinder

Inhaltsverzeichnis

Teil IV
Mütter und Väter – Thema mit Variationen

Teil V
Die Kinder von morgen

Anhang

O Wunder! Was gibt's für herrliche Geschöpfe hier! Wie schön der Mensch ist! Wack're neue Welt, die solche Bürger trägt!

William Shakespeare,
Der Sturm, 5. Akt, 1. Szene

Prolog
Ein Blick in die Zukunft

Boston, 1. Juni 2010

Eines Tages in der gar nicht so fernen Zukunft besuchen Sie vielleicht die Entbindungsstation einer größeren Universitätsklinik, um das neugeborene Kind oder Enkelkind einer guten Freundin in Augenschein zu nehmen. Die junge Mutter, nennen wir sie Barbara, scheint mit sich und der Welt im reinen zu sein. Sie sitzt auf einem Stuhl und gibt ihrem kleinen Max in aller Ruhe die Brust. Schwangerschaft und Geburt waren, um den Arzt zu zitieren, »ohne besondere Vorkommnisse« verlaufen, und Barbara freut sich sehr über ihren Erstgeborenen. Als Einstieg in eine nette Unterhaltung wählen Sie die Frage, ob die junge Mutter schon vorher gewußt habe, daß ihr Baby ein Junge ist – Ihrer Meinung nach eine ganz normale Frage, denn schon lange stellen die Ärzte werdenden Eltern frei, ob sie das Geschlecht ihres Kindes bereits viele Monate vor dem errechneten Geburtstermin erfahren möchten. Doch Barbara reagiert befremdet: »Natürlich wußte ich, daß Max ein Junge sein würde. Dan, mein Mann, und ich haben ihn doch aus unserem Embryopool ausgesucht. Und wenn ich soweit bin, daß ich das alles noch einmal durchmachen möchte, wähle ich mir als zweites Kind ein Mädchen aus. Erst ein Sohn und dann eine Tochter – eine perfekte Familie.«

Jetzt ist es an Ihnen, befremdet zu reagieren: »Du hast dich bewußt für einen Jungen und gegen ein Mädchen entschieden?«

»Aber klar doch!« antwortet Barbara. »Und weil ich schon mal dabei war, habe ich auch gleich noch sichergestellt, daß Max nicht so dick wird wie mein Bruder Tom oder Alkoholiker – wie Dans Schwester Karen.«

»Nicht, daß ich da Vorurteile hätte«, fährt Barbara abschwächend fort, »aber ich wollte sichergehen, daß Max die besten Erfolgsaussichten im Leben hat. Und da wäre es sicher ein Nachteil, wenn er Übergewicht hätte oder Alkoholiker wäre.« Verwundert schauen Sie

auf den kleinen Jungen herab, dem die Mäßigung bereits in die Wiege gelegt wurde: maßvolle Größe und maßvoller Alkoholkonsum.
Max ist in Barbaras Armen eingeschlafen, und sie legt ihn sanft in seine Wiege. Er lächelt zufrieden – wie seine Mutter. Barbara würde sich gern ein wenig die Beine vertreten und fragt, ob Sie nicht Lust hätten, einige der neuen Bekannten kennenzulernen, mit denen sie sich bei ihrem kurzen Krankenhausaufenthalt angefreundet hat. Sie haben nichts dagegen, und so gehen Sie zusammen ins Nachbarzimmer, in dem sich Cheryl von der Geburt erholt. Cheryl ist fünfunddreißig, und ihre kleine Rebecca wog bei der Geburt mehr als acht Pfund.
Barbara stellt Sie Cheryl vor und einer zweiten Frau namens Madelaine, die händchenhaltend an Cheryls Bett steht. Sowohl Cheryl als auch Madelaine schauen stolz auf Klein-Rebecca hinab. »Sieht sie ihren beiden Müttern nicht ähnlich?« fragt Barbara.
Jetzt sind Sie aber wirklich durcheinander. Sie schauen Barbara an und flüstern: »*Beiden* Müttern?«
Barbara nimmt Sie beiseite, um Sie aufzuklären. »Ja. Sieh mal, Cheryl und Madelaine leben jetzt schon seit acht Jahren zusammen. Sie haben in Hawaii geheiratet, kurz nachdem es dort gesetzlich möglich wurde, und sie wollten ein Kind zur Welt bringen, mit dem sie beide blutsverwandt sind. Beim heutigen Stand der Reproduktionstechnologie konnten sich die beiden ihren Traum erfüllen.«
Sie sehen noch einmal hinüber zu der glücklichen kleinen Familie – Cheryl, Madelaine und Rebecca – und fragen sich, was das Krankenhaus da wohl auf die Geburtsurkunde schreiben wird.

Seattle, 15. März 2050

Inzwischen sind Sie vierzig Jahre älter und mit den Gepflogenheiten der modernen Welt schon viel vertrauter geworden. Noch einmal begeben Sie sich auf eine Entbindungsstation. Diesmal liegt Ihre Enkelin Melissa in den Wehen. Melissa möchte ihr Kind auf jeden Fall ganz natürlich zur Welt bringen, ohne Narkose und Schmerzlinderung. Zur Aufmunterung, damit sie die periodischen Schmerzwellen besser überstehen kann, benötigt sie jedoch etwas Schönes. »Zeig mir ihre Bilder nochmal«, bittet sie ihren Mann, Curtis, als sich ihr Körper wieder unter den Wehen zusammenzieht. Curtis nimmt das Fotoalbum vom Tisch und hält es seiner Frau geöffnet hin. Sie schaut das vom Computer produzierte virtuelle Bild eines fünfjährigen Mädchens an: lockiges braunes Haar, Haselnußaugen und ein rundes Gesicht. Curtis blättert um, und nun sieht Melissa eine ältere Version desselben Kindes: eine lächelnde Sechzehnjährige mit hübschem Gesicht, 1,63 Meter groß. Melissa lächelt das Bild ihres noch ungeborenen Lebens an und steht tapfer die nächste Wehe durch.

Auf dem Bild ihres zukünftigen Kindes ist allerdings eine Einzelheit nicht zu sehen, die Melissa und Curtis besonders beruhigt: ein winziges Stückchen DNA, ein Gen, das selbst unter einem normalen Mikroskop nicht zu erkennen ist, gleichwohl in jeder Zelle ihres Körpers enthalten sein wird. Dieses spezielle Gen wird ihr ein Leben lang Schutz gegen eine Infektion mit jenem Virus gewähren, das AIDS verursacht – einem Virus, das, seit es sieben Jahrzehnte zuvor ganz plötzlich und explosionsartig über die Menschen gekommen war, immer aggressiver geworden war. Auch nach jahrelangen Forschungen durch Tausende von Wissenschaftlern läßt sich diese schreckliche Krankheit noch nicht kurieren. Den einzigen absolut wirksamen Schutz bietet die Einsetzung eines Immungens in den einzelligen Embryo innerhalb von 24 Stunden nach der Empfängnis. Hat sich das AIDS-Immungen erst einmal im Chromosomensatz eingenistet, wird es bei jeder Zellteilung kopiert und gelangt so in jede der Billionen von Zellen, die den menschlichen Körper bilden. Auf diese Weise erhält jede einzelne Zelle ihre eigene »Barriere«, welche eine Infektion mit dem AIDS verursachenden HI-Virus verhindert. Melissa und Curtis sind wirklich glücklich, daß sie die finanziellen Möglichkeiten haben, all ihre Kinder mit diesem Schutz zu versehen. Andere, materiell schlechter gestellte amerikanische Familien können sich diesen Luxus nicht leisten.

Vor Melissas Zimmer läuft Jennifer, eine weitere werdende Mutter, unruhig im Gang auf und ab. Sie ist gerade erst in der Klinik angekommen, und ihre Wehen liegen noch weit auseinander. Doch anders als Melissa benötigt Jennifer keine Computerbilder, damit sie sehen kann, wie ihr zukünftiges Kind als junges Mädchen oder als Teenager aussehen wird. Sie besitzt bereits Tausende von Bildern, die ihr zeigen, wie ihre Tochter in Zukunft aussehen wird – und diese Aufnahmen sind allesamt real, nicht virtuell. Denn der Fetus, den Jennifer austrägt, ist ihre eineiige Zwillingsschwester – ihr Klon, der erst sechsunddreißig Jahre nach der gemeinsamen Empfängnis (als identischer einzelliger Embryo) zur Welt kommen wird: als Jennifers Tochter. Wenn dieses Mädchen nun im Laufe der Jahre aufwächst, kann es ständig einen Blick auf seine eigene Zukunft werfen. Es braucht dafür nur in das Fotoalbum der Mutter zu schauen oder seine Mutter selbst anzusehen.

USA, 15. Mai 2350

Inzwischen sind dreihundert Jahre vergangen. Sie selbst sind zwar schon vor langer Zeit dahingeschieden, doch eine ganze Reihe Ihrer Urururururururururenkel ist noch am Leben; allerdings wissen die meisten nichts voneinander. Die Vereinigten Staaten existieren immer noch, aber sie sind längst nicht mehr das Land, das Sie kannten. Der auffallendste Unterschied ist, daß die extreme gesellschaftliche Polarisierung, die in den achtziger Jahren des 20. Jahrhunderts begann, an ihr logisches Ende gelangt ist: Alle Menschen gehören nunmehr einer von zwei Klassen an. Die Menschen der einen Klasse werden als *die Naturbelassenen* bezeichnet, die der zweiten als *die Gen-Angereicherten* oder einfacher als *die GenReichen.*

Diese neuen Klassen der Gesellschaft verlaufen nicht entlang den herkömmlichen sozialen Trennungslinien nach rassischer und ethnischer Herkunft. In der Tat hat im Laufe der vergangenen drei Jahrhunderte die Rassenmischung ein solches Ausmaß erreicht, daß scharfe Rassentrennungen – zwischen Schwarzen, Weißen oder Asiaten – nicht mehr existieren. Statt dessen ist die amerikanische Bevölkerung endgültig jener Schmelztiegel der Rassen geworden, den sich frühere Politiker so sehr gewünscht hatten. Die Hautfarbe der Amerikaner weist alle Schattierungen auf, vom afrikanischen Braun bis zum skandinavischen Rosa, wobei die meisten Menschen irgendwo in der Mitte liegen. Die traditionell asiatischen Gesichtszüge sind ebenfalls bei einem Großteil der Amerikaner mehr oder weniger stark vertreten.

Doch während die rassischen Unterschiede weitgehend verschwunden sind, ist ein anderer Unterschied markant hervorgetreten, der sich leicht definieren läßt: zwischen Menschen, deren Erbgut verbessert wurde, und Menschen, bei denen dies nicht der Fall ist. Die GenReichen – ungefähr 10 Prozent der amerikanischen Bevölkerung – haben allesamt synthetische Gene: Erbgut, das im Labor geschaffen wurde und das es in der menschlichen Rasse nicht gab, ehe Reproduktionsgenetiker im 21. Jahrhundert anfingen, es am Menschen einzusetzen. Die GenReichen sind die moderne Version des Erbadels: genetische Aristokraten.

Einige der synthetischen Gene, die die gegenwärtigen GenReichen in sich tragen, befanden sich auch schon im Körper ihrer Eltern. Sie wurden auf geradezu altmodische Weise übertragen: mittels Sperma oder Eizelle von den Eltern auf die Kinder. Doch andere synthetische Gene sind in der gegenwärtigen Generation ganz neu: Sie wurden den GenReich-Embryonen durch Anwendung gentechnologischer Verfahren kurz nach der Empfängnis eingepflanzt.

Die Klasse der GenReichen ist alles andere als homogen. Es gibt viele Typen von GenReich-Familien – und innerhalb eines jeden Typus viele Untertypen. Da sind zum Beispiel die GenReich-Athleten, die ihre Abstammung von Profisportlern des 21. Jahrhunderts herleiten können. Ein Untertypus des GenReich-Athleten ist der GenReich-Fußballspieler, und davon wiederum ein Untertypus der GenReich-Mittelfeldspieler. Die Techniken der Embryoselektion wurden angewandt, um sicherzustellen, daß ein GenReich-Mittelfeldspieler all jene natürlichen Gene besitzt, die seinen genetisch naturbelassenen Urahn auf dem Spielfeld brillieren ließen. Darüber hinaus kamen jedoch bei jeder Generation seit dem »Gründervater« ausgeklügelte genetische Verbesserungen hinzu, so daß der gegenwärtige GenReich-Mittelfeldspieler Dinge vollbringen kann, die für jeden Spieler aus der Klasse der Naturbelassenen schlechterdings unvorstellbar wären. Natürlich sind alle Baseball-, Fußball- und Basketballprofis spezielle GenReich-Subtypen. Nach dreihundertjähriger Selektion und Genoptimierung haben diese Spieler allesamt athletische Fähigkeiten, die im traditionellen Sinne eindeutig »übermenschlich« sind. Für jeden Naturbelassenen wäre es unmöglich, damit zu konkurrieren.

Ein weiterer GenReich-Typ ist der GenReich-Wissenschaftler. Viele der synthetischen Gene, die er in sich trägt, sind mit denen identisch, die alle anderen Mitglieder seiner Klasse besitzen: darunter einige, die verschiedene körperliche und geistige Eigenschaften verstärken, aber auch solche, die gegen alle bekannten Formen menschlicher Krankheiten immunisieren. Darüber hinaus hat der gegenwärtige GenReich-Wissenschaftler eine ganze Reihe spezieller synthetischer Gene akkumuliert, die im Zusammenspiel mit seinem »natürlichen« Erbe einen geschärften wissenschaftlichen Verstand hervorbringen. Zwar mag sich der GenReich-Wissenschaftler äußerlich vom GenReich-Athleten unterscheiden, doch sind beide das Ergebnis ähnlicher Entwicklungsprozesse. Der »Gründervater« der modernen GenReich-Wissenschaftler war ein intelligenter Wissenschaftler aus dem 21. Jahrhundert, dessen Kinder als erste ausgewählt und genetisch angereichert wurden, damit sie noch bessere Wissenschaftler werden und wiederum noch brillantere Kinder hervorbringen konnten. Zu den zahlreichen weiteren GenReich-Typen gehören GenReich-Geschäftsleute, GenReich-Musiker, GenReich-Künstler und sogar intellektuelle GenReich-Generalisten, die alle den gleichen Entwicklungsprozeß hinter sich haben.

Nicht alle gegenwärtigen GenReichen können ihre »Gründerväter« bis ins 21. Jahrhundert zurückverfolgen, als die Genanreicherung erstmals perfektioniert wurde. Im 22. und sogar noch im 23. Jahrhundert konnten einige Familien aus der Klasse der Naturbelassenen die erforderlichen finanziellen Mittel zusammenbekommen, um ihre Kinder in der Klasse der GenReichen plazieren zu können. Doch im Laufe der Zeit wurde die genetische Distanz zwischen Naturbelassenen und GenReichen immer größer, und inzwischen gibt es kaum noch Aufstiegsmöglichkeiten aus der einen in die andere Klasse. So kann man mit Fug und Recht behaupten, die Gesellschaft sei nunmehr praktisch am Endpunkt einer totalen Polarisierung angekommen.

Alle Bereiche der Wirtschaft, der Medien, der Unterhaltungsindustrie und der Wissensindustrie werden von GenReichen kontrolliert. GenReich-Kinder gehen auf Privatschulen, wo ihnen alle Möglichkeiten zu Gebote stehen, um ihr erweitertes genetisches Potential auszuschöpfen. Demgegenüber arbeiten die Naturbelassenen als schlecht bezahlte Dienstboten und Arbeiter. Ihre Kinder gehen auf öffentliche Schulen. Doch im 24. Jahrhundert haben diese kaum noch etwas mit ihren Vorläufern aus dem 20. Jahrhundert gemein. Die Mittel für das öffentliche Bildungswesen sind seit dem Beginn des 21. Jahrhunderts ständig gesunken, und jetzt werden die Kinder der Naturbelassenen nur noch in den ganz elementaren Fertigkeiten unterrichtet, die sie benötigen, um die ihnen überhaupt noch offenstehenden Aufgaben zu bewältigen.

Zwischen GenReichen und Naturbelassenen gibt es zwar immer noch Mischehen und sexuelle Begegnungen, doch üben GenReich-Eltern, wie sich leicht denken läßt, auf ihre Kinder intensiven Druck aus, ihr teuer erworbenes genetisches Erbe nicht auf diese Weise zu verwässern. Im Laufe der Zeit wird diese Form der Klassenmischung ohnehin immer seltener werden, denn dafür sind die Voraussetzungen des sozialen Umfeldes und der Genetik zu unterschiedlich.

Über das soziale Umfeld braucht man nicht viele Worte zu verlieren: Die Kinder der GenReichen und die der Naturbelassenen wachsen in scharf voneinander getrennten sozialen Sphären auf, so daß kaum Kontaktmöglichkeiten bestehen. Die genetische Unvereinbarkeit der beiden Klassen hatte sich jedoch einigermaßen überraschend ergeben. Einleuchtend ist, daß mit jeder Generation die genetische Distanz zwischen GenReichen und Naturbelassenen immer größer wird. Eine verblüffende Folge davon ist allerdings erst vor kurzem deutlich geworden: Bei einer landesweiten Untersuchung der wenigen überhaupt noch auffindbaren Ehepaare aus Klassenangehörigen der GenReichen und der Naturbelassenen stellten die Soziologen einen überraschend hohen Grad der Unfruchtbarkeit fest: 90 Prozent. Reproduktionsgenetiker haben die Paare untersucht und dabei festgestellt, daß die Unfruchtbarkeit in erster Linie auf die Unverträglichkeit der jeweiligen Chromosomensätze zurückzuführen ist.

Evolutionsbiologen kennen seit langem ähnliche Fälle, in denen aus zwei getrennten Populationen stammende Individuen für sich genommen eigentlich fruchtbar sind, sich jedoch als unfruchtbar erweisen, wenn sie zusammengebracht werden. Daher können sie Soziologen und Reproduktionsgenetikern auch erläutern, was sich hier abspielt: Der Prozeß der Artentrennung zwischen GenReichen und Naturbelassenen hat bereits begonnen. Soziologen, Reproduktionsgenetiker und Evolutionsbiologen sind gemeinsam zu folgender Prognose bereit: Wenn die Akkumulation genetischen Wissens und gentechnischer Fortschritte im gegenwärtigen Tempo anhält, werden sich bis zum Ende des dritten Jahrtausends aus zwei Klassen zwei vollkommen getrennte Arten entwickelt haben – GenReich-Menschen und Naturbelassene Menschen. Diese werden die Fähigkeit verloren haben, gemeinsame Nachkommen zu zeugen, und ihr erotisches Interesse aneinander wird dem entsprechen, das gegenwärtig Menschen für Schimpansen empfinden.

Princeton, in der Gegenwart

Sind diese greulichen Szenarien Science-fiction? Stammen sie aus den Köpfen von Hollywood-Drehbuchautoren, die sich ohne Rücksicht auf real existierende Grenzen und Beschränkungen etwas ausgedacht haben, um die Massen in die Kinos zu locken? Nein, keineswegs. Die unter den ersten beiden Daten geschilderten Szenarien lassen sich direkt aus den wissenschaftlichen Kenntnissen und Technologien ableiten, über die wir bereits heute verfügen. Auch das letzte Szenario basiert lediglich auf linear in die Zukunft fortgeschriebenen Tendenzen unseres gegenwärtigen Wissens und Könnens. Überdies werden die beschriebenen Praktiken, wenn die biomedizinischen Fortschritte im gegenwärtigen Tempo weitergehen, wohl schon viel früher Anwendung finden, als ich in meinem konservativ gewählten Zeitrahmen angenommen habe.
Es ist also an der Zeit, Bilanz zu ziehen, wo wir gegenwärtig in Wissenschaft und Technologie stehen, und so umfassend wie möglich der Frage nachzugehen, was die Zukunft für uns bereithält. Den meisten Menschen ist bewußt, in welchem Ausmaß die Reproduktionstechnologie auf dem Gebiet der Fertilitätsbehandlung bereits eingesetzt wird. Das erste »Retortenbaby«, Louise Brown, ist inzwischen schon eine junge Frau, und das Akronym für Befruchtung im Reagenzglas,

»IVF« (für »In-vitro-Fertilisation«), wird auch von Laien immer häufiger benutzt. Das Klonen menschlicher Lebewesen ist ebenfalls bereits eine sehr ernstzunehmende Möglichkeit – selbst wenn in vielen Köpfen immer noch Unklarheit herrscht, was die Gentechnologie denn nun eigentlich darf und was nicht. Auch die Fortschritte in der genetischen Forschung haben viel Aufmerksamkeit gefunden. Es vergeht fast keine Woche, ohne daß neue Gene identifiziert werden, die an Krankheiten wie Mukoviszidose und Brustkrebs beteiligt sind – oder Gene, die für Charaktereigenschaften wie das Streben nach Neuem oder die Angst zuständig sind.

Was der Aufmerksamkeit der breiteren Öffentlichkeit bisher jedoch entgangen ist, ist die unglaubliche Macht, die sich ergibt, wenn die gegenwärtig vorhandenen technischen Mittel der Reproduktionsbiologie und das genetische Wissen in Form einer neuen Disziplin, der *Reprogenetik*, zusammengebracht werden. Mit Hilfe der Reprogenetik können Eltern die vollkommene Kontrolle über das genetische Schicksal ihres Nachwuchses erlangen, denn dann haben sie die Macht, die Wesensmerkmale ihrer Kinder – und auch die ihrer Kindeskinder – zu bestimmen und zu verbessern. Zwar lassen sich dann mit Hilfe der Reprogenetik Träume realisieren, doch rücken – wie bei allen extrem wirkungsvollen Technologien, die der Mensch erfunden hat – auch bisher unvorstellbare Alpträume in den Bereich des Möglichen.

Natürlich heißt, wenn etwas technisch machbar wird, das nicht unbedingt, daß es auch gemacht werden wird. Aber kann man da wirklich so sicher sein? Die Gesellschaft könnte über Regierungsinterventionen jede einzelne oder gar alle von mir kurz geschilderten reprogenetischen Praktiken verbieten. Ist denn nicht der Verzicht auf den Einsatz von Atomwaffen während des letzten halben Jahrhunderts ein Beispiel dafür, daß und wie die Regierungen der Welt Technologien kontrollieren können?

Es gibt allerdings zwei große Unterschiede zwischen dem Einsatz der Kerntechnologie und dem Einsatz von reprogenetischen Technologien: die jeweils benötigten Ressourcen und Finanzmittel. Die zentralen, für den Bau von Kernwaffen benötigten Ressourcen – große Reaktoren und angereichertes Uran oder Plutonium – werden von den

Regierungen selbst streng kontrolliert. Die für die Reprogenetik benötigten Ressourcen – medizinische Präzisionsinstrumente, eine kleine Laboreinrichtung und einfache Chemikalien – sind dagegen ohne Einschränkung für jeden erhältlich, der sie bezahlen kann. Die Entwicklungskosten für Nuklearwaffen verschlingen viele Milliarden Dollar. Demgegenüber hätte überall auf der Welt eine kleine reprogenetische Klinik keinen höheren Finanzbedarf als jedes andere Kleinunternehmen. Unter diesen Umständen lassen sich, selbst wenn im einen oder anderen Land Sanktionen gegen den Einsatz der Reprogenetik verhängt werden sollten, jene, die solche Dienste anbieten oder in Anspruch nehmen wollten, nicht davon abhalten. Warum aber sollten sie überhaupt davon abgehalten werden?

Als Antwort auf diese Frage verweisen viele Menschen auf Aldous Huxleys 1931 geschriebenen und ein Jahr später erschienenen utopischen Roman *Brave New World* (*Schöne neue Welt*), bei dessen Lektüre es einem eiskalt den Rücken hinunterläuft. Es handelt sich um die Geschichte eines in der Zukunft liegenden, weltweiten politischen Staates, der auch die menschliche Reproduktion total unter Kontrolle hat. In dieser »schönen neuen Welt« unterhält der Staat Embryobrutanstalten, um jedes Kind von Anfang an für eine bestimmte intellektuelle Klasse zu konditionieren – die Alphas an der Spitze ebenso wie die Epsilons ganz unten. Um eine seelenlose Utopie zu verwirklichen, müssen sich die einzelnen Mitglieder einer jeden Klasse in spezifische Rollen einfügen. Ehe und Elternschaft werden verhindert, promiskuitive sexuelle Aktivitäten nachdrücklich gefördert. Gegenüber Krankheiten ist eine universelle Immunität erreicht, und eine allumfassende staatliche Propagandamaschinerie sorgt im Verein mit Psychopharmaka dafür, daß jeder mit seiner Position im Leben zufrieden ist.

Hinsichtlich der Macht des Menschen über den Reproduktionsprozeß lag Huxley bei seiner Prognose zwar richtig, doch mit seinen Vorhersagen, wer diese Macht zu welchen Zwecken ausüben werde, ging er in die falsche Richtung. Was Huxley nicht verstand oder nicht akzeptieren wollte, war die Triebkraft hinter der Zeugung eines Kindes: Individuen und Paare wollen sich in ihrem eigenen Ebenbild reproduzieren. Es sind die Individuen und die Paare, denen so viel daran liegt, daß ihre Kinder glücklich und erfolgreich sind. Darum werden es auch Individuen und Paare – wie Barbara und Dan, Cheryl und Madelaine, Melissa und Curtis oder Jennifer – und gerade *nicht die Regierungen* sein, die diese neuen Technologien nutzen und unter ihre Kontrolle bringen werden. Bei manchen wird es darum gehen, Nachwuchs zu bekommen, der auf rein natürlichem Wege nicht zu haben wäre, bei anderen darum, ihren Kindern zu Gesundheit, Glück und Erfolg zu verhelfen. Und gerade bei der Verfolgung der letztgenannten Ziele könnte die Handlungsweise vieler Individuen über viele Generationen hin zusammengenommen jenen Polarisierungseffekt ergeben, der zu einer Artenteilung der Menschheit führen würde: einer Polarisierung, die noch weit schrecklicher wäre als die von Huxley heraufbeschworene »schöne neue Welt«.

Sicher gibt es Leute, die argumentieren werden, daß Eltern kein Recht haben, auf diese Weise die Wesensmerkmale ihrer ungeborenen Kinder zu manipulieren. Doch speziell die amerikanische Gesellschaft akzeptiert das Recht der Eltern, vom Zeitpunkt der Geburt bis zum Eintritt in das Erwachsenenalter jeden Aspekt im Leben ihrer Kinder zu kontrollieren.[1] Spricht man sich indes für dieses elterliche Vorrecht aus, dann fällt es nicht leicht, Gründe zu finden, warum es nicht auch schon vor der Geburt gelten sollte, solange den ungeborenen Kindern dabei kein Schaden zugefügt wird.

Manche denken auch, es sei ungerecht, wenn einige Menschen Zugang zu Technologien hätten, die solche Vorteile bieten, während andere, weniger Begüterte ganz auf den Zufall angewiesen blieben. Zweifellos haben sie recht. Das ist ungerecht. Doch auch hier klammert sich die amerikanische Gesellschaft ganz fest an das Prinzip, persönliche Freiheit und persönliches Vermögen (im geistigen wie im materiellen Sinne) seien die primären Entscheidungsfaktoren für das, was Individuen tun dürfen oder können. Wer reichen Eltern das Recht zugesteht, ihren Kindern eine teure Privatschulbildung angedeihen zu lassen, kann nicht gleichzeitig »Ungerechtigkeit« als Grund anführen, wenn er sich gegen die Anwendung reprogenetischer Technologien ausspricht.

In der Tat ist es in einer Gesellschaft, der individuelle Freiheit über alles geht, schwer, überhaupt eine legitime Basis für Anwendungsbeschränkungen der Reprogenetik zu finden. Und genau darin liegt das

Dilemma. Obwohl jeder individuelle Einsatz reprogenetischer Mittel als bloßer Ausdruck der persönlichen Wahlfreiheit angesehen werden kann, dem nicht die Absicht zugrunde liegt, die Gesellschaft insgesamt zu verändern, könnten sich trotzdem dramatische Langzeitfolgen für die gesamte Menschheit ergeben.

Seit die Reproduktions- und Gentechnologien im Laufe der letzten Dekade immer mächtiger geworden sind, vermeiden es praktizierende Wissenschaftler und Ärzte am liebsten, Spekulationen darüber anzustellen, wohin das alles noch führen wird. Ein Grund für diese Zurückhaltung ist die Angst, etwas falsch zu machen. Es ist wirklich unmöglich, mit Sicherheit vorherzusagen, welche zukünftigen technologischen Fortschritte nach Plan vorangehen und welche auf unerwartete Hindernisse stoßen werden. Das bedeutet auch, daß – nicht anders als Huxleys Vision der staatlichen Embyo-Aufzucht – manche der im vorliegenden Buch vorgetragenen Ideen sich letztlich als technisch unmöglich oder bei der Umsetzung als außerordentlich schwierig erweisen könnten. Andererseits wird es mit Sicherheit technologische Durchbrüche geben, die sich heute noch niemand vorstellen kann, so wie Huxley 1931 noch nicht in der Lage war, sich gentechnologische Verfahrensweisen oder die Klonierung aus den Zellen eines Erwachsenen vorzustellen.

Es gibt aber noch einen zweiten Grund, warum sich besonders Fertilitätsspezialisten in den USA mit Spekulationen wie den von mir skizzierten Zukunftsszenarien zurückhalten: das politische Klima. In einem Land, in dem Abtreibungskliniken ständig auf der Hut vor terroristischen Angriffen sein müssen, in dem die religiöse Rechte gegen jeden Eingriff in den »natürlichen Prozeß« der Empfängnis Sturm läuft, sehen IVF-Dienstleister keinen Grund, warum sie freiwillig die Aufmerksamkeit auf sich ziehen sollten, indem sie Eingriffe in Fortpflanzungsvorgänge und Genmanipulationen beschreiben, die mit Sicherheit Entrüstung hervorrufen würden.

Die britische Zeitschrift *Nature* gilt (neben dem amerikanischen Journal *Science*) als eine der beiden wichtigsten naturwissenschaftlichen Publikationen auf der ganzen Welt. Sie erscheint wöchentlich und wird von den verschiedensten Wissenschaftlergruppen gelesen: von Biologen und Physikern ebenso wie von Forschern im Bereich der

Medizin. Niemand käme auch nur auf die Idee, diese Zeitschrift für radikal oder sensationshungrig zu halten. In der Ausgabe vom 7. März 1996 stand in *Nature* ein Artikel, der eine Methode beschrieb, wie man eine unbegrenzte Zahl von Schafen aus einer einzigen befruchteten Eizelle erzeugen, also klonen kann. In dem Beitrag fanden sich auch Äußerungen zur weiteren Verbesserung der gentechnischen Methoden. Eine Woche später, in der Ausgabe vom 14. März, druckte die Redaktion dann einen leidenschaftlichen Leitartikel, in dem es unter anderem hieß: »Daß die wachsenden Möglichkeiten der Molekulargenetik uns mit der Zukunftsaussicht konfrontieren, in der Lage zu sein, *die Natur unserer eigenen Spezies zu verändern* [Hervorhebung des Autors], wird anscheinend nur selten eingehender bedacht. Der wissenschaftliche Kenntnisstand mag für ein detailliertes Verständnis vielleicht noch nicht ausreichen, doch die Möglichkeiten sind auch so klar und deutlich. Daraus ergeben sich Fragen und Probleme, die letzten Endes zu den Menschen in ihren sozialen und ethischen Lebensumständen in Beziehung zu setzen sind. ... Daß diese Fragen auf die Tagesordnung gesetzt werden, ist Sache der ganzen Menschheit, nicht nur jener kleinen Gruppe, die wissenschaftlich aktiv ist.«

Dem kann ich nur zustimmen: Die Tagesordnung bestimmen nicht nur die Wissenschaftler. Doch die Redaktion täuscht sich, wenn sie meint, daß die »ganze Menschheit« – die sich doch bereits bei so vielen anderen kritischen Themen unserer Zeit als unfähig erweist, einen Konsens zu erreichen –, daß ausgerechnet die Menschheit als Ganzes sich bei dieser Frage irgendwie Geltung verschaffen werde. Nein, die Tagesordnung wird mit Sicherheit von Individuen und Paaren bestimmt werden, die im eigenen Namen und dem ihrer Kinder das Gesetz des Handelns an sich reißen werden.

Im folgenden werde ich erläutern, wie die bemerkenswerten Fortschritte in Wissenschaft und Technik uns zwingen werden, liebgewordene, traditionelle Vorstellungen – von Elternschaft, Kindheit und der Bedeutung des Lebens selbst – zu überdenken und neu zu formulieren. Insbesondere werde ich zeigen, wie technologische Fortschritte im Prinzip allen Individuen und Paaren bei der Reproduktion Möglichkeiten eröffnen werden, die früher unvorstellbar waren. Und ich werde eine Zukunft präsentieren, in der die Menschheit die Reprogenetik nutzen wird, um die Kontrolle über ihr eigenes Schicksal zu übernehmen.

Im ganzen Text sollen darüber hinaus die Einwände ergründet werden, die gegen den Einsatz der Reprogenetik vorgebracht werden. In einigen Fällen läßt sich der Widerstand auf bewußte oder unbewußte Ängste zurückführen, »Gott ins Handwerk zu pfuschen«. Doch in allen Fällen wird meine Argumentation darauf hinauslaufen, daß reprogenetische Technologien zwangsläufig zum Einsatz kommen werden. Weder die Regierungen noch die Gesellschaften noch die Wissenschaftler, die diese Möglichkeiten schaffen, werden in der Lage sein, die Anwendung unter Kontrolle zu halten.

Daran kann kein Zweifel bestehen. Ob wir es gutheißen oder nicht, die neue Zeit ist bereits angebrochen. Und ob wir es wollen oder nicht, der globale Markt wird die Gesetze des Handelns bestimmen.

Teil I
Leben

Am Anfang schuf Gott Himmel und Erde. Und die Erde war wüst und leer, und es war finster auf der Tiefe … Und Gott sprach: Es werde Licht! Und es ward Licht. … Und Gott sprach: Lasset uns Menschen machen, ein Bild, das uns gleich sei, die da herrschen über die Fische im Meer und über die Vögel unter dem Himmel und über das Vieh und über alle Tiere des Feldes und über alles Gewürm, das auf Erden kriecht. Und Gott schuf den Menschen zu seinem Bilde, zum Bilde Gottes schuf er ihn; und schuf sie als Mann und Weib.

Genesis 1, 1–3, 26–27

Kapitel 1
Was ist Leben?

Ich werde Sie auf eine unglaubliche Reise in die Zukunft der Menschheit mitnehmen. In eine Zukunft, die noch vor wenigen Jahren undenkbar gewesen wäre, außerhalb jeder Reichweite sterblicher Frauen und Männer. Doch das hat sich geändert – für immer. Wir Menschen haben es geschafft, das Feuer des Lebens zu zähmen. Wir haben damit die Macht erlangt, das Schicksal unserer Art selbst in die Hand zu nehmen.

Diese Macht entspringt einer Zusammenführung überaus bemerkenswerter wissenschaftlicher und technologischer Entwicklungen auf zwei Gebieten – der Reproduktionsbiologie und der Genetik –, die bislang unabhängig voneinander vorangeschritten sind. Beide Bereiche sind derzeit im Begriff, sich zur *Reprogenetik* zu vereinigen, und diese ist es, die Science-fiction in Realität verkehren wird: von der Klonierung angefangen über die Embryoselektion zur Gentechnologie und darüber hinaus.

Bevor wir uns damit beschäftigen, wohin wir gehen können, müssen wir jedoch eine Vorstellung davon haben, woher wir kommen. Wir müssen genau wissen, was Leben ist. Wir müssen untersuchen, wie es einst, vor sehr langer Zeit, möglicherweise entstanden sein könnte. Wir müssen verstehen, wie es mit dem Werden jedes neuen menschlichen Wesens wieder und wieder entsteht.

Zweifellos ist jede Leserin und jeder Leser dieses Buches am Leben. Ebenso offensichtlich können Tiere, Pflanzen und mikroskopisch kleine Organismen als lebendig gelten. Doch einzig jene Kriterien zur Definition von Leben heranzuziehen, die sämtlichen irdischen Lebensformen gemeinsam sind, hieße, dem Leben nicht wirklich gerecht zu werden. Das Problem ist, daß zwar alle lebenden Wesen auf der Erde einer einzigen Art von Leben angehören, die ich im folgenden als *Bioleben* bezeichnen möchte und durch die sie von den nicht lebenden Dingen leicht zu unterscheiden sind.[1] Bioleben als alleinige Basis für die Definition von Leben heranzuziehen ist jedoch reichlich überheblich. Denn falls sich andernorts im Universum und unabhängig von uns anderes Leben entwickelt haben sollte, so ist die Wahrscheinlichkeit, daß dieses – in physischer oder chemischer Hinsicht – irgendeiner irdischen Biolebensform ähnelt, so gut wie Null.

Um Leben auf die allgemeinste aller möglichen Formeln bringen zu können, müssen wir unsere Phantasie schweifen lassen, unseren Gedanken erlauben, sich weit aus der realen, uns vertrauten Welt zu entfernen. Eine wunderbare Gelegenheit hierzu bietet eine Sciencefiction-Erzählung mit dem Titel *The Black Cloud* (Die Schwarze Wolke) aus dem Jahre 1957, verfaßt von dem britischen Astronomen Fred Hoyle. Die Erzählung beginnt damit, daß zwei Astronomen ein extrem dunkles Himmelsobjekt entdecken, das sich unserem Sonnensystem mit großer Geschwindigkeit nähert. Sobald das Objekt das Sonnensystem erreicht hat, beginnt es, seine Geschwindigkeit durch einen Vorgang zu drosseln, der wie ein spontaner Materieausstoß in Bewegungsrichtung aussieht. Das diffuse Objekt – das nunmehr einer riesenhaften schwarzen Wolke ähnelt – kommt schließlich völlig zum Stehen, wobei es in seiner Endposition die Sonne weitgehend verhüllt. Im ersten Teil der Erzählung gelingt es den Wissenschaftlern, die allgemeine Struktur der Schwarzen Wolke zu ermitteln und ihre Bewegungen mit den altbekannten Gesetzen der Physik zu erklären.

Durch die Schwarze Wolke wird der größte Teil des Sonnenlichts von der Erde ferngehalten, der Tod der Menschheit ist bereits in greifbare Nähe gerückt, als einer der Wissenschaftler spekuliert, daß es sich bei der Schwarzen Wolke möglicherweise um ein komplexes lebendes Wesen handeln könnte, das die Sonne *mit der Absicht* eingehüllt hat, aus dieser Energiequelle zu »trinken«. Die Menschen stellen rasch eine Radioverbindung zur Schwarzen Wolke her, über die sie ihre mißliche Situation erläutern. Die Schwarze Wolke ist *verblüfft* über die Erkenntnis, daß es eine Lebensform gibt, die in Gestalt winzig kleiner Kreaturen die Oberfläche eines Planeten bevölkert, und willigt gerade noch rechtzeitig ein, das Sonnensystem zu verlassen und ihre Aktivitäten an irgendeinen anderen Ort der Galaxie zu verlegen.

Obwohl die Schwarze Wolke nur der Phantasie eines Wissenschaftlers entsprungen ist, bietet sie doch ein gutes Beispiel für unsere Untersuchung der Frage, was wir denn meinen, wenn wir etwas lebendig nennen. Könnte es irgendwo in unserem Universum wirklich so etwas wie eine Schwarze Wolke geben? Nach unserem heutigen wissenschaftlichen Kenntnisstand ist das nicht auszuschließen (was allerdings nicht heißt, daß es sehr wahrscheinlich ist).

Eine andere Lebensform, diesmal nicht von einem Science-fiction-Autor erdacht, sondern von Computerwissenschaftlern ersonnen, bezeichnet man als Künstliches Leben oder kurz KL.[2] Ein Pionier auf diesem Gebiet ist Thomas Ray von der University of Delaware. Er entwarf als einer der ersten ein Programm, das sich im Gedächtnis-Chip eines Computers selbst reproduzieren und dabei eine »Evolution« durchlaufen konnte. Ray beobachtete, wie sich seine Computerchipwelt »Tierra«, ausgehend von einer einzigen Kopie eines Programms aus achtzig Anweisungen zu seiner Reproduktion und Verbreitung, mit zahllosen KL-Nachkommen bevölkerte, die eine selbständige Entwickung durchliefen, miteinander konkurrierten und manchmal symbiotische oder parasitische Beziehungen zueinander eingingen.

Seit 1990 blüht die KL-Forschung, und Hunderte von Computerwissenschaftlern schufen, oftmals in Zusammenarbeit mit Biologen, ihre ureigenen KL-Formen, die – versehen mit den unterschiedlichsten Eigenschaften – ganz verschiedene Arten von Computerchipwelten bevölkern. Obwohl diese sich selbst reproduzierenden Programme als *künstliches* Leben bezeichnet werden, sehen viele Wissenschaftler an ihnen überhaupt nichts Künstliches. Diese Bezeichnung hat sich nur erhalten, um KL von den verschiedenen Formen des Biolebens (BL) abzugrenzen.

Schließlich gibt es noch HAL, einen der infamsten Charaktere, die man je auf der Leinwand gesehen hat.[3] HAL, jener rachsüchtige Computer, der in dem Film *2001: Odyssee im Weltraum* nach dem Drehbuch von Arthur C. Clarke das Raumschiff auf seiner Reise zum Jupiter kontrolliert, ist zwar nur ein Computer (oder genauer gesagt nur ein Programm, das in einem Computer abläuft), doch er entwickelt unvorhergesehenerweise ein Bewußtsein seiner selbst, Gefühle wie Stolz, Wut und Angst.[4] Den Beweis dafür, daß HAL in der Tat ein virtueller Mensch – mit dem inneren Trieb zur Selbsterhaltung – geworden ist, bietet seine Antwort auf den Befehl eines der Astronauten an Bord, der ihn auffordert, sich selbst abzuschalten: »Tut mir leid, Dave. Ich fürchte, das kann ich nicht.«

Allgemeine Eigenschaften lebender Wesen

Welche universelle Eigenschaft haben Bioleben, die Schwarze Wolke, Künstliches Leben und HAL gemeinsam? Welcher Umstand *verleiht* jedem von ihnen Leben? Bioleben und KL pflanzen sich fort und durchlaufen eine Evolution, HAL tut das nicht. HAL, die Schwarze Wolke und die menschliche Form von Bioleben verfügen über die Fähigkeit zu Reflexion und Selbsterkenntnis, die KL und den meisten anderen Formen von Bioleben fehlt. Gibt es etwas, das alle drei Lebensformen gemeinsam haben?

Ja. Die Eigenschaft, die sie alle drei miteinander teilen, ist ihre Fähigkeit, unter Energieverbrauch Ordnung aus Unordnung zu schaffen. Wie ein Zitat aus dem Jahre 1830 im *Oxford English Dictionary* es ausdrückt: »Leben findet sich nur in organisierten Körpern, und nur in lebenden Körpern findet sich Organisation.« Alle lebenden Wesen verfügen über ein hohes Maß an innerer Organisation, man kann dies ebensogut auch als hohen Informationsgehalt betrachten. Um eine sich selbst definierende Information unterhalten zu können, benötigt ein lebendes Wesen Energie. Im Tod hört der Energieumsatz auf, Information und innere Organisation des lebenden Wesens beginnen sich aufzulösen. Am Ende wird ein einstmals lebendes Wesen unter dem konstanten Druck der Entropie zerfallen und Teil seiner unbeseelten Umgebung werden.

Die Formen von Leben, die wir hier betrachtet haben, verbrauchen verschiedene Formen von Energie. KL und HAL bedienen sich der elektrischen Energie, die einen Computer in Gang hält. Die Schwarze Wolke und pflanzliche Formen des Biolebens ernähren sich direkt von der Sonnenenergie. Die meisten anderen Formen von Bioleben hängen direkt oder indirekt von der chemischen Energie ab, die Pflanzen durch die Umwandlung von Sonnenlicht erzeugen. Einige vor kurzem entdeckte Formen von Bioleben aber, die auf dem Grunde der

Meere, Tausende von Metern unterhalb der Meeresoberfläche leben, weit entfernt von den Strahlen einer Sonne, sind vollständig auf die chemische Energie aus dem Erdinneren angewiesen, die durch Vulkanausbrüche unter Wasser freigesetzt wird.

Und doch, allein die Tatsache, daß etwas Energie verbraucht, um Ordnung aus Unordnung entstehen zu lassen, heißt noch nicht, daß dieses Etwas auch am Leben ist. Im Jahre 1997 gilt die Aussage nicht mehr, daß man Organisation nur in lebenden Körpern findet. Intelligente Lebewesen wie wir können ohne weiteres komplexe, nicht lebende Maschinen schaffen, die ebenfalls Energie verbrauchen, um Ordnung herzustellen – wobei wir umgekehrt, fänden wir solche »Anti-Entropie-Maschinen« auf einem anderen Planeten, mit gutem Grund annehmen würden, daß sich in unmittelbarer Nähe Lebewesen mit einem hohen Intelligenzgrad befinden müssen.

Wenn also die Fähigkeit, Ordnung aus Unordnung entstehen zu lassen, keine eindeutige Definition von Leben liefert, was kommt dann als Definition in Betracht? Wir müssen uns tatsächlich sehr anstrengen, wenn wir etwas anderes finden wollen, das allen lebenden Systemen, über die wir hier gesprochen haben, gemeinsam ist – und doch erkennen wir offenbar ein lebendes Wesen sofort. Woran liegt das?

Die Antwort hierauf hat mit der ungenauen Definition des Begriffs Leben zu tun. Das Problem ist, daß wir dieses eine Wort »Leben« in der Regel für zwei verschiedene Dinge benutzen. Wir verwenden es für *Leben im allgemeinen,* aber auch für *bewußtes (intelligentes) Leben im besonderen.*

Leben im allgemeinen Sinne

Bevor ich die Attribute von *Leben im allgemeinen* definiere, muß ich auf ein Merkmal hinweisen, das diesem in vielen Fällen fehlt: Leben im allgemeinen kann nicht nur in Abwesenheit jeglicher Form von Bewußtsein existieren, sondern auch in Abwesenheit jeglicher Form von neuronaler Aktivität. Beispiele für Leben im allgemeinen gibt es zuhauf, Millionen verschiedener Arten von Mikroben, Pilzen und Pflanzen gehören dazu. Sie alle sind problemlos als lebendig zu erkennen, denn sie alle bestehen aus wohldefinierten lebenden Einheiten namens Zellen, auf die wir im nächsten Kapitel zurückkommen werden.

Ist es möglich, mit einer Definition von Leben im allgemeinen aufzuwarten, die sich verallgemeinern und auf das gesamte Universum anwenden läßt, dabei aber unabhängig ist von den speziellen Merkmalen irdischen Biolebens? Eine Definition, die wir heranziehen könnten, um Lebensformen auf anderen Planeten ausfindig zu machen? Wir wollen versuchen, eine solche Definition zu finden.

Erstens: Eine absolute Voraussetzung für jede Art von Leben ist, wie bereits erwähnt, die Fähigkeit, Energie nutzbar zu machen, um Struktur und Information zu unterhalten. Zwar reicht diese Eigenschaft allein nicht aus, um Leben zu definieren, doch ist klar, daß Leben ohne sie nicht existieren kann.[5]

Zweitens: Lebende Systeme verfügen in der Regel über die Fähigkeit zur Reproduktion. *Leben erzeugt Leben.* Von dieser Regel gibt es natürlich eine Menge Ausnahmen – das Maultier beispielsweise, die unfruchtbare Kreuzung zwischen Pferd und Esel. Manche mutierten Varianten sehr einfacher Lebensformen können die Fähigkeit zur Reproduktion verlieren. Doch mögen auch viele Einzelwesen die Fähigkeit zur Reproduktion verloren haben, so ist doch jedes von ihnen immer noch das *Produkt* der Reproduktion zweier ähnlicher Eltern. Leben im allgemeinen läßt sich also offenbar leichter durch seine Abstammung – von anderen Leben seiner eigenen Art – und damit aus seiner Vergangenheit definieren als durch seine zukünftigen Möglichkeiten und Fähigkeiten.

Reicht eine Kombination aus Reproduktion und Energieausnutzung, um Leben in einem allgemeinen Sinne zu definieren? Wir wollen uns, um hierauf eine Antwort zu finden, einmal zwei Arten von »Dingen« mit eben diesen beiden Eigenschaften vorstellen, die der Mensch selbst bauen könnte bzw. kann. Beide Beispiele stammen aus der Computertechnik, das eine aus dem Bereich der Hardware, das andere aus dem Bereich der Software.

Die Hardwareversion wäre ein ausgeklügelter computergesteuerter Roboter mit der Fähigkeit, aus Rohmaterialien ohne weitere menschliche Unterstützung Kopien seiner selbst herzustellen. Stattete man den Roboter mit Solarzellen aus, dann wäre er nicht einmal mehr davon abhängig, daß der Mensch ihm Energie zuführt. Er würde exakte Kopien seiner selbst produzieren, die ihrerseits weitere exakte Kopien der Originalmaschine produzierten, und das ginge immer so weiter, bis das Material zur Herstellung weiterer Roboter erschöpft wäre.

Während ein computergesteuerter, sich selbst reproduzierender Roboter bisher nur im Reich der Phantasie existiert, hat sich die sich selbst reproduzierende Software in der realen Welt bereits einen Namen gemacht, und zwar in Gestalt von (unheilstiftenden) »Computerviren« und (harmlosen) »Computerwürmern«. Es handelt sich dabei um kleine Programme, die in der Lage sind, auf der Festplatte eines Computers beziehungsweise auf den Festplatten anderer Computer, die mit diesem über das Netz verbunden und vielleicht viele tausend Kilometer von ihm entfernt sind, exakte Kopien ihrer selbst herzustellen.

Sind eine sich selbst reproduzierende Maschine oder ein sich selbst reproduzierendes Computerprogramm lebendig? Die meisten Leute würden nein sagen, obwohl sie den Programmen so niedliche Bezeichnungen wie Wurm oder Virus geben. Irgend etwas fehlt hier, irgendein essentieller Bestandteil, den wir bei allen lebenden Wesen finden. Dieser essentielle Bestandteil ist jenes Merkmal, durch das sich die zuvor angesprochenen KL-Programme von einem einfachen, sich selbst reproduzierenden Programm wie einem Computervirus unterscheiden. Wissenschaftler betrachten KL-Programme als lebendig, weil sie die Fähigkeit haben, eine *Evolution* zu neuen Eigenschaften zu durchlaufen. Jeder Computerwissenschaftler könnte Programme schreiben, die die Merkmale einer biologischen Lebensgemeinschaft wie der Symbiose und des Parasitismus *simulieren.* Aber zu beobachten, wie solche neuen Eigenschaften spontan bei den Nachkommen eines Programms auftreten, das ebendiese Eigenschaften bisher nicht gezeigt hat, das ist eine völlig andere Angelegenheit.

Zu einer Evolution kann es immer nur dann kommen, wenn der Kopiervorgang *nicht* völlig exakt abläuft, wenn die Nachkommen von Programmen oder Maschinen sich ein bißchen von ihren Vorfahren unterscheiden, und wenn dieser Unterschied so beschaffen ist, daß er künftigen Generationen weitergegeben werden kann. Stellen Sie sich vor, was geschehen würde, wenn unsere sich selbst reproduzierenden

Roboter ihre Kopien mit gelegentlichen, sich selbst erhaltenden Fehlern versehen würden, und das in einer Welt, in der die Menschen zu existieren aufgehört hätten. Irgendwann würde das Rohmaterial zur Herstellung neuer Roboter so rar, daß es nur noch für die Kopie einiger weniger Maschinen ausreichen würde. Durch kleine Ungenauigkeiten beim Reproduktionsvorgang würden die einzelnen Roboter nicht mehr exakt gleich arbeiten. Vielleicht wäre einer von ihnen in der Lage, tiefer zu graben als die anderen, um an Rohmaterialien heranzukommen, ein anderer hätte vielleicht die kannibalische Fähigkeit erlangt, sich die nötigen Einzelteile bei seinen Cousins zu holen. Diese speziellen Roboter wären in der Lage, sich auch dann noch zu reproduzieren, wenn diejenigen, die unverändert blieben, das nicht mehr könnten. Es würde nur wenige Generationen dauern, bis die Roboter mit den verbesserten Fähigkeiten allein übrigblieben. Diese Evolution würde immer weitergehen, forciert durch die Reaktion auf die Konkurrenz aus den eigenen Roboterreihen einerseits und auf die sich ständig ändernden Umweltbedingungen andererseits. Gibt es irgendwelche Grenzen für das, was diese Roboter im Laufe ihrer Evolution erreichen könnten? Nein, es gibt sie nicht.

Damit scheint klar, daß *Leben im allgemeinen* vorliegt, sobald der Reproduktionsvorgang mit der Fähigkeit zur Evolution gekoppelt ist (durch das Überleben des jeweils am besten Geeigneten). Ja, vielleicht muß die Evolution selbst als das eigentliche, übergreifende Thema angesehen werden, um das sich die Organisation von Leben rankt[6], denn in ihr kommen die Fähigkeit zur Reproduktion und der Einsatz von Energie zur Aufrechterhaltung einer sich selbst definierenden Information und Organisation zwangsläufig zusammen. Das Unbelebte wird erst belebt durch seine Fähigkeit, eine Evolution zu durchlaufen.

Die hier beschriebene Sichtweise von Leben entstand durch die »große Synthese« von Evolutionsbiologie und Genetik, zu der es Mitte des 20. Jahrhunderts gekommen war. Einer der einflußreichsten unter den theoretischen Biologen war Theodosius Dobzhansky, von dem der Aphorismus stammt: »Nichts in der Biologie ergibt einen Sinn, es sei denn, man betrachtet es im Licht der Evolution.«[7]

Ein letztes Kriterium von Leben, zumindest von *Leben, wie wir es kennen*, ist ein gewisses Maß an Komplexität. Es scheint so etwas wie ein minimales Komplexitätsniveau zu geben, eine minimale Zahl von Interaktionen, die im Dienst derselben Sache zusammenwirken müssen, damit ein lebendes Wesen entgegen dem konstanten Sog der Entropie in Richtung Zerfall und Unordnung existieren, sich fortpflanzen und eine Evolution durchlaufen kann.[8] Bereits die kleinste lebende Zelle enthält Millionen komplexer Moleküle, die Milliarden genau festgelegter Wechselwirkungen miteinander eingehen. Dieses Minimalniveau an Komplexität im Innersten eines jeden Lebewesens wird zu einem zentralen Problem, wenn man erklären will, wie alles angefangen hat. Mehr darüber erfahren Sie im nächsten Kapitel.

Leben im speziellen Sinne

Jetzt ist es an der Zeit, die ganz andere Bedeutung unter die Lupe zu nehmen, die wir dem Begriff *bewußtes (intelligentes) Leben* – in seiner menschlichen Variante – beimessen. Lassen Sie uns mit einem Gedankenexperiment beginnen. Stellen wir uns vor, Künstliche Intelligenz sei zur Realität geworden und ließe sich überdies in synthetische Körper verpacken, die sich von menschlichen Wesen nicht sichtbar unterscheiden.[9] Nehmen wir nun an, Sie fänden eines Tages heraus, daß Ihr bester Freund nicht, wie Sie angenommen hatten, wirklich aus Fleisch und Blut besteht, sondern statt dessen aus elektronischen Einzelteilen hergestellt wurde – eine intelligente Version der Stepford Wives oder eine mitfühlende Version des Terminator.[10] Wie würde diese Entdeckung Ihre Gefühle Ihrem Freund gegenüber verändern? Würden Sie Ihre Beziehung abrupt beenden? Wäre es Ihnen plötzlich gleichgültig, ob der Betreffende tot oder … lebendig wäre?

Was ist es, das Ihren elektronischen Freund, oder auch unseren alten Bekannten HAL lebendig macht? Beide sind eindeutig kein Produkt von Reproduktion und Evolution (ihrer eigenen Art), und sie verfügen auch nicht über die Fähigkeit, sich ihrerseits fortzupflanzen. Was uns dazu veranlaßt, sie als lebendig anzusehen, sind vielmehr ihre Fähigkeit, ein breites Spektrum an menschlichen Emotionen zu empfinden

und auszudrücken, und, wichtiger noch, der Besitz der einzigartigen menschlichen Fähigkeit zu Reflexion und Selbsterkenntnis.
Wir sehen damit, daß das Wort »Leben«, verwendet man es im Zusammenhang mit dem Menschsein, zwei sehr unterschiedliche Bedeutungen hat. Die eine hat mit den zugrundeliegenden Vorgängen der Nutzbarmachung von Energie, der Aufrechterhaltung von Struktur und Information, Reproduktion und Evolution zu tun, die alle Lebewesen miteinander teilen. Speziell im Zusammenhang mit Bioleben wurzelt *Leben im allgemeinen* in der einzelnen Zelle, der in Kürze unsere Aufmerksamkeit gelten wird. Die zweite Bedeutung dagegen hat ihre Wurzeln auf dem hohen Niveau intellektueller Funktionen, aus denen sich das Bewußtsein formt. Beim Menschen hat *Leben im besonderen* seinen Sitz zwischen den beiden Ohren und liegt weit über dem Niveau der einzelnen Nervenzelle.
Obwohl ich hier aus Gründen der Einfachheit die Diskussion auf die beiden Bedeutungen von Leben beschränkt habe, die sich im Zusammenhang mit dem Menschsein ergeben, gilt dieselbe Dichotomie doch für alle Tiere mit einem Nervensystem, angefangen von mikroskopisch kleinen Würmern im Erdreich bis hinauf zu den Schimpansen. Es ist das Nervensystem eines jeden Tiers, ob groß oder klein, das für die charakteristischen Verhaltensweisen verantwortlich ist, die das betreffende Tier in seiner Gesamtheit definieren. Ein Tier stirbt – im speziellen Sinne des Wortes –, wenn sein Nervensystem zu funktionieren aufhört, auch wenn die meisten Einzelzellen in seinem Körper noch für eine gewisse Zeitspanne – im allgemeinen Sinne – am Leben bleiben.
Der Unterschied zwischen *Leben im allgemeinen* und *Leben im besonderen* läßt sich gut an zwei Ereignissen verdeutlichen, die nach dem Tode eines Menschen (wenn das Herz zu schlagen aufgehört und das Gehirn seine Aktivität eingestellt hat) eintreten können. War der Betreffende ein erwachsener Mann, dann werden seine Haarfollikel weiter funktionieren, und dem Toten werden noch einmal die täglichen Bartstoppeln sprießen. Man kann dem Körper eines Toten lebende Organe für Transplantationen entnehmen, mit denen man andere Leben – im besonderen Sinne – retten kann. Jemand, der eine Herz-, Lungen- oder Nierentransplantation durchgemacht hat, verändert sich

in seiner Identität nicht gegenüber vorher, obgleich er nunmehr – *im allgemeinen Sinne* – ein Mischung aus zwei lebenden Systemen darstellt.

Ein scheinbar unausweichliches Problem bei der Definition von »Leben im besonderen« liegt darin begründet, daß es so schwierig ist zu beschreiben, was wir mit einem *funktionierenden* Nervensystem meinen. In welchem Stadium der Embryonalentwicklung beginnt ein Nervensystem zu funktionieren? Und an welchem Punkt ist ein Mensch mit neuronalen Schädigungen nicht mehr am Leben?

Jede Antwort auf diese Fragen wird sehr subjektiv ausfallen. Und ich bezweifle, daß ein besseres wissenschaftliches Verständnis die Sache einfacher machen wird. An der Grenze zu *Leben im besonderen* wird es daher immer eine große Grauzone geben. Das Fehlen einer scharfen Grenze nimmt der Definition jedoch nichts von ihrer Gültigkeit, sondern weist uns nur auf ihre Grenzen hin.

Die Tatsache, daß sich die beiden verschiedenen Bedeutungen des Wortes »Leben« nicht voneinander trennen lassen, kann zu einiger Verwirrung führen, wenn man darüber diskutieren will, ob eine befruchtete menschliche Eizelle als lebendig zu betrachten ist oder nicht. Unserer allgemeinen Definition von Leben zufolge muß ein befruchtetes Ei ohne Zweifel als lebendig gelten – in demselben Sinne, wie die Zellen in einem Spenderorgan oder in einer Bluttransfusion lebendig sind. Diese einzelne Zelle aber ist kein Repräsentant für *menschliches Leben im besonderen.* Ob man also einem menschlichen Embryo einen besonderen Stellenwert zukommen lassen soll, weil er menschliches Erbgut enthält oder weil er das *Potential* hat, sich zu *menschlichem Leben* zu entwickeln, das ist eine Frage, auf die wir in Kapitel 3 zurückkommen werden.

Kapitel 2
Woher kommt Leben?

Die Zelle lebt

Die Grundeinheit allen Biolebens ist die Zelle. Alle Lebewesen, ob groß ob klein – Blauwale und riesige Mammutbäume ebenso wie jedes einzelne der Milliarden Bakterien in Ihrem Darm, die Ihnen dabei helfen, Ihre letzte Mahlzeit zu verdauen – bestehen aus einer oder mehreren dieser mikroskopisch kleinen Einheiten.[1] Sobald Sie eine Zelle auseinandernehmen, bilden die einzelnen Bestandteile, die Sie dabei erhalten, keine lebenden Einheiten mehr. Sie haben es dann nur noch mit zusammengesetzten molekularen Strukturen – Kombinationen von Atomen – zu tun. Manche Zellfragmente mögen in der Lage sein, Energie nutzbar zu machen, um ihre Struktur unter bestimmten Bedingungen noch eine Weile aufrechtzuerhalten, aber sie können sich nicht mehr reproduzieren. Bioleben läßt sich somit auf keine kleinere Einheit als die Zelle reduzieren, und noch die einfachste denkbare Zelle ist von ungeheurer Komplexität.[2]

Zu Zeiten hatte man angenommen, daß die Gesetze der Physik und der Chemie allein nicht imstande wären, die Vorstellung von Leben zu erklären, die man mit einer Zelle verband. Man vermutete statt dessen, daß auf die Moleküle einer Zelle eine besondere *Lebenskraft* wirke, die sie zum Leben erwecke.[3] Heute wissen wir, daß es eine solche Lebenskraft nicht gibt und daß alle Moleküle im Inneren einer Zelle den seelenlosen Gesetzen von Physik und Chemie gehorchen. Und doch ist die Zelle mehr als die Summe einer großen Zahl von Molekülen. Die Gesamtheit aller komplex ineinandergreifender molekularer Wechselwirkungen in einer Zelle addiert sich zu jener Eigenschaft, die wir Leben nennen. Versuchen Sie, das Ganze auseinanderzunehmen, so erhalten Sie nur Moleküle. Könnten Sie sie wieder zusammensetzen, erhielten Sie wieder Leben.

Tiere und Pflanzen wachsen nicht dadurch, daß sie ihre Zellen größer machen, sondern dadurch, daß sie ihre Zellzahl vergrößern. Die Leberzellen eines Menschen beispielsweise unterscheiden sich in nichts von den Leberzellen einer Maus. Die Leber eines ausgewachsenen Menschen hat insgesamt jedoch tausendmal mehr Zellen als eine ausgewachsene Mäuseleber. Alles in allem hat jeder Mensch um die hundert Billionen Zellen in seinem Körper, also hundert Billionen mehr als die einfachsten freilebenden Wesen, die aus einer einzigen Zelle bestehen.

Die mikroskopischen Dimensionen einer Zelle sollten Sie indes nicht zu der Ansicht verleiten, es handle sich dabei um einen einfachen Gegenstand. Zwar können wir eine Zelle nicht mit dem bloßen Auge sehen, doch im Vergleich zu ihren einzelnen Komponenten ist sie immer noch riesenhaft. Die Abläufe im Inneren jeder einzelnen Zelle eines menschlichen Körpers sind – auf anderer Ebene – ebenso komplex wie die Kommunikation zwischen unseren Zellen, die uns letztendlich als Menschen definiert.

Mit Mikroskopen und den Werkzeugen der Biochemie kann man eine Zelle anhand ihres Erscheinungsbilds und der in ihr ablaufenden Prozesse eindeutig identifizieren. Jede Zelle ist von einer ultradünnen Haut umgeben, die als Plasmamembran bezeichnet wird. Das Innere einer jeden Zelle hat man sich vorzustellen als einen ausgeklügelten Apparat aus vielen hunderttausend emsig vor sich hin schnurrenden Teilen, die jeweils einem speziellen Zellbestandteil zugeordnet sind und mit Unmengen anderer zellulärer Komponenten kommunizieren.[4] Solange wir leben, hören diese Apparate im Inneren unserer Zellen niemals auf zu arbeiten, und sie machen niemals Pause. Sogar wenn wir schlafen, schuften unsere Zellen unausgesetzt weiter und – ein wahrer Bienenstock an Aktivität – verbrennen dabei Kalorien.

Die Informationen, die nötig sind, um jeden einzelnen der vielen Bestandteile einer Zelle in genau der richtigen Menge herzustellen und an den richtigen Ort zu verfrachten, finden sich, direkt oder indirekt verschlüsselt, im genetischen Material der Zelle, ihrer DNA.[5] Auch sämtliche Informationen, die zur Schaffung eines komplexen Organismus – zum Beispiel eines menschlichen Wesens mit großem Gehirn und der Fähigkeit zu bewußtem Denken – benötigt werden, liegen in DNA-Molekülen kodiert vor.

Erstaunlicherweise unterscheidet sich die DNA eines sich seiner selbst und seiner Existenz bewußten Menschen in chemischer Hinsicht in nichts von der DNA einer winzig kleinen Amöbe. Daß die beiden Organismen sich voneinander unterscheiden, liegt daran, daß sich die *Botschaften* unterscheiden, die in ihrer jeweiligen DNA kodiert sind (und darin, daß jede unserer Zellen tausendmal so viel DNA enthält wie eine Amöbe). Die einzigartigen Eigenschaften jeder Art auf der Erde sind allesamt Ausdruck einer jeweils einzigartigen Botschaft, die durch ein allen gemeinsames Molekül übermittelt wird.

Alle höheren Zellen verfügen über zwei getrennte Bereiche (oder Kompartimente) – den Kern (Nukleus) und das Zytoplasma.[6] Der Kern ist von einer eigenen Membran umgeben und liegt wie ein Ball in der Zellmitte. Er enthält das gesamte genetische Material in Gestalt charakteristischer Strukturen, die man als Chromosomen bezeichnet. Einzellige Organismen haben oft nur ein einziges Chromosom, beim Menschen sind es in der Regel 46. Jedes Chromosom enthält ein einziges DNA-Molekül.

Alles übrige zelluläre Material zwischen Nukleus und Plasmamembran gehört zum Zytoplasma. Das Zytoplasma enthält die »Maschinerie«, die die genetische Information interpretiert, die ihm aus dem Kern zufließt, und es reagiert auf diese Information, indem es alle jene Strukturen aufbaut, die eine Zelle ausmachen. Das Zytoplasma überträgt auch Signale – von anderen Zellen ebenso wie aus der äußeren Umgebung – in den Zellkern, und das kann unter Umständen Änderungen beim Ablesen der genetischen Information bewirken.

Der Prozeß der Reproduktion von Zellen verläuft in zwei Stufen. Zum einen müssen die Zellen, während sie ihre Größe verdoppeln, größere Mengen ihrer einzelnen Bestandteile produzieren. Außerdem müssen sie eine genaue Kopie ihrer DNA-Moleküle anfertigen. Sind beide Vorgänge abgeschlossen, kann es zur Zellteilung kommen. Am Ende einer Zellteilung gibt es zwei »Tochterzellen«, die jeweils ihre eigene Kopie des kompletten genetischen Materials aus der ursprünglichen – »elterlichen« – Zelle enthalten, die danach nicht mehr existiert. Für einzellige Organismen ist Zellteilung gleichbedeutend mit Reproduktion. Bei mehrzelligen Organismen hingegen steht die Zellteilung im Dienste der Zunahme an Größe und Komplexität.

Für den zeitgenössischen Biologen ist die Ähnlichkeit aller lebenden Dinge der Erde sehr viel frappierender als jeder möglicherweise vorhandene Unterschied. Es ist nicht allein damit getan, daß alle lebenden Wesen aus Zellen bestehen, sondern die Zellen aller Lebewesen arbeiten auch auf prinzipiell dieselbe Art und Weise mit denselben komplexen Molekülen und derselben Art von genetischem Material, das demselben genetischen Code gehorchend abgelesen wird.[7] Es gibt kein fundamentales Gesetz der Biochemie, welches besagt, daß alle lebenden Zellen auf genau diese Art und Weise zu konstruieren sind. Ein schlauer Biochemiker könnte sich nahezu unendlich viele andere Möglichkeiten vorstellen, wie er eine funktionierende Zelle bauen könnte, die wie das Bioleben auf chemischen Grundlagen basiert. Außerdem: Gesetzt den Fall, man würde wirklich mit einer Zelle wie der beginnen, nach der sich Bioleben definiert, so gäbe es nicht den mindesten Grund, warum der genetische Code so und nicht anders aussehen sollte. Stellen Sie sich vor, Sie wären mit der englischen Sprache aufgewachsen, hätten aber niemals Lesen und Schreiben gelernt. Plötzlich gäbe Ihnen jemand 26 Symbole und forderte Sie auf, für das, was Sie sagen, einen geschriebenen Code zu erfinden. Nehmen wir an, die 26 Symbole wären rein zufällig die 26 Buchstaben unseres Alphabets. Wie groß ist die Chance, daß Sie den Buchstaben »M« als Anfangsbuchstaben für ein Wort benutzen werden, welches die Frau beschreibt, die Sie großgezogen hat? Die Antwort lautet 1 zu 26. Wie groß ist also die Wahrscheinlichkeit, daß Sie jedem Buchstaben im Alphabet den ihm eigenen Klang zuordnen (wobei wir der Einfachheit halber annehmen wollen, daß Sie es nur mit den 26 Klängen zu tun haben, denen englischsprachige Menschen ihre Buchstaben zuzuordnen pflegen)? Die Wahrscheinlichkeit beträgt 1 zu 403 291 146 110 000 000 000 000 000 oder, wie ein Wissenschaftler schreiben würde, 1 zu 4×10^{26}.[8] Für unsere Begriffe ist das nahe Null. Mag die Wahrscheinlichkeit im Hinblick auf den genetischen Code auch ein bißchen anders lauten (sie ist noch um einiges geringer), so gilt doch dasselbe Prinzip. Selbst wenn zwei Zellen DNA als genetisches Material verwendeten, wäre die Chance, daß sie *aus purem*

Zufall denselben genetischen Code benutzen, unendlich klein. Und doch verwendet jedes lebende Tier, jede Pflanze und jede Keimzelle der Welt ein und denselben genetischen Code.[9]

Die unausweichliche Schlußfolgerung daraus lautet, daß sämtliche Lebewesen auf der Erde – alle Tiere, Pflanzen und Mikroorganismen – Nachfahren ein und derselben Originalzelle sind, die mit ebendiesem speziellen genetischen Code, den die Wissenschaftler heutzutage als »universalen« Code bezeichnen (obgleich »global« eher zutreffen würde), zufällig mit dem Leben begonnen hat. Die erste Zelle existierte vor dreieinhalb Milliarden Jahren einen flüchtigen Augenblick lang, und sie repräsentiert den Beginn von Leben, wie wir es kennen. Schon bald nach ihrer jungfräulichen Entstehung teilte sich diese ursprüngliche Zelle in zwei Tochterzellen, diese beiden teilten sich wieder und immer so weiter. Binnen kürzester Frist – in geologischen Zeiträumen gedacht – war die Welt von einzelligen Lebewesen überschwemmt. Hätte ein Außerirdischer, der die Welt von ferne betrachtete, zufällig gerade gezwinkert, so hätte er diesen Moment versäumt – ein bis dahin kahler Planet, auf dem es plötzlich von Leben nur so wimmelte. Von allereinfachsten Lebensformen, versteht sich, doch waren sie mächtig genug, um miteinander die physikalische Natur des Planeten und die chemische Zusammensetzung seiner Atmosphäre zu verändern.[10]

Es mag den Anschein haben, als gäbe es eine Riesenkluft zwischen einem Einzeller – den wir nicht einmal mit bloßem Auge sehen können – und einem menschlichen Wesen aus hundert Billionen Zellen. Aber kein wahrer Biologe hegt auch nur den geringsten Zweifel daran, daß das eine aus dem anderen durch Evolution entstanden ist. Unser Selbstvertrauen gründet sich dabei nicht nur auf das, was nach Darwins Theorie geschehen *sollte*, sondern auch auf die Tatsache, daß wir die kritischen Zwischenstadien der Evolution tatsächlich vor Augen haben – und zwar die ganze Leiter der Komplexität hinauf, von Einzellern zu Schwämmen, Würmern, Fischen, Reptilien, Säugetieren, Primaten und schließlich zu uns.

Wir sehen diese Zwischenstadien sowohl in fossilen Zeugnissen als auch in Lebewesen um uns herum. Die fossilen Zeugnisse erlauben uns, das erste Auftreten jeder Zwischenstufe zu datieren. Doch die lebenden Repräsentanten eines jeden Stadiums und unsere Möglichkeit, sie mit den Mitteln der Molekularbiologie zu untersuchen, gewähren uns Einblick in die Frage, wie die Evolution Schritt für Schritt abgelaufen ist. Die Wissenschaft schätzt sich glücklich, daß so viele entscheidende Zwischenformen des Biolebens dabei geblieben sind, sich auf einem primitiveren Niveau fortzupflanzen, als ihre Cousins sich im Laufe der Evolution zur nächsten Komplexitätsstufe aufmachten. Zwischen der Stufe der Moleküle und der organisierten Komplexität einer Zelle hingegen lassen sich keine natürlich vorkommenden Zwischenstadien beobachten. Daher müssen alle Versuche, die verschiedenen Schritte zu definieren, die zur Entstehung der ersten Zelle geführt haben, pure Spekulation bleiben. Da die meisten Biologen der Ansicht sind, daß irdisches Leben sich aus unbelebter Materie spontan ergeben hat, kennen solche Gedankenspiele keine Grenzen.

Allen Spekulationen zum Ursprung des Lebens auf der Erde aber liegen zwei Annahmen zugrunde. Erstens die Überlegung, daß ein sehr unwahrscheinliches Ereignis nicht nur möglich, sondern in der Tat wahrscheinlich wird, sobald ihm eine hinreichend lange Zeitspanne zur Verfügung steht, und eine Milliarde von Jahren zwischen der Verfestigung der Erdkruste und dem Auftreten der ersten Zelle sind bestimmt eine lange Zeit. Zweitens die Hypothese, daß es Zwischenstadien auf dem Weg zur ersten Zelle gegeben haben muß, daß diese jedoch spurlos verschwunden sind.

Der ersten Annahme entspräche als Analogie der Hauptgewinn mit einer Millionensumme in einer täglich stattfindenden Lotterie. Lassen Sie uns annehmen, daß jeden Tag etwa zwei Millionen Menschen jeweils ein Los kaufen und daß jeden Tag ein Gewinner ausgelost wird. Wie groß ist die Wahrscheinlichkeit, daß Sie an einem ganz bestimmten Tag gewinnen? Die Antwort lautet: Die Chancen stehen 1 zu 2 Millionen, das entspricht in etwa der Wahrscheinlichkeit, im Laufe eines beliebigen Jahres vom Blitz getroffen werden. Lassen Sie uns in unserem Gedankenexperiment jedoch annehmen, Sie kauften neun Millionen Tage hintereinander ein Lotterielos. Wie groß ist jetzt die Wahrscheinlichkeit, daß Sie mindestens einmal gewinnen? Gleichgültig, ob Sie dabei immer auf dieselbe Zahl wetten oder ob Sie jeden Tag eine andere wählen, die Antwort lautet: bemerkenswerte 99 Prozent. Dieses Gedankenexperiment macht deutlich, daß ein sehr unwahrscheinliches Ereignis extrem wahrscheinlich werden kann, wenn man ihm nur genügend Chancen gibt.

Doch statistische Spielereien haben ihre Grenzen. Je geringer die Anfangswahrscheinlichkeit ist, um so länger muß die Zeitspanne werden, damit das Ereignis doch eintritt. Und die Wahrscheinlichkeit, daß einzelne Moleküle sich zufällig zu auch nur der allereinfachsten aller vorstellbaren Zellen zusammenfinden, ist derart gering, daß die Aussage gerechtfertigt erscheint, so etwas könne während der gesamten Lebensdauer des Universums niemals geschehen.

Aus genau diesem Grund sind die meisten Biologen der Ansicht, daß Leben über eine Serie einfacherer Zwischenstufen einer molekularen Existenzform auf der Erde Fuß gefaßt hat und daß jedes dieser Stadien die Ausgangsbasis für die Evolution zur nächsten Stufe dargestellt hat. Jedes Stadium hätte dabei eine prototypische Lebensform repräsentieren müssen, die in der Lage war, sich zu einer hinreichend großen Zahl von Kopien zu reproduzieren, so daß ein hoch unwahrscheinliches Ereignis, das auf einer Stufe eingetreten war, in das nächste Stadium übernommen werden konnte. Am Ende einer langen Reihe von Zwischenstufen stünde dann die erste Zelle.

Der erste Schritt auf dem Weg zu Leben mußte ein Molekül sein, das in der Lage war, Kopien seiner selbst herzustellen. In *Das egoistische Gen* tauft Richard Dawkins dieses Gen auf den Namen »Replikator«. Über die Struktur des ursprünglichen Replikators können wir gleichwohl nur spekulieren: Er mußte einfach genug beschaffen sein, um spontan (das heißt irgendwann innerhalb einer Milliarde von Versuchsjahren) aus Atomen entstehen zu können, die auf der noch jungen Erdoberfläche zufällig aufeinanderprallten. Von allen anderen Molekülen unterschied sich dieses neue Exemplar in erster Linie dadurch, daß es – ohne weitere Hilfsmittel – die Bildung anderer Moleküle *nach seinem Bilde* veranlassen konnte.

Wie sah der erste Replikator aus? Viele Biochemiker sind der Ansicht, daß es sich dabei um eine frühe Variante eines Moleküls gehandelt haben muß, das auch heute noch alle Zellen verwenden. Diese Sicht der Dinge erfuhr in den fünfziger Jahren massive Unterstützung durch das Ergebnis eines faszinierenden Experiments. In diesem Versuch konnte gezeigt werden, daß Aminosäuren, die Grundbausteine von Proteinen, unter gewissen Laborbedingungen, von denen man annehmen konnte, daß sie die Umweltbedingungen der jungen Erde simulierten, spontan zu entstehen vermögen. Diese Beobachtung führte zu Spekulationen darüber, ob die ersten Replikatoren nicht von proteinähnlicher Beschaffenheit gewesen sein könnten.[11] Doch so sehr man sich auch um Erklärungen bemühte, kein Wissenschaftler konnte sich vorstellen, wie ein proteinähnliches Molekül ohne Hilfsmittel Kopien seiner selbst hätte herstellen können.

In den achtziger Jahren entdeckte man, daß ein Molekül namens RNA (Ribonukleinsäure), eine nahe Verwandte der DNA, nicht nur genau wie DNA die Fähigkeit hat, genetische Information zu speichern, sondern auch in der Lage ist, chemische Reaktionen stattfinden zu lassen. Aufgrund dieser Entdeckung liefen die Wissenschaftler in Scharen zu dem Glauben über, daß RNA der Originalreplikator sein müsse und daß sich der zelluläre Apparat um ein ursprüngliches RNA-Molekül herum etabliert habe. Viele kritische Wissenschaftler sind jedoch nicht glücklich mit der Vorstellung von einer RNA als Originalreplikator, und zwar, weil sie nicht einfach genug ist.[12] Die Struktur der RNA ist derart komplex, daß sie – sogar wenn sie wirklich im Laufe der ersten Jahrmilliarde auf der Erde sporadisch vorgekommen sein sollte – gar nicht in der Lage gewesen wäre, sich aus sich selbst heraus zu replizieren.

Und so haben Chemiker und andere Wissenschaftler in den letzten Jahren die Ansicht geäußert, daß es doch sehr kurzsichtig von den Biologen gewesen sei, den Originalreplikator als primitive Vorstufe von etwas sehen zu wollen, das es noch heute in Zellen geben soll. Vielleicht, so sagten sie, ist der Originalreplikator etwas völlig anderes gewesen. Vielleicht sind DNA, RNA und Proteine erst sehr viel später ins Spiel des Lebens gekommen. Als sie jedoch erst einmal entstanden waren – und zwar durch die Evolution jenes Originalreplikators oder seiner Nachkommen –, da stachen sie ihre Vorläufer lässig aus, und der wahre Ursprung des Lebens verschwand spurlos von der Erde.

In seinem wunderbaren Buch *Seven Clues to the Origin of Life* schlägt A. G. Cairns vor, es könne sich bei dem Originalreplikator vielleicht um einen anorganischen Kristall gehandelt haben, einen Kristall von der Art, wie man ihn in Schlick oder Lehm findet. Kristalle sind dadurch definiert, daß sie spontan wachsen und dabei jede beliebige Ausgangsstruktur reproduzieren. Unter den richtigen Bedingungen könnte ein Kristall eine Weile an Größe zunehmen, dann in zwei oder mehrere kleinere Kristalle zerfallen, die dann ihrerseits wieder an Größe zunehmen könnten.

Normalerweise würden wir das Wachstum von Kristallen kaum als Zeichen von Leben betrachten, und in den meisten Fällen liegen wir damit durchaus richtig. Doch unser Lotteriebeispiel sagt uns, daß unwahrscheinliche Ereignisse wahrscheinlich werden können, wenn nur genügend Zeit verstreicht. So könnte man beispielsweise annehmen, daß bestimmte Kristalle sich ausgeklügeltere Moleküle aus der Umgebung einverleibt haben, die in puncto Überleben und Verbreitung bessere Aussichten mit sich brachten – und die Evolution so ihren Anfang nahm. Der Weg von einfachen Kristallen zu einer kompletten Zelle ist noch immer lang und ungeklärt, doch die Idee der Entstehung von Leben auf der Basis kristalliner Strukturen ist von frappierender Überzeugungskraft.

Obwohl die meisten Biologen felsenfest auf dem Standpunkt stehen, daß Leben auf unserem Planeten spontan entstanden ist, hat man durchaus auch andere Überlegungen in Betracht gezogen. Eine alternative Lösung für das Problem der fehlenden Übergangsstadien wurde zu Beginn des 20. Jahrhunderts von dem schwedischen Chemiker Arrhenius zur Diskussion gestellt. Im Jahre 1908 äußerte er im Rahmen seiner Panspermie-Theorie (Panspermie bedeutet soviel wie die *Allgegenwart von Samen*) die These, daß Leben irgendwo anders im Universum entstanden und als frei bewegliche Sporen aus dem Weltraum auf die Erde gelangt sein könnte. Eine Analogie zu einem solchen Panspermie-Szenario findet sich in den Abläufen, durch die sich eine neue, viele tausend Kilometer von anderen Landmassen entfernte Vulkaninsel mit neuem Tier- und Pflanzenleben füllt, das ihren Ufern von gewaltigen Stürmen mit Wind und Wellen zugetragen wird – ein weiteres Beispiel dafür, daß Unwahrscheinliches über eine hinreichend lange Zeitspanne hinweg sehr wahrscheinlich werden kann. Doch so interessant die Idee auch ist, bisher haben Wissenschaftler keinerlei Hinweise auf frei im Weltraum umherdriftende Lebensformen finden können.

Francis Crick, der Mitentdecker der DNA-Struktur, hat versucht, die Panspermie-Theorie zu retten, indem er sie in eine Theorie der »Gerichteten Panspermie« umformulierte, die davon ausgeht, daß in der Tat Sporen auf der Erde gelandet seien, doch daß sie uns vorsätzlich gesandt worden seien, und zwar von einem Raumschiff einer hoch entwickelten, aber zum Aussterben verurteilten Zivilisation, die andernorts in unserer Galaxie beheimatet war.[13] Das Problem bei dieser Lösung besteht darin, daß sie zwar das Fehlen jeglicher Zwischenstufen der Lebensentstehung auf der Erde erklären kann, dafür aber nichts über die Ursprünge des Lebens auf jenem Planeten aussagt, auf dem es zum ersten Mal auftrat. Der einzige attraktive Zug an der Panspermie-Theorie besteht darin, daß sie die spontane Entstehung von zellulärem Leben auf einen Planeten mit besonderen Umweltbedingungen verlegt, die unter Umständen eine sehr viel günstigere Ausgangssituation dargestellt haben könnten als die seinerzeit auf der Erde vorhandenen. Doch worin diese *überirdisch guten* Bedingungen bestanden haben sollen, ist völlig unklar.

Es gibt noch eine andere Lösung, die von Biologen in den meisten Fällen nicht weiter in Betracht gezogen wird: die göttliche Hand. Durch göttliches Wirken hätte die erste Zelle von einem höchsten Wesen, das die Menschen Gott nennen, nach Plan zusammengesetzt werden können – etwa so, wie ein Team von Boeing-Angestellten eine 747 bauen würde.

Göttliches Wirken wird als Erklärung für biologische Probleme in der Regel außer acht gelassen, und zwar nicht nur deshalb, weil man es nicht braucht, sondern, weil es nach der Entstehung der ersten Zelle gar keinen Raum mehr dafür zu geben scheint. Der dreieinhalb Milliarden Jahre lange Weg bis zur Menschheit läßt sich ohne weiteres durch die Darwinschen Prinzipien der natürlichen Selektion allein erklären. Zudem gibt es bei keinem der Prozesse, die im Inneren eines lebenden Wesens ablaufen, auch nur den geringsten Hinweis auf eine Verletzung grundlegender Gesetze der Physik und Chemie. Das Wesen göttlichen Wirkens besteht aber gerade darin, daß diese Gesetze durch das Eingreifen einer unsichtbaren Hand – zumindest in bestimmten Situationen zu bestimmten Zeiten – verletzt werden.

Doch selbst wenn man diesen Standpunkt vollkommen akzeptiert – was mehr oder minder alle praktizierenden Biologen tun –, so ist es immer noch möglich zu argumentieren, daß die Entstehung der ersten Zelle ein einmaliges Ereignis war, das Urereignis, in dem sich Gottes Hand ein einziges Mal am Werk gezeigt hat, und daß er nach diesem einen Akt der Schöpfung nie mehr eingegriffen hat. Diese spezielle Version einer göttlichen Intervention geht stillschweigend mit einer zusätzlichen Prämisse einher, und diese besagt, daß, sobald erst einmal die erste Zelle existiert habe, die Evolution zum Menschen unausweichlich gewesen sei. Diese Vorstellung von der Zwangsläufigkeit aller Evolution stand hinter der Entscheidung von Papst Johannes Paul II., die Evolution als etablierte wissenschaftliche Theorie zu akzeptieren.[14]

Interessanterweise wären wir, könnten wir uns als Zeitreisende zu jenem Augenblick zurückbegeben, in dem die erste Zelle entstand, nicht in der Lage, die Version von einem einmaligen göttlichen Eingreifen von der Panspermie-Theorie zu unterscheiden. In beiden Szenarien wurde die erste Zelle bewußt von irgendwem oder irgendwas geschaffen, der oder das außerhalb irdischer Gefilde beheimatet war, und hinfort sich selbst überlassen. In beiden Szenarien aber bleibt die entscheidende Frage offen: Was verhalf diesem ersten Wesen oder gar einer noch früheren Existenz zum Sein?

Es gibt noch ein weiteres, schwerwiegendes Problem, mit dem jede Theorie behaftet ist, welche die Zwangsläufigkeit menschlicher Existenz damit erklären will, daß das Ganze nach einem einmaligen Akt der Schöpfung in wohlwollender Absicht sich selbst überlassen worden sei, und dieses Problem hat direkt mit den evolutionären Abläufen zu tun. Stephen Jay Gould hat sich wohl am nachdrücklichsten damit auseinandergesetzt.[15] Jenes Wort, das Gould so häufig verwendet, um die Geschichte der Entstehung von Leben zu umschreiben, ist das Wort »Kontingenz«, Zufall. Gleichgültig, welche Umweltbedingungen Jahrtausende hindurch auf der Erde geherrscht haben mögen: Zu keinem Zeitpunkt kann abzusehen gewesen sein, welche Lebensformen sich auf ihr entwickeln würden. Und das ist deshalb so, weil es auf ein beliebiges Problem der Evolution nicht nur eine Lösung gibt, sondern mehrere. Zu jedem Zeitpunkt der Vergangenheit wurde mit jedem überlebenden Organismus *zufällig* eine Lösung von vielen gewählt. Milliarden von Zufallsereignissen, keines davon eine Notwendigkeit, haben eines nach dem anderen schließlich bis zu uns geführt. Gould liebt ein Gedankenexperiment, in dem er den »Lebensfilm zurückspulen« und das Leben von irgendeinem sehr frühen Zeitpunkt an die gesamte Erdgeschichte hindurch eine neue Evolution unter exakt denselben Umweltbedingungen durchlaufen läßt. Die Wahrscheinlichkeit dafür, daß dabei ein zweites Mal Kreaturen mit einem menschenähnlichen Selbstverständnis entstehen, ist nahe Null.

Die tiefgreifende Schlußfolgerung, zu der Gould und andere Evolutionsbiologen durch solche Überlegungen gelangen, lautet damit: Wir sind purer Zufall. Hätte es auch nur die geringste Änderung der Windrichtung gegeben, so hätte ein anderes Lebewesen die Lotterie gewonnen. Für jede genetische Veränderung, die sich im Laufe der Evolution in Reaktion auf die Existenz von Räubern oder aufgrund veränderter Umweltbedingungen ergeben hat, hätten ebensogut tausend andere erfolgreich sein können. Wäre der Asteroid, der vor 65 Millionen Jahren die Erde traf und die Dinosaurier aussterben ließ, von seiner Bahn abgeschwenkt und an unserem Planeten vorbeigeflogen, dann hätten die Säugetiere die Dinosaurier niemals als herrschende Lebensform ersetzen können, und ohne unsere Vorfahren wären wir nicht hier. Wie der Physiker und Nobelpreisträger Steven Weinberg am Ende seines Buches über *Die ersten drei Minuten* des Universums feststellt: »Je mehr wir das Universum zu begreifen glauben, desto sinnloser erscheint es uns.«[16]

Nicht alle Wissenschaftler schließen sich dieser Ansicht an. Freeman Dyson, einer der Mitbegründer der modernen Quantentheorie, gibt zu bedenken, daß die Unbestimmtheit, die einer quantenmechanischen Sichtweise der Welt zwangsläufig innewohnt, auch eine verborgene Möglichkeit für göttliche Eingriffe in den Lauf der Evolution darstellen könnte, bei denen keine chemischen oder physikalischen Gesetze verletzt werden. »Materie ist ein komisches Zeug«, so Dyson, »überaus merkwürdig, weil sie in keiner Weise Gottes Freiheit einschränkt, mit ihr zu tun, was Ihm beliebt.«[17]

Andere Physiker haben auf die bemerkenswerte Koinzidenz mit den grundlegenden physikalischen Eigenschaften des Universums hingewiesen: Wäre die Masse irgendwelcher Elementarteilchen – die der Quarks zum Beispiel oder die der Elektronen – oder wären die zwischen ihnen wirkenden Kräfte oder irgendwelche Turbulenzen im frühen Universum auch nur im geringsten anders ausgefallen, als dies tatsächlich der Fall war, so wäre das Universum nicht in der Lage gewesen, Galaxien entstehen zu lassen. Galaxien hätten keine Sterne hervorbringen und Sterne hätten sich nicht mit Planeten umgeben können, die sie umkreisen und deren Oberfläche mit Kohlenstoffatomen und anderen Elementen bedeckt sind, die die Entstehung von Lebensmolekülen möglich machen.
Dieser bemerkenswerte Befund ist von einigen Physikern zu einer Art Umkehrschluß gewendet worden, der die speziellen Eigenschaften unseres Universums zu erklären versucht.[18] Die Logik des sogenannten Anthropischen Prinzips lautet wie folgt: Besäße das Universum irgendwelche *anderen* Eigenschaften, dann gäbe es kein intelligentes Leben, um diese wahrzunehmen. Da es aber intelligentes Leben gibt, muß das Universum die Eigenschaften haben, die es hat. Mit anderen Worten: Die Eigenschaften unseres Universums erklären sich schlicht durch die Tatsache, daß wir hier sind, um über sie nachdenken zu können.
Zwar wird das Wort »Universum« in der Regel verwendet, um »die Gesamtheit aller existierenden Dinge« zu bezeichnen, doch Physiker benutzen diesen Begriff zumeist nur für die Gesamtheit allen Raumes, der mit unserem Lebensraum in *physikalischer Verbindung* steht. Denn was Einsteins Allgemeine Relativitätstheorie die Physiker gelehrt hat, ist die Erkenntnis, daß viele endliche Universen nebeneinander, ohne Wissen voneinander und ohne jegliche Verbindung zueinander existieren können. Das heißt, daß es möglicherweise viele, viele Universen gibt, jedes davon durch andere grundlegende physikalische Eigenschaften charakterisiert. Der Zufall will es, daß unser Universum über Eigenschaften verfügt, die die Entstehung von Leben begünstigten, und deshalb *konnten* wir entstehen, obwohl wir keineswegs entstehen *mußten*. So gesehen muß es keinen Gott geben. Leben entstand durch einen Zufall in der Beinahe-Unendlichkeit des Seins.

Ed Witten, ein führender zeitgenössischer Vertreter der theoretischen Physik, lehnt diese Version des Anthropischen Prinzips ab.[19] Witten ist der Ansicht, daß sich die physikalischen Eigenschaften unseres Universums – und die aller anderen Universen – eines Tages möglicherweise durch eine neue physikalische Theorie erklären lassen werden, in der alle alten Theorien aufgehen.[20] Wenn aber eine ultimative Theorie der Physik alles erklären kann, dann wird es nicht länger möglich sein, die lebenserhaltenden Eigenschaften des Universums dem Zufall allein zuzuschreiben. Statt dessen wird es den Anschein haben, als sei das Universum *absichtlich* oder *bewußt* so geschaffen worden, wie wir es heute kennen, wobei der Begriff »absichtlich« weiterhin Gegenstand der Diskussion bleiben wird.

Eine mögliche philosophische Interpretationen ist eine Version des »Theismus«, in der ein wohltätiger Gott die Szene bereits lange vor der Geburt der ersten Zelle verließ. Nachdem er das Universum geschaffen, im Augenblick des Big Bang in Gang gesetzt und mit besonderen physikalischen Gesetzen ausgestattet hatte, die an irgendeinem Ort zu irgendeiner Zeit die Entstehung intelligenter Wesen garantieren würden, hat Gott sich zurückgelehnt und nur noch beobachtet, wie sich überall darin isolierte Funken von Leben entfalteten. Freeman Dyson geht sogar noch weiter und behauptet, daß »die Gesetze der Natur so angelegt sind, daß sie das Universum (für intelligente Geschöpfe wie uns) so interessant wie möglich gestalten.«[21]

Eine alternative philosophische Interpretation einer allumfassenden einheitlichen Theorie der Physik ist eine »neue« Form des Pantheismus. Im Pantheismus werden Gott und das Universum als einheitliche, unsichtbare Einheit betrachtet. In seiner neueren Version gilt jeder denkende Geist als »kleiner Teil des göttlichen Geists«, der sich zusammen mit dem Ganzen entwickelt und reift.[22] Unter diesem Blickwinkel wird Gott eher als »Geschöpf« denn als »Schöpfer« betrachtet.

Unglückseligerweise lassen sich gegen jede Erklärung zum Ursprung und zur Bedeutung von Leben ernste philosophische Einwände erheben. Theorien, die die Existenz eines Schöpfergottes postulieren, können nicht erklären, woher der Schöpfer kommt und wer ihn erschaffen hat. Theorien, die die zufällige Entstehung von Bewußtsein postulieren, können nicht erklären, wie das Universum entstanden ist und warum kein Nichts herrscht.

Gibt es Antworten auf die großen Fragen nach den Gründen für unsere Existenz? Und wenn ja, wird die Menschheit jemals erfahren, wie sie lauten? Mein Gefühl sagt mir, daß es diese Antworten gibt und daß wir sie eines Tages kennen werden. Wir haben in einer so bemerkenswert kurzen Periode unserer Geschichte so unglaublich viel über das Leben und über das Universum gelernt. Und nun sind wir dabei, unsere Möglichkeiten zur Erforschung des Universums um die Reprogenetik und andere Technologien zu erweitern. Die Tragweite all dessen können wir heute noch gar nicht erfassen. Allein aus diesem Grunde weigere ich mich zu glauben, daß es Wissen gibt, das sich außerhalb unserer Reichweite befindet.[23]

Für den Augenblick lassen Sie uns jedoch zusammenfassen, was wir über die Erdgeschichte wissen. Wir wissen, daß die Erde vor 4,6 Milliarden Jahren, als die Oberfläche abgekühlt war und sich verfestigt hatte, zunächst ein lebensfeindlicher Ort gewesen ist, an dem eine Milliarde Jahre später einzellige Organismen lebten und sich fortpflanzten. Es scheint wahrscheinlich, daß zelluläres Leben nur einmal entstand – falls zu irgendeiner Zeit unabhängig davon andere Lebensformen entstanden sein sollten, so sind diese zumindest spurlos verschwunden. Und so kam es, daß sich die erste Zelle in zwei Tochterzellen teilte, die sich wiederum zu zwei weiteren Zellen teilten. Und einige dieser Tochterzellen starben, während andere sich in Reaktion auf ihre Umgebung veränderten und immer weiter teilten. Nach einer ununterbrochenen Folge von ungefähr einhundert Milliarden Teilungen entstand schließlich aus *der* ersten Zelle *Ihre* erste Zelle.

Kapitel 3
Gebührt Ihrer ersten Zelle ein besonderer Respekt?

Wir alle verfügen über ein zumindest oberflächliches Wissen darüber, wie ein Baby entsteht. Doch während uns das allgemeine Bild der Fortpflanzung klar vor Augen steht, übersehen oder mißverstehen wir häufig einige subtile, aber dennoch wichtige Tatsachen. Es ist daher der Mühe wert, sich die »Dinge des Lebens« einmal genauer zu vergegenwärtigen, vor allem im Hinblick auf die entscheidenden Ereignisse, die kurz vor und nach der Befruchtung einer menschlichen Eizelle stattfinden. Vor dem Hintergrund der entsprechenden wissenschaftlichen Tatsachen werden wir in der Lage sein, eine wichtige ethische Frage anzugehen, die für die meisten der in diesem Buch diskutierten reprogenetischen Technologien von weitreichender Bedeutung ist: Welcher Status kommt dem menschlichen Embryo in moralischer Hinsicht zu?[1]

Samen- und Eizellen

Zur Befruchtung kommt es, wenn sich eine Samenzelle (Spermium) und eine Eizelle (Ovum) zusammenfinden und so aus den bis dahin vorhandenen zwei Zellen eine einzige neue bilden. Um den Vorgang der Befruchtung angemessen beurteilen zu können, müssen wir zunächst die besonderen Eigenschaften verstehen, durch die sich Ei- und Samenzellen (beide auch als *Keimzellen* oder *Gameten* bezeichnet) von allen anderen Zellen des menschlichen Körpers unterscheiden.

Sämtliche Zellen in Ihrem Körper (die man übrigens zur Unterscheidung von den Keimzellen auch *somatische* Zellen nennt) enthalten dasselbe genetische Material, das sich auf 23 DNA-Molekülpaare verteilt und in 23 Paaren von Chromosomen gespeichert vorliegt. Ein Chromosom aus jedem Paar haben Sie von Ihrer Mutter geerbt, das andere von Ihrem Vater. Die beiden Chromosomen eines jeden Paares stimmen (mit einer einzigen Ausnahme) zu 99,9 Prozent überein.[2] Damit ergibt sich ein ungeheures Maß an Redundanz, etwa so, als enthielte jede Zelle den Text zweier Ausgaben derselben großen Enzyklopädie, die sich jeweils in nur einem Wort auf jeder zweiten Seite unterschieden.

Um die Metapher noch ein bißchen weiterzutreiben, es ist die umfassende Ähnlichkeit zwischen allen möglichen Ausgaben der Enzyklopädie – gemeinhin als menschliches Genom bezeichnet –, die für die Vielzahl der Aspekte verantwortlich ist, in denen alle menschlichen Wesen einander ähneln. Andererseits sind es die minimalen Unterschiede zwischen den einzelnen Ausgaben, die Sie in Ihrem Aussehen und bis zu einem gewissen Grad auch in Ihrem Verhalten von allen anderen Menschen unterscheiden. Wer Sie im einzelnen sind, hängt davon ab, wie Ihre Zellen die Informationen aus den beiden Ausgaben der menschlichen Genom-Enzyklopädie, die Sie von Ihrem Vater beziehungsweise von Ihrer Mutter erhalten haben, miteinander kombinieren.

Jede Ihrer Samen- oder Eizellen enthält nur eine *einzige* Ausgabe des menschlichen Genoms und damit nur 23 Chromosomen. Diese Einzelausgabe aber ist in keinem Falle identisch mit der, die Sie von Ihrem Vater beziehungsweise von Ihrer Mutter ererbt haben. Vielmehr tauschen ganz früh in dem Prozeß, der zur Produktion einer einzelnen Keimzelle führt, Ihre väterliche und Ihre mütterliche Ausgabe der Enzyklopädie mittels eines *sehr präzisen Mechanismus* zufällig ausgewählte Seiten und Kapitel aus, so daß sich jeweils völlig neue Ausgaben der Enzyklopädie ergeben. Diese neuen Ausgaben enthalten allesamt dieselben Kapitel wie zuvor, aber jede davon ist nur ein zufälliges Gemisch aus dem Erbgut von Vater und Mutter. Und in jeder Samenzelle beziehungsweise in jeder Eizelle, die sich am Ende dieses Vorgangs in Ihrem Körper bildet, wird schließlich jeweils nur eine dieser Ausgaben enthalten sein.

Jede einzelne der Milliarden Samenzellen, die sich im Laufe eines Lebens beim Mann bilden, und jede einzelne Eizelle einer Frau trägt eine andere Kombination von genetischem Material, eine andere Mischung aus verschiedenen menschlichen Genomausgaben. Aus diesem Grunde kann – von eineiigen Zwillingen einmal abgesehen – ein menschliches Elternpaar keine genetisch identischen Kinder hervorbringen.

Die Befruchtung

In den Eierstöcken einer Frau lagern Millionen unreifer Eizellen – sogenannte *Oozyten*. Während der fruchtbaren Jahre wird ungefähr einmal im Monat eine dieser Oozyten durch Hormonsignale dazu veranlaßt, zu einer Eizelle zu reifen, die befruchtet werden kann. Sobald dieser Reifungsprozeß abgeschlossen ist, wird die Eizelle aus dem Eierstock entlassen, dieses Ereignis bezeichnet man als Ovulation oder Eisprung. Mit dem Verlassen des Eierstocks beginnt die Eizelle ihre langsame Reise durch den Eileiter, wobei sie etwa 20 Stunden lang für Samenzellen empfänglich bleibt. Wird diese kurze Gelegenheit verpaßt, dann degeneriert die Eizelle, gelangt vom Eileiter in die Gebärmutter und von dort zur Zeit der Menstruation zusammen mit der Gebärmutterschleimhaut aus dem Körper hinaus.
Kommt es am Tag vor oder nach dem Eisprung zum Geschlechtsverkehr, dann machen sich die Samenzellen auf den Weg zur Eizelle im Eileiter. Menschliche Spermien haben keine Möglichkeit, die Eizelle selbsttätig aufzuspüren, und deshalb ejakulieren Männer 100 Millionen Keimzellen oder mehr, von denen alle bis auf bestenfalls eine zum Sterben verurteilt sind. Allein aufgrund ihrer großen Anzahl werden einige Spermien zufällig in Kontakt zur Eizelle kommen.
Die Eizelle selbst ist von einer gummiähnlichen Hülle umgeben, der sogenannten *Zona pellucida* oder Eihülle. Im Hohlraum der kugelförmigen Hülle schwebt das Ei wie ein Ball in einer Flüssigkeit. Sobald ein Spermium auf die Eihülle einer unbefruchteten Eizelle trifft, bleibt es an ihr kleben. Daraufhin veranlaßt die Eihülle das Vorderende des Spermiums, ein Konzentrat aus Verdauungsenzymen freizusetzen. Durch die Bewegung des Spermienschwanzes vorangetrieben, bahnt sich der Samen einen winzigen Tunnel durch die Eihülle hin-

durch in die Flüssigkeit zwischen Eihülle und Ei. Damit ist der erste Schritt der Befruchtung abgeschlossen.
Oft schaffen es mehrere Spermien, in diesen Raum einzudringen und dort umherzuschwimmen. Durch reinen Zufall wird eines davon als erstes an der eigentlichen Eizellmembran haftenbleiben. Wenn das geschieht, beginnen Ei und Spermium miteinander zu fusionieren. Dabei umgibt ein kleiner Teil der Eizellmembran die winzige Samenzelle und »verschluckt« diese regelrecht. Zunächst bleibt das Spermium noch intakt und schwimmt im Zytoplasma der Eizelle umher, doch binnen weniger Minuten beginnen der Spermienschwanz und die Membran um den Spermienkopf zu zerfallen. Dies beendet den zweiten Schritt der Befruchtung.
Die Fusion von Ei und Spermium löst rasche Reaktionen aus, die den Eintritt weiterer Spermien in die Eizelle verhindern sollen. Unter anderem verhärtet sich die Eihülle, so daß sich keine weiteren Spermien mehr hindurchbohren können, und die Membran der Eizelle selbst wird elektrisch aufgeladen, so daß Spermien, die sich bereits im Inneren der Eihülle befinden, abgestoßen werden. Diese Ereignisse dauern natürlich eine gewisse Zeit, und so wird, bis die Barrieren errichtet sind, gelegentlich ein zweites Spermium in die Hülle hineingelangen können. Derart doppelt befruchtete Eizellen sind mit genetischem Material überladen und können sich nicht angemessen entwickeln. Sie sterben innerhalb weniger Tage ab.
Die Fusion bringt das befruchtete Ei – das man nunmehr als Zygote bezeichnet – langsam, aber sicher auf den Weg zur Embryonalentwicklung. Eine der ersten Aufgaben, die die Eizelle bewältigt, ist eine Reduktion des mütterlichen genetischen Materials um die Hälfte. Verwirrt Sie diese letzte Feststellung? Hat die Reduktion des genetischen Materials nicht im Eierstock, längst vor der Ovulation stattgefunden? Nein, genaugenommen nicht. Der Prozeß hat im Eierstock *angefangen*, eigentlich hat er sogar angefangen, bevor die Mutter überhaupt das Licht der Welt erblickt hat (auf die verzwickten Folgen dieses Umstands werden wir in Kapitel 14 zurückkommen). Aber er wurde niemals abgeschlossen – eine ausgesprochen lästige wissenschaftliche Tatsache mit Konsequenzen, die wir in einigen Augenblicken betrachten wollen.

Inzwischen wird der Kern aus dem winzigen Spermienkopf ganz allmählich vergrößert, bis er die Größe des Eizellkerns erreicht hat. Diese beiden Kerne bezeichnen Wissenschaftler allgemein als *Pronuclei*, denn jeder von beiden enthält nur die Hälfte des genetischen Materials, das man im Zellkern einer normalen somatischen Zelle findet. Sie sind also noch keine ganzen Zellkerne, sondern nur die Vorläufer eines normalen Zellkerns.

Im Gegensatz zur allgemein verbreiteten Vorstellung verschmelzen die beiden Pronuclei jedoch niemals zu einem einzigen Kern.[3] Statt dessen bleibt das ganze Leben der Zygote hindurch (das heißt ungefähr einen Tag lang) das genetische Material von Mutter und Vater in dem jeweils eigenen abgetrennten Bereich verschlossen. Wie kann das sein? In beinahe jedem populärwissenschaftlichen Buch oder Artikel, der sich mit Befruchtung beschäftigt, gibt es irgendeine Äußerung, die besagt, daß die befruchtete Eizelle einen *einzigen* Kern besitzt, der die Chromosomen von Mutter und Vater zum erstenmal vereinigt enthält. In Wirklichkeit ist so etwas nie beobachtet worden. Es scheint wahrscheinlich, daß bei dieser falschen Vorstellung der Wunsch Vater eines Gedankens gewesen ist (dem Grund hierfür werden wir uns in wenigen Minuten zuwenden), der dann von einem Autor zum nächsten überliefert wurde.

Tatsächlich verdoppeln sich die Chromosomen beider Pronuclei getrennt voneinander, und erst die Kopien beider kommen *nach* der ersten Zellteilung zusammen. Erst in jedem der beiden Zellkerne eines menschlichen Embryos im Zweizellstadium befindet sich der komplette Satz von 46 Chromosomen. Damit ist die Befruchtung endgültig abgeschlossen.

Jetzt, da wir es mit zwei Zellen zu tun haben – wie wollen wir das Produkt nennen? Die Begriffe *Zygote* und *befruchtete Eizelle* werden synonym benutzt, um das Einzellstadium zu beschreiben, das mit der ersten Zellteilung endet. Biologen, die sich mit Tieren beschäftigen, verwenden für das Ein- und das Zweizellstadium den Begriff *Embryo,* ebenso für alle weiteren Stadien bis zu dem Zeitpunkt, da Gliedmaßen und Gesichtszüge erkennbar werden, was etwa nach sechs bis acht Wochen der Fall ist. Von diesem Zeitpunkt an verwendet man den Begriff *Fetus*. Ein übergeordneter Begriff für alle Stadien vom Zeitpunkt der Empfängnis bis hin zur Geburt wäre der Begriff *Frucht*.

Vielleicht ist Ihnen aufgefallen, daß ich geschrieben habe, Biologen, die sich mit *Tieren* beschäftigen, verwenden den Begriff »Embryo«. Ich habe diese Unterscheidung getroffen, weil eine Reihe von Experten, die sich mit der *menschlichen* Reproduktion auseinandersetzen, den Vorschlag gemacht hat, das Wort *Embryo* nicht mehr für die Entwicklungsstadien zu benutzen, die in den ersten beiden Wochen nach der Befruchtung existieren. Sie empfahlen statt dessen den Begriff *Präembryo*. Hinfort sollte die Bezeichnung *Embryo* reserviert sein für jene Gruppe von Zellen, die sich etwa 14 Tage nach der Befruchtung herauszukristallisieren beginnt und im weiteren nur noch für die Entstehung des Fetus und nicht mehr für die Entwicklung der Plazenta verantwortlich ist. Ich werde im folgenden näher darauf eingehen.

Es kommt selten vor, daß Wissenschaftler eine etablierte Terminologie über Bord werfen. Solche Veränderungen geschehen normalerweise ausschließlich in Reaktion auf ein verändertes wissenschaftliches Verständnis, in dessen Folge die Verwendung früherer Begriffe ungültig wird. Und doch ist unser wissenschaftliches Verständnis der frühen Embryonalentwicklung seit einem halben Jahrhundert nahezu unverändert geblieben. Warum besteht also urplötzlich das Bedürfnis nach einem neuen Wort?[4]

Ich will Ihnen ein Geheimnis verraten: Der Begriff »Präembryo« wurde von den IVF-Praktikern (IVF = In-vitro-Fertilisation) nicht etwa aus wissenschaftlichen Erwägungen von ganzem Herzen begrüßt, sondern aus Gründen, die politischer Natur sind.[5] Der neue Begriff wird verwendet, um den Eindruck zu erwecken, daß ein grundlegender Unterschied bestünde zwischen dem, was wir nichtmedizinisch orientierten Biologen noch immer als 6 Tage alten Embryo bezeichnen und dem, was wir und jedermann sonst einen 16 Tage alten Embryo nennen.

Nützlich ist der Begriff »Präembryo« auf der politischen Bühne – dort, wo die Entscheidungen fallen, ob man Versuche an frühen Embryonen (nunmehr als Präembryonen bezeichnet) gestatten soll – oder auch innerhalb der engen vier Wände einer Arztpraxis, wo er überaus

handlich ist, um die moralischen Bedenken zu zerstreuen, die eine IVF-Patientin möglicherweise hegen könnte. »Keine Sorge«, wird der Arzt vielleicht beruhigend sagen, »es sind nur Präembryonen, die wir hier einfrieren, beziehungsweise an denen wir unsere Manipulationen durchführen. Sie werden erst dann zu *richtigen* menschlichen Embryonen, wenn wir sie in Ihren Körper zurückverpflanzen.«
Biologisch gesehen geschieht nach 14 Tagen ein wichtiges Entwicklungsereignis. Doch es gibt andere wichtige Schritte, die vor diesem Zeitpunkt passieren, und viele andere, die sehr viel später eintreten. Die relative Bedeutung all dieser Ereignisse wird sehr treffend gewürdigt in dem an das britische Parlament adressierten Abschlußbericht des ersten Komitees, das je von einer Regierung zur Beurteilung reproduktionsmedizinischer Technologien einberufen wurde: »Es gibt keinen speziellen Abschnitt im Entwicklungsprozeß, der wichtiger ist als ein anderer; sie alle sind Teil eines kontinuierlichen Vorgangs, und wenn nicht jedes Stadium zur rechten Zeit und in der richtigen Reihenfolge normal stattfinden kann, wird die weitere Entwicklung gestört.«[6]

Repräsentiert die befruchtete menschliche Eizelle menschliches Leben?

Obgleich Leben also vom Ursprung der ersten Zelle an ein kontinuierlicher Prozeß gewesen ist, sind Sie selbst zweifellos ein unverwechselbares menschliches Wesen. Wann ist es zu dieser Abgrenzung gekommen? Und wann erwachten Sie als Person zum erstenmal zum Leben – in dem *besonderen Sinne*, den wir mit diesem Wort verbinden? Diese einfachen kleinen Fragen und die verschiedenen Antworten, die die Leute darauf finden, bilden das Auge jenes politischen Wirbelsturms, der die amerikanische Gesellschaft polarisiert hat wie nichts sonst in den vergangenen 25 Jahren. Der Sturm, von dem hier die Rede ist, ist selbstverständlich das Thema Abtreibung, und die Frontlinien verlaufen zwischen denen, die sich als »pro-choice« bezeichnen und das Schwergewicht ihrer Betrachtung auf die schwangere Frau legen, und denjenigen, die sich als »pro-life« bezeichnen und bei denen die Betonung auf der befruchteten Eizelle, dem Embryo und dem Fetus liegt.

Ein großer Teil der Debatte dreht sich um das, was Bioethiker als »moralischen Status des Embryos« bezeichnen. Wenn wir herausfinden könnten, wie der Embryo in Relation zu einem menschlichen Wesen zu sehen ist, dann wären wir vielleicht in der Lage zu entscheiden, wie er zu behandeln ist. Wenn wir beschließen, daß der Embryo denselben Schutz verdient wie ein Kind, dann werden wir möglicherweise nicht nur über Abtreibung, sondern auch über die in diesem Buch beschriebenen Manipulationen an Embryonen sehr sorgfältig nachdenken müssen. Wenn wir aber entscheiden, daß ein Embryo kein Kind ist, was ist er dann? Ist er eine Art »Vorform« eines Kindes, die noch immer besonderer Überlegungen wert ist, wenngleich nicht ganz denselben wie ein Kind? Oder ist er lediglich ein Klumpen menschlicher Zellen, der sich in nichts von denen unterscheidet, die wir unablässig mit Seife und Wasser von unserer Haut waschen?

In diesem Abschnitt werde ich den Begriff »Embryo« ausschließlich im Zusammenhang mit den frühesten Stadien der Entwicklung verwenden, die unmittelbar nach der Befruchtung stattfinden. Während dieser Zeitspanne sieht der Embryo in der Tat nach nicht viel mehr als einem Zellklumpen aus. Eine ethische Diskussion späterer Entwicklungsstadien soll in den späteren Abschnitten erfolgen.

Viele Philosophen und Wissenschaftler haben sich über den Status des Embryos verbreitet. Im großen und ganzen lassen sich ihre verschiedenen Ansichten jedoch einem der drei folgenden Standpunkte zuordnen: Das eine Extrem bilden diejenigen, die der Ansicht sind, daß der Embryo einem menschlichen Wesen gleichzusetzen ist. Dieser Überzeugung zufolge müssen ihm die gleichen Rechte, der gleiche Schutz und Respekt zugestanden werden wie allen anderen menschlichen Wesen. Dies ist die derzeitige Position der katholischen Kirche und vieler anderer Personen, die sich selbst am »pro-life«-Ende des politischen Spektrums sehen.

Das andere Extrem bilden diejenigen, die der Ansicht sind, daß sich der Embryo in nichts von jedem anderen Klumpen menschlicher Zellen unterscheide und keinerlei Anspruch auf eine gesonderten Behandlung habe. Vermutlich würden sich die meisten zeitgenössischen Biologen diesem Lager zurechnen.

Der dritte Standpunkt liegt zwischen diesen beiden Extremen und wurde von dem angesehenen Reproduktionsethiker und Anwalt John Robertson zusammenfassend so formuliert: »Der Embryo verdient mehr *Respekt,* als man jedem anderen menschlichen Gewebe zollt, weil ihm das Potential innewohnt, zu einer Persönlichkeit zu werden, und aufgrund der symbolischen Bedeutung, die er für viele Menschen hat. Dennoch sollte man ihn nicht als Person behandeln, denn er verfügt noch nicht über die Merkmale einer Persönlichkeit … und wird sein biologisches Potential womöglich niemals realisieren.«[7] Nach Robertsons Ansicht ist dies der von weltlichen Bioethikern vermutlich am häufigsten vertretene Standpunkt.

Bevor wir uns an dieser Debatte beteiligen, müssen wir uns durch eine Reihe von Fragen und Antworten ein paar grundlegende Tatsachen klarmachen:

1. Lebt der Embryo? Eindeutig ja.
2. Ist er Bestandteil menschlichen Lebens? Wiederum ja, aber dasselbe gilt für die Zellen, die sich tagtäglich von Ihrer Haut abschilfern.
3. Repräsentiert der Embryo menschliches Leben? Nein. Erinnern Sie sich an das erste Kapitel und die beiden unterschiedlichen Bedeutungen, die wir »Leben« zugeordnet haben – einmal für Leben *im allgemeinen*, zum anderen für Leben im *eigentlichen, besonderen Sinne*. Der Embryo besitzt noch keines der Attribute, die wir menschlichem Leben im eigentlichen Sinne zuordnen würden.

Wenn aber frühe menschliche Embryonen nach der hier entwickelten Definition von menschlichem Leben nicht als lebendig gelten können, wie kann sie dann irgend jemand mit einem menschlichen Wesen gleichsetzen? Die Antwort, die ich darauf am häufigsten zu hören bekomme, lautet ungefähr folgendermaßen: Erstens ist die genetische Beschaffenheit des Embryos neu und einzigartig. Zweitens verfügt der Embryo über das Potential, sich zu einem ausgewachsenen menschlichen Wesen zu entwickeln. Zusammengenommen heißt dies, daß dem menschlichen Embryo das Potential innewohnt, sich nicht nur zu einem x-beliebigen menschlichen Wesen zu entwickeln, sondern zu genau jenem einzigartigen menschlichen Wesen zu werden, das durch das genetische Material im Embryo bereits definiert ist. Und dieses Potential ist weder der Ei- noch der Samenzelle eigen.

Mit den leistungsstarken Methoden der genetischen Analyse, die in Kapitel 17 genauer erläutert werden sollen, wird es uns vielleicht eines Tages sogar möglich sein, sich vorab ein Bild davon zu machen, wie die betreffende Person aussehen und wie ihr Temperament beschaffen sein wird. Und nichts sollte der *natürlichen* Entwicklung des Embryos in das solchermaßen vorgeformte menschliche Wesen im Wege stehen.

Der Vatikan stellte fest, die moderne Genetik habe gezeigt, daß das Programm für ein Lebewesen vom ersten Augenblick an festgelegt sei. Neuere Forschungsergebnisse der Biologie hätten bescheinigt, daß in der Zygote, also der Zelle, die aus der Verschmelzung der Kerne beider Keimzellen entsteht, die biologische Identität des neuen menschlichen Wesens bereits festgelegt sei. Und der bekannte Bioethiker Leon Kass von der University of Chicago argumentiert: »Während Ei und Spermium als Zellen am Leben sind, wird mit der Befruchtung etwas Neues und *in einem anderen Sinne* Lebendiges [Kursivierung aus dem Original] geschaffen ... es entsteht ein neues Individuum mit einer einzigartigen genetischen Identität, das der selbstgesteuerten Entwicklung zu einem reifen menschlichen Wesen vollkommen mächtig ist. ... Jeder aufrichtige Biologe muß von diesen Tatsachen beeindruckt sein ...«[8]

Sollten wir wirklich beeindruckt sein? Es scheint sich um ein ziemlich schlagkräftiges Argument zu handeln. Doch lassen Sie uns, bevor wir davon völlig fortgetragen werden, zwei kritische Fragen stellen. Stimmt das hier Gesagte? Und was versucht man damit *wirklich* zu sagen?

Lassen Sie uns damit beginnen, die wissenschaftliche Gültigkeit des Arguments zu analysieren. Erstens wird, wie wir inzwischen wissen, die biologische Identität eines neuen menschlichen Wesens nicht zum Zeitpunkt der Zygotenbildung festgelegt. Bevor die Zygote in der

Lage ist, sich der Hälfte der mütterlichen DNA zu entledigen, müssen noch ein paar Stunden vergehen.

Des weiteren ist die vom Vatikan und den meisten anderen Leuten geäußerte Vorstellung, daß die Zygote die Zelle sei, die durch die Fusion der beiden Keimzellen entsteht, ebenfalls unrichtig. Was einem Biologen als untergeordnetes wissenschaftliches Detail erscheinen mag, wird für Leute, die behaupten, die Zygote sei »in einem anderen Sinne« lebendig, zu einem entscheidenden Bestandteil ihrer Argumentation. Man hat die Allgemeinheit zu der Überzeugung veranlaßt, daß das genetische Material von Mutter und Vater in Gestalt einer molekularen Heirat »zusammenkomme«, obwohl es doch in Wahrheit im Zölibat lebt. Falls die Vermengung der beiden elterlichen DNAs in der Tat der entscheidende Faktor wäre, dann müßte Leben mit dem Zweizellstadium und nicht mit dem befruchteten Ei beginnen. Doch sogar in diesem Stadium haben die DNA-Moleküle von Vater und Mutter im Grunde keine Beziehung zueinander, sie *berühren* sich nicht einmal, sondern sie sind einander nur näher als zuvor. [9] Als Molekulargenetiker vermag ich jedoch nicht einzusehen, weshalb die Distanz, die zwei DNA-Moleküle voneinander trennt, irgend etwas damit zu tun haben soll, wie wir den ethischen Status eines Embryos begreifen.

Ein dritter Punkt betrifft die Tatsache, daß das »Programm« eben nicht notwendigerweise zum Zeitpunkt der Empfängnis festliegt. Über einen Zeitraum von zwei Wochen hinweg ist es dem sich entwickelnden Embryo möglich, in zwei, drei oder (sehr selten) auch in vier getrennte Fragmente zu zerfallen, die sich jedes für sich zu einem menschlichen Wesen entwickeln können. Woher und wann entstehen diese Extraleben?

Ein vierter Punkt ist, daß die genetische Beschaffenheit allein eine Person noch nicht definiert. Identische Zwillinge mögen zwar dieselbe genetische Konstitution haben, aber sie sind eindeutig zwei völlig verschiedene menschliche Wesen.

Der fünfte Punkt ist rein semantischer Natur. Wenn das Wort *natürlich* verwendet wird, um das wahrscheinlichste Endergebnis zu beschreiben, zu dem die Natur in Abwesenheit jeder äußeren Einwirkung gelangen wird (und ich wüßte in diesem Zusammenhang keine andere Definition für dieses Wort), dann ist das *natürliche* Ziel eines menschlichen Embryos der Tod. Die normale Reproduktionsbiologie des Menschen spielt sich so ab, daß 75 Prozent aller natürlich befruchteten Eizellen bereits lange vor der Vollendung einer neunmonatigen Schwangerschaft dem Tod anheimfallen. Nur das besondere Ei entwickelt sich zu einem lebendgeborenen Kind.

Keines dieser Argumente, übrigens auch kein anderes, wird jedoch geeignet sein, die Überzeugungen derer zu verändern, die auf dem Standpunkt stehen, daß menschliches Leben mit der Empfängnis beginnt. Ich kann das deshalb sagen, weil der tatsächliche Beweggrund dafür, daß Menschen, die über Embryonen nachgedacht haben, an dieser Ansicht festhalten, kein wissenschaftlicher, sondern ein religiöser ist. Die meisten Menschen geben nicht gern zu, daß ihre Sicht der Welt sich auf spirituelle Überzeugungen gründet, denn in einer technologisch fortgeschrittenen Gesellschaft wie der unseren, deren Fundament die Wissenschaft ist, wirken Argumente, die allein auf einem Glauben basieren, nicht sehr überzeugend. Um sich mit einer gewissen Respektabilität zu umgeben, bedarf es wissenschaftlicher Argumente.

Seit dem 23. Februar 1997 aber kann die Wissenschaft den Anhängern dieser Sichtweise keinerlei Unterstützung mehr bieten. An diesem Tag wurde die erfolgreiche Klonierung eines Lamms aus einer Zelle von einem erwachsenen Tier bekanntgegeben, und das mit der Gewißheit, daß dieselben Techniken auch zur Klonierung eines menschlichen Wesens verwendet werden könnten. Die Konsequenzen einer möglichen Klonierung von Menschen sind in vieler Hinsicht schwindelerregend, eine Tatsache aber ist für die derzeitige Diskussion von besonderer Bedeutung: Schafft man einen neuen Embryo durch Klonierung, *dann gibt es keine Empfängnis*. Der neue Embryo entsteht aus dem kompletten genetischen Material einer reifen Zelle – wie der, die sich soeben von ihrer Haut löst – und dem Zytoplasma einer *unbefruchteten* Eizelle. Eine Befruchtung findet nicht statt. Vielmehr hat sie bereits eine Generation zuvor stattgefunden, und zwar, als die Person empfangen wurde, die die für die Klonierung verwendete Zelle zur Verfügung gestellt hat. Das neue Kind aber, das aus dieser Zelle geboren wird, ist selbst nicht empfangen worden.

Wenn aber menschliches Leben auch ohne Empfängnis beginnen kann, dann verliert die Ansicht, daß die Empfängnis den Beginn eines neuen Menschenlebens markiert, ihre wissenschaftliche Gültigkeit.[10] So einfach ist das.

Verdient der Embryo einen besonderen Respekt?

Selbst wenn Sie nicht der Ansicht sind, daß der Embryo in moralischer Hinsicht einem menschlichen Wesen gleichzusetzen sei, so könnten Sie doch noch immer behaupten, daß er unseren besonderen Respekt verdient. Wenn Sie das glauben, dann werden Sie womöglich noch immer das Spektrum der möglichen Manipulationen eingrenzen wollen, die im Labor erlaubt sein sollen.

Was außer anderen Menschen behandeln Menschen mit Respekt? Ganz allgemein lassen sich dazu andere lebende Wesen ebenso zählen wie unbelebte Gegenstände, die uns als wichtige Symbole für etwas gelten. Ich verwende in meinem Labor Mäuse als Versuchstiere, und ich halte mich dabei an das Regelwerk der National Institutes of Health (NIH), das verlangt, jede Schmerzeinwirkung zu vermeiden, die das übersteigt, was man von einem menschlichen Patienten in einer experimentellen Situation erwarten würde. Ich gehorche diesen Regeln aus freien Stücken – ich würde einer Maus niemals etwas zufügen, das schmerzhafter wäre als ein Nadelstich –, denn ich respektiere das Empfinden meiner Mäuse und will sie nicht leiden sehen.

Meine Kollegen am anderen Ende des Flurs arbeiten mit winzigen Taufliegen, und sie gehorchen dabei keinen solchen Regeln. Die meisten Menschen denken auch nicht über die Ameisen nach, auf die sie unterwegs treten. Es gibt ein paar Menschen, die auch den winzigsten Formen tierischen Lebens ihren Respekt zollen, doch selbst sie müssen Pflanzenzellen essen, um leben zu können. Und kein normaler Mensch würde sich beim Genuß eines grünen Salats Gedanken über die lebenden Zellen machen, die er beim Kauen zermalmt.

Wir behandeln diese verschiedenen lebenden Wesen unterschiedlich, weil Mäuse über Gefühle zu verfügen scheinen, Taufliegen und

Ameisen hingegen wahrscheinlich nicht, und Pflanzen mit Sicherheit nicht. Und es sind die *Gefühle* der Tiere, die wir respektieren, nicht nur die bloße Tatsache, daß sie am Leben sind.[11]

Haben frühe Embryonen Gefühle? Wenn Sie die Vorstellung ablehnen, daß ein Lebensgeist den Embryo zum Zeitpunkt der Empfängnis (beziehungsweise im Falle der Klonierung bei der Embryonenherstellung) beseelt, dann ist die Antwort ein eindeutiges Nein. Gefühle welcher Art auch immer können nicht ohne ein funktionierendes Nervensystem entstehen, und in den ersten Wochen nach der Befruchtung werden noch keine Nervenzellen gebildet. Das also kann nicht die Basis sein, aufgrund derer man dem Embryo besonderen Respekt schuldet. Gibt es eine andere?

Robertson nennt zwei.[12] Die erste greift wiederum auf die Vorstellung zurück, daß ein Embryo das *Potential* hat, sich zu einem menschlichen Wesen zu entwickeln. Natürlich ergibt es keinen Sinn, wollte man ein unrealisiertes Potential allein als Grundlage für besonderen Respekt nehmen. Eine Eizelle verfügt unmittelbar nach dem Eisprung ebenso über das Potential, sich an einer Befruchtung zu beteiligen und zu einem menschlichen Wesen zu werden, wie jede der Millionen Samenzellen in einem Ejakulat, und doch ist niemand der Ansicht, daß diese Zellen Respekt verdienen.[13] Das Potential allein reicht also nicht aus. Vielmehr ist es das Potential in Kombination mit dem Vorliegen einer *kompletten* genetischen Identität: der Vorstellung, daß man in der Lage sein könnte, sich die DNA eines frühen Embryos anzuschauen und sich daraus ein Bild von dem Kind zu machen, das sich daraus entwickeln könnte – so man ihm die Gelegenheit dazu gibt.

Dieser Zusammenhang läßt sich nicht leugnen. Die Frage ist jedoch, ob er wichtig genug ist, Achtung und Respekt zu erwirken. Ich möchte Ihnen zwei Gedankenexperimente zu diesem Thema präsentieren. Das erste gründet sich auf die Methoden zur Manipulation und Diagnostik an Embryonen, denen ich mich in den Kapiteln 7 und 17 noch ausführlich widmen werde.

Nehmen wir zunächst einmal an, die Empfängnis habe auf natürliche Weise im Eileiter einer Frau stattgefunden, und sie wolle diese Schwangerschaft auf jeden Fall fortführen, möchte aber so früh wie irgend möglich wissen, ob das Kind unter Mukoviszidose leiden wird.

Um ihrem Wunsch zu entsprechen, entnehmen Sie den Embryo im Zweizellstadium und verwenden eine seiner Zellen als Biopsiematerial. Sie geben sie in eine spezielle Lösung und führen Ihren Test durch. Den verbleibenden Teil des Embryos (die andere Zelle) pflanzen Sie der Mutter wieder ein, und er entwickelt sich zu einem Baby, das neun Monate später zur Welt kommt.

Ist dieses Vorgehen ethisch suspekt? Vorausgesetzt, eine Frau ist entschlossen, ihre Schwangerschaft zu Ende zu führen – wie auch immer sie ausgehen mag –, so ist die pränatale Diagnostik nach Ansicht des Vatikans moralisch vertretbar.

Ein einzelner Embryo wurde durch Geschlechtsverkehr empfangen, und neun Monate später wurde ein einzelnes Kind geboren. Niemandes Rechte wurden mißachtet, stimmt's?

Wenn Sie allerdings das Potential des Embryos in Betracht ziehen, dann ist die Antwort nicht mehr so einfach. Denn sobald Sie dem zweizelligen Embryo eine Zelle entnommen hatten, hatten Sie es nicht mehr mit einem Embryo zu tun, sondern mit zweien. Diese beiden Zellen hätten sich unabhängig voneinander zu zwei menschlichen Wesen entwickeln können. Indem Sie eine Zelle zur Diagnostik abgezweigt haben, haben Sie ein potentielles Leben zerstört.

Lassen Sie uns nun ein anderes Szenario betrachten und annehmen, Sie trennten die beiden embryonalen Zellen nicht zum Zwecke der genetischen Diagnostik, sondern um dadurch eineiige Zwillinge entstehen zu lassen. Wir werden darüber in Kapitel 7 noch sprechen. Damit haben Sie zwei getrennte Zellen, zwei getrennte Embryonen mit dem Potential, sich zu zwei verschiedenen menschlichen Leben zu entwickeln. Dann aber ändern Sie Ihre Meinung. Sie beschließen, daß es zu schwierig ist, zwei Babys zur selben Zeit aufzuziehen. Also nehmen Sie die beiden Zellen, verschmelzen sie wieder miteinander und haben nun wieder den einzelnen Embryo, mit dem Sie begonnen hatten.

Wie ist diese Fusion von zwei Zellen zu beurteilen, die Sie zuvor getrennt hatten? Sie haben im Grunde das *Potential* für ein zweites menschliches Leben *im besonderen Sinne* zerstört, dabei aber kein Leben *im allgemeinen* vernichtet. Haben Sie im Laufe dieses Eingriffs also irgend etwas getötet?

Ihre Antwort hierauf mag Ihnen als Grundlage für Ihre persönliche Einstellung zu der Frage dienen, ob ein menschlicher Embryo aus einer oder zwei Zellen zu respektieren ist oder nicht. Wenn Sie nicht der Ansicht sind, daß hier etwas ums Leben gebracht wurde, dann respektieren Sie folglich das Potential frühembryonaler Zellen offenbar nicht – das ist eine Frage der Logik. Sind Sie jedoch der Ansicht, daß hier etwas getötet wurde, dann hat das »Potential« eine besondere Bedeutung für Sie. Doch wenn keine Zelle, was sonst ist dabei eigentlich ums Leben gekommen? Die einzig mögliche Antwort hierauf lautet: ein »Geist« oder eine »Seele«. Und genau das ist es, was manche Leute in Wirklichkeit meinen, wenn Sie den Ausdruck »potentielles menschliches Leben« gebrauchen.

Mit der Klonierung des Schafes Dolly aus der Zelle eines ausgewachsenen Mutterschafs und der nahezu unerschütterlichen Sicherheit, daß dasselbe auch beim Menschen möglich sei, tritt die hinter dieser so häufig verwendeten Formulierung verborgene Bedeutung überdeutlich zutage. Nunmehr hat *jede Zelle Ihres Körpers* das Potential, ein neues menschliches Leben zu bilden. Kein normaler Mensch aber würde zögern, sich zu kratzen. Wenn Sie aber kein schlechtes Gewissen bekommen, weil sie Zellen abtöten, wenn Sie an einem Mückenstich kratzen, dann können Sie die Vorstellung eines »Potentials« nicht als alleinige Basis für eine besondere Achtung vor dem menschlichen Embryo verwenden.

Lassen Sie uns auf jene andere Sache zurückkommen, die Menschen auch noch mit Respekt behandeln – unbelebte Gegenstände. Nicht jedes beliebige unbelebte Objekt natürlich, sondern nur solche mit einer wie auch immer gearteten *symbolischen Bedeutung*. Und obwohl ein Embryo ja eigentlich lebt, scheint diese Tatsache für Robertsons zweites Argument keine besondere Bedeutung zu haben: »Embryonen symbolisieren potentielles menschliches Leben und verdienen allein deshalb ein gewisses Maß an Achtung und Respekt.«[14]

Das Problem, das ich in dieser Begründung sehe, liegt in der Tatsache, daß Symbole nur im Auge des Betrachters existieren – für sich allein gesehen haben sie keine Bedeutung. Denken Sie an die amerikanische Flagge, die die meisten Amerikaner als Symbol der Vereinigten Staaten betrachten. Käme ein Fremder des Wegs, dem diese

Verknüpfung nicht bewußt ist, so sähe dieser nichts anderes als ein Stück Tuch mit einem Muster aus Streifen und Sternen darauf. Mehr kann man von ihm auch nicht erwarten. Selbstverständlich bedeutete es *in seinen Augen* nichts Schlimmes, wenn er das Tuch in Putzlumpen zum Autowaschen zerschnitte. Und falls nicht jemand, dem die amerikanische Flagge als Symbol gilt, bemerken würde, was er damit getan hat – denn nur *in seinen Augen* handelt es sich um ein Sakrileg –, dann wäre keinerlei Mißachtung zu konstatieren.

So wie des einen Flagge des anderen Lumpen ist, so kann des einen Symbol für menschliches Leben problemlos eines anderen Zellklumpen sein. In diesem Sinne ist ein »Symbol« etwas ganz anderes als eine »embryonale Seele«. Wenn Sie der Ansicht sind, ein Embryo verfüge über eine Seele, dann müßten Sie logischerweise fordern, daß alle Menschen alle Embryonen mit demselben Respekt zu behandeln haben, den man jedem anderen menschlichen Wesen auch schuldig ist. Doch nur weil Ihnen ein Embryo möglicherweise als Symbol für menschliches Leben gilt, können Sie noch lange nicht erwarten, daß andere Leute diesen Standpunkt teilen. Sie müßten statt dessen zugestehen, daß die Frage des Respekts eine Entscheidung ist, die jeder für sich allein treffen muß.

Nach dieser langen kritischen Beleuchtung der Gründe, die es dafür geben kann, einen Embryo mit besonderem Respekt zu behandeln, ist es an der Zeit, sich wiederum der Frage zuzuwenden, ob in den Köpfen mancher (wenngleich nicht aller) Vertreter dieser Positionen nicht verborgene Gründe für diesen Standpunkt lauern. Vielleicht sind sie der Ansicht, daß ein Embryo zwar noch nicht im Besitz einer ausgewachsenen Seele von der Art ist, wie Sie und ich sie in uns tragen, daß er aber doch »ein kleines bißchen Seele« in sich trägt. Vielleicht ist das der eigentliche Grund dafür, daß das Human Embryo Research Panel 1994 in seinem Bericht an den Leiter der National Institutes of Health zu der Schlußfolgerung gelangte, daß »der noch nicht eingenistete Embryo als eine sich entwickelnde Form von menschlichem Leben ernsthafter moralischer Überlegungen bedarf … [obgleich] er nicht über denselben moralischen Status verfügt wie ein Säugling oder ein Kind.« [15]

Doch der Glaube an auch nur das kleinste bißchen »embryonaler Seele« setzt die Existenz von etwas Höherem voraus, das über die mit den Gesetzen von Chemie und Physik erklärbaren Wechselwirkungen komplexer Moleküle hinausgeht. Ein Glaube an eine embryonale Seele – wie klein oder unbedeutend auch immer sie sein mag – läßt sich nur aufrechterhalten durch den Glauben an eine Lebenskraft. Und wie wir schon im vorhergehenden festgestellt haben, ist in einer lebenden Zelle kein Platz für eine solche Lebenskraft, auch nicht in den Zellen eines menschlichen Embryos.

Kapitel 4
Von Ihrer ersten Zelle zu Ihnen

Wenn der zweizellige menschliche Embryo nicht als Repräsentant menschlichen Lebens gelten kann, was tritt dann an seine Stelle? Wann wird Leben im allgemeinen Sinne zu menschlichem Leben im besonderen? Auf diese Frage gibt es keine einfache Antwort. Verschiedene Leute haben zu den verschiedensten Zeiten verschiedene Ansichten, und die Wissenschaft kann dem – außer dem bereits Gesagten – nichts hinzufügen, das eine Antwort bereithielte. Es scheint unwahrscheinlich, daß es je zu einem Konsens kommen wird.

Eines der Probleme dabei ist, daß die Entwicklung langsam und kontinuierlich verläuft. Sobald die Befruchtung abgeschlossen ist, gibt es auf dem weiteren Weg keinen Zeitpunkt mehr, an dem man auf einen Embryo oder einen Fetus deuten und sagen könnte, daß er sich substantiell von dem Zustand unterscheidet, in dem er vor paar Minuten oder Stunden war. Es stimmt, daß sich wichtige Entwicklungsschritte oder Meilensteine erkennen lassen, aber die Abfolge dieser Ereignisse ist gleitend, es gibt keine klaren Grenzen, ähnlich wie der Übergang zwischen den Farben Rot und Orange bei einem Regenbogen fließend ist.

Bevor man vernünftig über den Beginn menschlichen Lebens diskutieren kann, ist es wichtig, ein Gefühl für die Biologie der embryonalen und fetalen Entwicklung zwischen Empfängnis und Geburt zu bekommen. Embryo und Fetus durchlaufen während dieser neunmonatigen Zeitspanne eine Reihe von Stadien, in denen jeweils wichtige Etappenziele auf dem Weg zur Entstehung menschlichen Lebens erreicht werden. Wenn wir einen Begriff von der jeweiligen Bedeutung dieser Ziele entwickelt haben, wird es vielleicht jedem von uns möglich sein, für sich selbst die Frage zu beantworten, wann menschliches Leben seinen Anfang nimmt.[1]

Tag 2 bis 6: Zellteilung und -differenzierung

Zu Beginn des zweiten Tages nach der Fusion von Ei und Spermium besteht der Embryo aus zwei Zellen. Jede dieser Zellen teilt sich, so daß vier Zellen entstehen, die sich dann bis zur Mitte des dritten Tages erneut zu insgesamt acht Zellen teilen. Bis dahin hat der Embryo nichts Wesentliches geleistet, außer daß er an Zellzahl zugelegt hat. Jede seiner acht Zellen hat noch das Potential, wenn sie sich von den anderen abtrennt, selbst zu einem Embryo zu werden und ein eigenes menschliches Leben zu begründen.

Mit einer weiteren Runde an Zellteilungen, an deren Ende sechzehn Zellen stehen, wird der erste Schritt aus der Uniformität heraus getan. Der Embryo sieht noch immer aus wie ein Ball – oder eher wie eine mikroskopisch kleine Himbeere.[2] Aber die Zellen auf der Außenseite sind in der Lage, ihre Position in Relation zu den Zellen auf der Innenseite wahrzunehmen. Sie *differenzieren* sich in Reaktion darauf zu Zellen, aus denen schließlich die Plazenta werden wird, und in andere Gewebe, deren Funktion es ist, den wachsenden Fetus zu schützen.

Wenn Biologen das Wort *differenzieren* verwenden, dann bedeutet es *anders werden.* Durch *Differenzierung* wird eine Zelle anders als die Mutterzelle, aus der sie hervorgegangen ist. Normalerweise bedeutet eine Differenzierung gleichzeitig auch eine Reduktion des zellulären Potentials. So haben beispielsweise Zellen, die die Außenschicht des sechzehnzelligen Embryos gebildet haben und dazu ausersehen sind, die Plazenta zu bilden, nur noch das Potential, Zellen entstehen zu lassen, die ebenfalls Teil der Plazenta beziehungsweise anderer Gewebe zwischen Mutter und Fetus werden. Diese Zellen haben die Fähigkeit *verloren*, in Herz, Lunge oder irgendeinem anderen Gewebe des sich entwickelnden Fetus zu landen.

Sobald eine Zelle eine Differenzierung durchgemacht hat, werden alle ihre Nachkommen und auch deren Nachkommen differenziert bleiben.[3] Diese Zellen können jedoch noch weitere Differenzierungsschritte durchmachen, durch die sich ihr Repertoire weiter verringert. Im Alter von vier Wochen enthält der Embryo beispielsweise differenzierte Zellen, die nur noch das Potential haben, Blutkörperchen entstehen zu lassen. Weitere Zellteilungen und weitere Differenzierungsprozesse liefern Zellen, die nur noch in der Lage sind, entweder rote oder weiße Blutkörperchen herzustellen, nicht aber beides. Weitere Differenzierungsrunden sind nötig, um die Vorläufer weißer Blutkörperchen in bestimmte Zellen umzuwandeln, beispielsweise solche, die Antikörper ausschütten, oder andere, die eindringende Bakterien vertilgen. Nach einigen Dutzend Zellteilungsrunden ist an diesem Punkt ein Stadium der *terminalen Differenzierung* erreicht. Differenzierung und Entwicklung gehen Hand in Hand. Die Entwicklung des Gesamtorganismus ist Resultat und Ausdruck der Differenzierung einzelner Zellen in seinem Inneren.

Terminal differenzierte Zellen können hochspezialisierte Funktionen ausüben, die soeben bei den weißen Blutkörperchen beschriebene zum Beispiel, oder auch eine ganz andere wie die Produktion von Haaren und Fingernägeln. Die meisten Zellen Ihres Körpers sind terminal differenziert, unter anderem sämtliche mikroskopisch kleinen Bestandteile komplexer Organe wie Lunge, Leber, Niere oder Gehirn. Doch selbst im ausgewachsenen Organismus gibt es noch immer einige Zellen, die auf einem früheren Differenzierungsniveau stehengeblieben sind. Diese Zellen bezeichnet man als Stammzellen. Sie fahren fort, sich zu teilen, um beispielsweise eine neue Quelle für Hautzellen, Blutkörperchen oder andere spezialisierte Zelltypen zur Verfügung zu stellen, die dauernd ersetzt werden müssen, damit Sie am Leben bleiben.

Die Molekularbiologen verfügen inzwischen über ein sehr detailliertes Verständnis von dem, was während der Differenzierung in einer Zelle geschieht. Wobei das eigentlich Wichtige das ist, was *nicht* geschieht – eine differenzierte Zelle verliert nichts von ihrer genetischen Information.[4] Jede einzelne somatische Zelle in Ihrem Körper verfügt über den kompletten Satz von 46 Chromosomen und über die gesamte DNA, die bereits in den beiden Kernen des embryonalen Zweizellstadiums vorhanden war. Wenn aber doch alle Zellen dieselbe genetische Information enthalten – warum sehen sie dann nicht alle gleich aus, warum verhalten sie sich nicht gleich? Die Antwort lautet, daß jede Zelle darauf programmiert ist, nur einen geringen Teil der Gesamtinformation zu verwenden, damit sie leben und die Aufgaben ausführen kann, für die sie im Laufe der Evolution mit besonderen Fähigkeiten ausgestattet worden ist. Zellen, die unterschiedlich aussehen und sich unterschiedlich verhalten, sind darauf programmiert, verschiedene Teile derselben genetischen Information zu verwenden. Und mit jedem Differenzierungsschritt verändert sich das Zellprogramm zumindest geringfügig.

Die Frage, wie die Differenzierung einer Zelle abläuft, gehörte über weite Strecken des 20. Jahrhunderts zu den fundamentalen Problemen der Entwicklungsbiologie. Im Jahre 1997 aber scheint es gerechtfertigt zu konstatieren, daß dieses Problem in seinen groben Umrissen gelöst ist. Die Lösung verdanken wir nicht irgendeinem einzelnen Experiment oder einem einzelnen Labor, sondern der Anhäufung vieler Ergebnisse, zusammengetragen von vielen hundert Wissenschaftlern auf der ganzen Welt. Wir kennen noch immer nicht alle Einzelheiten, aber das allgemeine Bild tritt inzwischen relativ klar zutage. Und überraschenderweise – selbst für die Wissenschaftler – gründet sich ein großer Teil unseres Verständnisses von der menschlichen Zelldifferenzierung im besonderen und der gesamten Körperentwicklung im allgemeinen auf Experimente an sehr einfachen Organismen wie Hefen und Taufliegen. In Anerkennung der enormen Bedeutung der Arbeiten an Fliegen erhielt mein Kollege Eric Wieshaus von der Princeton University zusammen mit Christiane Nüsslein-Vollhard und Ed Lewis im Jahre 1995 den Nobelpreis für Medizin und Physiologie.

Die Differenzierung von Zellen geschieht in Reaktion auf verschiedene Arten von Signalen. Sie können ausgetauscht werden zwischen Zellen, die einander berühren, oder auch zwischen Zellen, die weit voneinander entfernt sind. Alle diese Signale bestehen aus speziellen Molekülen. Manche Zellen können auch Signale – wiederum in Gestalt bestimmter Moleküle – aus der äußeren Umgebung aufnehmen.

Im Laufe der Entwicklung und auch im erwachsenen Organismus werden im ganzen Körper unablässig Tausende von Signalen gesendet und empfangen. Doch jede Zelle ist wie ein winzig kleiner Radioempfänger darauf abgestimmt, nur jene Signale herauszupicken, die für sie persönlich bestimmt sind, und diese Feinabstimmung basiert auf ihrem Differenzierungszustand. Zellen antworten auf Signale, indem sie das von ihnen verwendete genetische Programm verändern, und das wiederum kann die Zelle unter Umständen dazu veranlassen, ihre eigenen Signale auszusenden – wiederum in Gestalt bestimmter Moleküle –, damit diese von anderen Zellen empfangen werden. Der sich entwickelnde Fetus ähnelt einem komplexen elektronischen Netzwerk, nur daß die Signale in seinem Falle nicht in Gestalt von Elektronen, sondern in Form von Molekülen daherkommen, die ihrerseits von Genen kodiert werden. Die Wissenschaftler sind noch dabei, alle diese molekularen Signale zu entschlüsseln, doch die Liste wird Monat für Monat länger.

Als wir unseren Embryo zuletzt betrachtet hatten, bestand er aus sechzehn Zellen, und die Zellen auf seiner Außenseite hatten angefangen, sich zu Plazentazellen zu differenzieren. Während der Embryo sich weiter den Eileiter hinab begibt, bis er sich am fünften Tag nach der Befruchtung in der Gebärmutter einnistet, teilen sich die Zellen unausgesetzt weiter. In dieser Zeit ist der Embryo eine frei bewegliche, unabhängige Einheit, eingehüllt in seine stabile Eihülle. Auch der Körper der Frau ist nicht in der Lage, ihn von einem unbefruchteten Ei zu unterscheiden.

In gewisser Hinsicht kann eine Frau daher während der ersten Woche nach dem Eisprung auch nicht als schwanger gelten. Sie mag einen Embryo in sich tragen, aber dieser existiert separat, und seine Entwicklung verläuft unabhängig von ihr. Selbst dann, wenn in der Eihülle ein Embryo ist, besteht noch immer eine fünfzigprozentige Chance, daß er ihre Gebärmutter passiert, ohne daß sie je etwas davon erfährt, und daß ihre nächste Blutung trotzdem rechtzeitig stattfinden wird. Bei Frauen, die zur Empfängnisverhütung ein Intrauterinpessar verwenden, beträgt der Prozentsatz an nicht eingenisteten Embryonen sogar beinahe 100 Prozent (vorausgesetzt, das Pessar funktioniert richtig).[5] Diese Frauen tragen möglicherweise mehrmals im Jahr neugebildete Embryonen in sich, ohne daß sie je schwanger werden.

Tag 7 bis 13: Einnistung und Schwangerschaft

Irgendwann zwischen Tag 7 und 8 nach der Befruchtung bildet sich in der Eihülle eine große Lücke, und der Embryo verläßt seine Umhüllung, ein Vorgang, den auch Embryologen, die Säuger untersuchen, gemeinhin als »Schlüpfen« bezeichnen. Im Gegensatz zur Außenschicht der Eihülle sind die äußeren Zellen des Embryos selbst relativ klebrig, und wenn die Bedingungen günstig sind, dann heftet sich der befreite Embryo an die Gebärmutterwand. Mit diesem Ereignis beginnt die Einnistung.

Der Embryo dringt nun in die Gebärmutterwand ein und stellt eine Verbindung zur mütterlichen Blutversorgung her. Zum erstenmal kann seine Anwesenheit bemerkt werden – sowohl von der Mutter als auch durch einen sehr empfindlichen Schwangerschaftstest. Der Embryo sendet Signale aus, die zu raschen hormonellen Veränderungen im Körper der Mutter führen. Mir Hilfe einer äußeren Energiequelle – sprich der Mutter – kann der Embryo nun eine Periode raschen Wachstums und zügiger Entwicklung durchlaufen. Die äußeren Zellen des Embryos und die Gebärmutterzellen der Mutter vermischen sich miteinander und beginnen, die spätere Plazenta zu bilden.

Doch selbst in diesem Stadium haben die Zellen in der Mitte des Embryos noch keine Differenzierung durchlaufen. Noch immer hat jede von ihnen die Fähigkeit, Zellen zu produzieren, die sowohl zu jedem Organ des Körpers als auch zu nicht fetalem Gewebe wie der Plazenta werden können. Und noch immer kann der Embryo in zwei oder mehr Teile zerfallen, aus denen sich dann weitere vollständige Feten und damit weitere menschliche Leben entwickeln können. Am dreizehnten Tag schließt sich dann der Vorhang über dem, was die IVF-Praktiker als »präembryonales« Stadium bezeichnen.

3. bis 5. Woche: Die Entwicklung embryonaler Gewebe

Zu Beginn der dritten Woche, am 14. oder 15. Tag nach der Befruchtung, schlägt eine kleine Anzahl von Zellen in der Mitte des Embryos zum erstenmal den Weg der Differenzierung ein. Erst mit diesem Ereignis wird es möglich, *spezifische* Embryonalzellen zu identifizieren, die definitiv Teil des sich entwickelnden Fetus sein werden. Vor diesem Zeitpunkt gab es keine Möglichkeit herauszufinden, welche Zellen aus der Mittelregion sich schließlich im Embryo befinden und welche die Plazenta bilden würden.

Der Embryologe C. R. Austin schreibt: »Vermutlich würden die meisten Leute, die mit diesem Gebiet nicht vertraut sind, annehmen, daß die Veränderungen in kontinuierlicher Linie erfolgen – Ei wird zu Fetus, Fetus zu Kind, und jedes neue Stadium ist der komplette Nachfahre des vorherigen –, aber dem ist nicht so. Wohl wird das gesamte Ei zum Embryo und der gesamte Fetus wird zum Kind, aber der gesamte Embryo wird eben *nicht* zum Fetus – nur ein kleiner Teil des Embryos ist daran beteiligt, der Rest lebt weiter als Plazenta und anderes Nährgewebe.«[6]

Innerhalb der isolierten Embryoregion, aus der sich der Fetus entwickeln wird, macht eine Zellinie eine Differenzierung zum sogenannten Primitivstreifen durch, dem Vorläufer von Rückenmark und Wirbelsäule. Das Erscheinen des Primitivstreifens ist ein bedeutender entwicklungsphysiologischer Schritt, denn er markiert den Zeitpunkt, ab dem es nicht mehr zur Bildung von Zwillingen kommen kann. Wenn jetzt der Embryo in zwei Teile zerfiele, dann wären die beiden getrennten Teile nicht mehr in der Lage, eine vollständige Embryonalentwicklung zu durchlaufen. Damit ist der fünfzehn Tage alte Embryo festgelegt: Entweder wird er zu einem einzelnen menschlichen Wesen oder aber zu gar keinem.

Von diesem Punkt an verläuft die Entwicklung ungemein rasch. Im Laufe der vierten Woche werden die ersten Anfänge von Darm, Leber und Herz erkennbar. Am Ende der vierten Woche schlägt das Herz, und durch die embryonalen Venen und Arterien strömen primitive

Blutzellen. Dies ist auch das Stadium, in dem die allerfrüheste Gehirnentwicklung beginnt. Noch immer ist der Embryo weniger als einen Zentimeter lang.

6. bis 14. Woche: Der Embryo wird zum Fetus

Zwischen der 6. und 8. Woche nach der Befruchtung verwandelt sich der Embryo in das, was man als eine Miniaturausgabe eines menschlichen Wesens bezeichnen könnte – mit Armen, Beinen, Händen, Füßen, Zehen, Augen, Ohren und Nase. Diese äußerlich eindeutig menschlichen Kriterien sind es, die eine Terminologieverschiebung von »Embryo« zu »Fetus« bedingen. Mit der zwölften Woche wird auch das Innere des Fetus ziemlich menschenähnlich, denn alle wichtigen Organe sind inzwischen vorhanden. Damit ist das erste Schwangerschaftsdrittel abgeschlossen.

Zwar hat der Anblick von etwas unter Umständen großen Einfluß darauf, wie wir Dinge sehen, aber es ist wichtig, sich darüber im klaren zu sein, was in diesem frühen Stadium der Embryonalentwicklung vorhanden ist und was nicht. Die wichtigsten Organe sind zwar sichtbar, aber sie haben noch nicht zu arbeiten begonnen. Die Großhirnrinde – der endgültige Sitz menschlicher Emotion und Selbsterkenntnis – hat zu wachsen begonnen, die Zellen in ihrem Inneren aber sind noch nicht in der Lage, als Nervenzellen zu fungieren. Sie sind lediglich Vorläufer von Nervenzellen, denen noch die Fähigkeit fehlt, neuronale Signale auszusenden oder zu empfangen. Weitere Entwicklungsschritte müssen ablaufen, bevor sie überhaupt wie Nervenzellen aussehen oder in der Lage sind, synaptische Kontakte untereinander zu knüpfen. Und wenn es keine Kommunikation zwischen Nervenzellen gibt, kann es auch kein Bewußtsein geben. Das bedeutet, daß ein Fetus, der in diesem Stadium abgetrieben wird, keinen Schmerz fühlen kann.

Die Philosophen der Antike verfügten noch nicht über den Kenntnisstand der Wissenschaft des 20. Jahrhunderts, der ihnen hätte helfen können, die Welt zu verstehen. Sie mußten ihre Überlegungen daher

auf das gründen, was sie mit ihren eigenen Augen sehen konnten. Und in den Augen eines Aristoteles im 4. Jahrhundert vor Christus sah ein Fetus ziemlich genau aus wie ein menschliches Wesen, ein Embryo hingegen nicht. Also stellte er die These auf, daß die menschliche Frucht sich über eine Reihe von Zwischenstufen entwickelt, die den wichtigsten Stadien der Evolution von Leben auf der Erde äquivalent seien (wobei er das Wort »Evolution« natürlich nicht verwendete, denn Darwins Geburt sollte noch weitere zweitausend Jahre auf sich warten lassen). Der früheste Embryo galt in seinen Augen als vegetativ, dann folgte ein tierähnliches Stadium, und schließlich und endlich wurde mit dem Beginn des Fetalstadiums Menschlichkeit erreicht. Nach Aristoteles' Vorstellung bestand übrigens ein wesentlicher Unterschied zwischen Jungen und Mädchen: Der männliche Fetus gelangte seiner Ansicht nach bereits im Alter von 6 Wochen nach der Befruchtung zur Menschlichkeit, der weibliche Fetus hingegen erst mit 13 Wochen.
Im 13. Jahrhundert wurden die Schriften des Aristoteles von dem Theologen und Philosophen Thomas von Aquin wiederentdeckt. Er ging in seinen Deutungen jedoch über Aristoteles hinaus und argumentierte, daß das Auftreten menschlicher Züge mit dem Zeitpunkt zusammenfalle, an dem der Fetus »beseelt« werde. Thomas schrieb, daß Gott zum entsprechenden Zeitpunkt (nach 6 Wochen bei Jungen und nach 13 Wochen bei Mädchen) auf den Fetus hinabblicke und entscheide, ob dieser zur Beseelung bereit sei. Falls ja, so erhalte der Fetus seine Seele und fahre mit seiner Entwicklung bis zur Geburt fort. Vom 14. Jahrhundert bis zum Jahre 1869 war dies die offizielle Doktrin der römisch-katholischen Kirche. Vor der Verleihung einer eigenen Seele wurde der Embryo als Teil des mütterlichen Organismus gesehen, und sein Tod oder seine Entfernung waren bedeutungslos.

8. bis 22. Woche: Die Bewegungen des Fetus werden fühlbar

Irgendwann zwischen der 8. und der 22. Woche nach der Empfängnis fühlt eine Schwangere die Bewegungen des Fetus normalerweise zum erstenmal. Dieser Zeitpunkt mag für die werdende Mutter zwar ein wichtiger Moment sein, für den Fetus ist er dies jedoch in keiner Weise. Er bewegt sich bereits seit der 10. Woche unablässig. Er mußte nur hinreichend groß werden, damit seine Aktivität auch außerhalb des Bauchs wahrgenommen werden kann. Eine Frau wird diese Bewegungen normalerweise während einer zweiten Schwangerschaft sehr viel früher bemerken als während der ersten, weil sie die Empfindung bereits kennt.

Auch hier können äußerer Schein und Wahrnehmungen trügen. Die fetale Bewegung von Gliedmaßen während dieser Zeitspanne hat nichts mit bewußten Entscheidungen zu tun, die im fetalen Gehirn gefällt werden. Sie sind reine Reflexe. Diese Aussage können wir deshalb so selbstsicher treffen, weil wir wissen, daß der Sitz des Bewußtseins, die Großhirnrinde, zu diesem Zeitpunkt noch nicht über verknüpfte Neuronen verfügt, dies aber ist für jede Form der Funktionalität – auch auf primitivster Ebene – notwendig.

Ohne den wissenschaftlichen Hintergrund des ausgehenden 20. Jahrhunderts mußte die fühlbare Bewegung des Fetus ohne Zweifel hochbedeutsam erscheinen. Das Gesetz vieler Länder erkennt diesen Zeitpunkt als die Grenzlinie an, jenseits derer man es mit einem neuen menschlichen Leben zu tun hat.

Auch mit unserem derzeitigen Wissen fällt es schwer, dem Gedanken zu widerstehen, es handle sich bei dem tretenden Fetus im Bauch einer Schwangeren um ein eigensinniges kleines Baby, das versucht, seinem Gefängnis zu entkommen. Solche Gedanken aber gehören ins Reich der Emotionen, nicht in das der Rationalität.

24. bis 26. Woche: Der Fetus wird lebensfähig, das Gehirn vernetzt

Zwischen der 24. und der 26. Woche nach der Befruchtung werden zwei voneinander unabhängige Etappenziele erreicht. Das erste ist die Lebensfähigkeit. Ab jetzt kann der Fetus auch außerhalb des Mutterleibs überleben.[7] Das wird deshalb möglich, weil die fetalen Lungen nun zum erstenmal ihre Funktion aufnehmen können. Auch mit den besten derzeit verfügbaren Techniken der Neonatalmedizin läßt sich der Zeitpunkt der Lebensfähigkeit nicht weiter zurückverlegen, einfach deshalb, weil ein jüngerer Fetus nicht atmen kann. Auch andere Organe sind noch nicht voll funktionsfähig, so daß die Lebensfähigkeit auch ohne das Lungenproblem vor diesem Zeitpunkt stark gefährdet ist.

Wie steht es mit der Zukunft? Wird die Medizin in der Lage sein, die Problematik zu lösen und auch jüngeren Feten ein Überleben zu ermöglichen? Und gibt es darüber hinaus irgendeine Chance, daß sich, wie in Huxleys *Schöner neuer Welt* beschrieben, eine künstliche Umgebung entwickeln ließe, die die biologische Umgebung des Mutterleibs die gesamte Schwangerschaft hindurch ersetzen könnte?

Glücklicherweise oder – je nach Standpunkt – unglücklicherweise handelt es sich um ein extrem schwieriges technisches Problem. Von der Einnistung bis zur 25. Woche der Schwangerschaft besteht eine sehr enge Verbindung zwischen dem Embryo beziehungsweise Fetus und dem Körper der Mutter. Der Fetus erhält sämtliche Nährstoffe über die Mutter und übermittelt ihr sämtliche Abbauprodukte zur Ausscheidung, das ist allgemein bekannt. Was man bislang nicht versteht, sind all die molekularen Signale, die während der Entwicklung hin- und hergehen müssen, um die Feinabstimmung des Austauschs zwischen Mutter und Fetus zu gewährleisten. Um eine künstliche Gebärmutter zu schaffen, müßte man nicht nur jedes dieser Signale verstehen, man müßte diesen »K-Uterus« auch darauf programmieren, jedes dieser Signale in der geeigneten Art und Weise biochemisch zu beantworten.

Man sollte die Möglichkeiten künftiger Technologien niemals unterschätzen. Es ist sicher möglich, wenn nicht sogar wahrscheinlich, daß im Verlauf der kommenden Jahrhunderte irgendwann auch eine künstliche Gebärmutter entworfen wird, so man es der Forschung gestattet.[8] Doch im Vergleich zu den meisten anderen reprogenetischen Technologien, die in diesem Buch diskutiert werden, scheint der »K-Uterus« in etwas weiterer Ferne zu liegen.

Das zweite entscheidende Etappenziel zwischen der 24. und der 26. Woche ist die Entwicklung einer funktionstüchtigen Großhirnrinde und damit des Potentials für ein menschenähnliches Bewußtsein. Dieser Prozeß beginnt mit 25 Wochen und wird von Morowitz und Trefil in ihrem Buch *The Facts of Life* mit dramatischen Worten beschrieben:

> Die meisten Gehirnzellen werden früh in der Schwangerschaft produziert, wandern dann zu ihrer endgültigen Position und reifen zu ihrer endgültigen Gestalt heran. Während dieser Zeit bilden sich ein paar Synapsen, aber es erfolgt keine Verkabelung in großem Maßstab. Dann, wenn die meisten Zellen an ihrem Platz und alles in Breitschaft ist, fangen die Synapsen ernsthaft an, Kontakte zu knüpfen. Diese explosionsartige Zunahme der Synapsenbildung ist das, was wir als Geburtsstunde der Großhirnrinde bezeichnen. Sie markiert den Zeitpunkt, an dem das Gehirn sich aus einer Anhäufung von Einzelzellen zu einem vernetzten Apparat verwandelt, der in der Lage ist, menschliche Gedanken auszuführen.[9]

Auf der Grundlage entwicklungsphysiologischer und anatomischer Befunde argumentieren Morowitz und Trefil, daß menschliches Leben – in einem etwas anderen Sinne als dem in diesem Buch definierten – irgendwann nach der 25. Entwicklungswoche entsteht. Interessanterweise, so die Autoren in ihrem Artikel, will es der Zufall, daß »Menschlichkeit und die Fähigkeit zum Überleben außerhalb des Mutterleibs sich zur selben Zeit entwickeln«.[10]

Streng genommen scheint es unwahrscheinlich, daß die neu entstehende Großhirnrinde die Fähigkeit zu bewußtem Denken besitzt. Aber es gibt keinen einfachen Test dafür, nicht einmal eine Definition dessen, was »bewußtes Denken« eigentlich ist. Sowohl die Synapsenbildung als auch eine organisierte elektrische Aktivität der Großhirnrinde (im EEG als deutliche Gehirnstrommuster erkennbar) beginnen zwar mit 25 Wochen, doch beide verändern sich noch unablässig und reifen weiter, bis das Kind ein Alter von zehn Jahren erreicht hat! Bewußtsein entwickelt sich allem Anschein nach sehr früh, aber niemand weiß genau, wann.

Die Geburt und die Zeit danach

Die durchschnittliche Zeit von der Empfängnis bis zur Geburt beträgt 270 Tage. Aber wie wir gesehen haben, ist mit den ausgefeilten Methoden der Neonatalmedizin ein Überleben bereits ab der 25. Woche möglich, und manche Schwangerschaften können auch 40. Wochen dauern. Die Geburt selbst markiert damit keinen besonderen Zeitpunkt im Rahmen der Entwicklung. Andererseits hat sich der Fetus bis zur 35. Woche soweit entwickelt, daß er mit nichts als der Milch seiner Mutter oder einem synthetischen Äquivalent in der Außenwelt existieren kann.

In unserer Gesellschaft gilt ein Neugeborenes als »das Kostbarste auf der Welt«. Wir betrachten es als ein fertiges menschliches Wesen, dem wir mit mindestens demselben Respekt und derselben Sorge begegnen wie anderen menschlichen Wesen. Als Ausgangspunkt für eine Diskussion wird damit so ziemlich jeder, der dieses Buch liest, der Aussage zustimmen können, daß er vor der Empfängnis *nicht* existiert hat, und daß er nach seiner Geburt zweifelsfrei existiert hat.

Damit bleibt uns aber noch immer die Frage, die wir uns dieses ganze Kapitel über immer wieder gestellt haben: Wann zwischen diesen beiden Zeitpunkten hat Ihr Leben begonnen – genauer, Ihr *menschliches Leben*? Als Samenzellen Ihres Vaters die Hülle um die Eizelle Ihrer Mutter durchdrangen? Als eine einzelne Samenzelle von der Eizelle aufgenommen wurde? Als die Samenzelle aufhörte zu schwimmen, ihren Schwanz ablegte und ihr Kern sich zu vergrößern begann? Als die Eizelle die eine Hälfte der mütterlichen Information verwarf, so daß die Gesamtmenge an genetischem Material dem entsprach, was

Sie heute mit jeder Ihrer Zellen in sich tragen? Als das genetische Material von Mutter und Vater sich im Zweizellstadium zum erstenmal näherkam? Als zwei Wochen später die ersten Zellen auftauchten, die nur für Ihren Körper bestimmt waren? Als es dem Embryo kurz darauf nicht mehr möglich war, mehr als ein menschliches Wesen zu bilden? Als nach 3 bis 4 Wochen die ersten ganz primitiven Teile Ihres Gehirns angelegt wurden? Als sich nach 6 bis 8 Wochen die Großhirnrinde entwickelte? Als mit 25 Wochen Ihre Großhirnrinde vernetzt wurde? Oder als Sie etwa 25 bis 40 Wochen nach der Befruchtung den Körper Ihrer Mutter verließen und selbständig zu atmen anfingen?

Es gibt kaum jemanden, der behaupten würde, daß der wirkliche Anfang nicht irgendwo zwischen Befruchtung und Geburt liegt. Macht man sich die Definition von »menschlichem Leben« zu eigen, die ich im vorhergehenden angesprochen habe, dann ist es möglich zu schlußfolgern, daß Sie erst dann als einzigartiges menschliches Wesen existierten, als Sie sich der Welt um Sie herum oder auch Ihrer selbst voll bewußt geworden waren, Monate, vielleicht etliche Jahre nach Ihrer Geburt.[11]

Andererseits ist es aber auch möglich, sich einem Zeitpunkt vor der Befruchtung zuzuwenden und sich die Bedeutung dessen klarzumachen, was damals bereits existierte. Wohl war die Information, die schließlich herangezogen werden sollte, um Ihren Körper zu formen, noch nicht an einem Ort vereint, aber jeder Teil von ihr lag bereits andernorts in anderer Form vor. Und das Ei, das sich schließlich zu Ihrer Person entwickeln sollte, war im Körper Ihrer Mutter schon vorhanden, als *sie* noch ein Fetus war.

Diese faszinierende kleine Tatsache vermag Brigid Hogan, eine der Leiterinnen des NIH-Komitees zur Formulierung einer politischen Empfehlung zu Experimenten an Embryonen in den Vereinigten Staaten, aufrichtig zu begeistern. Als ich sie nach ihren Ansichten zur Frage nach dem Beginn menschlichen Lebens fragte, antwortete sie: »Mir gefällt die Idee, daß vor langer Zeit eine junge schwangere Engländerin im südafrikanischen Port Elizabeth in ihrem Bauch nicht nur ihre Tochter trug, sondern auch die Eizelle, aus der einmal ihre Enkelin werden sollte, und daß die genetische Rekombination, die zu meiner Person beigetragen hat, damals schon begonnen hatte.« Wenn man nun natürlich anfängt, immer weiter in der Zeit zurückzureisen, um nach einem Anfang zu suchen, dann macht man unter Umständen erst bei der ersten Zelle halt, also vor 3,5 Milliarden Jahren.

Die Wissenschaft sagt uns, daß es keinen isolierten Augenblick gibt, der Ihren Anfang markiert. Kein einzelner Moment läßt sich von all den vielen anderen wichtigen Momenten abtrennen, und dem kann jeder von uns zustimmen. Ein Wissenschaftler wird Ihnen vielmehr versichern, daß Sie ganz allmählich aus den genetischen Informationen und Molekülen hervorgegangen sind, die in Ihrem sich entwickelnden Körper vorhanden waren. Und ich möchte Ihnen in den kommenden Kapiteln berichten, daß und auf welche Weise die Wissenschaftler gelernt haben, diese Informationen und diese Moleküle so zu manipulieren, daß unsere Art in naher Zukunft die Macht haben wird, die Beschaffenheit künftiger Menschenleben zu beeinflussen.

Teil II
Die Erschaffung von Leben

Alle Dinge sind durch dasselbe [das Wort] gemacht, und ohne dasselbe ist nichts gemacht, was gemacht ist. In ihm war das Leben, und das Leben war das Licht der Menschen.

Johannes 1, 3–4

Kapitel 5
Babys ohne Sex

Als ich 1995 an der Princeton University ein Anfängerseminar über Reprogenetik abhielt, brachte ich ein kleines Geheimnis zur Sprache, das meine Studenten allesamt recht amüsant fanden. Ich sagte ihnen, jeder ihrer Vorfahren – beide Eltern, die vier Großeltern, die acht Urgroßeltern, die sechzehn Ururgroßeltern, und so weiter, solange man zurückdenken kann – habe mit einem Mitglied des anderen Geschlechts sexuell verkehrt. Kindern fällt es oft schwer zu glauben, daß ihre Eltern Geschlechtsverkehr miteinander haben. Und dann auch noch Großeltern und Urgroßeltern? Schockierend!
Freilich werden mir in nicht allzu ferner Zukunft Studenten in meinen Seminaren begegnen, bei denen diese Annahme nicht mehr gilt. Denn Geschlechtsverkehr ist, 600 Millionen Jahre nach seiner »Erfindung«, für das Erzeugen von Nachkommen keine zwingende Voraussetzung mehr. Das kann man bereits in den Zeitungen lesen. Am 7. Dezember 1987 berichtete die *Washington Post*:

> Kürzlich erregte Lesley Northrup, eine Priesterin der Episcopalian Church [dem amerikanischen Gegenstück der anglikanischen Staatskirche, Anm. d. Übers.], weltweites Aufsehen, als sie durch künstliche Besamung zur alleinerziehenden Mutter wurde. Sie argumentierte, diese Technik umgehe das kirchliche Verbot von außerehelichem Sex, und auch ihr vorgesetzter Bischof hat diesen Standpunkt gebilligt.
> »Indem ich dieses Kind bekommen habe«, sagte Northrup, »habe ich nichts Illegales oder Unmoralisches getan. Ich kann mir auch gar nicht denken, was daran anstößig sein sollte. Ehebruch? Wenn keine der beiden Seiten verheiratet war? Außerehelicher Verkehr? Aber es gab doch überhaupt keinen Sexualakt.«

Am 19. Juli 1994 meldete die britische Zeitung *Sunday Telegraph*: »In Buckinghamshire gebar eine Frau, die zu Protokoll gab,

sie habe sich noch nie genug in einen Mann ›verliebt‹, um mit ihm ins Bett zu gehen, einen Sohn – auch eine Form der ›Jungfrauengeburt‹.«
Und am 19. Januar 1995 war in der (ebenfalls britischen) *Daily Mail* zu lesen:

> Zwei arbeitslose Lesbierinnen wurden nach einer erfolgreichen künstlichen Besamung Eltern eines kleinen Mädchens. Beide behaupten, Jungfrauen zu sein, und die Mutter des Kindes sagt, sie sei schwanger geworden, nachdem sie sich selbst das von einem schwulen Freund gespendete Sperma eingeführt habe. ... Die Spalte auf der Geburtsurkunde, in der der Name des Vaters erscheint, wird leer bleiben. Natalie [Wilson] sagte, sie hätten sich beide ein Baby gewünscht, die Realisierung dieses Wunsches aber für unmöglich gehalten, weil sie beide nicht bereit gewesen seien, mit einem Mann Geschlechtsverkehr zu haben, um schwanger zu werden. »Jetzt ist entgegen allen Hindernissen dieser Traum doch noch wahr geworden.«

Besonders in den britischen Sensationsblättern sind noch weitere Berichte über Jungfrauengeburten publik gemacht worden, und auf jeden derartigen Fall kommen wahrscheinlich Hunderte oder gar Tausende, die nicht in der Zeitung stehen. Fast ausnahmslos begann die Sache mit einer künstlichen Besamung (wobei das Sperma von einem Spender stammte), jener Variante der Reproduktionstechnologie, die den geringsten technischen Aufwand erfordert. Eine solche Insemination kann eine Frau an sich selbst vornehmen; alles, was sie dafür benötigt, ist irgendein kleiner Schlauch, mit dem sie das gespendete Sperma in ihre Vagina einführen kann. Und selbst ein solches Hilfsmittel ist nicht zwingend erforderlich. So beschreibt etwa Kurt Vonnegut in seinem Roman *Galápagos* (1985) künstliche Befruchtungsakte, bei denen der Samen allein mit den Fingern in die Vagina eingeführt wird. In Vonneguts Vision sind solche Kinder, »ohne jede Sünde« gezeugt, die Adams und Evas für die gesamte Zukunft des menschlichen Lebens auf der Erde.
Geschieht, wenn man den Zusammenhang zwischen Sexualakt und

Fortpflanzung kappt, etwas Unmoralisches? Manche Leute sind dieser Ansicht. So berichtete die *Washington Post* am 12. März 1991:

> Verschiedene Mitglieder des [britischen] Parlaments aus den Reihen der regierenden Konservativen Partei ... riefen nach einem Gesetz, das die künstliche Besamung von Jungfrauen verbieten solle. ... »Man kann sich nur schwer einen unverantwortlicheren Akt vorstellen als jenen, einer Frau dabei zu helfen, auf diese höchst unnatürliche Art und Weise ein Kind zu bekommen«, klagte Jill Knight, eine konservative Abgeordnete. Der Regierung war die ganze Angelegenheit peinlich, und man sagte, ein Verbot von Jungfrauengeburten lasse sich in der Praxis nicht durchsetzen. Doch das genügte einigen Tory-Abgeordneten nicht. »Ich finde das persönlich absolut widerwärtig«, sagte Jerry Hayes, der Vorsitzende des Gesundheitsausschusses seiner Partei. »*Eine* Jungfrauengeburt reicht für die Ewigkeit völlig aus.«

Was aber bringt diese britischen Gesetzgeber so in Rage? Die Tatsache, daß unverheiratete Frauen Kinder bekommen, kann es kaum sein; das kommt wirklich nicht mehr so selten vor. Auch daß Lesbierinnen auf diese Weise Mütter werden, kann es kaum sein, denn der Ärger richtet sich auch gegen andere Frauen wie Lesley Northrup. Vielmehr dürfte der Gedanke, daß Männer vom Reproduktionsakt ganz ausgeschlossen sein sollen, als etwas höchst Unnatürliches gelten. Lesley Northrup sagte, als sie über jene sprach, die am wenigsten Verständnis für ihre Handlungsweise aufbringen können: »Wissen Sie, ich bin gar keine radikale Feministin, aber die Sache ist sehr aufschlußreich. Es waren alles Männer, die sich beschwerten, daß sie aus dem Prozeß ausgeklammert würden. Die Tatsache, daß man eine Familie gründen und ein Familienleben aufbauen kann, ohne daß ein Mann dazugehört, scheint eine Bedrohung darzustellen.«

Plötzlich, so erscheint es manchen, haben Frauen die Macht, ihr Schicksal als Mütter vollkommen in die eigene Hand zu nehmen. Gegenwärtig werden Männer zwar noch als Samenspender benötigt, doch wenn es erst einmal möglich ist, menschliche Wesen zu klonen, gilt selbst das nicht mehr. Und wenn die Männer ausgeschlossen werden, heißt das dann auch, daß Gott ebenfalls irgendwie aus diesem Prozeß ausgeschlossen wird? Wird dann die Frau allein Schöpferin alles neuen menschlichen Lebens sein?

Das Argument, daß Gott vom Zeugungsvorgang ausgeschlossen werde, liegt der Verdammung der In-vitro-Fertilisation (IVF) und der meisten anderen Reproduktionstechnologien durch den Vatikan zugrunde. Als unmoralisch gilt dabei eher die Erzeugung von Babys ohne vorangehenden Geschlechtsverkehr, weniger die Technologie selbst. Der Vatikan scheint sogar bereit, eine Variante der IVF hinzunehmen, bei der das unfruchtbare Paar zunächst Geschlechtsverkehr hat. Dabei trägt der männliche Partner ein Spezialkondom mit kleinen Löchern (damit nicht gegen das kirchliche Gebot verstoßen wird, den Zeugungsakt prinzipiell für eine Empfängnis offenzuhalten, also keine Kondome oder andere Empfängnisverhütungsmittel zu nehmen). Nach dem Geschlechtsakt wird das verbliebene Sperma aus dem Kondom entnommen und im Labor in einem Glasbehälter mit den Eizellen zusammengebracht, die zuvor dem Eierstock der Frau entnommen worden waren. Die ganze Mixtur wird dann schnell in den Eileiter der Frau zurückgebracht, damit die Befruchtung im Innern des Körpers geschieht und nicht außerhalb. Diese Verfahrensweise wird mit dem Akronym GIFT (»Geschenk«) bezeichnet, nicht nur, um sie von der moralisch suspekten IVF-Technologie zu unterscheiden, sondern um die Assoziation »Leben als Geschenk Gottes« zu stützen.[1]

Der Vatikan ist anscheinend bereit, diese List zu tolerieren, weil ein spezifischer Geschlechtsakt mit einem spezifischen Befruchtungsakt in der *natürlichen* Umgebung der weiblichen Geschlechtsorgane verbunden bleibt, selbst wenn zwischendrin ein hochtechnologischer Vorgang in den Gesamtprozeß eingebettet wird. Weil jeder Geschlechtsakt zwischen verheirateten Partnern nach kirchlicher Lehre »gottgewollt« ist, folgt daraus, daß jedes Kind, das aus einem solchen Akt hervorgeht, eine Schöpfung Gottes ist. Wenn dagegen Frauen konspirieren, um ohne Sex die Entwicklung eines Embryos in Gang zu bringen, erschaffen sie nicht nur in Abwesenheit von »Gottes Willen« Kinder, sondern sie entwinden dem Schöpfer sogar das Zepter und beanspruchen es für sich selbst.[2]

Ich persönlich finde es amüsant, daß einerseits meist ältere, konservative Männer eine schreckliche Zukunft heraufbeschwören, in der sie und ihre Söhne vom Fortpflanzungsvorgang ausgeschlossen sein werden, daß aber andererseits auch Frauen, die auf der anderen Seite des politischen Spektrums stehen, angstvoll eine genau gegenteilige Zukunftsvision ausmalen. Gena Corea, eine feministische Wissenschaftlerin, die sich ausführlich mit Fragen der Reproduktionsbiologie beschäftigt hat, glaubt zum Beispiel, daß »Reproduktionstechnologien … die Erfahrung der Mutterschaft transformieren und unter die Kontrolle der Männer bringen. Die Reproduktionstechnologen haben es sich jetzt zum Ziel gesetzt, Leben eher künstlich als natürlich zu erzeugen und Männer auf diese Weise in die Lage zu versetzen, nicht nur Väter, sondern auch Mütter ihrer Kinder zu sein.«[3]

Ganz gleich, wer am Ende die Macht erringt – ich vermute, daß sich Männer und Frauen dabei ungefähr die Waage halten werden –, die britischen Konservativen und Gena Corea haben beide recht: Wie Babys entstehen, wird sich in Zukunft stark verändern. Heute sind Fortpflanzungsakte ohne Sex nur für einen Bruchteil der Geburten in den industrialisierten Ländern verantwortlich. Doch Jahr für Jahr werden immer mehr Babys auf diese Art und Weise gezeugt werden. Und wenn Technologien wie das Klonen, die Embryoselektion und Genmanipulationen in zukünftigen Jahrhunderten oder Jahrtausenden erst einmal weitverbreitet sein werden, könnte die »sexlose« Fortpflanzung für jene, die es sich finanziell leisten können, durchaus zur Norm werden.

Außer der künstlichen Besamung – bei der die Technologie eine so geringe Rolle spielt, daß man sie eigentlich gar nicht als Reproduktionstechnologie bezeichnen sollte – bauen die zahlreichen anderen in diesem Buch besprochenen reprogenetischen Möglichkeiten auf der Grundlage der In-vitro-Fertilisation auf.

Kapitel 6
In-vitro-Fertilisation als Beginn eines neuen Zeitalters

Am Anfang...

Ein einzigartiger Augenblick in der Evolution des Menschen ereignete sich am 25. Juli 1978 mit der Geburt der kleinen Tochter von Lesley und John Brown im Krankenhaus der englischen Stadt Oldham. Mrs. Brown hatte in der Tat einem hübschen Baby das Leben geschenkt: Es wog rund 2600 Gramm und erhielt den Namen Louise Joy. Das Außergewöhnliche an Louise aber war, daß sie als erstes menschliches Wesen außerhalb des Mutterleibes gezeugt worden war. Neun Monate zuvor hatte der Gynäkologe Patrick Steptoe eine einzelne Eizelle aus Lesley Browns Eierstock entnommen und in ein kleines Plastikgefäß gelegt. Dem kleinen Tropfen Kulturflüssigkeit wurde nun Sperma von John Brown hinzugefügt, und dann plazierte man das Gefäß unter einem Mikroskop, mit dessen Hilfe Steptoes Kollege Robert Edwards den Augenblick der Befruchtung beobachtete. Das befruchtete Ei durfte sich dreimal teilen, dann wurde es in Mrs. Browns Gebärmutter eingepflanzt. Neun Monate später war Louise Brown auf der Welt.

Diese Geburt war der Höhepunkt der mehr als ein Jahrzehnt währenden Forschungsarbeiten an menschlichen Eizellen und Embryonen, die Steptoe und Edwards, beide schon bald als Begründer eines neuen Zeitalters in der Reprogenetik anerkannt, unternommen hatten. Die Bedeutung dieser technischen Meisterleistung kann gar nicht hoch genug eingeschätzt werden. IVF – der Terminus, der jetzt benutzt wird, um den gesamten Prozeß von der Eizellen- und Spermienentnahme bis zum Einsetzen des Embryos in die Gebärmutter zu bezeichnen – wurde ursprünglich entwickelt, um einen bestimmten Typus der Unfruchtbarkeit zu behandeln. Nebenbei bietet die IVF aber auch einen

Zugriff auf Ei und Embryo. Und damit wird auch die Möglichkeit eröffnet, den Embryo und sein genetisches Material zu beobachten und zu modifizieren, ehe eine Schwangerschaft (durch Einpflanzen des Embryos in die Gebärmutter) initiiert wird.

Robert Edwards, der eigentliche Begründer von IVF, besitzt nicht einmal einen medizinischen Doktortitel, denn er absolvierte seine Ausbildung am Institut für Tiergenetik der Universität Edinburgh, und seine in den frühen sechziger Jahren verfaßte Doktorarbeit beschäftigt sich mit Mäuseembryonen, nicht mit menschlichen Feten.[1] Bei seinen Forschungen als Doktorand machte sich Edwards die von anderen Mäuse-Embryologen entwickelten Techniken zur Befruchtung von Eizellen zu eigen. Die so entstandenen Embryonen wurden den Mäuseweibchen eingesetzt, woraufhin sich die Entwicklung bis zur Geburt gesunder Tiere ganz normal fortsetzte. Es waren diese an Mäuseembryonen gewonnenen Erfahrungen, die Edwards zu der Überzeugung verhalfen, auch beim Menschen könne eine IVF erfolgreich angewandt werden.

Die Idee zur IVF bei Menschen kam also nicht aus der Humanmedizin, sondern entstammte biologischer Grundlagenforschung.[2] Edwards verstand die verblüffende biologische Ähnlichkeit zwischen Menschen und allen anderen Säugetieren, ordnete sie richtig ein und machte sie sich zunutze. Dieser Ansatz liegt im wesentlichen auch meinen Prognosen für die zukünftigen Fortschritte in der Reprogenetik zugrunde.

1968 konnte Edwards den Gynäkologen Steptoe für sein Anliegen gewinnen, und gemeinsam verbrachten sie die nächsten zehn Jahre bei dem Bemühen, die IVF-Prozedur von Mäusen auf Menschen zu übertragen. Das Problem lag weniger darin, die Befruchtung in einem Laborgefäß zustande zu bringen; das gelang schon ziemlich bald.[3] Vielmehr war es schwierig, die richtigen Bedingungen herauszufinden, damit sich der Embryo in der mütterlichen Gebärmutter auch wirklich einnistete. All diese Einzelheiten herauszubekommen, wird wesentlich erschwert, wenn es nicht wie beim Tierversuch die Möglichkeit gibt, Experimente anzustellen. Jeder Implantationsvorgang wurde natürlich mit der Hoffnung auf eine erfolgreiche Schwangerschaft unternommen und nicht, um Versuchsdaten zu sammeln.

Gegenwärtig …

Seit der ersten Geburt in einer britischen Klinik ist der Einsatz der Fortpflanzungstechnologie IVF enorm angestiegen. Im Jahre 1985 (dem ersten, in dem in US-Kliniken einschlägige Statistiken erstellt wurden) wurden 337 IVF-Geburten gemeldet.[4] 1990 stieg diese Zahl in den Vereinigten Staaten auf 2345, 1993 auf 6870. 1990 boten 180 Kliniken in den USA IVF-Dienstleistungen an; 1993 waren es bereits 267.

Und die Vereinigten Staaten stehen keineswegs allein da. IVF-Programme von vergleichbarer Größe gibt es auch in Australien, Frankreich, Belgien, Holland und natürlich Großbritannien. Es mag vielleicht überrraschen, daß der Einsatz von IVF nicht auf die wohlhabenden Länder des Westens beschränkt ist. Bis 1994 hatten sich in mehr als 38 Ländern IVF-Programme etabliert, darunter auch in Malaysia, Pakistan, Thailand, Ägypten, Venezuela und in der Türkei; aus jedem dieser Länder wurden bisher über hundert Geburten gemeldet.[5] Die Gesamtzahl der bis Ende 1994 zur Welt gekommenen IVF-Babys wurde auf rund 150 000 geschätzt, und die meisten dieser Kinder sind unter vier Jahre alt. Inzwischen ist die Annahme gar nicht mehr so unwahrscheinlich, daß Sie oder einer Ihrer Freunde jemanden kennen, der oder die auf diese Weise ein Kind bekommen hat. Und wenn sich IVF-Kliniken weiter im bisherigen Tempo ausbreiten, könnte es bis 2005 schon allein in den USA eine Jahresrate von mehr als einer halben Million IVF-Babys geben, dazu noch weitere Millionen in anderen Ländern.

Diese Zahlen sind verblüffend, weil die IVF keine Technologie ist, deren Beherrschung man in seiner Freizeit erlernen kann. Man benötigt bestens ausgebildete Ärzte und Fortpflanzungsbiologen mit beträchtlichem manuellem Geschick. Die Ärzte müssen zunächst ein langes Universitätsstudium mit anschließender Facharztausbildung in Frauenheilkunde und Geburtshilfe absolvieren, ehe sie sich in einer Zusatzausbildung an einer IVF-Klinik spezialisieren können. Und selbst diese Ausbildung garantiert allein noch nicht den Erfolg. Manche haben eben das richtige »Händchen« für die Mikrochirurgie, während andere es in diesem Bereich nie zu etwas bringen.

Trotz der hohen Hürden, die zu überwinden sind, läßt sich jedoch leicht erkennen, wie stark die Zahl der IVF-Anbieter ständig wächst. Zum einen gibt es nämlich noch enormen Nachholbedarf an IVF-Dienstleistungen – aus Gründen, die weiter unten noch zur Sprache kommen werden. Zum anderen lassen sich dabei hohe Profite erzielen. In einer typischen amerikanischen IVF-Klinik kann ein Paar, das sich mit fremder Hilfe seinen Kinderwunsch erfüllen will, für eine einzige erfolgreich abgeschlossene Schwangerschaft ohne weiteres zwischen 44 000 und 200 000 Dollar auf den Tisch des Hauses blättern.[6] Anders als in der Computerindustrie, deren Geräte heute für einen Bruchteil der Summen zu haben sind, die noch vor wenigen Jahren zu bezahlen waren, werden die Kosten für IVF-Dienstleistungen in Zukunft wahrscheinlich nicht sinken, denn es handelt sich im wesentlichen um Arbeitshonorare. Und die Arbeit, von der wir hier sprechen, wird von hochqualifizierten Medizinern erbracht, die immer darauf bestehen werden, daß sie für ihre extrem spezialisierten Dienste auch gut bezahlt werden. 1992 erzielten die Reproduktionsspezialisten in Krankenhäusern, Gesundheitszentren und medizinischen Gruppenpraxen ein durchschnittliches Jahreseinkommen von 259 750 Dollar – und verdienten damit mehr als jede andere Spezialistengruppe unter den Medizinern. IVF-Praktiker, die darüber hinaus noch Anteile an einer Klinik oder gar eine eigene Klinik besitzen, können sogar noch wesentlich höhere Einkommen erwirtschaften.
Warum gibt es aber nun so viele Menschen, die bereit sind, solche Riesensummen zu bezahlen, oft sogar ganz aus der eigenen Tasche, um diese Dienste in Anspruch zu nehmen? Die Antwort liegt in dem unbändigen Verlangen, *ein eigenes Kind zu haben.*

Der Wunsch nach einem eigenen Kind

Ein Kind zu haben und aufzuziehen ist eine so mächtige instinktive Kraft, daß viele Menschen, die diesen Drang verspüren, sich schwer tun, seine Herkunft zu erklären.[7] Doch die Ursache erschließt sich problemlos, wenn man mit Dobzhanskys berühmtem Zitat vertraut ist: »Nichts in der Biologie ergibt einen Sinn, es sei denn, man betrachtet es im Licht der Evolution.« In der Tat ist der Wunsch, ein Kind zu haben, auf diese Weise leicht zu erklären. Er leitet sich direkt aus einem der Leitprinzipien der Evolution her: Gene, die die Reproduktionsfähigkeit verbessern, werden von einer Generation zur nächsten mit immer größerer Häufigkeit vererbt und breiten sich letztlich innerhalb einer Population stark aus.

Welche der 100 000 Gene in unserem Genom vergrößern die Effizienz der Reproduktion? Eigentlich alle, denn sonst wären sie in unserem genetischen Material nicht vertreten.[8] Doch die meisten verhelfen unserem Körper einfach nur dazu, lange genug am Leben zu bleiben, um sich fortzupflanzen; sie haben mit dem eigentlichen Reproduktionsvorgang nichts zu tun. Von den Genen hingegen, die an der Fortpflanzung direkt beteiligt sind, beeinflussen die meisten die physiologischen Prozesse der Samen- und Eizellenproduktion. Unfruchtbarkeit ist oft Folge der Fehlfunktion eines oder mehrerer Gene.

Außer den Genen, die Entwicklung, Anatomie und Physiologie eines Tieres bestimmen, gibt es auch solche, die Verhaltensweisen und Emotionen fördern, durch die der Fortpflanzungsvorgang unterstützt wird: Gene, die einen männlichen Vogel auf Balzverhalten programmieren, und andere, die das Weibchen zur richtigen Partnerwahl veranlassen; Gene, die einen Hunderüden dazu bringen, sogar sein Leben zu riskieren, um mit einer läufigen Hündin kopulieren zu können. Entsprechend lenken bestimmte Gene auch die Entwicklung des menschlichen Gehirns, so daß Verhaltensweisen und Emotionen gefördert werden, die dem Fortpflanzungserfolg des Körpers dienen.

Es gibt viele Beispiele für instinktive, der Reproduktion dienliche Verhaltensweisen, die wir Menschen bis zu einem gewissen Grad mit bestimmten Tieren teilen: etwa eine angeborene Furcht vor Schlangen, die dazu beiträgt, daß wir vor und während unserer fruchtbaren Jahre lange genug am Leben bleiben.[9] Oder das Verlangen nach Geschlechtsverkehr. Darüber hinaus gibt es aber auch Verhaltensinstinkte, die nur der Mensch besitzt; und einer dieser ist der abstrakte Wunsch, Kinder zu haben.

Man kann sich leicht vorstellen, wie sich ein solcher Wunsch bei unseren Vorfahren entwickelt hat. Wahrscheinlich stand am Anfang die Herausbildung der Fähigkeit, abstrakt zu denken und logische Verbindungen zwischen zeitlich und räumlich weit auseinanderliegenden Ereignissen herzustellen. Fossilienfunde legen den Schluß nahe, daß unsere Vorfahren diese intellektuelle Fähigkeit vor ein bis drei Millionen Jahren erwarben – zu einem Zeitpunkt, da die Großhirnrinde sich stark vergrößerte. Die daraus resultierenden erhöhten geistigen Fähigkeiten öffneten nebenbei auch den Blick für den Zusammenhang zwischen Sex, Schwangerschaft und der Existenz von Babys. Als diese Voraussetzung erst einmal gegeben war, konnte die Evolution des Kinderwunsches beginnen.

Menschen, die von ihren Genen mit dem Verlangen nach Nachkommenschaft programmiert waren (nicht zu verwechseln mit sexuellem Verlangen!), engagierten sich wahrscheinlich stärker bei jenen Aktivitäten, die eine erfolgreiche Schwangerschaft, Geburt und Elternschaft nach sich zogen. Ihre Kinder wiederum erbten wahrscheinlich dieselben Gene und gaben sie ihrerseits an ihre Nachkommen weiter – und so weiter, über viele Generationen hin. Letztlich hat sich der Wunsch, Kinder zu haben, wahrscheinlich in der gesamten Spezies verbreitet.[10]

Selbstverständlich kennen die meisten von uns auch Menschen, die freiwillig kinderlos sind. Wie läßt sich dieses Phänomen biologisch erklären? Mit Hilfe des einzigen Attributs, das uns zu Menschen macht: Unter allen Tierarten haben allein wir die Fähigkeit entwickelt, unsere natürlichen, genetisch bedingten Prädispositionen zu erkennen, zu verstehen und ihnen manchmal auch entgegenzuwirken. Unter bestimmten Umweltbedingungen, kulturellen oder geistigen Einflüssen kann daher der Wunsch, Nachkommen zu haben, auch zugunsten anderer Wünsche zurückgestellt werden, die mehr mit dem eigenen Selbst, mit anderen menschlichen Wesen oder anderen Lebenszielen zu tun haben.

Für die überwältigende Mehrheit der Menschen ist jedoch der Kinderwunsch so mächtig, daß er alle anderen potentiellen Lebensziele in den Schatten stellt.[11] Die Unmöglichkeit, sich diesen Wunsch zu erfüllen, kann dann von ähnlichen Schmerz- und Trauergefühlen begleitet sein wie der Verlust eines geliebten Menschen durch den Tod. Leider sind 9 bis 15 Prozent aller verheirateten Paare unfruchtbar. Allein in den Vereinigten Staaten gibt es gegenwärtig mehr als zwei Millionen Paare, die gern Nachwuchs zeugen wollen, dazu aber nicht in der Lage sind.

Ursachen und Heilungsmöglichkeiten der Infertilität

Unfruchtbarkeit hat viele Ursachen. Ein Mann ist vielleicht nicht in der Lage, Sperma zu produzieren; vielleicht produziert er auch nur zu wenig, oder seine Spermien können den Befruchtungsvorgang nicht erfolgreich abschließen. Eine Frau hat vielleicht keinen Eisprung, oder ihre Eizellen widersetzen sich der Befruchtung. Vielleicht ist aber auch die Verschmelzung von Eihülle und Gebärmutterschleimhaut unmöglich, so daß der Einnistungsvorgang nicht erfolgreich abgeschlossen werden kann. Es sind sogar noch weitere Probleme denkbar: Der oder die Eileiter einer Frau können blockiert sein, so daß die Eizellen nicht hindurch gelangen können; die weiblichen Geschlechtsorgane können mit den eindringenden Spermien chemisch unverträglich sein, oder das Immunsystem der Frau zerstört vielleicht die Spermien, als seien sie fremde, schädliche Eindringlinge. Jede dieser Ursachen kann den Reproduktionsprozeß schon im Anfangsstadium zum Scheitern bringen, und so überrascht es nicht, daß Infertilität so weit verbreitet ist.

Steptoe und Edwards entwickelten die IVF-Methode zur Behandlung nur eines Bruchteils der unfruchtbaren Paare, nämlich jener 15 Prozent, bei denen die Infertilität allein auf blockierte Eileiter zurückzuführen ist. Durch IVF läßt sich der Eileiter umgehen: Dem Eierstock wird eine Eizelle entnommen und nach dem Befruchtungsvorgang direkt in die Gebärmutter gebracht.

Heutzutage kann man die IVF jedoch als Ausgangspunkt für die Behandlung fast aller Formen von Unfruchtbarkeit nehmen, die sich weniger massiven Eingriffen entziehen. Ein Fortpflanzungstrakt oder ein Immunsystem, die auf Spermien »feindlich« reagieren, sind dann kein ernstliches Hindernis mehr. Hat eine Frau von Natur aus keinen Eisprung, kann man ihn mit Hilfe von Hormonbehandlungen herbeiführen. Wenn die Spermienkonzentration eines Mannes zu niedrig ist, kann diese im Reagenzglas erhöht werden, und wenn die Spermien die Eihülle nicht durchdringen können, kann man sie in den Zwischenraum zwischen Eihülle und Eizelle injizieren. Widersetzt sich die Eihülle um den Embryo der Einnistung in die Gebärmutter, kann man sie im Labor manuell zerstören, ehe der Embryo eingesetzt wird. Und wenn aus irgendeinem Grund Samenzelle und Ei auch unter optimalen Bedingungen nicht verschmelzen wollen, stellt selbst das inzwischen kein Problem mehr dar. Dann nimmt man eine einzelne lebende Samenzelle mit einer winzigen Glasnadel auf und injiziert sie direkt ins Zytoplasma der Eizelle; auf diese Weise wird der Fusionsprozeß ganz umgangen. Dieses Verfahren bezeichnet man als intrazytoplasmatische Spermieninjektion, abgekürzt ICSI. Obwohl erst 1992 entwickelt, wurde sie bereits vier Jahre darauf in mehr als einem Drittel aller IVF-Fälle angewandt, die in vielen großen Kliniken innerhalb und außerhalb der USA registriert wurden. Bis zu 80 Prozent der auf diese Weise befruchteten Eier entwickeln sich mindestens bis zum Zweizellstadium ganz normal weiter. Und die Gesamterfolgsrate – gemessen an der Entwicklung vom embryonalen Stadium bis zum lebend geborenen Baby – unterscheidet sich nicht von jener, die mit Hilfe traditioneller IVF-Verfahren erreicht wird.[12]

Interessanterweise hat das ICSI-Verfahren auch philosophische Implikationen für jene, die glauben, daß menschliche Wesen bereits im Augenblick der Befruchtung entstünden. Die Befruchtung zieht sich ohnehin über einen gewissen Zeitraum hin, doch der Zeitpunkt, an den die meisten Menschen denken, ist jener, da Samen- und Eizelle miteinander fusionieren. Beim ICSI-Verfahren findet dieser Vorgang jedoch nicht statt. Ersatzweise könnte man nun argumentieren, daß der Augenblick der Befruchtung – und damit der Zeitpunkt der Erschaffung eines menschlichen Lebewesens – jener sei, an dem das Spermium manuell in das Ei-Zytoplasma injiziert wird. Ein zentraler Punkt dieser Philosophie bleibt dabei der Gedanke, daß der Befruchtungszeitpunkt unumkehrbare Tatsachen schaffe, indem zwei Zellen zu existieren aufhörten und an ihrer Stelle eine neue entstehe. Oder wie der Vatikan schreibt: »Vom ersten Augenblick an ist das Programm fixiert...«

Für einen kurzen Augenblick nach der Injektion ist das Spermium allerdings, wenn es im Zytoplasma der Eizelle herumschwimmt, immer noch als unabhängige Zelle lebendig, genau wie vor der Injektion. Außerdem fehlen beim ICSI-Verfahren die sonst durch die Fusion von Samen und Eizelle hervorgerufenen Effekte (etwa die Barrierebildung der Eizelle, durch die weitere Spermien am Eindringen gehindert werden).[13] Das bedeutet aber nichts anderes, als daß man in das soeben befruchtete Ei erneut eindringen und die Samenzelle wieder herausnehmen könnte. Damit aber wäre der Prozeß nicht mehr unumkehrbar, und wir könnten zum Ausgangsstadium zurückkehren – mit zwei lebenden Zellen statt einer und ohne Embryo. Mithin fällt der wahre Zeitpunkt der Unumkehrbarkeit nicht mehr mit dem der Befruchtung zusammen. Beim Klonieren könnte überdies ein menschliches Wesen sogar ganz ohne Befruchtungsvorgang geboren werden.

Durch die Entwicklung des ICSI-Verfahrens bilden zu geringe Konzentration oder mangelhafte Qualität des menschlichen Spermas kein Hindernis mehr für eine Befruchtung. Doch was ist, wenn der Mann überhaupt kein Sperma produziert? Wäre nicht wenigstens das ein unüberwindliches Hindernis für die Erzeugung von Nachkommen?

Nein, nicht einmal mehr das.

Die Spermien, die ein fruchtbarer Mann produziert, bilden sich durch Differenzierung runder, schwanzloser Zellen heraus, die man Spermatiden nennt. Diese wiederum entstehen in den Hodenkanälchen, unmittelbar, nachdem das genetische Material, wie bereits in Kapitel 3 beschrieben, durch Reifeteilung um die Hälfte reduziert worden ist. Die meisten Männer, die keine befruchtungsfähigen Spermien haben, verfügen in ihren Hoden gleichwohl über die weniger differenzierten Spermatiden. Inzwischen haben IVF-Praktiker Methoden perfektioniert, mit denen sich solche Spermatiden aus den Hoden unfruchtbarer Männer gewinnen und dann die Zellkerne, die das genetische Material enthalten, aus diesen entnehmen lassen. Ein einziger nackter Zellkern wird dann in das Ei-Zytoplasma injiziert, um eine Befruchtung in Gang zu setzen. Dieser Prozeß wird als »Injektion von Kernen runder Spermatiden« bezeichnet (Round Spermatid Nucleus Injection, kurz: ROSNI).[14]

Und was ist mit jenen Männern, die nicht einmal Spermatiden produzieren? Diese Männer haben keine Zellen, deren genetisches Material durch Reifeteilung bereits reduziert wurde. Sie verfügen damit auch nicht über Zellkerne, die für eine Injektion ins Zytoplasma einer Eizelle brauchbar wären. Doch so unglaublich es scheint, nicht einmal dieser ernste Defekt wird vermutlich in naher Zukunft noch ein unüberwindliches Hindernis für die Zeugung von Nachwuchs bilden.

Ralph Brinster von der Tierärztlichen Hochschule der University of Pennsylvania hat Methoden entwickelt, mit denen man selbst die unreifsten Stammzellen des Mannes, die Ursamenzellen (Spermatogonien), aus seinen Hoden entnehmen und in andere Hoden, sogenannten Wirtshoden, überführen kann, in denen dann ein ganz normaler Differenzierungsvorgang bis zum perfekten Sperma abläuft.[15] Es ist sogar möglich, Samenzellen einer Spezies zu nehmen und sie in den Hoden einer anderen Spezies ausdifferenzieren zu lassen. Brinsters Ergebnisse implizieren, daß man einem Mann, in dessen Hoden eine Differenzierung der Spermien nicht möglich ist, unreife Keimzellen entnehmen und sie in Schweine- oder Rinderhoden ausreifen lassen könnte. Dabei würde dann menschliches Sperma entstehen, das für das IVF-Verfahren brauchbar wäre. Auf die bizarren Auswirkungen dieser Praxis werde ich in Kapitel 14 nochmals zurückkommen.

Reprogenetik – über IVF hinaus in die Zukunft

Am Anfang dieses Kapitels habe ich geschrieben, die Geburt des ersten IVF-Babys sei ein »einzigartiger Augenblick in der Evolution des Menschen« gewesen. Hat denn nicht die medizinische Forschung im 20. Jahrhundert auch sonst enorme Erfolge bei der Entwicklung von Heilmitteln gegen viele zuvor tödliche Krankheiten gehabt? Weshalb sollte dann ausgerechnet die Möglichkeit, Infertilität – wenn auch unvollkommen – zu behandeln, derart wichtig genommen werden? Was rechtfertigt die Hervorhebung gegenüber all den vielen hundert anderen bahnbrechenden Fortschritten in der Medizin, die im Laufe unseres Lebens gelungen sind? Sind denn nicht zum Beispiel die Heilungsmöglichkeiten für Krankheiten, die früher Kinder gelähmt oder getötet haben, für unsere Gesellschaft viel bedeutsamer? Ich bin auch gar nicht der Meinung, daß Infertilitätsbehandlungen auf einem höheren Denkmalssockel stehen sollten als etwa die Entwicklung eines Impfstoffes gegen Kinderlähmung oder Heilungsmöglichkeiten für Kinderkrebs. Dieser Gedanke lag mir völlig fern, als ich die Formulierung »einzigartiger Augenblick« gebrauchte. Vielmehr bin ich der Überzeugung, daß die IVF, obwohl diese Technologie zur Behebung von Fruchtbarkeitsstörungen entwickelt wurde, in Zukunft als bahnbrechende Grundlage für viele reprogenetische Verfahren dienen wird, die über den ursprünglichen Zweck des IVF-Verfahrens weit hinausgehen. Und weil einige dieser Anwendungsmöglichkeiten, wie die Redaktion von *Nature* in dem eingangs zitierten Leitartikel schrieb, durchaus »die Natur unserer eigenen Spezies verändern« könnten,[16] markiert die Entwicklung von IVF jenen Punkt in der Geschichte, an dem menschliche Wesen erstmals die Macht erlangten, ihr eigenes evolutionäres Schicksal – ganz wörtlich – in die eigenen Hände zu nehmen.

Die Möglichkeiten, die sich bei der erfolgreichen Anwendung der IVF ergeben, lassen sich in drei grundlegende Kategorien einteilen. Die erste, die Manipulation von Embryonen auf zellulärer Ebene, steht im Mittelpunkt der Teile II und III meines Buches. Bei der zweiten Kategorie geht es um die Verpflanzung von Embryonen aus einer mütterlichen Umgebung in eine andere, was natürlich auch Folgen für die Bedeutung von Mutterschaft hat; davon ist in Teil IV die Rede. Drittens bietet die IVF dadurch, daß der Embryo aus der Dunkelheit des Mutterleibes ans Tageslicht gebracht wird, auch noch Zugang zum genetischen Material. Vor allem durch die Fähigkeit, dieses zu entschlüsseln und zu verändern, wird sich das wahre Potential des IVF-Verfahrens in Zukunft verstärkt bemerkbar machen. Auf diesen Aspekt wird sich Teil V des Buches konzentrieren.

Wird es soweit kommen?

Bevor ich nun die durch IVF realisierbaren reprogenetischen Ziele beschreibe, ist es erforderlich, zunächst die Frage zu stellen, ob die Menschen wohl überhaupt bereit sein werden, die Verbindung zwischen Geschlechtsverkehr und Kinderzeugung aufzulösen, um irgendein abstraktes Fortpflanzungsziel zu erreichen, und ob sie im Falle dieser Bereitschaft Experten fänden, die mit ihnen zur Erreichung dieses Zieles zusammenarbeiten würden. Das hängt natürlich ganz von der Art des Zieles ab. Schließlich gibt es einen großen Unterschied zwischen der Behebung von Unfruchtbarkeit einerseits und andererseits dem Versuch, durch Genmanipulation sicherzustellen, daß ein Kind die lockigen Haare der Mutter erbt. Mehr als 75 Prozent der Amerikaner sind heute der Ansicht, daß IVF eine akzeptable Lösung für Infertilitätsprobleme sei, während der Prozentsatz derer, die den Einsatz dieses Verfahrens zu rein kosmetischen Zwecken billigen würden, weit geringer ist.[17] Doch zwischen diesen beiden Extremen liegen noch viele andere reprogenetische Ziele. Wo werden die Menschen die Grenzlinie ziehen?

Ganz gleich, wo die Grenze heute verläuft, sie wird in den kommenden Jahren mit großer Sicherheit so gezogen werden, daß sie weitere reprogenetische Möglichkeiten einschließt, und mit Sicherheit auch in der weiteren Zukunft wiederum so, daß noch mehr Verfahrensweisen gebilligt werden. Das hängt damit zusammen, daß bahnbrechende Technologien, solange sie noch ganz neu sind, anfangs immer als fremdartig empfunden werden; instinktiv widersetzen sich viele Menschen Dingen, an die sie sich noch nicht gewöhnt haben. Doch bereits 1966 konstatierten die Ärzte Sophia J. Kleegman und Sherwin A. Kaufman: »Jede Änderung der Gewohnheiten in diesem emotional aufgeladenen Bereich [der ärztlichen Assistenz bei der Erzeugung von Nachwuchs] ist bei den Vertretern der etablierten Sitten und des Rechtssystems noch immer zunächst auf Abscheu und Ablehung gestoßen; dann gab es Ablehnung ohne Abscheu, dann ganz langsam und allmählich Neugier, eingehendere Untersuchungen und Bewertungen und schließlich langsam, aber sicher Akzeptanz.«[18]

Genau so hat sich auch die öffentliche Meinung zum Thema IVF entwickelt. Als die Nachricht von der Entwicklung dieser Methode durch Steptoe und Edwards in den siebziger Jahren die Medien erreichte, wurde in Leitartikeln die Einstellung aller weiteren Forschungen im Zusammenhang mit »Retortenbabys« gefordert. Und als das erste IVF-Baby geboren wurde, fanden die meisten Amerikaner die Sache so bizarr, daß sie nicht im Traum daran gedacht hätten, diese Methode auch bei sich selbst anzuwenden. Im Verlauf des folgenden Jahrzehnts jedoch hat sich die IVF von einem befremdlichen Konzept zu einem weithin akzeptierten medizinischen Ansatz bei der Behandlung von Unfruchtbarkeit gewandelt.

Lassen Sie uns kurz die Gründe unter die Lupe nehmen, die man dagegen anführen könnte, die IVF zu anderen Zwecken als zur Behebung von Infertilität einzusetzen. Das erste Argument lautet, daß die Menschen nicht bereit sein werden, sich einer fremden Technologie zu unterwerfen, die Sexualität und Fortpflanzung trennt, nur damit dem Kind ein Vorteil zuteil werden kann, den es sonst nicht hätte. Dieser Weigerung würden ethische oder emotionale Bedenken zugrunde liegen, oder beides.

Das zweite Argument betrifft die Kosten. Selbst wenn die Leute gegen die Anwendung dieser Technologie an sich keine Einwände hätten, wären sie vielleicht nicht bereit, dafür 30 000 Dollar oder mehr auszugeben.

Das dritte Argument lautet, daß die Personen, die bereit wären, solche Summen zu zahlen, nicht in der Lage wären, Kliniken zu finden, die die gewünschten, medizinisch jedoch nicht unbedingt erforderlichen reprogenetischen Dienstleistungen erbrächten. Dies könnte aus zwei Gründen geschehen: Erstens könnte die technische Kenntnis fehlen, und zweitens könnten die vorhandenen Experten ethische Einwände gegen einen solchen Einsatz ihres Wissens und Könnens haben.

Zweifellos gibt es heutzutage in den westlichen Gesellschaften viele Menschen, die eine starke instinktive Aversion gegen die Verwendung reprogenetischer Technologien zu nichtmedizinischen Zwecken verspüren. Ich konnte diese Reaktion selbst spüren, als ich 1996 in Princeton etwa hundert fortgeschrittene Studenten in meinem Kurs »Biotechnologie und Gesellschaft« befragte, ob sie je den Einsatz der Gentechnik bei zukünftigen eigenen Kindern *aus irgendeinem Grund* in Erwägung ziehen würden. Mehr als 90 Prozent verneinten. Doch als ich ihnen ein hypothetisches Szenario vorstellte, demzufolge gentechnische Verfahren angewandt werden könnten, um absoluten Schutz gegen AIDS zu gewähren, und dann die Frage nochmals stellte, änderte die Hälfte der Befragten ihre Meinung.[19] Innerhalb weniger Minuten verwandelte sich also pauschale Ablehnung der reprogenetischen Technologie in Akzeptanz, als ein einleuchtendes spezifisches Anwendungsbeispiel herangezogen wurde.

Und wie steht es mit den Kosten? Wären 30 000 Dollar ein zu hoher Preis, wenn man sicherstellen könnte, daß ein Kind auf irgendeine Weise gesünder oder klüger geboren würde und damit besser in der Lage wäre, sich in der Welt zu behaupten? Tatsächlich kommt es bei amerikanischen Eltern gar nicht so selten vor, daß sie in vier Jahren fünfmal mehr als 30 000 Dollar ausgeben, um ihren Kindern eine Collegeausbildung zu bezahlen. Und worum geht es bei dieser Ausgabe? Die Chancen sollen erhöht werden, daß ihr Kind irgendwie klüger wird und besser in der Lage ist, Erfolg und Glück zu erlangen. Und wenn Eltern bereit sind, auch ohne Garantie dafür, daß sich die Investition lohnt, *nach* der Geburt soviel Geld auszugeben, was sollte sie dann hindern, bereits *vor* der Geburt das gleiche zu tun?

Ja, die Eltern sind vielleicht bereit, dieses Geld auszugeben, könnten Sie sagen, aber nur die Wohlhabenden werden sich das auch leisten können. Dagegen spricht aber, daß sich gegenwärtig sehr viele Paare aus dem Mittelstand in IVF-Programme haben aufnehmen lassen. In einem speziellen Fall, der in Kapitel 7 noch ausführlicher besprochen werden soll, brachte ein Paar aus Tennessee, dessen gemeinsames Jahreseinkommen nur 37 000 Dollar betrug, die erforderlichen Mittel auf, um über einen Zeitraum von 4 Jahren 7 IVF-Versuche zu finanzieren.

Bleibt schließlich noch die Frage, ob Kliniken bereit sein werden, medizinisch nicht unbedingt erforderliche reprogenetische Dienstleistungen zu erbringen. Daran kann es eigentlich keinen Zweifel geben. Die Zahl der Mediziner, die IVF praktizieren, nimmt derart rapide zu, daß irgendwann der Zeitpunkt erreicht sein wird, an dem der angestaute Bedarf an IVF-Behandlungen unfruchtbarer Paare abgebaut sein wird. Und wenn dieser Punkt erreicht ist, vielleicht sogar schon früher, werden sich einige dieser Praktiker nach neuen Kunden umsehen.

Viele IVF-Praktiker, auch solche, die mit großen medizinischen Zentren verbunden sind, werden sich vielleicht aus ethischen oder politischen Gründen Sorgen machen, ehe sie ans Werk gehen. Doch denken Sie nur an die vielen Länder, in denen heutzutage IVF-Techniken erfolgreich eingesetzt werden; denken Sie an die Hunderte von Privatkliniken, die allein in den USA in Betrieb sind, an das viele Geld, das verdient werden könnte, und an die Tatsache, daß wenigstens bisher (d. h. bis August 1997) in den Vereinigten Staaten keine Bundesgesetze regulieren, was IVF-Praktiker ihren Klienten an Dienstleistungen anbieten dürfen und was nicht. Dann ist eines klar: Wenn bestimmte Menschen bestimmte reprogenetische Dienstleistungen suchen, werden sie auch jemanden finden, der bereit ist, sie zu erbringen.

Dann könnten Sie zum Schluß immer noch einwenden, daß IVF-Praktiker inzwischen wohl gelernt hätten, mit Embryonen herumzuspielen, daß sie aber noch nicht genug über die Manipulation von Genen wüßten. Das mag zwar heute noch richtig sein, doch die Gentechnologie ist sogar noch weiter verbreitet als die IVF-Technologie, und sie kann auch mit weit weniger Ausbildungsaufwand erlernt werden. Jedes Jahr lassen meine Kollegen und ich aus Princeton Studenten auf die Menschheit los, die nichts weiter vorweisen können als den Bachelor-Grad. Aber sie besitzen das Wissen und die Ausbildung, die erforderlich sind, um die genetischen »Wunder« zu vollbringen, die ich im vorliegenden Buch bespreche. Und jedes Jahr schließen an Hunderten von Universitäten weitere Tausende junger Menschen ihr Studium der Molekularbiologie oder Genetik erfolgreich ab. Da erscheint es geradezu unausweichlich, daß sich manche von ihnen mit IVF-Praktikern und Reproduktionsforschern zusammentun werden, um der Welt ihre gentechnologischen Dienste anzubieten.

Kapitel 7
Tiefgefrorenes Leben

Aus der Kälte kommend

»Latentes Leben« (*suspended animation*) ist ein beliebter Ausdruck für das, was geschieht, wenn ein Lebewesen tiefgefroren wird – unter der Annahme, daß es später wieder aufgetaut wird und sein Leben fortsetzen kann. »Kryopräservation« nennen die Wissenschaftler denselben Vorgang. Das Wort »kryos« kommt aus dem Griechischen und bedeutet »Eis«. Die tatsächlich verwendete Temperatur liegt allerdings weit unter dem Gefrierpunkt des Wassers; sie beträgt –196° Celsius.

Lebewesen einzufrieren ist natürlich einfach, doch sie beim Auftauen auch wieder zum Leben zu erwecken, ist schon schwieriger. Deshalb kann der Erfolg der Kryopräservation auch erst im nachhinein beurteilt werden; er zeigt sich darin, daß und wie gut Lebewesen wieder ins Leben zurückfinden. Kryopräservation wurde erstmals während der vierziger Jahre unseres Jahrhunderts an verschiedenen Zelltypen erfolgreich erprobt. 1950 wurde die Methode bei Bullensperma angewandt, und 1953 konnte gezeigt werden, daß man auch menschliches Sperma tiefgefroren über einen längeren Zeitraum aufbewahren kann und daß es nach dem Auftauen beweglich wie zuvor ist, bereit und in der Lage, auf dem Wege der künstlichen Besamung eine Eizelle zu befruchten. Heutzutage wird sowohl Bullen- als auch Menschensperma weltweit routinemäßig tiefgefroren und in Samenbanken aufbewahrt.

Als erste wurden 1971 Mäuseembryonen erfolgreich tiefgefroren und wieder aufgetaut. Innerhalb weniger Jahre folgte dann die erfolgreiche Kryopräservation von Kaninchen-, Schafs-, Ziegen- und Rinderembryonen. Am 28. März 1984 wurde im australischen Melbourne Zoe Leyland als erstes Menschenkind aus einem tiefgefrorenen Embryo geboren.[1] Seither ist die Kryopräservation menschlicher Embryonen in allen etablierten IVF-Kliniken zur Routine geworden.

Wie die IVF-Prozedur erfordert auch die Kryopräservation eine genaue Beachtung aller möglichen Details, einschließlich des Tempos, mit dem während des Gefrierprozesses die Temperatur abgesenkt und in der Auftauphase wieder angehoben wird. Beachtung erfordern ferner das physikalische und das chemische Umfeld, in dem sich der Embryo bei diesen Prozeduren befindet. Als Ausgangspunkt stellten die Forscher Bedingungen her, die sich bei Tierversuchen mit verschiedenen Spezies zuvor als günstig erwiesen hatten, doch um die Chancen für erfolgreiche Schwangerschaften beim Menschen zu optimieren, mußten auch menschliche Embryonen bis zu einem gewissen Grade als Versuchsobjekte herhalten. Bei jedem Versuch wurde irgendeine Bedingung ganz geringfügig verändert und die Auswirkung dieser Änderung auf die Überlebenschancen und das Entwicklungspotential des Embryos nach dem Auftauen festgehalten. Durch diesen Versuchsprozeß haben sich die Chancen einer Schwangerschaft mit kryopräservierten Embryonen inzwischen in einigen Kliniken so gut entwickelt, daß sie denen von Embryonen, die nicht tiefgefroren wurden, entsprechen.

Lebt der eingefrorene Embryo?

Bei dieser Frage handelt es sich um ein semantisches und philosophisches Problem, doch wir können uns einer Lösung annähern, indem wir die Attribute untersuchen, die normalerweise mit Bioleben in seiner allgemeinen Form in Verbindung gebracht werden. Demnach wäre die erste Überlegung, ob der eingefrorene Embryo wie andere Lebewesen Energie verbraucht. Diese Frage ist zu verneinen. Alle seine Moleküle befinden sich in einem Beinahe-Stillstand, sie vibrieren nur noch ganz sacht, tun aber nichts anderes mehr. Das einst vorhandene Leben ist bis auf weiteres eingestellt. In diesem Sinn gibt es keinen Unterschied mehr zu einem tiefgefrorenen unbelebten Objekt, ist der gefrorene Embryo also nicht mehr am Leben.
Als nächstes können wir fragen, ob der eingefrorene Embryo die Struktur und die Informationen bewahrt, die für Lebewesen typisch sind. Ja, das ist möglich. Und der Embryo behält diese Attribute nicht

nur kurze Zeit bei, sondern könnte das sogar jahrhundertelang oder noch länger durchhalten, wenn er immer auf derselben Temperatur gehalten würde. In diesem Sinne ist also auch der gefrorene Embryo noch lebendig.

Das Patt zwischen Leben und Tod läßt sich vielleicht auflösen, wenn wir uns fragen, ob der eingefrorene Embryo das Potential besitzt, wieder zum Leben zu erwachen. Doch darauf gibt es leider keine eindeutige Antwort. Mit den heute angewandten Kryopräservationsmethoden sind manche Embryonen beim Auftauen vollkommen tot, andere vollkommen lebendig, und wieder andere bilden eine Mischung aus lebenden und toten Zellen. Ist bei dieser letzteren Sorte eine ausreichende Anzahl von Zellen noch am Leben, kann sich der Embryo als Ganzes zu einem bei der Geburt lebenden Kind weiterentwickeln.

Der Unterschied zwischen Leben und Tod beruht also auf minimalen Unterschieden im Mikroumfeld, denen nicht nur der Embryo als Ganzes, sondern auch jede einzelne embryonale Zelle während des Gefrier- und Auftauprozesses ausgesetzt ist. Ist ein Embryo noch gefroren, läßt sich nicht mit Sicherheit sagen, ob er noch das Potential hat, als Fetus eine normale Entwicklung fortzusetzen, oder gar, ob sich ein lebend geborenes Kind daraus entwickeln wird. Deshalb erweist sich das Kriterium »Lebenspotential« als ungeeignet für eine Definition, ob ein spezifischer gefrorener Embryo vor dem Auftauen noch lebt oder schon tot ist.

Es bleibt also nur die Schlußfolgerung, daß der tiefgefrorene Embryo weder lebendig noch tot ist, sondern sich in einem ganz eigenen Zwischenstadium befindet.

Warum friert man menschliche Embryonen überhaupt ein?

Das Einfrieren von Embryonen spielt bei einer typischen IVF-Behandlung in den technisch fortschrittlichsten IVF-Kliniken eine bedeutende Rolle. Denn so ist es möglich, bei einer einzigen Operation bis zu dreißig Eizellen zu entnehmen und zu befruchten. Drei oder vier können dann sofort implantiert werden, während die anderen in

kleinen Gruppen eingefroren werden. Kommt es beim ersten Mal nicht zu einer Schwangerschaft, so kann in jedem folgenden Monat zum richtigen Zykluszeitpunkt der Patientin eine kleine Gruppe von Embryonen aufgetaut und implantiert werden. Das Tiefgefrieren erspart der Frau den physischen Streß ständig wiederholter Hormonstimulationen der Eierstöcke mit anschließender Eientnahme. Außerdem werden Kosten gespart, denn der eben beschriebene Teil der IVF-Prozedur kann bis zu 90 Prozent der Kosten verursachen. Wenn also mehrere IVF-Versuche erforderlich sind, bis es zu einer Schwangerschaft kommt, lassen sich auf diese Weise die finanziellen Belastungen spürbar senken.
Ein zweiter medizinischer Anwendungsbereich der Embryo-Kryopräservation ergibt sich, wenn Frauen aufgrund bestimmter Leiden Unfruchtbarkeit droht, weil entweder die Eierstöcke nicht mehr richtig funktionieren oder weil den Keimzellen Schäden oder Zerstörung drohen. Dieser Fall könnte beispielsweise eintreten, wenn sich eine Frau einer Chemotherapie unterziehen muß oder wenn im Zuge einer Krebsbehandlung die Eierstöcke entfernt werden müssen. In solchen und ähnlichen Fällen hat sich eine junge Frau vielleicht noch nicht endgültig entschieden, ob sie Kinder haben möchte oder nicht. Das Einfrieren von Eizellen und Embryonen bietet ihr dann die Option, diese Entscheidung noch eine Zeitlang hinauszuzögern.
Ein drittes medizinisches Anwendungsgebiet der Tiefgefrierung ergibt sich, wenn Eizellen oder Embryonen von einer Frau zugunsten einer anderen gespendet werden, die selbst nicht zur Produktion funktionstüchtiger Eizellen in der Lage ist. Die Ovulationszyklen beider Frauen zu synchronisieren, ist schwierig, jedoch eine Grundbedingung für eine erfolgreiche Implantation, wenn Embryonen direkt von der einen Frau auf die andere übertragen werden sollen. Durch Kryopräservation wird dieses Problem aus der Welt geschafft. Gespendete Eizellen können befruchtet und tiefgefroren werden, bis der geeignete Zeitpunkt im Zyklus der zweiten Frau gekommen ist, an dem sich ihre Gebärmutter für die Implantation am besten eignet. Der Themenbereich Ei- und Embryonenspende wird unten in Kapitel 13 noch ausführlicher behandelt.
Die Embryo-Kryopräservation kann auch zum Zweck der geneti-

schen Diagnose eingesetzt werden. Wie in Kapitel 17 noch eingehender dargestellt wird, ist es möglich, individuellen Embryonen eine oder wenige Zellen zu entnehmen und dann mit Hilfe komplizierter molekularbiologischer Techniken herauszufinden, ob bestimmte Gene vorhanden sind oder nicht. Wenn diese diagnostische Methode sehr zeitaufwendig ist, kann es für die Kliniker sinvoll sein, die Embryonen so lange gefroren zu halten, bis die Resultate vorliegen. Ergibt sich dann, daß die Embryonen die gewünschte Genkonstitution haben, können sie aufgetaut und in die Gebärmutter eingesetzt werden.

Schließlich gibt es noch einen weiteren Grund für die Anwendung der Kryopräservation, einen, der eher politischer als medizinischer Natur ist und für dessen Bedeutung es spricht, daß er in einem wissenschaftlichen Artikel von Alan Trounson, einem australischen Pionier der reprogenetischen Technologie, unter fünf Punkten an erster Stelle genannt wird. (Trounson war der erste, dem es gelang, aus einem tiefgefrorenen Embryo ein lebendiges Kind hervorgehen zu lassen.) Er schreibt, Kryopräservation biete »eine Lösung für die Sammlung überzähliger Eizellen und für die Entwicklung von mehr Embryonen, als für den Transfer bei der menschlichen IVF-Behandlung benötigt werden.«[2] Mit anderen Worten: Will man die Tötung von Embryonen vermeiden, kann man sie einfrieren – auf immer und ewig. Menschliche Embryonen benötigen nur wenig Platz; Milliarden von ihnen lassen sich in einem einzigen kleinen Behälter mit flüssigem Stickstoff aufbewahren. Bei Verwendung der Kryopräservation kann man Politikern wahrheitsgemäß und mit voller Überzeugung entgegnen, daß die betreffende Klinik Embryonen im Verlauf der IVF-Prozedur nicht absichtlich zu Tode bringe.

Noch bevor auch nur ein einziges Kind geboren war, das aus einem tiefgefrorenen Embryo hervorgegangen war, entfachte die Kryopräservation in den Medien und in der Politik bereits beträchtlichen Wirbel: Es ging um den Fall zweier »verwaister Embryonen« in der australischen Klinik, in der Trounson arbeitete. Einige Jahre darauf demonstrierte in Maryville, Tennessee, eine »juristische Schlacht um das Sorgerecht«, welche unvorhergesehenen juristischen Probleme sich in diesem Zusammenhang ergeben können. Und in noch neuerer

Zeit zeigte ein Versuch der britischen Regierung, regulierend einzugreifen und die Vernichtung von 3000 Embryonen an einem einzigen Tag anzuordnen, wie verwirrend die Materie inzwischen geworden war.
Weil auf diese Weise faszinierende Einblicke zu gewinnen sind, sollen die Einzelheiten dieser drei Fälle, ihre Behandlung in den Medien und Gerichten und letztlich auch ihre Rückwirkungen auf die IVF-Kliniken, in denen die Embryonen aufbewahrt wurden, etwas genauer dargestellt werden.

Verwaiste Embryonen in Australien

Im Juni 1981 reisten Mario und Elsa Rios aus ihrer Heimatstadt Los Angeles zu einer IVF-Klinik am Queen Victoria Medical Center in Melbourne. Sie gingen nach Australien, weil es damals in den USA nur wenige IVF-Kliniken gab und weil Elsa Rios mit ihren siebenunddreißig Jahren dort überall als zu alt für eine solche Behandlung eingestuft wurde (heute wäre das mit Sicherheit kein Problem mehr). Bei Elsa bildeten sich drei Eizellen, die anschließend im Reagenzglas befruchtet wurden. Ein Embryo wurde unmittelbar darauf implantiert. Elsa wurde schwanger, hatte aber nach kurzer Zeit eine Fehlgeburt. Die anderen beiden Embryonen wurden mit flüssigem Stickstoff tiefgefroren. Doch Elsa war noch nicht in der psychischen Verfassung für einen zweiten IVF-Versuch, und so reiste das Paar aus Australien ab und hinterließ zwei eingefrorene Embryonen.
Im April 1983 starben Elsa und Mario Rios gemeinsam beim Absturz eines kleinen Flugzeugs in der Nähe von Santiago de Chile. Auf einmal gab es nun »verwaiste Embryonen«, und niemand wußte, was er damit anstellen sollte. Die australische IVF-Klinik hatte nicht daran gedacht, sich Instruktionen für diesen Fall geben zu lassen, und Ehepaar Rios hatte vergessen, entsprechende Anweisungen zu hinterlassen.
Diese Umstände allein ergaben schon eine interessante Zeitungsstory, doch als man dann auch noch entdeckte, daß das Ehepaar ein Vermögen von mehr als 8 Millionen Dollar ohne testamentarische Verfügun-

gen hinterlassen hatte, liefen die Medien regelrecht heiß. Die Schlagzeile des englischen *Daily Telegraph* lautete »›Verwaister‹ Embryo [sic] als Millionenerbe«. Frauen aus aller Welt meldeten sich freiwillig, um die Embryonen ersatzweise auszutragen, und sahen sich dabei schon Millionen scheffeln.

Daraufhin griff die Regierung des australischen Bundesstaates Victoria (in dem die betreffende IVF-Klinik liegt) ein und ernannte eine unabhängige Kommission, die eine Empfehlung erarbeiten sollte. Im Sommer 1984 legte die Kommission ihr Gutachten vor: Die Embryonen sollten aufgetaut und »im Labor beiseite gelegt werden« – ein Euphemismus für »töten«.

Die Argumente der Kommission liefen darauf hinaus, daß mangels entsprechender Instruktionen das Ehepaar Rios eindeutig nicht seine Zustimmung zur Austragung ihrer Kinder durch eine andere Frau gegeben hätte. Außerdem waren die Überlebenschancen, weil die Embryonen eingefroren worden waren, ehe man die Techniken der Kryopräservation perfektioniert hatte, ohnehin praktisch gleich Null.

Wie nicht anders zu erwarten, erhob sich ein großes Geschrei, diese armen verwaisten Embryonen hätten ein Recht auf Leben und sollten jetzt kaltblütig zum Tode verurteilt werden. Daraufhin verabschiedete das Parlament des Staates Victoria ein Gesetz, das die Kommissionsempfehlung für null und nichtig erklärte und die Tötung der Embryonen ausdrücklich verbot.

Inzwischen erklärte ein kalifornisches Gericht (unter Zustimmung der Behörden in Victoria), daß weder die Embryonen noch die Kinder, die aus ihnen eventuell hervorgingen, Anspruch auf das Millionenerbe des Ehepaars Rios hätten. Es überrascht kaum, daß das Interesse der potentiellen Ersatzmütter nun schlagartig nachließ. So verfügte der Gesundheitsminister von Victoria zwar 1987, daß die Embryonen aufgetaut und einer freiwilligen Leihmutter implantiert werden sollten, doch sie dämmern weiterhin im Queen Victoria Medical Center von Melbourne in einem Tank mit flüssigem Stickstoff vor sich hin. Voraussichtlich werden sie dort auch bleiben – für immer und ewig.

Einige von Ihnen werden nun sicher verwirrt sein und das ethische Dilemma nicht verstehen, das sich hier ergab. Mit dieser Meinung stehen Sie nicht allein. Denn die Embryonen wurden nur deshalb ge-

schaffen, um es Elsa und Mario Rios zu ermöglichen, das daraus hervorgehende Kind als Teil ihrer Familie großzuziehen. Als Elsa und Mario starben, ließ sich dieses ihr Fortpflanzungsziel nicht mehr erreichen. Dagegen hatte das Ehepaar Rios niemals vorgehabt, daß jemand anders ihr Kind bekommen sollte – daraus ergibt sich logischerweise, daß die Embryonen aufgetaut und beseitigt werden müssen.
Doch viele Politiker sind bei der Verfolgung ihrer politischen Ziele weder logisch noch konsequent. Australische Frauen können sich für eine Abtreibung entscheiden und damit Feten dem Tode überantworten, die viel weiter entwickelt sind als zwei kleine gefrorene Zellklumpen, die ohnehin kaum eine Überlebenschance gehabt hätten; doch was in diesem Fall allein zählte, war die Vorstellung, da seien zwei arme verwaiste Menschenkinder. ... Leider wird sich solcher Unsinn immer wieder ereignen, solange es Politiker gibt, die den Zorn all jener fürchten, die meinen, Embryonen seien gleichbedeutend mit menschlichen Wesen.

Ein Kampf in Tennessee um das Sorgerecht für Embryonen

Mary Sue wollte unbedingt Mutter werden. 1979, im Alter von 18 Jahren, heiratete sie Lewis Davis, und im Laufe der folgenden vier Jahre versuchte sie wiederholt, ganz normal schwanger zu werden. Tatsächlich kam bei fünf verschiedenen Gelegenheiten eine Schwangerschaft zustande, doch jedesmal drohte Gefahr, weil sich der Embryo statt in der Gebärmutter in einem Eileiter einnistete. Die letzte dieser Schwangerschaften führte, ehe sie abgebrochen werden konnte, zum Platzen des betreffenden Eileiters; der andere wurde daraufhin durchtrennt, um weitere Wiederholungen des immer gleichen Zwischenfalls zu verhindern.
Mit 22 Jahren war Mary Sue nunmehr unfruchtbar. Ihre einzige Hoffnung, doch noch schwanger zu werden, lag in der Anwendung des IVF-Verfahrens. Also ließ sie sich bei Dr. Ray King am Fertility Center of Eastern Tennessee in Knoxville in ein IVF-Programm aufnehmen. Bei sechs verschiedenen, über einen Zeitraum von vier Jahren

verteilten Gelegenheiten erhielt sie Hormonspritzen, um Eizellen zu bilden, die dann per Laparoskopie (Bauchspiegelung) entnommen und mit dem Sperma ihres Ehemannes befruchtet wurden. Die Embryonen wurden direkt anschließend in ihre Gebärmutter übertragen. Doch bei allen sechs Gelegenheiten waren sie nicht in der Lage, sich einzunisten.

Nachdem ein Adoptionsversuch gescheitert war, weil sich die leibliche Mutter in letzter Minute doch noch entschied, ihr Baby selbst zu behalten, begaben sich Mary Sue und Lewis erneut zu Dr. King, der inzwischen auch die Embryo-Kryopräservationsmethode anwandte. So wurden im Dezember 1988 aus den Eierstöcken der nun 27 Jahre alten Mary Sue neun Eier entnommen, um mit dem Sperma ihres Mannes befruchtet zu werden. Die Embryonen durften sich im Reagenzglas bis zum Vier- oder Achtzellstadium entwickeln, ehe zwei von ihnen in die Gebärmutter eingesetzt und die anderen sieben in flüssigem Stickstoff eingefroren wurden. Doch erneut konnten sich die Embryonen nicht einnisten.

Im Februar 1989 trennte sich das Ehepaar, und Lewis reichte die Scheidung ein. So wurden die gefrorenen Embryonen schnell zum Streitobjekt. Mary Sue wollte sie weiter nutzen, weil sie ihrer Meinung nach ihre letzte Chance darstellten, doch noch ein Kind zu bekommen. Doch Lewis hatte entschieden, daß er aus der Verbindung mit seiner entfremdeten Frau kein Kind mehr bekommen wollte.

»Ich halte sie [die Embryonen] für lebendig«, gab Mary Sue zu Protokoll. Und um die Bedenken ihres Ehemannes zu besänftigen, sagte sie auch, sie werde das Kind allein großziehen und sogar auf Unterhaltszahlungen verzichten.

Der Scheidungsprozeß begann am 7. August 1989 in Maryville, Tennessee. Am zweiten Tag meinte Lewis, er sähe sich seiner »Fortpflanzungsrechte beraubt«, wenn die fraglichen Embryonen »Mary oder irgendeiner anderen Frau eingepflanzt« würden. Er sagte aus, er fühle den Schmerz anläßlich der Scheidung seiner Eltern immer noch lebhaft und er weigere sich strikt, unter solchen Bedingungen ein Kind in die Welt zu setzen. Er sprach sich aber auch ebenso eindeutig gegen eine Abtreibung aus und wollte nicht, daß die Embryonen getötet würden. Vielmehr bat er das Gericht, ihm und Mary Sue das »gemeinsame Sorgerecht« für die Embryonen zu übertragen. Dann würden diese eingefroren bleiben, bis beide Seiten sich einigen könnten, was mit ihnen geschehen solle. »[Das] ist dann eine gemeinsame Entscheidung«, gab er zu Protokoll. »Ihr Beitrag ist genauso wichtig wie meiner. Ich hoffe, daß sie noch einsehen wird, daß sie [die Embryonen] sowohl ein Teil von mir als auch von ihr sind.«

Demgegenüber beantragte Mary Sue, die Embryonen sollten ihr sofort zur Verfügung gestellt werden, damit sie eine Einnistung in ihrer Gebärmutter versuchen könne. Vor dem Gerichtssaal erzählte sie Reportern: »Das ist nicht nur sein Kind, sondern auch meins. Sie sind doch bereits gezeugt. Ich habe das Gefühl, daß es mein Recht ist, mein Kind zu bekommen.« Ihr Anwalt plädierte dafür, die Embryonen als »Kinder vor der Geburt« zu betrachten, deren ureigenstes Interesse darin liege, sich bis zur Geburt in Mary Sues Leib weiterentwickeln zu können.

Mary Sue wollte um jeden Preis ein Kind haben, und sie hatte das Gefühl, ihre einzige Chance auf eine Realisierung dieses Traums liege in den umstrittenen Embryonen. Lewis dagegen wollte nicht mehr Vater werden, und er hatte das Gefühl, seine Rechte bei der Fortpflanzung würden verletzt, wenn Mary Sue ohne seine Erlaubnis die Embryonen in ihre Gebärmutter einsetzen ließe. Wie konnte man nun zwischen diesen beiden widerstreitenden Positionen eine Wahl treffen, wenn anscheinend beide mit guten Gründen zu vertreten waren?

Aus juristischer Sicht hätten die Embryonen als Eigentum betrachtet und als solches wie andere Besitztümer im Zuge einer Scheidungsvereinbarung aufgeteilt werden können. Normalerweise kann Eigentum zwischen beiden Parteien zu gleichen Teilen verteilt oder einer Seite zugesprochen werden, wenn die andere dafür eine angemessene finanzielle Entschädigung erhält. Interessanterweise könnte die Teilung von Embryonen heutzutage buchstäblich zu ihrer Vermehrung führen, nämlich durch Klonieren. Damit wäre Mary Sue sicher zufrieden gewesen, nicht jedoch Lewis.

Tatsächlich gründete der Richter aber sein Urteil weder auf die Wünsche von Mary Sue noch auf die von Lewis, sondern auf die mutmaßlichen Wünsche der Embryonen selbst. Diesen Ansatzpunkt hatte Mary Sues Anwalt vorgeschlagen. Die Argumentation des Richters basierte auf der Annahme, die Embryonen seien Kinder und kein Eigentum; folglich entschied er wie in einem Streitfall über das Sorgerecht für eheliche Kinder. In einem solchen Fall, sagte er, seien die wohlverstandenen Interessen der Kinder von zentraler Bedeutung. In diesem Fall sei den »Interessen« der Embryonen am besten damit gedient, daß ihnen gestattet werde, in Mary Sues Leib bis zur Geburt auszureifen. Die Tatsache, daß dieser Schiedsspruch mit Mary Sues Wünschen übereinstimme, sei dabei für das Gericht unerheblich.

Lewis legte gegen dieses Urteil Berufung ein. In nächster Instanz wurde es aufgehoben, im wesentlichen unter dem Einfluß eines Gutachtens, das der Bioethiker John Robertson vorgelegt hatte. Robertson hatte argumentiert, der Fall solle »zugunsten jener Person entschieden werden, die mehr zu verlieren habe«. Als die höhere Instanz ihr Urteil sprach, war Mary Sue allerdings bereits wieder verheiratet und nicht mehr daran interessiert, sich die Embryonen selbst einsetzen zu lassen. Jetzt lautete ihr Wunsch, man solle die Embryonen einem anderen unfruchtbaren Paar spenden. Diese Veränderung der Situation gab eindeutig den Ausschlag zugunsten von Lewis Davis, der am meisten geschädigt worden wäre, wenn man ihn gegen seinen Willen zur Elternschaft gezwungen hätte.

Es wäre interessant, darüber nachzudenken, wie die höhere Instanz wohl entschieden hätte, wenn die ursprünglichen Umstände unverändert geblieben wären und wenn es deshalb auch keine leichte Handhabe gegeben hätte zu entscheiden, welche Seite mehr zu verlieren hatte. Zum Glück ist die Wahrscheinlichkeit, daß juristische Schlachten wie diese oder jene um die verwaisten australischen Embryonen sich auch heute noch zutragen könnten, aus einem ganz einfachen Grund wesentlich geringer geworden: Die IVF-Kliniken haben ihre Lehren aus diesen im Rampenlicht der Öffentlichkeit ausgetragenen Fällen gezogen. Sie arbeiten jetzt eng mit Rechtsanwälten zusammen, um Verträge zu entwickeln, die die Patienten unterzeichnen müssen, ehe sie überhaupt mit reprogenetischen Technologien in Berührung kommen. In diesen Verträgen ist genau festgehalten, wie zukünftige Embryonen in allen denkbaren Fällen behandelt werden sollen, Tod und Scheidung eingeschlossen.

Verlassene Embryonen in Großbritannien

Solange Entscheidungen auf Vereinbarungen zwischen Patienten und ihren Ärzten beruhen, sollte man annehmen, daß alles vernünftig zu regeln sei. Doch manchmal versuchen auch Regierungen, sich einzumischen, und verursachen dabei nicht selten mehr Probleme, als sie lösen können. Das gilt auch für ein 1990 verabschiedetes britisches Gesetz, demzufolge »Eltern« ihre Zustimmung geben müssen, wenn ihre eingefrorenen Embryonen länger als fünf Jahre aufbewahrt werden sollen. Dieses Gesetz trat am 1. August 1991 in Kraft.

Am 31. Juli 1996 begann ein Artikel in der *Washington Post* mit folgenden Worten: »Etwa 3000 gefrorene menschliche Embryonen, die im wesentlichen von ihren Eltern [sic] verlassen wurden, sehen Donnerstagmorgen [also am 1. August] ihrer Vernichtung entgegen. Grundlage dafür ist ein britisches Gesetz, nach welchem die Lagerung von im Reagenzglas befruchteten Eizellen, auf die kein Anspruch mehr erhoben wird, begrenzt werden muß.« Die elterliche Zustimmung wurde erstmals für alle Embryonen gefordert, die vor dem 1. August 1991 zur Aufbewahrung tiefgefroren worden waren. In den Monaten, die dem 1. August 1996 vorangingen, hatten die 33 betroffenen Kliniken versucht, Verbindung mit all jenen Paaren aufzunehmen, die bis dahin noch nicht angegeben hatten, was nach ihren Wünschen mit den langfristig gelagerten Embryonen geschehen solle. Ungefähr zwei Drittel der Betroffenen hatte man erreicht, und diese hatten ihre Zustimmung gegeben, daß die Embryonen entweder länger aufbewahrt oder aber in aller Stille vor dem Stichtag beseitigt werden sollten.

Doch bis zum 31. Juli hatte man 650 Paare immer noch nicht erreichen können. Weil diese Paare somit ihre Zustimmung zur weiteren Aufbewahrung nicht gegeben hatten, mußten ihre Embryonen laut Gesetz vernichtet werden. Und wenn das Gesetz nicht geändert wird, trifft dieses Schicksal auch in Zukunft jede Woche weitere überzählige Embryonen, wenn sich die fünfjährige Aufbewahrungsfrist dem Ende nähert.

Wie nicht anders zu erwarten, verurteilte der Vatikan die Beseitigung als »pränatales Massaker«, und Hunderte italienischer Frauen, darunter auch einige Nonnen, boten an, die Embryonen zu »adoptieren«, um als ihr gesetzlicher Vormund auftreten zu können.[3] Die Führung der katholischen Kirche in Großbritannien argumentierte, wenn die Embryonen schon vernichtet werden müßten, dann doch wenigstens nicht ohne ein »angemessenes Begräbnis«.

Viele andere, die nicht soweit gehen, Embryonen mit menschlichen Wesen gleichzusetzen, waren über die britischen Vorschriften ebenfalls entsetzt, wenn auch aus einem anderen Grund. Sie sahen die Fünfjahresfrist nämlich als völlig willkürlich an; damit laufe sie den Rechten all jener zuwider, die die Embryonen hatten aufbewahren lassen und die jetzt nicht zu erreichen waren, und sei es nur aufgrund einer simplen Adressenänderung. Es war das erste Mal, daß die Vernichtung von Embryonen *ohne Einverständnis* der Paare, die diese Embryonen produziert hatten, gesetzlich vorgeschrieben wurde. Peter Brinsden, der Direktor der von Steptoe und Edwards gegründeten Bourn Hall IVF-Klinik, sagte, er überlege sehr, ob er nicht lieber als Strafe für einen absichtlichen Gesetzesverstoß ins Gefängnis gehen solle, anstatt Embryonen ohne Zustimmung der »Eltern« zu vernichten.

Nun könnte man natürlich sagen, daß diejenigen, denen wirklich an der weiteren Aufbewahrung ihrer Embryonen gelegen war, durch die massive Presseberichterstattung hätten wissen können, was da auf sie zukam. Sie hätten sich ja dann von sich aus mit der betreffenden IVF-Klinik in Verbindung setzen können. Demnach wären die meisten herrenlosen Embryonen wirklich verlassen und eine weitere Aufbewahrung nicht sinnvoll gewesen, während die Embryonen fürsorglicher »Eltern« tiefgefroren ja weiterhin sicher aufbewahrt würden. Doch am 1. August 2001 werden auch diese fürsorglichen »Eltern« keine Möglichkeit mehr haben, den Tod ihrer Embryonen zu verhindern. An jenem Tag verlangt nämlich dasselbe britische Gesetz, das die Aufbewahrung der Embryonen über fünf Jahre hinaus nur mit Zustimmung der Eltern gestattet, die Vernichtung *aller* zehn Jahre lang aufbewahrten Embryonen. Diese Tötung ist gesetzlich vorgeschrieben, selbst wenn die Erzeuger der Embryonen gegenteilige Wünsche haben. In den USA gibt es bisher (d.h. bis zum Jahre 1997) kein Bundesgesetz, das der IVF-Praxis ähnliche Beschränkungen auferlegen würde. Darunter fallen auch die Kryopräservation und alle anderen reprogenetischen Technologien.

Im Zustand latenten Lebens

Wenn es nun aber möglich ist, Embryonen unbegrenzt lange im Zustand latenten Lebens zu halten, werden auch große zeitliche und räumliche Entfernungen zwischen den Produzenten der Embryonen – den genetischen Eltern – und den Kindern möglich, die aus solchen Embryonen hervorgehen.

Diese Tatsache eröffnet der Phantasie einen weiten Spielraum: Eltern könnten dann ja auch dafür sorgen, daß ihre Kinder erst geboren werden, wenn sie selbst schon lange nicht mehr am Leben sind. Die meisten Menschen würden einen solchen Gedanken von sich weisen. Die meisten wollen Eltern werden, damit sie selbst am Leben ihrer Kinder teilhaben können. Doch einzelne könnten sich vielleicht für diese Vorstellung von einer Art genetischer Zeitreise begeistern. Sie selbst können sich dabei zwar nicht in die Zukunft versetzen, wohl aber ihre Kinder. Sie könnten vielleicht eine Treuhänderorganisation mit gesetzlicher Vollmacht gründen, die sich um ihre gefrorenen Embryonen kümmert und die einer Frau in der fernen Zukunft vielleicht ein erkleckliches Sümmchen dafür bieten würde, diese Embryonen als Leihmutter zum Leben zu bringen, aber auch anderen, die bereit wären, als Pflegeeltern dieser Kinder zu fungieren. Vielleicht würden solche Leute sogar arrangieren wollen, daß ihre Kinder erst gegen Ende des dritten Jahrtausends geboren werden, sagen wir im Jahre 2998.

Wir könnten aber auch 2000 Jahre zurückgehen und uns vorstellen, was geschehen wäre, wenn Kleopatra und ihr Geliebter Julius Cäsar diese Technologie schon zur Verfügung gehabt hätten. Dann würden ihre Kinder vielleicht heute unter uns leben.

Teil III
Das Klonen

Und Gott sprach: Lasset uns Menschen machen, ein Bild, das uns gleich sei.

Genesis 1, 26

Kapitel 8
Von der Science-fiction zur Realität

23. Februar 1997

Am letzten Sonntag des Monats Februar, drei Jahre vor dem Ende des zweiten Jahrtausends, wurde die Welt auf einen technologischen Fortschritt aufmerksam, der die Grundlagen der Biologie und der Philosophie erschütterte. An jenem Februartag wurde uns Dolly vorgestellt, ein sechs Monate altes Schaf, das aus einer Zelle geklont worden war, die man dem Eutergewebe eines erwachsenen Schafes entnommen hatte. In allen Fernseh- und Radionachrichten war dies die Spitzenmeldung, und weltweit bedachten Zeitungen dieses Thema mit Riesenschlagzeilen. Wochenlang ließ das Interesse nicht nach. In Reportagen und Artikeln wurden die atemberaubenden Konsequenzen dieser monumentalen Leistung erörtert. Auf den Straßen, in Büros, Universitäten und Klassenzimmern wurde ständig darüber gesprochen. Ein kleines Schaf hatte es geschafft, unsere Vorstellung von Leben für immer zu verändern.

Vielleicht noch verblüffter als alle anderen waren die Wissenschaftler, die auf dem Gebiet der Säugetiergenetik und -embryologie arbeiteten. Außerhalb des Labors, in dem der Klonierungsvorgang stattgefunden hatte, glaubten die meisten von uns, so etwas würde niemals geschehen. Oder man sagte, es werde vielleicht irgendwann in der ferneren Zukunft machbar sein zu klonen, aber nur mit Hilfe wesentlich komplizierterer und fortgeschrittenerer Biotechnologien, als sie uns heute zu Gebot stehen. Doch eigentlich waren wir zutiefst davon überzeugt, daß wir Menschen ein solches biologisches Kunststück niemals zustande bringen würden. Neues Leben – im speziellen Sinne eines bewußten Seins – mußte seinen Ursprung doch in einem Embryo haben, hervorgegangen aus einer Fusion der Keimzellen von einer Mutter und einem Vater. Es sei unmöglich, dachten wir, eine Zelle aus einem erwachsenen Säugetier so zu »reprogrammieren«, daß

alles wieder von vorn beginnen könnte und dabei ein weiteres komplettes Tier oder eine weitere vollständige Person als Ebenbild des früher geborenen Wesens entstünde.
Wie sehr wir uns doch getäuscht hatten!
Natürlich war es nicht die Klonierung eines Schafes, die die Phantasie von Milliarden Menschen beschäftigte. Es war vielmehr die Idee, jetzt könnten auch Menschen geklont werden – fast so, wie man Pflanzentriebe abschneidet und daraus neue Pflanzen zieht. Diese Aussicht versetzte viele Menschen in Angst und Schrecken. 90 Prozent der Amerikaner, die in der ersten Woche nach Bekanntwerden des Falles »Dolly« befragt wurden, meinten, das Klonieren von Menschen solle verboten werden.[1] Die Meinungen der Mediengurus, der Ethiker und der politisch Verantwortlichen schienen, wenn auch nicht einhellig, der der breiten Öffentlichkeit zu entsprechen. Der Gedanke, Menschen könnten geklont werden, wurde als »moralisch verwerflich«, »widerwärtig« und »völlig unangemessen« bezeichnet, als »ethisch verkehrt, sozial irregeleitet und biologisch falsch«.[2]
Viele in den Bereichen Tiergenetik und -embryologie tätige Wissenschaftler waren entsetzt über all die Aufmerksamkeit, die ihre Forschungen plötzlich auf sich zogen. Am unglücklichsten aber waren jene, die mit der biotechnologischen Industrie verbunden waren, denn kurzfristig hat letztere durch die Anwendung der Klonierungstechnologie bei Tieren am meisten zu gewinnen.[3] Und ihre Sorgen waren nicht unbegründet. Nach Bekanntwerden der Dolly-Geschichte wurde bei Umfragen deutlich, daß zwei Drittel aller Amerikaner das Klonieren von *Tieren* für moralisch nicht akzeptabel hielten; 56 Prozent der Befragten gaben an, daß sie kein Fleisch von geklonten Tieren essen würden.[4] Die britische Regierung entschied, den Forscher, der für die Schöpfung Dollys tatsächlich verantwortlich war, Ian Wilmut, dadurch zu »belohnen«, daß ihm alle weiteren Forschungsmittel *entzogen* würden. Zweifellos wollten sich die nervösen Politiker so weit wie möglich von Wilmuts umstrittener Leistung distanzieren.
Es sollte deshalb nicht überraschen, daß viele Wissenschaftler aus dem betreffenden Fachgebiet versuchten, die Sache herunterzuspielen und die Möglichkeit, auch Menschen zu klonen, als sehr gering hinzustellen. Zunächst hieß es, es sei vielleicht *überhaupt* unmöglich, die

Technologie bei menschlichen Zellen anzuwenden.[5] Und selbst wenn das Klonieren von Menschen theoretisch möglich sei, sagte man, »würde es eine jahrelange Versuchsphase erfordern, ehe man die Technik erfolgreich anwenden« könne, so daß »das Klonieren von Menschen in naher Zukunft sehr unwahrscheinlich« sei.[6] Und selbst wenn sich erfolgreiche Anwendungsmöglichkeiten für diese Technologie böten, gebe es »immer noch keinen klinischen Grund, so etwas zu tun«.[7] Und schließlich: Wenn jemand einen Klon von sich selbst oder einem anderen Menschen herstellen wolle, werde er oder sie keine dafür ausgebildeten Mediziner finden, die dazu bereit wären.

Da legen mir indes Wissenschaft, Geschichte und auch die menschliche Natur ganz andere Antworten nahe. Das Klonschaf Dolly bedeutete einen technologischen Durchbruch, und es gibt keinen Grund für die Erwartung, diese Technologie könnte nicht auch auf menschliche Zellen übertragen werden. Im Gegenteil, alles spricht dafür, daß ein solcher Transfer möglich ist. Die dafür erforderlichen Geräte und Laboreinrichtungen sind bereits Standard oder leicht erhältlich – in oder aus biomedizinischen Labors und selbständigen IVF-Kliniken im ganzen Land und in der ganzen Welt. Die Versuchsprozedur selbst erfordert zwar die Dienste von hochqualifiziertem Personal mit viel Erfahrung, doch diese Qualifikationen besitzen allein in den Vereinigten Staaten schon Tausende.

Die Frage lautet also nicht, ob das Klonieren von Menschen möglich ist, sondern ob diese Technologie sicher und ohne schädliche Langzeitfolgen anzuwenden ist oder nicht. Historische Präzedenzfälle legen allerdings eher den Schluß nahe, daß die Anbieter von reprogenetischen Dienstleistungen wahrscheinlich nicht einmal so lange warten werden, bis diese Frage geklärt ist. Die direkte Injektion von Sperma in eine Eizelle (ICSI) wurde von den IVF-Praktikern angewendet, sobald die Technik perfektioniert war, lange bevor Auswirkungen auf die Kinder nach der Geburt registriert werden konnten.[8] Und wie noch zu zeigen sein wird, wird bei Einzelpersonen und Paaren die Nachfrage nach Klonierungstechnologien mit Sicherheit noch größer sein als die Nachfrage nach ICSI-Dienstleistungen.

Doch ehe wir genauer untersuchen, wer aus welchen Gründen ein Interesse daran haben könnte, das Klonen als ungeschlechtliche Fortpflanzungsweise beim Menschen einzuführen, kann es nicht schaden, wenn wir wirklich ganz am Anfang beginnen und einige elementare Fragen beantworten: Was ist ein Klon? Wie wurde Dolly geschaffen? Und warum jagt Dolly so vielen Menschen einen Schrecken ein, während sie bei einigen wenigen auch große Begeisterung hervorruft?

Von Pflanzen zu Kaulquappen, aber nicht zu Mäusen

Der Begriff »Klon« tauchte in der Sprache der Wissenschaft erstmals zu Beginn des 20. Jahrhunderts zur Beschreibung von Pflanzengruppen auf, die »durch Verwendung einer Form von vegetativen Teilen vermehrt werden«.[9] Seither wird »klonen« oder »klonieren« zur Beschreibung eines Vorgangs verwendet, bei dem eine Zelle oder eine Gruppe von Zellen aus einem Organismus entnommen und dazu benutzt wird, einen völlig neuen Organismus zu schaffen, der dann als »Klon« des Originals bezeichnet wird. Werden mehrere Individuen von einem einzigen Vorfahren kloniert, gelten sie allesamt als »Angehörige eines Klons«. Das entscheidende Merkmal für ein geklontes Individuum besteht darin, daß es mit der Vorläuferzelle oder dem Vorläuferorganismus, aus dem es abgeleitet wurde, *genetisch identisch* ist, aber auch mit allen anderen geklonten Individuen, die von demselben Vorfahren stammen.

Unter einzelligen Organismen wie Bakterien ist das Klonen die natürlichste Sache der Welt.[10] Wenn die Fortpflanzung der Bakterien durch Zellteilung stattfindet, dann ist jede der beiden Tochterzellen ein Klon der jeweils anderen. Pflanzen hingegen vermehren sich normalerweise geschlechtlich, und zwar durch die Produktion befruchteter Samen, die im Vergleich mit den Elternpflanzen neue Kombinationen des genetischen Materials enthalten. Wenn der Mensch jedoch eingreift, lassen sich die meisten Pflanzen auch leicht klonen – durch Ableger oder Zwiebelteile, also vegetative Teile, die den »Eltern« entnommen werden.

Wäre es auf den Bereich der Pflanzen und Mikroben beschränkt geblieben, so hätte das Wort »Klon« wahrscheinlich niemals den Weg in den öffentlichen Sprachgebrauch gefunden. Doch in den sechziger Jahren des 20. Jahrhunderts erregten die Versuche eines britischen Embryologen namens John Gurdon, ein Wirbeltier, nämlich einen Frosch, zu klonen, in der Öffentlichkeit einiges Aufsehen.

Die Klonierung von Tieren mußte ganz anders vonstatten gehen als die von Pflanzen. Denn es ist nicht möglich, eine Zelle von einem erwachsenen Tier einfach zu einer embryonalen Form ihrer selbst zurückzubringen, aus der sich dann ein komplettes neues Tier entwickeln könnte. Ein solcher Ansatz kann deshalb nicht funktionieren, weil Tierzellen weniger wandlungsfähig sind als Pflanzenzellen. Pflanzen entwickeln sich immer in Interaktion mit ihrer Umgebung; selbst wenn zwei Pflanzen identisches Genmaterial besitzen, wachsen sie zu sehr unterschiedlichen Strukturen heran. Außerdem besitzen viele differenzierte Pflanzenzellen die Möglichkeit, sich in völlig andere Zelltypen zu transformieren. Wenn also einer Pflanze ein Zweig abgeschnitten und dieser in Wasser gestellt wird, können neue Wurzeln heraussprießen. Auf diese Weise wird der Zweig zur völlig neuen Pflanze.

Demgegenüber sind differenzierte Tierzellen in ihrem Entwicklungs- und Wandlungspotential, wie bereits in Kapitel 4 gezeigt, stark eingeschränkt. Jede Zelle im Körper eines erwachsenen Tieres ist auf eine spezielle Funktion festgelegt. Außer den Samen- und Eizellen hat keine andere Zelle des ausgewachsenen Organismus die Fähigkeit, sich in einen ganz anderen Zelltyp zu verwandeln. Leberzellen können keine Gehirnzellen werden, Hautzellen lassen sich nicht zu Zellen im embryonalen Frühstadium zurückverwandeln. Warum ist das denn so, werden Sie fragen; jede Zelle enthält doch dasselbe genetische Material. In der Tat, wenn das genetische Material komplett vorhanden ist, sollte es, würde man annehmen, irgendeine Möglichkeit geben, eine erwachsene Zelle in eine embryonale Zelle zurückzuverwandeln.

Das Problem besteht darin, daß jeder Zelltyp so aussieht, wie er aussieht, und so funktioniert, wie er funktioniert, weil er genau so programmiert ist, daß er nur einen bestimmten, exakt definierten Teil des gesamten genetischen Materials entschlüsseln kann. Diese Programmierung wird durch Hunderttausende spezieller Proteinsignale erreicht, die fest an die DNA gekoppelt sind: So werden manche Gene aktiviert, andere nicht. Damit eine Hautzelle sich in eine embryonale Zelle verwandeln ließe, müßte ihr gesamtes genetisches Programm auf eine ganz besondere Weise verändert werden, und dies ließe sich nur durch eine massive, aber höchst präzise Veränderung der Proteinsignale erreichen, die mit dem genetischen Material verbunden sind. Theoretisch könnte man dieses Problem am einfachsten umgehen, indem man einer einzelnen Hautzelle das genetische Material entnähme, die assoziierten Proteinsignale ablöste und das Ganze in das Zytoplasma einer Eizelle überführte, deren eigenes genetisches Material zuvor entfernt wurde. Das Zytoplasma einer Eizelle enthält nämlich all jene speziellen Proteinsignale, die benötigt werden, um das embryonale Genprogramm in Gang zu setzen. Diese Signale würden die nackte DNA besetzen und eine Entwicklung einleiten, aus der ein Klon jenes Individuums hervorgehen würde, das die Gene gespendet hat.

Es gibt jedoch große technische Probleme, die die Realisierung dieses Ansatzes so gut wie unmöglich machen. Zum einen sind die Proteinsignale einer Hautzelle sehr fest mit dem genetischen Material verbunden und nicht leicht abzulösen. Zum andern besteht ein noch ernsteres Problem darin, daß nacktes genetisches Material von der Größe, wie es sich in Tierzellen findet, bei der Bearbeitung unweigerlich zerbricht, egal wie behutsam man vorgeht. Und wenn DNA-Moleküle auseinanderbrechen, können sie nicht mehr bei jeder Zellteilung akkurat in die Tochterzellen übertragen werden. So hätte, selbst wenn es möglich wäre, die gesamte DNA aus einer einzelnen Hautzelle in das Zytoplasma einer Eizelle zu übertragen, der daraus hervorgehende Embryo keine Chance, sich zu einem erwachsenen Tier zu entwickeln.

Deshalb entschlossen sich die Wissenschaftler schon ganz am Anfang für die zweitbeste Lösung: die Übertragung eines isolierten Zellkerns mit einer Membran, die wie ein Schutzschild gegen Chromosomenschäden wirkt. Die unvermeidliche Kehrseite dieses Ansatzes besteht jedoch darin, daß einige Proteinsignale der Originalzelle, nämlich jene Signale, die fest mit der DNA verbunden sind, sowie weitere im Zellkern vorhandene zusammen mit dem genetischen Material in das Zytoplasma der embryonalen Zelle gelangen.

Dieses Verfahren der »Kerntransplantation« wurde zuerst in den frühen fünfziger Jahren von Robert Briggs und Thomas King vom Krebsforschungsinstitut in Philadelphia entwickelt.[11] Der schon erwähnte Frosch wurde für diese Experimente ausgewählt, weil seine Eizellen sehr groß und für Manipulationen leicht zugänglich sind. Briggs und King erreichten zwar nicht ihr Ziel, aus erwachsenen Zellen neue Tiere zu klonen, doch sie bereiteten den Weg für John Gurdon, der schließlich Mitte der sechziger Jahre diese Methode erfolgreich anwandte und die gewünschten Kaulquappen wirklich erhielt.[12] Die Klonierung von Fröschen war indes niemals leicht. Nachdem Gurdon aus erwachsenen Haut- und Darmzellen Tausende von Zellkernen entnommen und in das Zytoplasma zahlloser Eizellen übertragen hatte, war seine Erfolgsrate immer noch erschreckend gering, und die wenigen Tiere, die er entstehen lassen konnte, entwickelten sich nur bis zum Kaulquappenstadium, ehe sie abstarben. Es ist sicher möglich – und aus heutiger Sicht sogar wahrscheinlich –, daß Gurdons Schwierigkeiten hauptsächlich eine Folge der damals noch eher primitiven Versuchsausrüstung und Labortechnologie waren. Denn selbst minimale Schädigungen der Kerne oder der Eizellen können auf die Entwicklung drastische Auswirkungen haben.
Doch die meisten Wissenschaftler interpretierten Gurdons im wesentlichen negative Resultate ganz anders. Anstatt die Schuld auf technologische Mängel zu schieben, wurde Mutter Natur selbst bemüht. Auf fast religiöse Weise wurde die Existenz eines biologischen Grundprinzips postuliert: Kerne aus erwachsenen Zellen können nicht einfach zum embryonalen Zustand »zurückprogrammiert« werden. Die wenigen Zellkerne, die sich wenigstens zu Kaulquappen weiterentwickelten, wurden als Normabweichungen abgetan. Und wenn schon Kaulquappen bei diesen Versuchen nur äußerst selten zustande zu bringen waren, schien die Annahme völlig plausibel, daß es niemals möglich sein würde, bei höher entwickelten Säugetierarten – einschließlich des Menschen – erwachsene Zellen zu klonen und daraus gesunde, lebend geborene Kinder zu erhalten.
In der Tat wurde diese Position 1984 anscheinend bestätigt, als der hochangesehene Embryologe Davor Solter und sein Student James McGrath über eine ausgedehnte Serie von Versuchen zur Kerntrans-

plantation an Mäuse-Eizellen berichteten. Sie hatten mit einer wesentlich besseren Ausrüstung und Technologie arbeiten können als Gurdon. Trotzdem lautete der Schlußsatz ihrer Publikation in der Zeitschrift *Science*: »Das Klonieren von Säugetieren durch einfachen Zellkerntransfer ist biologisch unmöglich.«[13]

Das Klonen erregt die Phantasie der Öffentlichkeit

Während die Wissenschaftler Gurdons Resultate auf ihre Weise werteten, erschienen sie denen, die Wissenschaft »unters Volk bringen« wollten, in einem ganz anderen Licht. Die Tatsache, daß überhaupt ein Frosch kloniert werden konnte, suggerierte diesen Leuten, daß es definitiv möglich sein werde, auch Menschen zu klonen. In den späten sechziger Jahren fand dieser Gedanke allmählich Eingang in das öffentliche Bewußtsein[14]; endgültig, als Alvin Toffler 1970 sein sensationelles und immer noch einflußreiches Buch *Future Shock* (*Der Zukunftsschock*) veröffentlichte. Darin heißt es: »Durch das sogenannte Klon-Verfahren wird der Mensch sogar in der Lage sein – und das ist nur eine der phantastischen Möglichkeiten –, exakte Duplikate von sich selbst herzustellen. ... Das Klon-Verfahren würde es Menschen ermöglichen, ihre eigene Wiedergeburt mitzuerleben und die Welt mit Doppelgängern zu bevölkern. ... Die Vorstellung etwa, daß ein Albert Einstein der Nachwelt Duplikate von sich hinterlassen könnte, hat durchaus einen gewissen Reiz. Im Fall Adolf Hitlers sähe das anders aus.«[15]
Und gerade, als die Öffentlichkeit mit dem Konzept des Klonierens etwas vertrauter geworden war, fand der Gedanke in Woody Allen bereits seinen Parodisten: in dem Film *Sleeper* (*Der Schläfer*) aus dem Jahre 1973. Dort spielt Allen den sanften Miles Monroe, der zweihundert Jahre in die Zukunft transportiert und für einen Chefarzt gehalten wird, dem die Aufgabe gestellt ist, den verstorbenen »Führer« des Landes ins Leben zurückzubringen. Seit fast einem Jahr wird dessen Nase mit »massiven biochemischen Anstrengungen« am Leben gehalten. Miles Monroe nun soll aus ihr den ganzen Körper

des Führers klonieren, während die biomedizinischen Spitzenwissenschaftler dieses zukünftigen Jahrhunderts von der Galerie des Operationssaales aus zusehen. Woody Allen spielt im Film mit der doppelten Bedeutung des Wortes »Leben« – zelluläres oder bewußtes Leben –, wenn sein Held die Nase kidnappt und mit ihrer Erschießung droht, falls man ihn nicht unbehelligt gehen lasse.

Fünf Jahre darauf wurde in dem Film *The Boys from Brazil,* nach einem Buch von Ira Levin, Tofflers eher bedrohliche Idee einer Naziverschwörung aufgegriffen, die es sich zum Ziel gesetzt hat, eine Armee von neuen Adolf Hitlers zu klonieren. Und im selben Jahr brachte der Verlag J. B. Lippincott ein angebliches Sachbuch des Wissenschaftsautors David Rorvik auf den Markt. Titel: *In His Image: The Cloning of Man.* Rorvik behauptete, er erzähle die Geschichte eines »weltgewandten, autodidaktischen, alternden Millionärs«, der einen Erben brauchte und der zwar »nicht genau einen Sohn« bekam, wohl aber sein genetisches Äquivalent – und zwar durch Anwendung derselben Technik zur Transplantation von Zellkernen, die John Gurdon bei Fröschen benutzt hatte. Rorvik konnte nie Belege zum Beweis seiner Behauptungen beibringen, und mehrere Jahre später mußte sein Verleger schließlich zugeben, das Ganze sei nur ein Witz gewesen.[16]

Ab den frühen achtziger Jahren tauchte die Idee des Klonens immer wieder in Filmen, Fernsehshows und Science-fiction-Romanen auf. Selbst in der Welt der unbelebten Gegenstände kam der Begriff nun vor – in Gestalt von Computer-Klonen, und sogar Parfüm wurde jetzt angeblich kloniert. Klone waren in dieser Sichtweise fast vollkommene, aber nicht ganz perfekte Kopien eines Originals – Kopien, die meistens billiger waren und angeblich auch irgendwie nicht ganz so »schick«.

Doch während sich die populäre Phantasie der Klone bemächtigte, wurden kaum neue wissenschaftliche Ergebnisse auf diesem Gebiet veröffentlicht. Manche Leute wußten, daß neue Frösche geklont worden waren, aber es sah ganz so aus, als habe man sonst keine echten wissenschaftlichen Fortschritte mehr zu verzeichnen. Doch dann kam 1993 wie ein Donnerschlag der Bericht, zwei Wissenschaftler von der George Washington University, Jerry Hall und Robert Stillman, hätten »menschliche Embryonen kloniert«.[17]

Das Experiment von Hall und Stillman rief im Verhältnis zum wirklich Erreichten einen ganz unverhältnismäßigen Wirbel in den Medien hervor. Die beiden hatten einfach 17 menschliche Embryonen im Frühstadium (zwischen dem Zweizell- und dem Achtzellstadium) genommen, die Eihülle entfernt und dann jede embryonale Zelle von ihren Nachbarzellen gelöst. Jede der so entstandenen Einzelzellen erhielt dann eine synthetische Nährschicht und durfte sich in einer Laborschale weiterentwickeln. Nach wenigen Tagen kamen Hall und Stillman zu dem Ergebnis, daß die 48 neugebildeten Embryonen sich normal weiterentwickelten. An diesem Punkt wurde das Experiment aus ethischen Rücksichten abgebrochen. Die Embryonen wurden beseitigt.[18]

Allerdings besteht zwischen der Klonierung embryonaler Zellen und der Klonierung erwachsener Zellen ein himmelweiter Unterschied. Wäre das Experiment von Hall und Stillman bis zu seinem logischen Ende fortgeführt worden, wäre die Geburt identischer Zwillinge oder Drillinge möglich gewesen. Allerdings führt auch das ganz normale IVF-Verfahren zu Geburten von – freilich nicht eineiigen – Zwillingen und Drillingen.[19] Selbst die gute alte Fortpflanzungsmethode durch Geschlechtsverkehr bringt weltweit jedes Jahr eine Million neugeborener eineiiger Zwillingspaare hervor, eine kleinere Zahl eineiiger Drillinge und vielleicht sogar eine Handvoll eineiiger Vierlinge. Was Hall und Stillman also gelungen war, war nichts anderes als der Nachvollzug eines schon bestens bekannten natürlichen Prozesses unter Laborbedingungen.

Und doch provozierte selbst diese Nachäffung der Natur sofort aus verschiedenen politischen Lagern Aufschreie der Empörung. Der Vatikan sprach von einer »perversen Gegenstandswahl«[20] und einem »Abenteuer, das nur in einen Tunnel des Wahnsinns führen« könne. Jeremy Rifkin, Kritiker der Biotechnologie, sagte, dieses Experiment lasse »das eugenische Zeitalter heraufziehen«.[21] Er organisierte Protestzüge zu den Forschungsstätten, an denen die Versuche durchgeführt worden waren. Das Europäische Parlament beschloß einstimmig ein Verbot des Klonierens von Menschen, weil es »unethisch« und »moralisch abstoßend« sei, weil es »gegen die Menschenwürde gerichtet ist und eine schwere Verletzung der menschlichen Grundrechte darstellt, die unter keinen Umständen zu rechtfertigen oder akzeptabel ist.« Und all das nur, weil zwei Wissenschaftler einzelne Embryonen sanft in zwei, drei oder vier Zellen zerlegt hatten, die ein paar Tage selbständig weiterwuchsen, ehe sie aus dem Leben schieden.

Ich vermute, daß die Medien, hätte man nicht das Wort »klonieren« benutzt, um zu beschreiben, was Hall und Stillman getan hatten, die ganze Story für uninteressant gehalten hätten. Doch so vergingen nur ganze zwei Wochen zwischen der ersten Vorstellung des Versuchs bei einer wissenschaftlichen Tagung und der Zeitungsschlagzeile »Wissenschaftler kloniert menschliche Embryonen und schafft damit eine ethische Herausforderung«.[22] Allein die Nebeneinanderstellung der beiden Wörter »kloniert« und »menschlich« war für die ganze Hysterie verantwortlich.

Von Embryonen zu Erwachsenen

Zwar stellte das Klonieren des Schafes Dolly zweifellos einen Riesenfortschritt in der Reproduktionstechnologie dar, war jedoch ein Qualitätssprung, der nur auf einer breiten Grundlage technischer Fortschritte zustande kam, die in den vorangegangenen 14 Jahren aufeinander aufgebaut hatten. Der erste Schritt war 1983 im Wistar Institute in Philadelphia gelungen, als Davor Solter und James McGrath ein Versuchsprotokoll für den Zellkerntransfer von einem Mäuseembryo auf einen anderen erstellten.[23] Ihre Arbeit war aus zwei Gründen von entscheidender Bedeutung. Sie demonstrierte die allgemeine Anwendbarkeit der Technologie des Kerntransfers bei Säugetieren. Und sie führte eine Modifikation der bei den Froschversuchen verwendeten Technik ein, die zu einem erheblichen Anstieg der Überlebensrate bei den Embryonen führte. Anstatt die Kerne von ihrer ursprünglichen Zellumgebung zu isolieren, wie es John Gurdon getan hatte, beschlossen Davor Solter und James McGrath, den Kernen einen angemessenen Schutz zu belassen: Sie blieben von einer Zellmembran umgeben.

Die Versuchsprozedur begann mit der Beseitigung der Kerne aus den

Zellen des Empfängerembryos. Dann wurde die komplette Spenderzelle zwischen Eihülle und eigentlichem Embryo plaziert, ehe Spender- und entkernte Embryozelle mit Hilfe eines speziellen chemischen Katalysators oder eines elektrischen Impulses zur Fusion gebracht wurden.

Obwohl Solter und McGrath diese Versuchsprozedur als »Kerntransplantation« bezeichneten – und diese Bezeichnung seither allgemein beibehalten wurde –, verpflanzten sie in Wirklichkeit gar keine Zellkerne in die Empfängerembryonen. Vielmehr plazierten sie die Spenderzellen am Rand der Embryonen und ließen dann eine Fusion dafür sorgen, daß der Kern der Spenderzelle in das Zytoplasma der Empfängerzelle gelangte. Indem sie die Spenderzelle bis zum Augenblick der Fusion unversehrt ließen, konnten Solter und McGrath deren genetisches Material erfolgreich schützen. Ihr Versuchsprotokoll war in der Tat so effizient und sicher, daß 90 Prozent der im Frühstadium behandelten Embryonen überlebten und sich normal weiterentwickelten.

Der nächste Fortschritt auf dem Weg zu Dolly gelang 1986 in England, als Steed Willadsen vom ARFC-Institut für Tierphysiologie in Cambridge bei seinen Versuchen – anders als Solter und McGrath – keine einzelligen Embryonen, sondern kernlose *unbefruchtete* Eizellen zum Empfänger der Spenderzellkerne machte.[24] Die Logik dieser Abwandlung im Versuchsprotokoll beruht auf der Annahme, daß eine unbefruchtete Eizelle voll von Signalproteinen sein muß, die geduldig darauf warten, sich auf die nackte DNA aus der befruchtenden Samenzelle zu stürzen.[25] Erhält ein solches Ei nun statt der Samenzelle einen Spenderzellkern, dann erkennen die Signalproteine den Unterschied nicht: Sie werden mit demselben Eifer versuchen, die DNA der Spenderzelle in ihrem Sinne zu steuern, wie sie es bei einer Samenzelle täten. Diese Hypothese erwies sich als zutreffend, und Willadsen konnte über die Geburt gesunder Lämmer berichten, die aus Spenderzellen kloniert worden waren, welche aus Embryonen im Achtzellstadium stammten.

Es vergingen wiederum acht Jahre, ehe ein weiterer wichtiger Fortschritt beim Klonieren zu verzeichnen war; er gelang Neal First an der University of Wisconsin im Jahre 1994.[26] Diesmal ging es um

Rinder, und die Spenderzellen wurden dem Embryo in einem noch späteren Entwicklungsstadium entnommen. Vier gesunde Kälber wurden geboren. Was First jedoch entging, war der wahrscheinliche Grund für seinen Erfolg. Wie sich herausstellte, hatte ein technischer Mitarbeiter in Firsts Labor versehentlich den embryonalen Spenderzellen nicht das Nährserum gegeben, das alle Zellen für ein normales Wachstum benötigen.[27] Infolgedessen waren die Spenderzellen aus ihrem normalen Wachstums- und Teilungsrhythmus herausgekommen und in eine Art Winterschlaf verfallen – ein Stadium, das von Wissenschaftlern als »G_0-Phase« bezeichnet wird. Ist es denkbar, daß vielleicht gerade Zellen in diesem besonderen Ruhezustand sich besser klonieren lassen als andere Zellen? Vielleicht lassen sich ja die Signalproteine auf der DNA der Spenderzellen dann leichter durch die entsprechenden Signalproteine ersetzen, die im Zytoplasma der Eizelle warten.

Diese Hypothese reizte Keith Campbell und Ian Wilmut vom Roslin Institute in Edinburgh, und die beiden Forscher machten sich an die Erprobung. Als Versuchstier wählten sie ihr Lieblingstier, das Schaf. Ohne Schwierigkeiten erhielten sie nach Kerntransplantationen mit Spenderzellen, die aus 9 Tage alten Embryonen stammten, gesunde Lämmer. Dann dehnten sie ihre Versuche erfolgreich auf Spenderzellen aus, die sie »quasi-embryonalen« Zellkulturen entnahmen, die über mehrere Wochen in Kulturschalen gezogen worden waren. Über ihre Ergebnisse berichteten sie im März 1996 in einem Artikel mit dem Titel »Sheep Cloned by Nuclear Transfer from a Cultured Cell Line« (Schafe, die durch den Kerntransfer aus kultivierten Zellen kloniert wurden).[28] Und dann machten sie mit immer älteren Spenderzellen weiter, wobei sie wieder und wieder genau dieselben Techniken verwendeten.

Dolly wurde am 5. Juli 1996 um fünf Uhr nachmittags geboren. Sie war das Ergebnis der Fusion einer kernlosen unbefruchteten Eizelle mit einer Spenderzelle, die der Milchdrüse eines 6 Jahre alten Schafes entnommen worden war. Dolly war das erste Säugetier, das aus einer erwachsenen Zelle kloniert worden war. Sie ist damit eine ganze Generation von dem Zeugungsakt entfernt, der die Keimzellen der beiden genetischen Elterntiere zusammenbrachte.

Dollys Existenz wurde der wissenschaftlichen Welt in einem Artikel verkündet, der am 27. Februar 1997 in der Zeitschrift *Nature* erschien.[29] Doch in dem ganzen Rummel um dieses eine Schaf wurde weitgehend übersehen, daß noch zwei weitere Schafe aus hautähnlichen Zellen kloniert worden waren, die man einem Fetus entnommen hatte. Die Geburt und das Überleben von drei gesunden Lämmern aus unterschiedlichen hochdifferenzierten Spenderzellen belegen indes eindeutig, daß die Klonierung des einen Schafes Dolly durchaus kein Glückstreffer war.

Kapitel 9
»Menschenverschnitt«

Vom Schaf zum Menschen?

Dolly ist nur ein Schaf, und während ich diese Worte niederschreibe, steht das Klonieren eines menschlichen Lebewesens noch aus. Wie groß sind die Chancen, daß auch dies geschehen wird? Wie wahrscheinlich ist es, daß die an Schafen entwickelte Technologie auf unsere eigene Spezies übertragen werden kann? Und wie schnell könnte das geschehen?

Die Antworten auf diese Fragen basieren auf dem Wissen, daß die Embryonen aller Säugetiere sich in der Frühphase auf ganz ähnliche Weise entwickeln, obwohl es auch hier unter den verschiedenen Arten geringfügige Unterschiede gibt. Mißt man bei der Abschätzung der Klonierungschancen der Ähnlichkeit unter den Säugetieren stärkeres Gewicht bei als den Unterschieden, dann erscheint das Klonen auch beim Menschen möglich. Diese These kann durch Klonierungsversuche bei einer Reihe von Säugetierarten gestützt werden.

Hinsichtlich des Zellkerntransfers liegen die Ergebnisse bereits vor. Schon ehe die Geburt Dollys bekannt wurde, hatten Wissenschaftler an verschiedenen Institutionen erfolgreich Kühe, Schweine, Ziegen, Kaninchen und Mäuse aus Embryonen mit transplantierten Zellkernen herangezogen. Und nur wenige Tage nach Bekanntwerden des Dolly-Experiments berichteten Wissenschaftler am Oregon Primate Research Center in Beaverton über den ersten erfolgreichen Kerntransfer bei einer Primatenspezies, nämlich beim Rhesusaffen. Wenn die Kerntransplantation aber bisher schon bei jeder Säugetierspezies funktionierte, bei der dies ernsthaft versucht wurde, dann *wird* sie auch bei menschlichen Zellen möglich sein. Das entscheidende Argument ist dabei der Rhesusaffenversuch, denn Menschen sind nichts anderes als glorifizierte Affen – jedenfalls im embryonalen Stadium der Entwicklung.

Zum Zeitpunkt der Niederschrift dieses Kapitels ist Dolly jedoch das bisher einzige Tier, das nach dem Kerntransfer einer *erwachsenen* Spenderzelle geboren wurde. Es besteht kein ernsthafter Grund, daran zu zweifeln, daß sich auch erwachsene *menschliche* Spenderzellen für den Transfer eignen, doch sicher weiß man das natürlich erst, wenn entsprechende Versuche mit anderen Arten (insbesondere mit Affen) unternommen wurden und deren Ergebnisse vorliegen. Aber das wird mit ziemlicher Sicherheit in den nächsten Jahren der Fall sein.

Im Hinblick auf den Menschen lautet die Frage jedoch nicht nur, ob ein solcher Transfer funktionieren *könnte*, sondern ob er mit der erforderlichen *Sicherheit* möglich wäre. Denn ein Grundprinzip der medizinischen Ethik lautet, daß Ärzte am Menschen nichts versuchen dürfen, bei dem das Schadensrisiko größer ist als der mögliche Vorteil. Im Fall des Klonierens würde dieses Prinzip die Ärzte verpflichten, sich mit der Anwendung der Technologie so lange zurückzuhalten, bis sie sicher sein können, daß das Risiko angeborener Defekte nicht größer ist als bei natürlich gezeugten Kindern.

Viele der Medienberichte über die Geburt Dollys betonten, die Erfolgsrate liege nur bei 1 zu 277: ein »Treffer« bei 277 »Versuchen«. Dabei lautete die – gelegentlich auch explizit geäußerte – Folgerung, daß viele Lämmer gestorben oder mit genetischen Mißbildungen geboren worden seien. Doch hier wird die in dem wissenschaftlichen Bericht genannte Zahlenrelation in ihrer Bedeutung mißverstanden. Gemeint war, daß 277 Fusionen zwischen Spenderzellen und unbefruchteten Eizellen stattgefunden hatten. Doch nur 29 dieser fusionierten Zellen hatten sich tatsächlich zu Embryonen entwickelt, und diese 29 Embryonen waren 13 weiblichen Schafen eingesetzt worden. Nur eines dieser Schafe wurde jedoch schwanger und gebar dann Dolly. Wenn man als Kriterium für Sicherheit das Verhältnis von überhaupt geborenen zu gesund geborenen Lämmern ansetzt, dann ist die Bilanz bisher makellos (allerdings bei einer viel zu geringen Stichprobengröße).

In der Tat ist die Annahme, bei klonierten Menschenkindern könnten mehr genetische Probleme auftreten als bei natürlich gezeugten Kindern, wissenschaftlich nicht belegbar.[1] Der häufigste angeborene Gendefekt resultiert aus einer Anomalie der Chromosomenzahlen, etwa bei der für das Down-Syndrom verantwortlichen Trisomie 21.

Derartige Anomalien entstehen durch Fehler bei der Keimzellenbildung, bei der Reduzierung des genetischen Materials auf die Hälfte. Beim Klonen indes wird das genetische Material nicht reduziert, und deshalb ist die Wahrscheinlichkeit für solche Defekte hier wesentlich geringer.

Die zweithäufigste Gruppe genetischer Anomalien resultiert aus der rezessiven Vererbung mutierter Gene, also von Anlagen, die bei beiden Eltern vorhanden sind, jedoch bei ihnen nicht zu einer Erkrankung führten. Zu dieser Gruppe von Gendefekten zählen das Tay-Sachs-Syndrom, die Sichelzellenanämie, die Mukoviszidose und die Phenylketonurie (PKU). Bei der Klonierung aber wird jede rezessive Anlage der Spenderzelle rezessiv bleiben, im neugebildeten Embryo genauso wie nach der Geburt.

Schließlich kann eine neue Genmutation auch, wenngleich sehr selten, im genetischen Material der Ei- oder Samenzelle stattfinden und zu einem angeborenen Defekt beim Neugeborenen führen. Bei klonierten Kindern wäre die Wahrscheinlichkeit für eine solche Mutation indes genauso gering, denn das genetische Material wird ja durch die Spenderzelle eingeführt.

Überraschenderweise legen all diese Vergleiche den Schluß nahe, daß angeborene Defekte bei klonierten Kindern sogar noch seltener sein könnten als bei natürlich gezeugten Kindern. Es gibt jedoch keine Möglichkeit der Vorhersage, ob klonierte Kinder genauso gesund wären wie alle anderen Kinder, solange keine Daten über größere Zahlen klonierter Tiere vorliegen. In noch laufenden Experimenten wird derzeit versucht, viele andere Arten aus erwachsenen Zellen zu klonieren. Eine Antwort auf die Frage nach den Auswirkungen des Klonierens auf die Gesundheit und den Alterungsprozeß ist am schnellsten bei Kleintieren wie Mäusen zu erwarten, deren natürliche Lebensdauer gering ist. Sollte sich herausstellen, daß das Klonen auf die Gesundheit und die Lebensdauer von Versuchstieren keinen Einfluß hat, dann könnte man daraus den vernünftigen Schluß ziehen, daß es beim Menschen wahrscheinlich genauso sein wird. Und damit entfiele ein wesentlicher, wenn nicht gar *der* hauptsächliche Einwand gegen die Klonierung von Menschen.

Doch selbst wenn die Tierexperimente zeigen, daß die Klonierung si-

cher ist, bleibt immer noch die Frage der Machbarkeit und Effizienz. Auch in diesem Zusammenhang verweisen die Kritiker darauf, daß nach 277 Fusionen nur ein einziges Lamm geboren worden sei, und ziehen den Schluß, daß der Versuch für die Anwendung beim Menschen ungeeignet sei. Doch auch hier sind die Kritiker im Unrecht. Ganz gleich, wie man die Zahlen interpretiert, sie sind auf jeden Fall besser als die Vergleichswerte aus den Anfangsstadien der künstlichen Befruchtung menschlicher Keimzellen im Reagenzglas. Steptoe und Edwards versuchten mehr als ein Jahrzehnt lang bei Hunderten menschlicher Eizellen, den Prozeß der künstlichen Befruchtung im Reagenzglas zu perfektionieren. Dann setzten sie dutzendfach Frauen Embryonen ein, ehe Louise Brown als erstes »Retortenbaby« geboren wurde. Viele Jahre nach dieser ersten IVF-Geburt lag die durchschnittliche Erfolgsrate (d. h. der Prozentsatz der Frauen, die, nachdem ihnen Embryonen eingesetzt worden waren, auch Kinder zur Welt brachten) immer noch unter dem Verhältnis von 1 zu 13 im Dolly-Experiment. Trotzdem waren Tausende von Paaren bereit, zigtausend Dollar für die geringe Chance auszugeben, daß ausgerechnet sie auf diese Weise mit einem Baby nach Hause gehen könnten.
Im Laufe der Zeit haben technische Verbesserungen natürlich die Effizienz der IVF derartig gesteigert, daß sie inzwischen mit der Erfolgsrate von natürlichem Geschlechtsverkehr vergleichbar ist. Es spricht also alles dafür, daß auch die Effizienz bei der Klonierung auf ähnliche Weise zu verbessern wäre, solange man eine analoge Experimentierphase zuließe.
Wenn also die Fragen der Sicherheit und Effizienz erst einmal gelöst sind, werden die Leute aller Wahrscheinlichkeit nach Schlange stehen, um aus den unterschiedlichsten Gründen – darüber gleich mehr! – diese Technologie anzuwenden. Doch zunächst müssen wir uns noch die wichtige Frage stellen, ob es wohl Berufsmediziner geben wird, die bereit wären, mit dieser Technologie zu arbeiten.
Daran kann allerdings kein Zweifel bestehen. In vielen IVF-Kliniken wird bereits die Methode der Spermieninjektion bei unbefruchteten Eiern (ICSI) praktiziert, bei der dieselbe Laborausrüstung verwendet wird wie bei Klonierungsexperimenten. Das ganze Verfahren weicht nur in wenigen Details von jenem Klonierungsversuch ab, den Ian

Wilmut und Keith Campbell beschrieben haben. Mit ein wenig Training an überzähligen Eizellen könnten geübte IVF-Praktiker die in Veröffentlichungen beschriebene Klonierungstechnik schnell beherrschen und sie dann weiter verbessern. Etwa drei Wochen nach der Meldung von Dollys Geburt erfuhr ich zufällig bei einem zwanglosen Gespräch von zwei prominenten IVF-Praktikern aus verschiedenen Ländern, die nur darauf warteten, mit ausgewählten »Patienten« anfangen zu können. Und wenn ich sogar, ohne zu suchen, schon zwei Ärzte finden konnte, die bereit sind, Menschen zu klonieren, dann können Sie sich ja vorstellen, wieviel größer die Zahl der Mediziner unter den Tausenden sein muß, die über die erforderlichen Qualifikationen verfügen.

Falsche Vorstellungen von der Klonierung

Warum glauben vier von fünf Amerikanern, die Klonierung von Menschen sei »gegen Gottes Willen« oder »moralisch unverantwortlich«?[2] Warum haben die Leute solche Angst vor dieser Technologie? Ein wichtiger Grund liegt sicher darin, daß viele Menschen unklare Vorstellungen davon haben, was eine Klonierung eigentlich ist. Sie bringen die populäre Bedeutung des Wortes »Klon« und dessen spezifische Bedeutung im Bereich der Biologie durcheinander.

Im populären Sprachgebrauch bezieht sich »Klon« auf eine Art Duplikat, eine billigere Imitation eines Markenartikels: Dabei kann es sich um einen berühmten Namensträger, einen Ort oder eine Sache handeln. Der britische Premierminister Tony Blair wurde als »Klon« von Bill Clinton bezeichnet, und der Klon eines IBM-PCs ist nicht nur wie ein IBM-PC gebaut, sondern er *verhält sich* auch wie ein IBM-PC. Dieser populäre Sprachgebrauch führte dazu, daß viele Leute meinen, beim Klonieren eines Menschen werde nicht nur der Körper einer Person kopiert, sondern auch deren Bewußtsein. Eine solche Vorstellung vom Klonen stand auch im Mittelpunkt des Films *Multiplicity*, der nur wenige Monate vor dem Bekanntwerden von Dollys Geburt in die Kinos kam. Darin fertigt ein Genetiker einen Klon des (von Michael Keaton gespielten) Hauptdarstellers an und erklärt, dieser Klon werde »all seine Gefühle, all seine Schrullen und all seine Erinnerungen bis zum Augenblick des Klonierens« besitzen. Und der Klon sagt zu seinem Original: »Du bist ich, und ich bin du.« Wahrscheinlich dachte Jeremy Rifkin an solche Bilder, als er die mögliche Übertragung der beim Schaf erfolgreichen Klonierungstechnologie auf den Menschen mit den Worten kritisierte: »Es ist ein schreckliches Verbrechen, eine Xerox-Kopie eines Menschen herzustellen.«[3]

Doch dieses populäre Bild hat absolut keine Ähnlichkeit mit der tatsächlichen Klonierungstechnologie, weder mit dem Vorgang noch mit dem Ergebnis. Wissenschaftler können keine Kopien fertiger, ausgewachsener Tiere herstellen – bei keiner Tierart, und erst recht nicht beim Menschen. Alles, was sie können, ist, den Entwicklungsprozeß von neuem beginnen zu lassen, unter Verwendung genetischen Materials, das von einem Erwachsenen gewonnen wurde. Reales biologisches Klonieren ist nur auf der Ebene der Zellen möglich – und betrifft damit nur *das Leben im allgemeinen Sinn*. Erst lange nach Vollendung des Klonierungsvorgangs kann sich das einzigartige – und unabhängige – *Leben im speziellen Sinn* im heranwachsenden Fetus herausbilden. Auch hier führt also wiederum die Unfähigkeit vieler Menschen, zwischen den beiden Bedeutungen von »Leben« zu unterscheiden, zur Konfusion.

Ein zweiter Grund, warum die Menschen Angst vor dem Klonieren haben, liegt in der Annahme, ein Klon sei immer eine unvollkommene Imitation des Originals. Daraus ziehen manche Leute den Schluß, ein Klon hätte nicht einmal dieselbe Seele wie jemand anders, sondern sei völlig seelenlos. Unter den frühesten populären Kinofilmen, die diesen Gedanken durchspielten, ist besonders *Blade Runner* (1982) zu nennen, der auf einem Science-fiction-Roman von Philip K. Dick aus dem Jahre 1968 basiert: *Do Androids Dream of Electric Sheep?* In *Blade Runner* werden synthetische Menschen, Androiden, hergestellt, die in jeder Hinsicht den Menschen gleichen – bis auf die Tatsache, daß sie kein Einfühlungsvermögen haben. Derselbe Grundgedanke der Unvollkommenheit wird auch in *Multiplicity* ausgelotet, wenn der Klon des Hauptdarstellers sich wiederum selbst klonieren läßt. Dieser Klon des Klons ist ein schwachsinniger Clown, denn – so verkündet der ursprüngliche Klon – »manchmal macht man eine Kopie von einer Kopie, und die ist dann nicht so klar wie das Original.« Rabbi Bernard King aus dem kalifornischen Irvine jagte dieser Gedanke regelrecht einen Schrecken ein, als er fragte: »Kann beim Klonieren eine Seele geschaffen werden? Können Wissenschaftler eine Seele hervorbringen, die das Geschöpf zu einem ethischen, moralischen, fürsorglichen, liebevollen Wesen macht, die ihm also all jene Attribute verschaffen würde, die wir mit dem Begriff ›Menschlichkeit‹ assoziieren?«[4] Pater Saunders, ein katholischer Priester, gab zu bedenken, daß »beim Klonieren nur Humanoiden oder Androiden produziert werden – seelenlose Repliken menschlicher Wesen, die dann als Sklaven brauchbar wären«.[5] Und Brent Staples, Mitglied des Herausgebergremiums der *New York Times*, warnte in einem Leitartikel seines Blattes, »synthetische Menschen« könnten leicht »eine Beute der schlimmsten Instinkte der Menschheit« werden.[6]

Und doch haben die Zellen, die beim Klonieren benutzt werden, überhaupt nichts Synthetisches an sich. Sie leben vor dem Klonierungsvorgang, und sie leben immer noch, wenn die Verschmelzung mit der anderen Zelle stattgefunden hat. Der neugeschaffene Embryo kann sich nur genau so entwickeln wie alle anderen Embryonen und Feten auch. Klonierte Kinder werden Menschen sein, die im biologischen Sinne von allen anderen Mitgliedern der Spezies nicht zu unterscheiden sind. Somit hat die Vorstellung von einem seelenlosen Klon mit der Realität nichts zu tun.

Wenn erst einmal all die falschen Vorstellungen beiseite geräumt sind, wird deutlich, was ein kloniertes Kind sein wird: ein zu einem späteren Zeitpunkt geborener identischer Zwilling – nicht mehr und nicht weniger. Und während er oder sie durchs Leben geht und dabei ähnlich aussieht wie der »elterliche« Vorfahr zu einem früheren Zeitpunkt, wird er oder sie trotzdem ein einzigartiges menschliches Wesen sein: mit einem vollkommen einzigartigen Bewußtsein und einzigartigen Erinnerungen, denn Bewußtsein und Erinnerungen beginnen am Punkt Null.

Vielen Menschen klingt allein schon das Wort »Klon« unheilschwanger; es beschwört Vorstellungen aus Filmen wie *The Boys from Brazil* herauf, in denen böse Nazis danach streben, mit Hilfe von Klonen die

Welt zu beherrschen. Doch wie groß ist die Wahrscheinlichkeit, daß Regierungen oder organisierte Gruppen das Klonen als Mittel zum Zweck einsetzen werden, um zukünftige Gesellschaften aufzubauen, in denen Bürger speziell herangezogen werden, um bestimmte Aufgaben und Bedürfnisse zu erfüllen?

Huxleys Szenario in »Schöne neue Welt«

> »Bokanowskyverfahren«, wiederholte der Direktor. ... Ein Ei, ein Embryo, ein erwachsener Mensch: das Natürliche. Aber ein bokanowskysiertes Ei knospt und sproßt und spaltet sich. Acht bis sechsundneunzig Knospen – und jede Knospe entwickelt sich zu einem vollausgebildeten Embryo, jeder Embryo zu einem vollausgewachsenen Menschen. Sechsundneunzig Menschenleben entstehen zu lassen, wo einst nur eins wuchs: Fortschritt. ... Identische Simultangeschwister, aber nicht lumpige Zwillinge oder Drillinge wie in alten Zeiten des Lebendgebärens, als sich ein Ei manchmal zufällig teilte, sondern Dutzendlinge, viele Dutzendlinge auf einmal. ... »Aber leider«, der Direktor schüttelte den Kopf, »können wir nicht unbegrenzt bokanowskysieren.« Sechsundneunzig schien die Höchstgrenze zu sein, zweiundsiebzig ein gutes Durchschnittsergebnis.[7]

So stellte Aldous Huxley 1931 eine der technologischen Grundlagen seiner »schönen neuen Welt« dar, in der das Klonen als »eines der wichtigsten Instrumente gesellschaftlicher Beständigkeit« dienen sollte. Durch Klonieren wurde es dort möglich, »Menschen einer einzigen Prägung, in einheitlichen Gruppen« zu bekommen: »Ein einziges bokanowskysiertes Ei lieferte die Belegschaft für einen ganzen kleineren Fabrikbetrieb.«

Schöne neue Welt (*Brave New World*) erweckte in den Lesern mächtige Gefühle – nicht nur, weil diese dunkel erahnten, daß sich die rigide Konformität der Gesellschaft dieser »schönen neuen Welt« auch in ihrer eigenen bereits abzeichnete, sondern auch, weil die Wissen-

schaftsutopie in hyperrealistischer Manier präsentiert wurde. Noch die winzigsten technischen Details wurden sorgfältig beschrieben.
Huxley jedenfalls war auch später noch überzeugt, daß die politischen Kräfte sich in die von ihm beschriebene Richtung weiterentwickeln würden. In seinem Vorwort von 1949 schrieb er: »Es ist wahrscheinlich, daß alle Regierungen der Welt mehr oder weniger totalitär sein werden, sogar noch vor der industriellen Nutzbarmachung atomarer Energie; daß sie während und nach solcher Nutzbarmachung totalitär sein werden, ist fast gewiß.« Nur hinsichtlich der Wissenschaften war er sich nicht ganz so sicher.
Und doch unterschätzte Huxley – wie so viele andere Intellektuelle des 20. Jahrhunderts – die Macht der Technologie, die Phantasien von gestern in die Realität von heute zu verwandeln. Nur 66 Jahre nach Huxleys Spekulationen über die Möglichkeiten des Klonierens steht die Realisierung unmittelbar bevor. Und nachdem nun in einem Bereich der Wissenschaft die Utopie von *Schöne neue Welt* von der Realität eingeholt wurde, wie steht es da mit Huxleys politischen Prophezeiungen? Wird es Regierungen geben, die sich für die staatliche Organisation der Klonierungstechnologie entscheiden werden?
In demokratischen Gesellschaften mit Sicherheit nicht, und zwar aus einem ganz einfachen Grund: Klonierte Kinder entstehen nicht im luftleeren Raum. Jeder Embryo wird sich (wenigstens noch in absehbarer Zeit) im Leib einer Frau entwickeln müssen. Und in einer freien Gesellschaft vermag der Staat Körper und Bewußtsein der Frauen nicht so zu kontrollieren, wie es erforderlich wäre, um eine ganze Armee klonierter Menschen heranzuziehen.
Und wie steht es mit einer totalitäten Regierung wie der von Huxley beschriebenen, die Menschen klonieren wollte, um ihren eigenen sozialen Erfordernissen gerecht zu werden? »Menschen einer einzigen Prägung, in einheitlichen Gruppen. Ein einziges bokanowskysiertes Ei lieferte die Belegschaft für einen ganzen kleineren Fabrikbetrieb.« Dieses Szenario ist höchst unwahrscheinlich. Denn erstens hätte nur ein extrem kontrollfähiger totalitärer Staat die Möglichkeit, massenhaft Frauen so zu versklaven, daß sie als Ersatzmütter für Babys fungieren, die ihnen dann mit Gewalt weggenommen und vom Staat aufgezogen würden. Regierungen, die ihre Macht derart ausspielen, sind

am Ende des 20. Jahrhunderts selten geworden. Doch selbst wenn ein solches Regime auftauchte, wäre immer noch schwer vorstellbar, warum dieser Staat Menschen überhaupt klonieren sollte.

Etwa, um eine Armee kampfstarker Soldaten zu produzieren? Nein, denn jede Regierung, die technisch in der Lage wäre, Menschen zu klonieren, könnte ihre Kampfkraft durch High-Tech-Zerstörungswaffen weit mehr stärken als durch die muskulösesten und gehorsamsten Soldaten, die man sich vorstellen und dann mit Hilfe dieser Technologie heranziehen könnte.

Etwa, um gelehrige, tüchtige Fabrikarbeiter zu produzieren? Zur Erreichung dieses Ziels bedürfte es nicht des Klonierens, denn es ist auch mit herkömmlichen Mitteln bereits in vielen Gesellschaften erreicht worden. Eine Denk- und Bewußtseinskontrolle schließlich ließe sich viel effizienter erreichen, wenn man New-Age-Drogen einsetzte, die auf spezielle Verhaltensweisen und Emotionen zugeschnitten sind (auch dies hatte übrigens Huxley vorhergesagt).

Etwa, um Menschen mit großen geistigen Fähigkeiten zu produzieren? Dann wäre unklar, wie das Regime einen »Vorfahren« für solche Klone auswählen würde oder was es während der ungefähr zwanzigjährigen Wartezeit anstellen würde, in der die Klone zu erwachsenen Menschen heranreifen würden. Nach einem so langen Zeitraum könnte doch eine neue Führergeneration zu dem Schluß kommen, damals seien gerade die falschen Eigenschaften für die Klone ausgewählt worden. Da wäre es sicher ein besserer Ansatz, einfach ein überlegenes öffentliches Bildungssystem aufzubauen, in dem die intelligentesten Kinder zur Spitze aufsteigen könnten, ganz gleich auf welcher Stufe der sozialen Hierarchie sie ihr Leben begonnen hätten.

So bleibt am Ende kaum ein einziger strategischer Vorteil übrig, den irgendeine Regierung aus der Menschenzüchtung durch Klonieren ziehen könnte, wenn sie sich für diese Variante entschiede, statt der Bevölkerung die natürliche Regeneration zu erlauben. Somit erscheint auch Huxleys utopischer Gedanke, durch Klonieren eine stabile Gesellschaft aufbauen zu wollen, als wenig plausibel. Eine Ausnahme wäre höchstens in einem Staat oder einer Gesellschaft denkbar, die von einem egomanischen Diktator kontrolliert würde, der über beträchtliche finanzielle und wissenschaftliche Ressourcen verfügte.

Hier fällt einem der Fall des japanischen Sektenführers Shoko Asahara ein. Zu dessen Gruppierung, der Aum Shinrikyo, gehörten gutausgebildete Chemiker, die Nervengas produzierten, um damit die japanische Regierung zu erpressen. Nach einem tödlichen Gasangriff auf die Tokioter U-Bahn im März 1995 wurde die Gruppe aufgespürt, ihr Anführer verhaftet und vor Gericht gestellt. Nach allem, was wir inzwischen wissen, verfügte diese Sekte möglicherweise über die finanziellen und technischen Mittel, die Vorbedingung für Anschaffung und Nutzung der zum Klonieren benötigten Ausrüstung sind, sowie über die erforderliche Überzeugungskraft des Führers, die eine Voraussetzung dafür ist, daß geschultes Personal solche Anweisungen überhaupt ausführen würde. Mit seinem Charisma hätte Asahara wahrscheinlich Frauen davon überzeugen können, daß sie mit Klonen seiner selbst schwanger werden müßten. Denn letztlich scheint Asahara genau jener Art von Egomanen angehört zu haben, die klonierte Kinder natürlich gezeugten Söhnen vorgezogen hätten.
Ich bezweifle, daß man Menschen wie Shoko Asahara daran hindern könnte, sich selbst zu klonieren. Aber würde das wirklich soviel ausmachen? Stellen wir uns einmal vor, Asahara hätte mit Klonen seiner selbst ein Dutzend Kinder produziert. Dann erscheint es immer noch als äußerst unwahrscheinlich, daß diese Kinder zwanzig Jahre später größeren Einfluß auf die Gesellschaft hätten als Söhne, die er auf altmodische Weise gezeugt hätte. Denn sie würden ja nicht nur in einem anderen Milieu aufwachsen als in dem, das Asahara letztlich maßgeblich zum Kultführer machte. Sie würden auch unter Menschen aufwachsen, deren Reaktionen sich wahrscheinlich von der Art und Weise unterscheiden würden, mit der die Leute einst auf Asahara reagierten. Dasselbe würde für moderne Klone von Adolf Hitler gelten. In beiden Fällen wurden die Originale durch persönliche und historische Umstände, die sich in genau derselben Konstellation niemals wiederholen würden, in Führungspositionen katapultiert. Ein Erwachsener, der heute Adolf Hitlers Denken, Persönlichkeit und Verhaltensweisen aufwiese, würde sich sehr wahrscheinlich eher in einem Gefängnis oder auf einem militärischen Außenposten weitab der Zentren wiederfinden als im Weißen Haus oder im Bundeskanzleramt.
Während Hitlers Drittes Reich und Asaharas Aum Shinrikyo kurzle-

bige Phänomene waren, gibt es immer noch Beispiele von königlichen Familien – auch wenn sie heutzutage kaum noch reale Macht haben –, in denen die Krone über Jahrhunderte hin von Eltern auf die Kinder überging. Wenn nun etwa Prinz Charles nach der Thronbesteigung auf die Idee käme, nicht seinen ältesten Sohn zum Thronfolger zu machen, sondern seinen Klon, würde das die Weltordnung durcheinanderbringen? Nein, ganz im Gegenteil. Ich glaube nicht, daß sich irgend jemand besonders darüber aufregen würde.

Egomanen werden nicht die einzigen Menschen sein, die für ihre persönlichen Ziele auch die Klonierungstechnologie einsetzen würden. Zusätzlich wird es zahlreiche weitere Individuen und Paare geben, die sich, ohne es an die große Glocke zu hängen, für das Klonen entscheiden werden, um ihre speziellen Fortpflanzungsziele zu erreichen. Worin diese Ziele bestehen könnten, wird in den folgenden Abschnitten dieses Kapitels zu erörtern sein.

Die Klonierung von Kindern

Anissa Ayala besuchte die Mittelstufe der Walnut High School in einem Vorort von Los Angeles, als bei ihr im Frühjahr 1988 chronisch-myeloische Leukämie diagnostiziert wurde, eine langsam voranschreitende, aber letztlich tödliche Krebserkrankung der Stammzellen des Blutes. Die einzige Möglichkeit, diesen Krebs zu behandeln, besteht in einer Zweistufentherapie, in deren erster Phase hochgiftige Chemikalien eingesetzt werden, die die von Krebs befallenen Stammzellen – und möglicherweise auch alle anderen – im ganzen Körper abtöten. Leider werden die Stammzellen jedoch benötigt, um den Blutzellenvorrat jeden Tag von neuem aufzufrischen. Ohne Stammzellen würden zum Beispiel die Blutkörperchen, die für den Sauerstofftransport von den Lungen in alle anderen Organe lebenswichtig sind, versiegen, und dann wäre man zwar krebsfrei, aber trotzdem innerhalb weniger Tage tot.

Deshalb ist der zweite Schritt des Behandlungsprozesses von entscheidender Bedeutung: der Ersatz der abgetöteten Stammzellen durch Spenderzellen. Weil die Stammzellen im Knochenmark liegen, heißt das im Klartext: Knochenmarkstransplantation. Allerdings kann dieses Knochenmark nur von einem Spender kommen, dessen Gewebe mit dem der erkrankten Person weitgehend verträglich ist. Doch die Chance guter Gewebekompatibilität unter nicht blutsverwandten Personen beläuft sich auf 1 zu 20 000.

Anissas Eltern, Mary und Abe Ayala, kämpften um ihr Leben und suchten verzweifelt nach einem geeigneten Spender. Kein Mitglied der erweiterten Familie verfügte über kompatibles Gewebe, und eine zweijährige landesweite Suchaktion blieb ebenfalls erfolglos.[8] Die verbleibende Zeit wurde immer knapper.

Da trafen die Ayalas eine schwerwiegende Entscheidung: Mary wollte versuchen, ein weiteres Kind zu bekommen, das dann Anissa das benötigte Knochenmark zur Verfügung stellen könnte. Doch die Chancen waren alles andere als gut. Abe war bereits 45 Jahre alt und hatte sich schon vor langer Zeit durch eine Vasektomie sterilisieren lassen. Mary war 42 und damit in einem Alter, da viele Frauen Großmütter, nicht Mütter werden. Darüber hinaus lag, selbst wenn es zu einer Empfängnis und zu einer erfolgreichen Schwangerschaft kommen sollte, die Wahrscheinlichkeit einer guten Gewebekompatibilität zwischen Anissa und dem neuen Kind bei nur 25 Prozent. Selbst im letzteren Fall betrugen Anissas Überlebenschancen nach einer Knochenmarkstransplantation nur 70 Prozent.

Doch Abe und Mary waren bereit, gegen all diese Schwierigkeiten anzukämpfen. Es gelang, die Durchtrennung von Abes Samenleiter rückgängig zu machen; Mary wurde schwanger und konnte die Schwangerschaft 9 Monate lang durchhalten. Bei einer Fruchtwasseruntersuchung stellte sich heraus, daß der Fetus, entgegen der Wahrscheinlichkeit, mit Anissa kompatibel war. Und so gebar Mary Ayala am 2. April 1990 eine Tochter, Marissa Eve. 14 Monate später wurde die Knochenmarkstransplantation von Marissa zu Anissa vorgenommen.[9]

Am 9. Juni 1996 saßen Anissa – gesund und krebsfrei – und ihre Schwester Marissa zusammen mit ihren Eltern vor den CNN-Kameras und gaben ein Fernsehinterview. Nun waren die 5 Jahre vorbei, nach denen man üblicherweise davon ausgehen kann, daß ein Krebskranker seine Krankheit besiegt hat. Die sechsjährige Marissa strahlte über das ganze Gesicht, als sie dem Interviewer sagte: »Ich habe ihr [Anissa] das Leben gerettet.« Nach dem Interview schlossen Abe und Mary ihre beiden heißgeliebten Töchter innig in die Arme.

Lassen Sie uns jetzt einmal überlegen, was Mary und Abe getan hätten, wenn das Klonieren eine Alternative gewesen wäre, als sie von Anissas Krebskrankheit erfuhren. Mit Hilfe einer Hautzelle aus Anissas Körper hätten sie einen neuen Embryo ins Leben rufen können, der dasselbe genetische Material wie Anissa aufgewiesen hätte. Und anstatt gegen alle Schwierigkeiten anzukämpfen, hätten sie von Anfang an gewußt, daß ihr neues Kind nicht nur ein guter, sondern sogar der perfekte Knochenmarkspender für ihre ältere Tochter gewesen wäre (und das ist nur bei identischen Zwillingen möglich). Mit Ausnahme eines einzigen Details wäre das Endergebnis nicht anders als das tatsächlich erreichte gewesen: Auch dann wäre ein Kind namens Marissa geboren worden und hätte zur Heilung seiner älteren Schwester entscheidend beigetragen. Aber sein genetisches Material hätte mit dem der älteren Schwester nicht – wie bei anderen Geschwisterpaaren, die keine eineiigen Zwillinge sind – eine Übereinstimmung von 99,95 Prozent aufgewiesen,[10] sondern eine Übereinstimmung von 100 Prozent. Hätte das hinsichtlich der Liebe, die Marissas Eltern ihrem Kind schenkten, irgendeinen Unterschied gemacht? Oder wäre Marissa weniger stolz darauf gewesen, das Leben ihrer großen Schwester gerettet zu haben?

Wie einige prominente Bioethiker reagierten, als die Medien auf den Fall aufmerksam wurden, soll jetzt etwas genauer unter die Lupe genommen werden. Damals war Marissa noch ein Fetus im Mutterleib. Im allgemeinen herrschte Entrüstung vor. Einige Zitate aus Zeitungsartikeln: »Es ist ethisch absolut nicht vertretbar, ein Kind zu bekommen, das nur als Organspender dienen soll und das seine Daseinsberechtigung nur aus dem ableitet, was es für jemand anders tun kann«, sagte Arthur Caplan.[11] »Hier wird ein menschliches Wesen als Objekt behandelt, und das nimmt dem Kind etwas von seinem Wert«, meinte Reinhard Preister.[12] Und George Annas sagte: »Kinder sind keine Medizin für andere Menschen.«[13] »Was sie tun, ist ethisch sehr bedenklich«, verkündete Alexander Capron[14], und Richard McCormick, ein Jesuitenpater, der an der University of Notre Dame in Indiana als

Professor für christliche Ethik tätig ist, beantwortete die Frage, ob denn ein Szenario denkbar sei, in dem ein Kind nur mit Hilfe eines Klonierungsvorgangs gerettet werden könnte: »Ich kann mir keinen moralisch akzeptablen Grund vorstellen, der das Klonieren eines menschlichen Wesens rechtfertigen würde.«[15]

Was speziell Pater McCormick uns anscheinend nahebringen will, ist der Glaube, die ethisch korrekte Lösung in einer solch schmerzlichen Situation bestehe darin, das Kind sterben zu lassen und kein weiteres Kind zu bekommen. Das liefe darauf hinaus, daß es besser wäre, überhaupt kein Kind zu haben, dem man seine Liebe schenken könnte, als zwei.

Die Bioethiker und andere Leute, die das Verhalten der Ayalas kritisierten, waren allesamt der Ansicht, daß die Ayalas ihr Kind aus dem *falschen* Grund bekommen wollten.[16] Doch was Michael Specter in seinem Artikel in der *Washington Post* dem entgegenstellte, verdient unsere Aufmerksamkeit:

> Kann denn irgend jemand eine universal gültige Definition geben, was ein *guter* Grund für das Kinderkriegen ist? Ist es besser, ein Kind zu bekommen, weil Ihre Freunde auch ein Baby haben oder weil in Ihrer Ehe irgend etwas zu fehlen scheint, als ein Kind zu bekommen, um ein Leben zu retten? Und was ist mit all den Eltern, die ein zweites Kind nur bekommen, weil sie kein Einzelkind wollen? Ist es besser, ein weiteres Kind zu bekommen, damit Ihr erstes Kind einen Spielkameraden hat, als ein Kind zu bekommen, damit das Leben Ihres ersten Kindes gerettet werden kann?[17]

Tatsächlich bekommen auch im späten 20. Jahrhundert noch Millionen Menschen Kinder, ohne überhaupt darüber nachzudenken.[18] Diese Babys sind das »Nebenprodukt« des Dranges, sexuelle Spannung durch den Geschlechtsakt abzubauen. Aber ist dann dieser biologische Instinkt ebenfalls unethisch, selbst in einer stabilen Ehe?

Wenn wir unsere eigenen Erfahrungen überdenken, erkennen wir, daß die meisten Mütter und Väter den Kindern, die sie großziehen, absolute, unbedingte Liebe entgegenbringen, ganz gleich, wo, wie und warum es zum Zeugungsakt kam. Natürlich gibt es auch Ausnahmen.

In manchen Kulturen gilt es für Männer als unschicklich, sich am Prozeß der Kinderaufzucht zu beteiligen. Und in allen Kulturen gibt es anscheinend Frauen, denen der Mutterinstinkt fehlt und die zu den Kindern, die sie gebären, keine enge Bindung aufbauen können. Wenn Sie solche Mütter betrachten, fragen Sie sich vielleicht, warum sie überhaupt Kinder bekommen haben oder warum sie diese dann nicht wenigstens zur Adoption freigegeben haben. Doch würden Sie deshalb, außer wenn das Kind mißhandelt wird, dafür eintreten, daß der Staat einschreitet und diesen Müttern ihre Kinder wegnimmt? Würden Sie verbieten wollen, daß Frauen Kinder bekommen, deren Mutterinstinkt auf einer Testskala nur sehr schlechte Werte erzielte? Den meisten Amerikanern würde solches Gerede lächerlich erscheinen. Das Recht verheirateter Erwachsener, eine Familie zu gründen und Kinder großzuziehen, ist, egal wie gut die Eltern diese Aufgabe lösen, verfassungsmäßig geschützt.

Und jetzt denken Sie an die elterlichen Instinkte der Ayalas und an alles, was diese auf sich zu nehmen bereit waren, um das Leben ihrer Tochter zu retten. Was könnte da überhaupt jemanden zu der Annahme verleiten, daß sie das neugeborene Kind nicht mit derselben Liebe und Hingabe behandeln würden?

In der Tat sind die meisten Eltern zu großen Opfern bereit, um das Leben ihrer Kinder zu schützen. Und die sehr seltene Situation, daß ein Ehepaar ein weiteres Kind bekommt, damit dieses einem älteren Geschwister als potentieller Organspender dienen kann, ist allein in den Vereinigten Staaten schon in Hunderten von anderen Familien eingetreten, allerdings fast immer unter dem Mantel der Verschwiegenheit, wie informelle Erhebungen bei Organtransplantationszentren ergeben haben. In den meisten derartigen Fällen gab es nur eine Chance von 25 Prozent, daß das Gewebe des Neugeborenen mit dem des hilfsbedürftigen älteren Kindes kompatibel sein würde. Und jetzt stellen Sie sich vor, was diese Eltern wohl täten, wenn das Klonieren eine echte Alternative würde. Ja, fragen Sie sich nur selbst, was Sie in einer solchen Situation tun würden.

Viele Menschen würden zustimmen, daß ein Kind, das einen kompatiblen Organspender benötigt, einen zwingenden, ethisch gerechtfertigten Grund für eine kleine Anzahl von Eltern darstellen würde, es mit dem Klonen zu versuchen. Aber gibt es noch andere zwingende Situationen, in denen das Klonieren von Kindern als ethisch vertretbar zu gelten hätte?

Lassen Sie uns eine Extremversion unseres zweiten Szenarios betrachten. Stellen Sie sich ein junges Ehepaar vor, das ein gesundes Zwillingspaar hat – einen Jungen und ein Mädchen, die auf die gute altmodische Art und Weise zur Welt gekommen sind. Mehrere Monate nach der Geburt muß sich die an Krebs erkrankte Mutter einer Chemotherapie unterziehen. Die Behandlung verläuft erfolgreich, aber die Patientin ist danach unfruchtbar. Sie hätte sich vor der Behandlung entschließen können, einige ihrer Eizellen einfrieren zu lassen, aber sie hielt das nicht für erforderlich, weil sie ohnehin nicht mehr als zwei Kinder haben wollte. Doch nun kommt es zur Tragödie. Ein betrunkener Mann am Steuer verliert die Kontrolle über sein Auto und rast auf den Bürgersteig, mitten in den Doppelkinderwagen mit den Zwillingen hinein, die vom Kindermädchen spazierengefahren werden. Beide Babys werden noch schnell ins Krankenhaus gebracht, doch kurz nach der Ankunft versterben beide.

Der Schmerz der Eltern ist unerträglich. Denn sie haben ja nicht nur ihre beiden Kinder verloren, sondern sie sind der festen Überzeugung, es gebe keinerlei Möglichkeit mehr, Kinder zu bekommen, die mit beiden von ihnen biologisch verwandt seien. Doch ohne daß sie es wußten, hat ein junger Arzt auf der Unfallintensivstation, als die beiden Babys eingeliefert wurden, kurz nach deren Tod beiden Kindern Gewebeproben entnommen und mit einem Spezialverfahren eingefroren. Zwei Jahre darauf, als die Eltern gerade beginnen, sich mit ihrem Schicksal abzufinden, erzählt ihnen der Arzt von der Existenz der gefrorenen Zellen. Er erklärt ihnen, wie sie unter Verwendung dieser Gewebeproben den Versuch machen könnten, durch einen Klonierungsprozeß ihre eigenen biologischen Kinder nochmals zurückzugewinnen. Natürlich seien auf diese Weise, schränkt der Arzt ein, die ursprünglichen Zwillinge nicht wieder zurückzubringen, doch die neugeborenen Kinder würden ganz ähnlich aussehen – und meistens auch ganz ähnlich handeln – wie die im Alter von sechs Monaten gestorbenen Babys.

Die leidgeprüften Eltern sind verwirrt über die ihnen hier angebotenen neuen Möglichkeiten. Doch ein genetischer Berater erläutert ihnen den Klonierungsprozeß, damit sie verstehen, was dabei tatsächlich geschieht. Und nachdem sie mit einem Gemeindepfarrer gesprochen haben, der für solche Fragestellungen offen ist und ihnen Sympathie entgegenbringt, entschließen sich die Eltern, einen Klonierungsversuch zu unternehmen.

Die gefrorenen Zellen werden aufgetaut und zur Embryoproduktion verwendet. Zwei Embryonen – von jedem der ursprünglichen Zwillingsgeschwister einer – werden der Mutter eingesetzt. Doch nur einer nistet sich ein, und neun Monate später kommt ein gesundes kleines Mädchen zur Welt. Als dieses Kind drei Jahre alt ist, entscheiden sich die Eltern für ein zweites Kind – auf der Grundlage einer Zelle, die vom anderen Zwillingskind stammt. Nach mehreren gescheiterten Implantationsversuchen wird ungefähr ein Jahr später ein gesunder kleiner Junge geboren. Jetzt ist die Familie wieder komplett – eigentlich eine ganz normale Familie mit einer vierjährigen Tochter und einem neugeborenen Sohn. Ein Außenstehender würde niemals bemerken, daß diese Familie nur entstehen konnte, weil von zwei früher geborenen Zwillingen Klone gebildet wurden. Beide Kinder werden in einer liebevollen Umgebung aufwachsen, und wenn sie alt genug sind, um die Hintergründe richtig zu verstehen, werden ihnen ihre Eltern erklären, wie sie auf die Welt gekommen sind.

Man kann sich kaum vorstellen, was moralisch gegen diesen Einsatz der Klonierungstechnologie beim Menschen einzuwenden wäre. Ja, auf der Grundlage des verfassungsmäßig gesicherten Rechts zur Fortpflanzung ist nur schwer einsehbar, wie es überhaupt ethisch vertretbar sein könnte, diesem Ehepaar in seiner äußerst ungewöhnlichen Situation diese technischen Möglichkeiten der Reproduktion, solange sie als sicher gelten können, vorzuenthalten.

Und wie wäre der nicht ganz so extreme Fall eines anderen Paares zu beurteilen, das nach der Geburt eines gesunden Kindes unfruchtbar wird, dann aber noch ein zweites Kind bekommen möchte, indem das erste kloniert wird? Das zweite Kind hätte dann natürlich den biologischen Status eines nachgeborenen identischen Zwillings. Wäre das moralisch unannehmbar, nur weil das ältere Zwillingskind noch nicht in der Lage wäre, seine Zustimmung zum Klonierungsvorgang zu geben? Ich meine, nein. Warum sollte die Zustimmung des älteren Kindes moralisch zwingend erforderlich sein, wenn sich die Eltern einfach ein eigenes weiteres Kind erschaffen – mit Genen, die ursprünglich ohnehin von ihnen stammen? Auf natürlichem Wege geborene eineiige Zwillinge, Drillinge und Vierlinge stimmen der Geburt ihrer Geschwister doch auch nicht zu!

Allerdings sind noch die Gefühle des neugeborenen Kindes zu bedenken. Was wird dieses Kind empfinden, wenn es später im Leben erfährt, daß es dieselben Gene in sich trägt wie die ältere Schwester oder der ältere Bruder? Würde es darunter so sehr leiden, daß es besser gewesen wäre, wenn es überhaupt nicht auf die Welt gekommen wäre? Ich bezweifele das sehr. Kinder, die im normalen IVF-Verfahren gezeugt wurden, tragen, wenn sie herausfinden, daß ihre Zeugung im Reagenzglas stattfand, anscheinend keine schweren seelischen Schäden davon. Und wenn das Klonieren erst einmal als akzeptable Fortpflanzungsart in das Repertoire einer zukünftigen Reproduktionsmedizin aufgenommen ist, wird es schon bald nicht mehr als fremdartiger empfunden werden als die IVF-Methode in ihren Anfängen.

Vielleicht wird es eine kleine Anzahl von Fällen geben, in denen nachgeborene identische Zwillinge nicht mit dem ihnen gebührenden Respekt und der Würde behandelt werden. Vielleicht kommt es sogar zu Kindsmißhandlungen. Gleichwohl gibt es keinen Grund zu der Annahme, daß diese sich nur ergeben würden, weil das jüngere Kind ein nachgeborener Zwilling des älteren ist. Und in solchen Fällen wäre es ohnehin der Kindsmißbrauch, den man verurteilen sollte, und nicht die Begleitumstände der Geburt des Kindes.

Wenn wir aber nun das Klonieren bei sterilen Eltern mit einem Kind akzeptieren, würden wir das Verfahren auch hinnehmen, wenn die sterilen Eltern bereits zwei, drei oder vier Kinder haben? Und was wäre mit sterilen Eltern, die von demselben älteren Kind mehrere Klone haben möchten: zwei, drei oder vier Kopien? Und was wäre mit Eltern, die zwar nicht steril sind, aber lieber einen nachgeborenen identischen Zwilling hätten als ein anderes, nichtidentisches Kind? Und wenn Sie der Ansicht sind, daß irgendwo eine Grenzlinie zu ziehen wäre, wo sollte sie dann verlaufen und wer sollte sie ziehen? Ferner, wenn wir für das Klonieren eine Grenzlinie ziehen wollen, warum begrenzen wir dann nicht auf ähnliche Weise die Kinderzahl, die Eltern bei der herkömmlichen Fortpflanzung erlaubt ist? Warum zwingen wir nicht Frauen, die eineiige Zwillinge austragen, einen dieser Embryonen abzutreiben, damit dem verbleibenden Kind das Trauma erspart bleibt, das angeblich aus der Erkenntnis resultiert, genetisch nicht einmalig zu sein?

Das Klonieren von Erwachsenen

Bis zu 18 Prozent aller heterosexuellen Paare sind von Beginn ihrer Beziehung an unfruchtbar, und 100 Prozent aller homosexuellen Paare müssen, biologisch gesprochen, als unfruchtbar gelten, weil sie sich nicht auf natürlichem Wege gemeinsam fortpflanzen können. Ehe das Klonieren zur denkbaren Alternative wurde, zwang Infertilität, die nicht durch eine medizinische Behandlung zu beheben war, solche Paare, Sperma- oder Eizellenspenden fremder Menschen in Anspruch zu nehmen, um ein Kind zu bekommen, das wenigstens mit einem Elternteil biologisch verwandt war. Doch das Vorhandensein fremder Gene beim eignen Kind kann Ursache emotionaler Schmerzen und Ressentiments werden, besonders für jenen Elternteil, dessen Gene nicht reproduziert wurden.

Wenn ein Paar schon von Beginn an unfruchtbar ist, gibt es natürlich auch keine gemeinsamen Kinder, die kloniert werden könnten. Statt dessen könnte sich aber einer der Partner selbst klonieren, um zu vermeiden, daß die Gene eines Fremden in die Familie kommen.

So hätten insbesondere lesbische Paare eine neue Möglichkeit der gemeinsamen biologischen Elternschaft bei einem Kind. Eine Partnerin könnte die beim Klonieren verwendete Zelle spenden, die andere die unbefruchtete Empfänger-Eizelle. Der neue Embryo könnte dann in die Gebärmutter der genetisch nicht verwandten, anderen Partnerin eingesetzt werden. Genetisch wäre das neugeborene Kind mit der einen Mutter verwandt, durch den Geburtsvorgang mit der anderen;[19] beide Frauen könnten sich demnach mit einigem Recht als biologische Eltern des Kindes bezeichnen.

Auf genau dieselbe Weise könnten heterosexuelle unfruchtbare Paare die Klonierungstechnologie einsetzen, solange die Frau in der Lage ist, einen Fetus bis zur Geburt auszutragen. Würde der Vater die Ausgangszelle für den Klon zur Verfügung stellen, dann könnten sich auch in diesem Fall beide Elternteile zu Recht als biologische Eltern des Kindes bezeichnen.

Hätte nun schließlich auch ein fruchtbares Paar einen guten Grund für das Klonen? In der weit überwiegenden Mehrzahl der Fälle müßte die Antwort nein lauten. Denn was die meisten glücklich miteinander verbundenen Paare immer gewollt haben – und sich wohl auch in Zukunft immer wünschen werden –, ist ein Kind, das die höchste Vollendung ihrer gegenseitigen Liebe verkörpert: eines, das das genetische Erbe beider Seiten in sich trägt und nicht nur die Gene eines Elternteils. Manche Leute haben die Ansicht geäußert, das Klonieren könnte genutzt werden, um die Übertragung genetisch bedingter tödlicher Krankheiten von einem Elternteil auf den Nachwuchs zu verhindern. Doch dieses Ziel wäre durch die Embryoselektion viel leichter zu erreichen: Dabei würden, wie weiter unten noch erörtert wird, von beiden Elternteilen abstammende Embryonen daraufhin untersucht, ob sie die tödliche Genmutation in sich tragen oder nicht.

Und wie steht es mit Menschen, die allein leben, aber trotzdem ein Kind bekommen möchten? Insbesondere Frauen haben inzwischen die Macht, alles im Alleingang zu erledigen. Sie könnten eine ihrer Hautzellen mit einer ihrer unbefruchteten Eizellen kombinieren und sich den dabei entstehenden Klon ihrer selbst in die eigene Gebärmutter einsetzen lassen. Männer können sich selbst natürlich nur mit Hilfe einer Leihmutter klonieren, die den Embryo austrägt.

Aber wie viele Menschen würden sich tatsächlich selbst kopieren wollen? Wenn man Meinungsumfragen glauben will, handelt es sich um 6 bis 7 Prozent der erwachsenen Bevölkerung der Vereinigten Staaten.[20] Von 1000 Befragten wären das ungefähr 60 – oder hochgerechnet rund 5 Millionen Amerikaner im Fortpflanzungsalter. Diese Zahl erscheint jedoch so hoch, daß der Verdacht nicht von der Hand zu weisen ist, viele der Befragten, die mit Ja antworteten, seien nicht mit dem nötigen Ernst an die Frage herangegangen. Auch von den ernstlich Interessierten würden wahrscheinlich viele ihre Meinung ändern, wenn sich eine konkrete Chance ergäbe. Gleichwohl

würde am Ende ein kleiner Prozentsatz, aber eine nicht geringe Zahl von Menschen übrig bleiben, die am Klonieren ihrer selbst tatsächlich interessiert und dazu auch bereit wären, wenn sich die Möglichkeit böte.
Sind all diese Interessierten nun Egomanen, wie in den Medien immer wieder suggeriert wird? Die nun folgende fiktive Geschichte von Jennifer und Rachel, die im Jahre 2049 beginnt, könnte eine mögliche Antwort auf diese Frage darstellen.

Jennifer und Rachel

Jennifer ist eine finanziell unabhängige, alleinstehende Frau, die als Single in einem schicken Apartment an der Upper West Side von Manhattan wohnt. Seit sie vor 14 Jahren an der Columbia University in New York ihr Examen ablegte, hat sie fast ihre gesamte Energie für ihr berufliches Fortkommen eingesetzt und in der Wirtschaft Karriere gemacht. Finanziell geht es ihr inzwischen sehr gut. Gesellschaftlich ist sie mit ihrem Single-Dasein sehr zufrieden. Im Laufe der Jahre hat Jennifer mit verschiedenen Männern Beziehungen gehabt, doch nie war die Sache ernst genug, um sie wirklich daran denken zu lassen, ihr Leben als Single aufzugeben.
Doch nun wacht Jennifer am 14. April 2049, dem Morgen ihres 35. Geburtstages, schon im Morgengrauen allein in ihrem ruhigen Schlafzimmer auf. Der Wecker hat noch nicht geklingelt, und sie kommt ins Grübeln. Ihr neues Lebensalter geht ihr nicht aus dem Sinn. Schließlich drängt sich ein einzelner Gedanke immer mehr in den Vordergrund: »Es wird höchste Zeit«, sagt sie sich.
Nicht die Ehe oder eine dauerhafte Beziehung sind es, die ihr fehlen, es ist etwas anderes: ein Kind. Nicht irgendein Kind, sondern eines von ihrem eigenen Fleisch und Blut, das sie im Arm halten und liebhaben kann, dem sie sich widmen und das sie hegen und pflegen kann. Jennifer weiß, daß sie es sich leisten kann, allein ein Kind aufzuziehen, und sie weiß auch, daß ihre Firma großzügig ist, wenn es darum geht, Frauen flexible Lösungen zu ermöglichen, damit sie Familie und Beruf auf einen Nenner bringen können. Doch heute hat sie

zum ersten Mal das Gefühl, daß sie bald zu alt sein könnte, um noch ein Kind zu bekommen.

Jennifer ist eine entscheidungsfreudige Frau, und so beschließt sie noch am Abend desselben Tages, daß sie eine alleinerziehende Mutter werden will. Schon Hunderttausende anderer Frauen vor ihr haben die gleiche klare Entscheidung getroffen. Doch anders als die Frauen im 20. Jahrhundert weiß Jennifer, daß es eigentlich keinen Grund mehr gibt, einen männlichen Samenspender in diesen Prozeß einzubeziehen. Die Samenzelle eines anonymen Spenders könnte ihrem Kind alle möglichen unbekannten und unerwünschten Charakterzüge vererben, und Jennifer ist keine Frau, die ein solches Risiko eingehen möchte. Statt dessen entschließt sie sich, eine ihrer eigenen Zellen bei der Erschaffung neuen Lebens zum Ausgangspunkt zu nehmen.

Jennifer weiß sehr wohl, daß nach einem Bundesgesetz der Vereinigten Staaten das Klonieren illegal ist, außer in Fällen unheilbarer Infertilität. Sie weiß auch, daß sie dieses Gesetz umgehen könnte, wenn sie mit einem schwulen Freund eine Zweckehe einginge. Ein entgegenkommender Arzt könnte diesen dann für unfruchtbar erklären. Doch sie beschließt – wie in letzter Zeit eine steigende Zahl anderer Frauen in gleicher Lage –, lieber einen langen Urlaub auf den Cayman-Inseln einzulegen.

Auf Grand Cayman Island gibt es eine große reprogenetische Klinik, die sich auf das Klonieren spezialisiert hat. Die jungen Ärzte und Biologen, die an dieser Klinik tätig sind, stellen den Patienten keine unangenehmen Fragen. Sie entnehmen jedem Erwachsenen, der dies wünscht, Zellen, bereiten diese auf die Fusion mit unbefruchteten Eizellen vor, welche jeder Frau, die dazu bereit ist, entnommen werden können, und setzen dann die Embryonen in die Gebärmutter derselben Frau ein – oder auch jeder anderen Frau, die dazu bereit ist. Die Kosten betragen 80 000 Dollar für den Zellklonierungsvorgang und den Embryotransfer sowie weitere 20 000 Dollar für jeden weiteren Versuch, eine Schwangerschaft herbeizuführen, wenn Embryonen sich bei früheren Gelegenheiten nicht einnisten konnten. In der Anfangszeit lagen die Forderungen der Klinik doppelt so hoch, doch seit auch in Jamaika und auf Grenada ähnliche Kliniken ihren Betrieb aufgenommen haben, hat der Wettbewerb die Preise gedrückt.

Weil Jennifer eine gesunde, fruchtbare Frau ist, benötigt sie keine anderen biologischen Teilnehmer am Klonierungsprozeß. Ihren Eierstöcken wird ein Dutzend unbefruchteter Eier entnommen und entkernt. Nacheinander wird jede dieser Zellen mit einer Spenderzelle aus der Mundschleimhaut fusioniert. Nach einer gewissen Zeit kann man gesund wirkende Embryonen unter dem Mikroskop ausmachen, und zum richtigen Zeitpunkt ihres Monatszyklus werden zwei dieser Embryonen in ihre Gebärmutter eingepflanzt. (Wenn es zwei sind, erhöht sich die Wahrscheinlichkeit einer erfolgreichen Einnistung.) Nach dieser Prozedur bleibt Jennifer noch drei weitere Tage auf der Insel, um sich auszuruhen, und fliegt dann nach New York zurück.
Eine Woche später ist sie ganz aus dem Häuschen, als ihr Schwangerschaftstest daheim anzeigt, daß alles geklappt hat. Sie wartet noch zwei weitere Wochen ab, um sicher zu sein, daß die Schwangerschaft sich tatsächlich etabliert hat, und läßt sich dann bei ihrem Frauenarzt, Dr. Steve Glassman, einen Termin geben. Dr. Glassman weiß, daß Jennifer allein lebt, und fragt sie deshalb auch nicht (Jennifer würde die Frage ohnehin nicht beantworten), wie es zu dieser Schwangerschaft gekommen ist. Die folgenden achteinhalb Monate gehen ohne besondere Vorkommnisse vorbei. Monatlich und später wöchentlich sucht Jennifer ihren Arzt auf. Die Ultraschalluntersuchung ergibt, daß sich ein einzelner normal entwickelter Fetus im Mutterleib befindet, und eine Fruchtwasseruntersuchung bestätigt, daß keine erkennbaren genetischen Probleme vorliegen. Am 15. März 2050 wird schließlich ein kleines Mädchen geboren. Jennifer gibt ihm den Namen Rachel. Für die Hebammen und Ärzte im Kreißsaal ist Rachel nur ein weiteres neugeborenes Kind, genau wie all die anderen Säuglinge, die sie in ihrem Berufsleben zu sehen bekommen haben.
Jennifer schließt Rachel in ihre Arme und wird in ihr Zimmer auf der Mutter-und-Kind-Station gebracht. Kurz darauf kommt die diensthabende Schwester mit dem Vordruck für die Geburtsurkunde. Ohne zu fragen, trägt sie Jennifers Namen in der Spalte »Mutter« ein. Dann fragt sie nach dem Namen des Vaters. »Unbekannt«, lautet die Antwort, und genauso wird es auch auf der Geburtsurkunde eingetragen. Am Tag darauf wird Jennifer mit ihrer kleinen Tochter aus der Klinik entlassen.

Rachel wird nun genauso aufwachsen wie alle anderen Kinder ihres Alters. Gelegentlich werden die Leute Bemerkungen über die auffallende Ähnlichkeit zwischen Mutter und Tochter machen. Doch dann lächelt Jennifer nur und sagt: »Ja, sie hat genau meine Gesichtszüge.« Und dabei bleibt es.

Von Zeit zu Zeit läßt Jennifer Rachel wissen, daß sie ein ganz »besonderes« Kind sei, doch Genaueres sagt sie nicht. Eines Tages, wenn ihre Tochter alt genug ist, um die Dinge zu verstehen, wird Jennifer ihr jedoch die ganze Wahrheit sagen. Und genau wie andere Kinder, die mit Hilfe reprogenetischer Technologien auf die Welt gekommen sind, wird Rachel das Gefühl haben, etwas ... Besonderes zu sein. Eines Tages in der ferneren Zukunft, wenn das Klonieren als normale, gesellschaftlich akzeptierte Variante unter den alternativen Fortpflanzungsmöglichkeiten gelten wird, könnte sogar der Zwang zur Geheimhaltung ganz entfallen.

Wer ist Rachel nun, und wer sind ihre wirklichen Eltern? Zweifellos ist Jennifer die Mutter, die Rachel geboren hat; Rachel wurde in ihrem Körper ausgetragen. Genetisch aber ist Jennifer, wenn man die traditionellen Bedeutungen von »Vater« und »Mutter« zugrunde legt, nicht Rachels Mutter. Genetisch gesehen sind Jennifer und Rachel Zwillingsschwestern. Daraus folgt, daß Rachel ständig, wenn sie das Fotoalbum ihrer Mutter oder Jennifer selbst anschaut, einen Blick auf ihre eigene Zukunft erhaschen kann. Sie wird ebenfalls begreifen, daß die einzigen Großeltern, die sie hat, Jennifers Eltern, in der Tat auch ihre eigenen genetischen Eltern sind. So führt also ein einziger Klonierungsakt dazu, daß wir neu über die Bedeutung traditioneller Begriffe wie »Eltern«, »Kinder« und »Geschwister« nachdenken müssen, vor allem aber über die tatsächlichen Beziehungen dieser Menschen untereinander.

Ist das Klonen moralisch falsch?

Ist an Jennifers Tun irgend etwas moralisch verwerflich? Der logisch am besten nachvollziehbare Ansatz zur Beantwortung dieser Frage wäre die Überlegung, ob irgend jemand oder irgend etwas durch Rachels Geburt Schaden erlitten hat. Jennifer wurde mit Sicherheit kein Leid zugefügt. Sie bekam die kleine Tochter, die sie wollte, und sie wird sie mit denselben Hoffnungen und Ambitionen aufziehen, die die meisten Eltern für ihre Kinder hegen.

Doch wie steht es mit Rachel? Ist sie auf irgendeine Weise so schwer geschädigt worden, daß es besser gewesen wäre, sie wäre nicht geboren worden? Daniel Callahan, der Direktor des Hastings Center, einer bioethischen »Denkfabrik« in der Nähe von New York, sagt dazu: »Wenn man die gesamte genetische Struktur eines Menschen durch Eingriffe vorab regelt, nimmt man dem oder der Betreffenden das Recht auf eine einzigartige Identität.«[21] Doch ein solches »Recht« gibt es in der Natur nicht – jeden Tag werden eineiige Zwillinge als natürliche Klone ihrer selbst geboren. Diesen Einwand müßte auch Dr. Callahan akzeptieren, doch könnte er immer noch argumentieren, daß allein die Tatsache, daß auch in der Natur Zwillinge vorkommen, noch nicht bedeute, daß wir auch vorsätzlich Zwillinge schaffen sollten.

Dr. Callahan könnte sagen, Rachel würde dadurch Schaden zugefügt, daß sie ihre eigene Zukunft schon im voraus kenne. Daß es Rachel gegenüber unfair sei, daß sie schon in der Kindheit wisse, wie sie als Erwachsene aussehen werde, oder daß sie sich schon im voraus mit möglichen späteren Gebrechen werde auseinandersetzen müssen. Doch auch ohne Klonierung haben viele Kinder ein gewisses Gespür für das, was die Zukunft aufgrund der von den Eltern ererbten Gene für sie bereithalten könnte. Was mich selbst betrifft, so wußte ich schon als Teenager, daß ich wahrscheinlich die Anlage zur Glatzenbildung von meinem Großvater mütterlicherseits geerbt hatte. Außerdem bieten genetische Untersuchungsmethoden schon heute die Möglichkeit, etwas über Hunderte genetisch bedingter Krankheitsveranlagungen zu erfahren. Und je weiter sich der genetische Wissensstand und die Gentechnologie fortentwickeln, desto mehr wird es jedem Menschen möglich sein, sogar noch Umfassenderes über seine genetische Zukunft zu erfahren, als Rachel aus Jennifers Vergangenheit entnehmen könnte. In der amerikanischen Gesellschaft herrscht allgemeine Übereinstimmung darüber, daß letztlich die Eltern verantwortlich entscheiden, womit ihre Kinder in Berührung kommen sollen und womit nicht. Es besteht jedoch absolut kein Grund zur Annahme, daß jemand wie Jennifer Rachel etwas erzählen würde, das nicht im wohlverstandenen Interesse des Kindes läge.

Allein die Tatsache, daß Rachel dieselben Gene in sich trägt wie Jennifer, bedeutet ja noch lange nicht, daß ihr Leben in genau denselben Bahnen verlaufen wird. Ganz im Gegenteil, Rachel wird mit Sicherheit anders aufwachsen in einer Welt, die sich seit der Kindheit ihrer Mutter deutlich verändert hat. Und es gibt auch keinen Grund, warum sie nicht ihren ganz eigenen, einzigartigen Weg durch das Leben gehen könnte. Genetische Prädispositionen sind lediglich Anlagen – nicht mehr und nicht weniger. Die genetisch bestimmten Neigungen mögen dieselben sein, doch können Mutter und Tochter diesen trotzdem nach eigener Entscheidung und auf ganz unterschiedliche Weise nachgehen.

Man könnte auch argumentieren, Rachel würde dadurch geschädigt, daß sie mit den unrealistischen Erwartungen leben müsse, die ihre Mutter an sie stellen werde. Doch gibt es keinen Grund zu glauben, daß Jennifers Erwartungen unsinniger sein werden als die vieler anderer Eltern, die davon ausgehen, daß ihre Kinder im Leben das erreichen können, was ihnen selbst versagt geblieben ist. Niemand käme auf die Idee, daß Eltern mit solchen Tendenzen verboten werden sollte, Kinder zu bekommen. Überdies besteht kein Grund zur Annahme, daß Jennifers Erwartungen wirklich überzogen wären. Vielmehr spricht alles dafür, daß Rachel von ihrer Mutter geliebt werden wird, ganz gleich, was sie tut. Genau so lieben in der Tat die meisten Mütter ihre Kinder.

Wir können indes ohne weiteres zugeben, daß unter den vielen Rachels, die auf diese Welt kommen, auch einige sein werden, die sich bei dem Gedanken, daß ihre genetische Konstitution nicht einmalig ist, nicht gerade wohlfühlen. Aber ist das allein ein ausreichender Grund, um das Klonieren in der Praxis zu verbieten? Ehe Sie diese Frage für sich beantworten, stellen Sie sich bitte noch eine weitere: Ist ein Kind, das über einen älteren Zwillingsbruder oder eine ältere Zwillingsschwester Bescheid weiß, schlechter dran als ein Kind, das in die Armut hineingeboren wird? Wenn wir ersteres verbieten, sollten wir dann nicht auch letzteres untersagen? Warum kümmern sich so viele Politiker offenkundig mehr und lieber um das Klonen als um das allgemeine Wohlergehen der Kinder in dieser Welt?

Manche erheben gegen das Klonen auch grundsätzliche Einwände. Speziell der Vatikan ist der Ansicht, menschliche Embryonen müßten wie menschliche Wesen behandelt werden, und man dürfe sich an ihnen unter keinen Umständen manipulierend zu schaffen machen. Beim Klonen werden jedoch überhaupt keine Embryonen manipuliert, sondern man arbeitet nur mit *unbefruchteten* Eizellen und mit den Zellen erwachsener Menschen – etwa Hautzellen, wie wir sie uns, ohne weiter darüber nachzudenken, jeden Tag vom Arm kratzen. Erst am Ende geht aus dem Klonierungsverfahren ein Embryo hervor (der dann, wenn gewünscht, mit äußerstem Respekt behandelt werden könnte).

Unter religiösen Menschen herrscht das Gefühl vor, daß beim Klonen Gott aus dem Schöpfungsprozeß herausgehalten werde und daß der Mensch sich damit Dinge anmaße, die ihm nicht zukämen. Diese Bedenken wurden bisher bei jedem neuen Schritt in der Reproduktionstechnologie geäußert, und das wird wohl auch weiterhin so bleiben. Das war bei der Einführung der In-vitro-Fertilisation vor zwanzig Jahren nicht anders, und das wird auch bei der zweifellos in naher Zukunft anstehenden gentechnologischen Erzeugung menschlicher Embryonen nicht anders sein. Diesem theologischen Anspruch kann man mit wissenschaftlichen Argumenten einfach nicht beikommen. Trotzdem werde ich im letzten Teil des vorliegenden Buches noch einmal auf die Domäne Gottes zurückkommen.

Schließlich sind da auch noch jene, die gegen das Klonieren sind, weil sie das Gefühl haben, es werde der Gesellschaft insgesamt irgendwie schaden. William Safire, der Kolumnist der *New York Times*, bringt die Meinung vieler zum Ausdruck, wenn er schreibt: »Die genetische Identität als Ergebnis des Klonierens würde die Evolution einschränken.« Dies sei insofern schlecht, weil »der fortgesetzte genetische Austausch ... für den Fortschritt der Menschheit von zentraler Bedeutung ist«.[22] Doch Mr. Safire hat unrecht, und zwar sowohl aus praktischen wie aus theoretischen Gründen. Praktisch gesehen würde durch das Klonieren von Menschen, selbst wenn es unter den Wohlhabenden aufgrund seiner Effizienz und Legalität populär würde (was für sich genommen schon sehr unwahrscheinlich wäre), nur ein winziger Bruchteil aller Kinder geschaffen, die auf dieser Welt geboren werden. Außerdem würde jedes klonierte Kind doch in Familien, die sich voneinander unterscheiden, hineingeboren werden. Wie kann es da zu einer genetischen Identität aller Menschen kommen?

Theoretisch hat Safire unrecht, weil der Fortschritt der Menschheit nichts mit einer uneingeschränkten Evolution zu tun hat. Die Evolution ist immer unvorhersehbar und nicht notwendigerweise »nach oben« und auf Fortschritt gerichtet. Unter den Romanciers haben dies H. G. Wells und Kurt Vonnegut bedacht und zum Ausdruck gebracht. Wells stellt in seinem Roman *The Time Machine* (1895, *Die Zeitmaschine*) die natürliche Evolution der Menschheit zu schwachen und schwachsinnigen, aber kuscheligen kleinen Kreaturen dar. Und Vonnegut widmet sich in *Galápagos* (1985) demselben Thema, wenn er schreibt, die Menschheit werde an ihren »großen Gehirnen« zugrunde gehen; zukünftige Menschen mit kleineren Gehirnen und starken Schwimmflossen würden in etwa einer Million Jahren die einzigen Überreste einer einst großen Spezies bilden.

Als die meisten Politiker ihren Abscheu zum Ausdruck brachten, da mit der Meldung von Dollys Geburt alle sogleich auch an die Aussicht der Menschenklonierung dachten, war Senator Tom Harkin aus Iowa der einzige, der eine gegenteilige Meinung zu äußern wagte: »Welch Unsinn, welch hanebüchener Blödsinn es doch ist, zu glauben, wir bräuchten bloß abwehrend die Hände zu heben und ›Stopp‹ zu sagen! Das Klonen von Menschen wird kommen, und es wird noch zu meinen Lebzeiten stattfinden. Ich habe überhaupt keine Angst davor. Ich begrüße es.«[23]

Wie es die Geschichte von Jennifer und Rachel schon andeuten sollte, werden sich diejenigen, die sich selbst oder ihre Kinder klonieren wollen, nicht durch staatliche Gesetze oder Verordnungen davon abhalten lassen. Der Markt – und nicht die Regierung oder die Gesellschaft – wird bestimmen, wo und unter welchen Umständen kloniert wird. Und wenn das Klonieren an einem Ort verboten wird, wird es dafür anderswo ermöglicht werden – vielleicht in einem unterentwickelten Inselstaat, der sich über entsprechende Steuereinkünfte freuen würde. Tatsächlich schloß sich innerhalb von zwei Wochen nach der Bekanntgabe von Dollys Geburt eine Investorengruppe zu einer Firma zusammen, die auf den Bahamas residiert und den Namen Clonaid trägt (die Firmenleitung obliegt der französischen Wissenschaftlerin Dr. Brigitte Boisselier).[24] Beabsichtigt ist der Bau einer Klinik, in der Personen das Klonieren für ein Honorar von 200 000 Dollar angeboten werden soll. Laut Beschreibung auf der Internetseite (http://www.clonaid.com) will man »Eltern mit Fertilitätsproblemen oder homosexuellen Paaren eine phantastische Möglichkeit« bieten, »ein Kind zu bekommen, das von einem Partner kloniert wurde«. Unabhängig vom Erfolg oder Mißerfolg dieses speziellen Unternehmens wird es bestimmt bald ähnliche Projekte geben. Denn letztlich können staatliche Grenzen wenig gegen die Fortpflanzungswünsche und -praktiken von Paaren und Individuen ausrichten.[25]

Klammheimliche Klonierung

In demokratischen Gesellschaften haben die Menschen das Recht, sich fortzupflanzen, aber auch das Recht, sich *nicht* fortzupflanzen. Unter letzterem ist zu verstehen, daß Männer und Frauen nicht dazu gezwungen werden können, gegen ihren Willen ein Kind zu zeugen. Bisher war es möglich, dieses spezielle Recht dadurch auszuüben, daß man sich einfach des Geschlechtsverkehrs enthielt und auch kein Sperma oder keine Eizellen für die künstliche Besamung oder für ein IVF-Verfahren zur Verfügung stellte. Doch plötzlich eröffnen sich durch die Klonierung von Menschen erschreckende neue Möglichkeiten im Bereich der Fortpflanzungsfreiheit, gar die Aussicht, daß diese Wahlfreiheit verlorengehen könnte. Plötzlich wird es möglich, das genetische Material anderer Menschen ohne deren Wissen oder Einverständnis zu nutzen.

Lassen Sie uns das Szenario von Jennifer und Rachel in diesem Lichte nochmals betrachten. Auf den ersten Blick sieht es so aus, als sei hier nichts zu bemängeln, weil Jennifer zweifellos ihre Zustimmung zum Klonierungsvorgang gab. Doch die Fortpflanzungsfreiheit wurde traditionell auch so interpretiert, daß niemand gegen seinen Willen zu genetischen Eltern gemacht werden darf. Bedeutet das nun, daß Jennifer ihre eigenen Eltern vorher um Erlaubnis hätte fragen müssen, wenn sie einen Klon ihrer selbst – und damit ihre eigene Zwillingsschwester und ein genetisches Kind ihrer Eltern – herstellen lassen wollte? Schließlich kommen doch auch *Ihre* Gene von Ihren Eltern, von Ihrem Vater und Ihrer Mutter. Folgt daraus, daß Ihre Eltern das Recht haben, Ihnen Vorschriften zu machen, wie Sie mit diesen Genen umgehen sollen?

Jennifer jedenfalls gab ihre Zustimmung zum Klonieren. Doch wie sollen wir eine Situation beurteilen, in der jemand ohne sein Wissen, geschweige denn seine Zustimmung kloniert wird? Man benötigt nur eine einzige lebende Zelle, um den Klonierungsvorgang in Gang setzen zu können, und diese Zelle kann aus fast jedem lebenden Teil des menschlichen Körpers entnommen werden. Um jemandem Zellen seines Körpers zu entwenden, gibt es viele verschiedene Wege. Ich möchte diesen Fall hier mit einem Beispiel illustrieren, das ich Michael-Jordan-Szenario nennen will.

Dieses hypothetische Beispiel ist in der nahen Zukunft, im Jahre 2009, angesiedelt. Jordan, der berühmte Basketball-Profi, hat seine Karriere inzwischen beendet. Als er sich zum alljährlichen Checkup zu seinem Arzt begibt, wird ihm routinemäßig auch Blut abgenommen. Das Glas mit Jordans Blutprobe wird zusammen mit den Proben vieler anderer Patienten einer MTA übergeben, die auf diesen Augenblick gewartet hat, seit sie vor einem Monat erfahren hatte, daß Michael Jordan zur Untersuchung kommen würde. Nachdem sie die Labortür hinter sich geschlossen hat, öffnet die MTA das Röhrchen mit Jordans Blut und entnimmt eine kleine Portion, die sie in ein anderes Reagenzglas gibt, das sie dann schnell verschließt und in ihrer Tasche verschwinden läßt. Der ursprüngliche Behälter wird wieder verschlossen, und niemand wird je erfahren, daß sich jemand an dieser Probe zu schaffen gemacht hat.

In ihrer Mittagspause eilt die Assistentin mit ihrer Blutprobe sogleich zu einer Freundin, die in einer privaten IVF-Klinik am anderen Ende der Stadt arbeitet. Die kleine Blutmenge wird in ein Laborgefäß entleert, und dort werden Jordans weiße Blutkörperchen in einer Nährlösung gebadet, die zusammen mit anderen Mitteln dafür sorgt, daß sie wachsen und sich zu Millionen identischer Zellen vermehren. Jede

dieser Zellen ist kloniertauglich. Man teilt die Masse in viele Portionen auf und friert sie in individuellen Röhrchen zum späteren Gebrauch ein.
Und dann verbreitet sich die Flüsterpropaganda: Wer 200 000 Dollar Honorar zahlt, kann sich sein eigenes Michael-Jordan-Kind machen lassen. Würde da überhaupt jemand zugreifen? Und wenn es nicht unbedingt ein neuer Michael Jordan sein soll, wie wäre es mit einem kleinen Tom Cruise, einem kleinen Bill Clinton oder einer neuen Madonna (wohlgemerkt, der Sängerin, nicht der Muttergottes)?
Bei der Beantwortung dieser Frage muß man sich vor allem klarmachen, daß die meisten Menschen sich mehr als alles andere ein *eigenes* Kind wünschen, nicht das Kind irgendeines anderen, ganz gleich, wer dieser andere sei. Wenn es aber die Option gibt, jemand anderen zu klonieren, dann kann man sich auch gleich selbst klonieren. Welcher Grund wäre dann überhaupt noch denkbar, um sich für ein genetisch nicht verwandtes Kind zu entscheiden?
Herzlose Mütter würden sich vielleicht einen Klon irgendeiner Berühmtheit wünschen – im Glauben, sie könnten dann von dem Einkommen, das dieser ins Haus bringen werde, oder von seinem Ruhm profitieren. Doch wären zunächst enorm viel Zeit und Geld erforderlich, um ein Kind aufzuziehen, ehe die geringste Aussicht darauf bestünde, daß sich diese Investition auch einmal auszahlte. Michael-Jordan-Klone würden wahrscheinlich mit dem Potential zur Welt kommen, großartige Athleten zu werden, Tom-Cruise- oder Madonna-Klone mit der Aussicht auf die gleichen künstlerischen Talente wie bei ihren Vorfahren. Doch die Originale, Michael Jordan und Tom Cruise genauso wie Madonna, verdanken ihren Erfolg mindestens ebensosehr ihrer harten Arbeit wie ihrem genetischen Potential. Die aus ihnen geklonten Menschen haben aber vielleicht nicht denselben Antrieb, an sich selbst zu arbeiten, auch wenn – oder vielleicht gerade weil – skrupellose Eltern und Promoter versuchen würden, sie gegen ihren Willen in eine bestimmte Richtung zu zwingen. Und während eine einzelne Madonna-Kopie vielleicht Ruhm und Aufmerksamkeit erringen könnte, würde ein weiteres Dutzend Madonna-Klone mit ziemlicher Sicherheit nur noch ignoriert werden. Es ist kaum vorstellbar, daß viele potentielle Eltern dieses riskante Spiel

mitmachen würden, bei einer derart langen Wartezeit und so geringen Erfolgschancen.

Wahrscheinlich wird es immer unfruchtbare Paare oder Einzelpersonen geben, die sich einfach deshalb für das Klonieren entscheiden, weil sie ein Kind aufziehen wollen, das mit großer Sicherheit schön und klug sein wird – ganz ohne den Wunsch, aus einer solchen Situation auch selbst, als Eltern, zu profitieren. Doch diese Menschen werden ihr Fortpflanzungsziel dadurch erreichen können, daß sie – *mit* dessen Zustimmung – jemanden klonieren, der diese Eigenschaften hat, ohne unbedingt berühmt zu sein. In Zukunft können Zellspender sicher wie heute schon Samen- und Eizellenspender (vergleiche Kapitel 13) aus einem Katalog ausgewählt werden.

Demgegenüber wird die insgeheime Klonierung mit ziemlicher Sicherheit selbst von jenen, die den Einsatz der Klonierungstechnologie in anderem Zusammenhang billigen, verurteilt werden. Und wer sich an solchen heimlichen Aktionen beteiligt, wird ernsthaft mit juristischer Verfolgung rechnen müssen, weil er gegen die Fortpflanzungsrechte eines anderen Menschen verstoßen hat. Das heißt allerdings nicht, daß es niemals soweit kommen wird, daß jemand heimlich einen anderen kloniert. Im Gegenteil, wenn etwas in unserer schönen neuen Fortpflanzungswelt möglich ist, dann wird auch irgend jemand es wahrscheinlich tun – irgendwo, irgendwann.

Kapitel 10
Wohin wird uns das Klonen noch führen?

Im Mittelpunkt des letzten Kapitels – wie auch der öffentlichen Wahrnehmung – stand der mögliche Einsatz der Klonierungstechnologie zur Reproduktion von Kindern, die als nachgeborene identische Zwillinge bereits lebender Personen gelten müssen. Vor allem dieser Gedanke schreckt die Menschen und veranlaßt Politiker zu Gesetzesinitiativen, die jeglichem Einsatz dieser Technologie einen Riegel vorschieben sollen. Bisher jedoch noch nicht deutlich geworden sind die Einsatzmöglichkeiten der Klonierung in Verbindung mit weiteren reprogenetischen Technologien zur Lösung eines breiten Spektrums anderer biomedizinischer Probleme.
In der Tat glauben viele biomedizinische Forscher, daß die wahre Bedeutung des Klonierens nicht in dieser Technologie für sich genommen liegt, sondern in ihren potentiellen Beiträgen zu anderen Bereichen der Reprogenetik. Besonders zwei Forschungsgebiete sind es, die von der Einbeziehung des Klonierens massiv profitieren könnten: die Regeneration von Gewebe und die Gentechnik.

Regeneration von Gewebe

Lassen Sie uns noch einmal zur Geschichte von Anissa Ayala zurückkehren. Anissas eigenes Knochenmark war von Krebszellen verseucht, und es gab keine Möglichkeit, lediglich diese Krebszellen abzutöten und die gesunden Zellen unversehrt zu lassen. Anissas Krebsleiden konnte nur dadurch kuriert werden, daß sämtliche Stammzellen zerstört wurden. Doch der Körper benötigt diese Zellen zur Blutbildung. Ohne eine Knochenmarkstransplantation und einen kompatiblen Spender wäre Anissa also gestorben. Wie bereits dargestellt, wäre der einzige perfekte Gewebespender indes ein eineiiger Zwilling. Und wenn eine zukünftige Anissa nicht von Geburt an mit einer

solchen Zwillingsschwester oder einem solchen Zwillingsbruder gesegnet sein sollte, hätte die Familie auch später noch die Möglichkeit, durch Klonierung einen solchen Zwilling zu erschaffen.
Leider wird es jedoch viele Situationen geben, in denen ein Kind in Not sein wird und das Klonen trotzdem keine gangbare oder akzeptable Lösung wäre. Manche Familien werden aus moralischen Gründen etwas dagegen haben. Andere werden nicht in der Lage sein, ein neues Baby in ihr Leben zu integrieren, weil sie vielleicht zu alt sind oder aus anderen Gründen kein weiteres Kind aufziehen können. Selbst dann würde die Klonierungstechnologie glücklicherweise als Basis für eine Alternativlösung in Frage kommen.
Das Problem, mit dem Anissa und alle anderen Menschen konfrontiert sind, die an Krebs leiden, Organschwächen oder Gewebeprobleme haben, besteht darin, daß nach der Geburt der Körper des oder der Betreffenden nicht mehr über ein Reservoir undifferenzierter Zellen verfügt, die man dazu bringen könnte, Ersatz für das schadhafte Gewebe zu produzieren. Die Organe und Gewebe eines Kindes oder eines Erwachsenen haben das Endstadium der Zelldifferenzierung erreicht und können nicht beliebig untereinander ausgetauscht werden. Hautzellen lassen sich nicht in Knochenmarkzellen verwandeln, Blutzellen nicht in Leberzellen.
Zellen im frühembryonalen Stadium haben dagegen noch die Fähigkeit, sich in jeden dieser Zelltypen des Erwachsenen zu verwandeln, praktisch in jede andere Zelle, die in irgendeinem Gewebe oder Organ enthalten ist. Wenn die Wissenschaftler herausfinden könnten, wie embryonale Zellen sich in ein bestimmtes Gewebe verwandeln, dann könnten sie auch einen klonierten Embryo in diese Richtung lenken – unter Umgehung der Notwendigkeit, ein neues menschliches Leben zu schaffen. Tatsächlich hatten Forscher an genau diesem Problem schon fast zwei Jahrzehnte gearbeitet, ehe das Klonen Wirklichkeit wurde.
Im Normalfall wächst ein Embryo nicht nur – indem er immer mehr Zellen produziert –, sondern er entwickelt sich auch weiter, und im Verlaufe dieses Entwicklungsprozesses differenzieren sich die Zellen zu verschiedenen Gewebetypen. Dieser Entwicklungsplan wird ziemlich genau eingehalten, und an jedem Tag nach der Empfängnis

nimmt der Embryo und dann der Fetus mehr von einer genau definierten Gestalt und Struktur an. Eine schwangere Frau, die das Zeugungsdatum einigermaßen genau kennt, kann sich die Farbbilder in einem 1990 erschienenen Buch von Lennart Nilsson anschauen, das den Titel *A Child Is Born* trägt, und dabei sehen, wie der Embryo oder Fetus in ihrem Innern gerade aussieht. Mit jeder weiteren Woche kann sie den Gestaltwandel bei der Entwicklung deutlicher nachvollziehen.

Der entscheidende Punkt ist, daß Wachstum und Entwicklung aneinander gekoppelt sind. Das eine ist ohne das andere nicht möglich. Genauer gesagt: So war es bis 1981, als es Embryologen in den Vereinigten Staaten und in England gelang, Methoden zu perfektionieren, durch die man in einer Kulturschale im Labor embryonales Wachstum *ohne* Weiterentwicklung hervorbringen konnte.[1] Ermöglicht wurde dies dadurch, daß man Zellen dazu brachte zu »glauben«, sie befänden sich noch in einem sehr jungen Embryo, in jenem Stadium, da die Zellteilung noch ohne Differenzierung ablaufen soll. Diese Täuschung wurde dadurch erreicht, daß man den Embryo in eine mit frühembryonalen Molekularsignalen überladene Umgebung überführte. In einem solchen Umfeld wächst er immer weiter, teilt sich und produziert dabei Millionen und Abermillionen gleichartiger Zellen, die dann allesamt – bildlich gesprochen – auf demselben frühembryonalen Entwicklungsstadium »eingefroren« werden. Wissenschaftler bezeichnen solche Zellen als embryonale Stammzellen (abgekürzt ES).

Mit Hilfe der ES-Zelltechnologie kann man den Embryo zu einer Masse undifferenzierten Gewebes in jeder benötigten Größenordnung ausweiten. Nach diesem ersten Schritt ist es dann möglich, diese Gewebemasse in das spezielle Gewebe zu verwandeln, das benötigt wird. Auch diese Aufgabe wird durch den Einsatz spezieller Molekularsignale bewerkstelligt.

So wie man bestimmte Signale verwenden kann, um die ES-Zellen dazu zu bringen, im frühembryonalen Stadium zu verharren, dienen andere Signale dazu, die Zellen kontrolliert in bestimmte Entwicklungsbahnen zu lenken, damit sie sich im gewünschten Sinne ausdifferenzieren. Manche Signale dienen dazu, Knochenmarkzellen zu produzieren, andere könnten etwa benutzt werden, um primitive Nervenzellen zu erzeugen. Was mit ziemlicher Sicherheit im Laufe der beiden nächsten Jahrzehnte geschehen wird, ist, daß die Wissenschaftler herausfinden werden, welche Signale erforderlich sind, um Embryonalzellen in jede im erwachsenen menschlichen Körper vorhandene Gewebeform zu verwandeln.

Kehren wir nochmals zu unserer zukünftigen Anissa zurück, die eine Knochenmarkstransplantation benötigt, und skizzieren wir kurz die erforderlichen Schritte, die es ermöglichen würden, Anissa ein solches Gewebetransplantat zur Verfügung zu stellen. Zunächst würde man mit Hilfe der Klonierungstechnologie eine ihrer Hautzellen in einen Embryo verwandeln – unter Zuhilfenahme einer gespendeten unbefruchteten Eizelle. Dieser Embryo darf sich dann jedoch nicht zu einem Fetus weiterentwickeln, sondern die Wissenschaftler würden spezielle Moleküle verwenden, um ihn in eine großen Masse »quasi-embryonaler« ES-Zellen zu verwandeln. Ist eine ausreichende Zellzahl vorhanden, würden diese anderen spezifischen Molekularsignalen ausgesetzt, um all diese Zellen auf direktem Wege in Knochenmarkzellen zu verwandeln, die dann in den Körper, aus dem die Ausgangszelle stammte, zurückverpflanzt werden könnten – als Knochenmarkstransplantat für Anissa.

Dieselbe Basistechnologie könnte – mit unterschiedlichen Signalen – auch zur Heilung einer großen Anzahl weiterer Erkrankungen genutzt werden. Um die Parkinsonsche Krankheit zu heilen, könnte man Nervenzellen erzeugen, neugeschaffene Herz- oder Leberzellen könnten die Funktionstüchtigkeit anderer geschwächter Organe verbessern, und neu herangezogene Blutgefäße könnten alte, durch Arteriosklerose geschädigte Gefäße ersetzen. In all diesen Fällen könnte eine solche Zell- oder Gewebe-Ersatztherapie mit großen Erfolgsaussichten und hoher Effizienz innerhalb weniger Wochen angewandt werden – und zwar ohne eine der bereits erörterten Schwierigkeiten, die sich ergeben würden, wenn es nötig wäre, zum selben Zweck ein weiteres Kind in die Welt zu setzen.

Gentechnische Veränderungen am Menschen

Schließlich gibt es noch einen Bereich, in dem die Klonierungstechnologie angewandt werden kann, der bedeutender und wirkungsmächtiger ist als jeder andere, ja der sogar das Potential besitzt, die Menschheit insgesamt zu verändern: gentechnische Eingriffe am Menschen. Ohne Klonierung wären diese allein in der Welt der Science-fiction möglich, doch unter Einsatz der Klonierungstechnologie rücken sie in den Bereich des real Möglichen.

Zunächst ist eine knappe Definition des Gemeinten erforderlich. Wenn ich den Begriff »gentechnologische Veränderung« benutze, beziehe ich mich auf jenen Prozeß, bei dem Wissenschaftler am genetischen Material eines Embryos Veränderungen vornehmen, indem sie spezifische Gene verändern oder hinzufügen, damit ein Individuum geboren werden kann, das Eigenschaften aufweist, die es ohne diesen Eingriff nicht hätte. Dabei ist das Klonieren, für sich genommen, noch kein gentechnologischer Eingriff.

Seit den achtziger Jahren des 20. Jahrhunderts wurde die Gentechnologie erfolgreich bei Tieren wie Mäusen, Rindern, Schafen und Schweinen praktiziert. Die Anwendung beim Menschen steht jedoch noch aus, und zwar aus einem ganz einfachen Grund: Sie ist unglaublich ineffizient. Bei der einfachsten Technik der embryonalen Gen-Addition liegt die Erfolgsrate bei höchstens 50 Prozent, verbunden mit einem Risiko von 5 Prozent für die Entstehung krankheitsverursachender Mutationen im sich entwickelnden Tier. Für Genetiker, die aus einer größeren Anzahl dasjenige Tier heraussuchen können, das gesund ist und die erwünschten genetischen Modifikationen aufweist, ist das unproblematisch, doch beim Menschen sind diese Relationen nicht akzeptabel. Bei den komplizierteren Techniken der Genveränderung wird die Sache sogar noch schwieriger: Nur eine von einer Million Zellen läßt sich wahrscheinlich exakt wie gewünscht verändern.

Bei derart geringen Erfolgsaussichten wären direkte gentechnische Eingriffe an einem isolierten menschlichen Embryo – aus dem sich ja schließlich ein Kind entwickeln soll – nichts, was irgend jemand versuchen oder akzeptieren würde. Doch durch das Klonieren sieht die Sache schon ganz anders aus. Jetzt könnte man die aus einem einzigen Embryo gewonnenen Zellen für gentechnische Eingriffe nutzen. Es ließen sich nach einem Versuchsprotokoll, das bereits heute vorliegt, jene Zellen, bei denen der Eingriff wunschgemäß verlaufen ist, erkennen und aussondern. Jede einzelne auf diese Weise ausgewählte Zelle könnte ihrerseits zu einem Klon entwickelt werden, der genügend Zellen für die Untersuchung des genetischen Materials bereitstellen würde. Dann, und nur dann könnte eine Zelle aus diesem Klon mit Hilfe einer Zellkerntransplantation genutzt werden, um einen neuen Embryo zu produzieren, der zu einem neuen menschlichen Wesen werden würde – mit einem speziellen genetischen Bonus. Kaum zu glauben, aber innerhalb von fünf Monaten nach der Verkündung von Dollys Geburt meldete dasselbe schottische Wissenschaftlerteam am 25. Juli 1997, man habe genau dieses Versuchsprotokoll erfolgreich durchgeführt, und es seien mehrere Lämmer geboren worden, die ein fremdes menschliches Gen in sich trügen. Auf ebendiese Weise – durch eine Kombination der Klonierungstechnologie mit anderen gentechnischen Methoden – wird die menschliche Spezies insgesamt in die Lage versetzt werden, das eigene Schicksal, die eigene Zukunft unter Kontrolle zu bekommen. Doch davon soll später noch ausführlicher die Rede sein.

Teil IV
Mütter und Väter – Thema mit Variationen

Da Rahel sah, daß sie dem Jakob kein Kind gebar, ... sprach sie zu Jakob: Schaffe mir Kinder; wo nicht, so sterbe ich.

Genesis 30, 1

Kapitel 11
Drei Mütter und zwei Väter

In den meisten Gesellschaften und zu den meisten Zeiten haben die meisten Kinder nur eine Mutter und einen Vater gehabt. Das ist bei unserer Spezies die Norm. Doch hat es auch, seit unsere Art existiert, immer wieder Ausnahmen gegeben. Und obgleich heutzutage die Ausnahmen sogar recht zahlreich sind, sind die sprachlichen Bezeichnungsmöglichkeiten zur Unterscheidung der verschiedenen Typen von Eltern, die ein Kind haben kann, immer noch alles andere als ideal.

Leider ist es schwer, Wörter zu finden, die emotional nicht vorbelastet sind. Wenn eine Frau ein Kind gebärt, das von einer anderen aufgezogen wird, wer ist dann die »wahre« Mutter? Biologisch gesehen ist es die Frau, die das Kind geboren hat, doch aus der sozialen Perspektive wäre es eher die Frau, die es aufzieht. Die Konfusion resultiert aus demselben Problem, mit dem wir uns schon bei der doppelten Bedeutung des Begriffs »Leben« konfrontiert sahen. So, wie nur ein einziges Wort benutzt wird, um Leben auf der zellulären Ebene und bewußtes Leben zu bezeichnen, können Wörter wie »Mutter«, »Vater« und »Eltern« gebraucht werden, um biologische Tatbestände festzuhalten – also diejenigen zu benennen, die an der Zeugung des Kindes beteiligt waren –, aber auch um soziale Verhältnisse zu bezeichnen. In der umfassendsten Bedeutung des Wortes sind alle Mütter »wahre Mütter«, nur eben auf unterschiedliche Weise.

Ich werde die Begriffe »genetischer Vater« oder »leiblicher Vater« benutzen, um den Mann zu beschreiben, der mit einem Samenzellkern zur Entstehung des Kindes beigetragen hat. Bis vor zwanzig Jahren war es auch möglich, unzweideutig über eine »leibliche Mutter« zu sprechen. Doch seit es In-vitro-Fertilisation und Embryotransfers gibt, können die beiden wesentlichen biologischen Beiträge einer Frau zur Entstehung eines Kindes voneinander getrennt werden. Jetzt kann ein Kind zwei leibliche Mütter haben.[1] Wann immer es erforderlich ist, zwischen beiden zu differenzieren, verwende ich die Begriffe »genetische Mutter« (aus ihrer Eizelle erwuchs das Kind) und »austragende Mutter« oder »Geburtsmutter« (in ihrem Leib entwickelte sich der Fetus).

Der am häufigsten gebrauchte Begriff, wenn man Eltern, die ein Kind aufziehen, von den biologischen Eltern dieses Kindes unterscheiden will, lautet »Pflegeeltern« und bezeichnet eine Mutter und/oder einen Vater, die die soziale Elternrolle übernommen haben. Im Fall der Adoption spricht man von »Adoptiveltern«, »Adoptivvater« und »Adoptivmutter«. Doch meistens bezeichnet man die Eltern, die ein Kind aufziehen, einfach als Vater und Mutter. Lediglich wenn man den Unterschied zu den leiblichen Eltern betonen will, ist eine Begriffsdifferenzierung erforderlich. Dann gebrauche ich mangels einer besseren Lösung die Begriffe »soziale Mutter« und »sozialer Vater«.

Eine weitere Unterscheidung ist juristischer Natur. Allerdings gibt es keine absolute Entsprechung zwischen einer »gesetzlichen Mutter« und einem »gesetzlichen Vater« einerseits und den leiblichen oder sozialen Eltern andererseits. In Fällen, in denen zwei Mütter oder Väter existieren, kann die Bezeichnung »gesetzlich« je nach den Bestimmungen des betreffenden Staates oder durch Gerichtsentscheid der einen oder der anderen Seite verliehen werden. Außerdem kann diese Bezeichnung durch weitere Gerichtsentscheide wieder geändert werden. Gleichwohl haben gesetzliche Mütter und Väter festumrissene Rechte und Pflichten gegenüber ihren Kindern.

Fassen wir zusammen: Es gibt zwei mögliche Arten von Vätern, den leiblichen (genetischen) und den sozialen Vater. Und es gibt drei Arten von Müttern: genetische Mütter, Geburtsmütter und soziale Mütter. Natürlich können der leibliche und der soziale Vater ein und dieselbe Person sein, wie auch die drei Muttertypen in einer Frau zusammenfallen können; das ist sogar der Normalfall. Doch wie wir gleich sehen werden, lassen sich auch zwei der drei Muttertypen bei einer einzigen Frau unterschiedlich kombinieren.

Eine soziale Mutter und ein sozialer Vater, mehr oder weniger

Ehe wir uns den komplizierteren Möglichkeiten widmen, sollten wir die häufigste Ausnahme vom traditionellen Familienmodell mit *einem* leiblichen und sozialen Vater und *einer* leiblichen und sozialen Mutter unter die Lupe nehmen: die Familie mit einem alleinerziehenden Elternteil. Schon immer im Laufe der Geschichte haben alleinerziehende Mütter Kinder großgezogen – weil die leiblichen Väter gestorben waren, das Weite gesucht hatten oder vor die Tür gesetzt worden waren. Doch neuerdings sind auch alleinerziehende Väter keine Seltenheit mehr.

Neben solchen eher ungeplanten Familien mit nur einem Elternteil gibt es heute auch alleinlebende Erwachsene, die ganz bewußt die Entscheidung treffen, allein ein Kind zu bekommen, damit sie es ohne Einmischung eines Ehe- oder Lebenspartners aufziehen können. Für Frauen ist das recht einfach. Es gibt sogar ein Buch mit dem Titel *Having a Baby Without a Man*[2], dessen Ko-Autorin, eine Ärztin, Frauen dabei helfen will, die möglichen Hindernisse auf diesem Weg im voraus gründlich zu überdenken. Biologisch gesprochen, ist das einzige, was eine Frau heutzutage noch braucht, ein Mann, der zum Geschlechtsverkehr oder zu einer Samenspende für die künstliche Befruchtung bereit ist. Wenn die Frau eine anonyme Quelle des genetischen Materials bevorzugt, braucht sie sich nur an eine Samenbank zu wenden.[3] Sollte in Zukunft auch das Klonieren als Option offenstehen, kann auf einen Mann sogar ganz verzichtet werden.

Bei Männern ist die Sache komplizierter, aber nicht unmöglich. Eine Internet-Publikation mit dem Titel *Fathering Magazine* (http://www.fathermag.com) bietet solchen Männern virtuelle Unterstützung unter Gleichgesinnten an, aber auch »allen, die mit Leib und Seele Vater sind, Vätern, die die Hauptlast der Erziehung tragen, alleinerziehenden Vätern sowie Männern, die gern Vater werden möchten«. In einem interaktiven Diskussionsforum dieses Internet-Magazins schrieb ein Mann folgendes:

Es tut gut zu wissen, daß es auch andere Männer gibt, die wie ich selbst absichtlich alleinerziehende Väter geworden sind. Jede Menge Frauen haben es doch auch schon getan, einige andere Männer auch, da bin ich mir sicher, und weitere möchten es gern. Nach all den Streitereien, die ich mit meiner Frau wegen der Erziehung meiner beiden ersten Kinder hatte, habe ich den Entschluß gefaßt, es nochmal zu versuchen, und diesmal ganz nach meinen eigenen Vorstellungen. Ich brauchte ein paar Jahre, um die Dinge in meinem Sinne zu arrangieren, aber es hat sich gelohnt, und bis jetzt bin ich mit den Ergebnissen sehr zufrieden. Eine Möglichkeit, das System zu umgehen, das ständig die Mütter bevorzugt, besteht darin, sie einfach außen vor zu lassen. Zumindest haben wir ermutigende Angaben darüber, wie sich Kinder alleinerziehender Väter entwickeln.

Während in Familien mit nur einem Elternteil der soziale Partner des anderen Geschlechts ausgeschlossen ist, gibt es noch eine weitere Form der nichttraditionellen Familie, bei der beide soziale Elternteile demselben Geschlecht angehören. Kinder in solchen Familien haben entweder zwei soziale Mütter oder zwei soziale Väter, die zusammen als Ehepaar auftreten – wenigstens in der Realität, wenn auch nicht nach dem Gesetz. Eine neuere Umfrage legt den Schluß nahe, daß bis zu sechs Millionen Kinder in solchen Familien leben.[4]
Bis vor kurzem war es für beide Teile eines gleichgeschlechtlichen Paares schwer, als gemeinsame soziale Eltern eines Kindes anerkannt zu werden. Das Problem bestand darin, daß veraltete Gesetze nur die Anerkennung einer einzigen gesetzlichen Mutter oder eines einzigen gesetzlichen Vaters vorsahen. Folglich konnte ein Kind von der Lebenspartnerin der leiblichen Mutter nur adoptiert werden, wenn dafür die Elternrechte und -pflichten der leiblichen Mutter erloschen. Doch im Laufe des letzten Jahrzehnts wurde in fünfzehn Bundesstaaten der USA homosexuellen Paaren die sogenannte Zweitelternadoption zugestanden. Ist aber die Adoption erst einmal erfolgt, dann garantiert die Verfassung der Vereinigten Staaten die rechtliche Anerkennung solcher elterlichen Arrangements in allen anderen Bundesstaaten.

Wenn ein biologischer Anteil fehlt

Bis das Klonen möglich wurde, gab es drei unterschiedliche biologische Anteile, die unverzichtbar waren, um ein Kind in die Welt zu setzen: eine Eizelle, einen Samenzellkern und einen Mutterleib.[5] Fehlte einer dieser drei Anteile, war die Infertilität unvermeidlich. Wie bereits erwähnt, hat die medizinische Wissenschaft jedoch immer ausgefeiltere Behandlungsmethoden entwickelt, um unfruchtbaren Paaren zur Geburt eigener, genetisch verwandter Kinder zu verhelfen, wobei der bisherige Höhepunkt in der Kombination der IVF mit anderen Verfahren besteht. Ein Allheilmittel sind indes auch diese medizinischen Behandlungen nicht. Denn erstens gibt es Formen der Unfruchtbarkeit, die selbst mit Hilfe der heutigen IVF-Technologie nicht zu kurieren sind. Zweitens bleibt bei mehr als der Hälfte aller Paare, die an einem IVF-Programm teilnehmen, letztlich der Erfolg aus. Und drittens schließen die sehr hohen Kosten bei gleichzeitig relativ geringen Erfolgsaussichten der IVF-Behandlung viele Paare von vornherein von diesen Behandlungsmöglichkeiten aus.

Wenn der Wunsch, Kinder zu haben und aufzuziehen, sehr intensiv ist und alle Möglichkeiten, etwas gegen die Infertilität zu tun, erschöpft sind, müssen sich viele Paare mit dem Gedanken vertraut machen, daß nun andere Möglichkeiten der Familiengründung gefragt sind. Leider ist bei allen derartigen Ansätzen die Einbeziehung eines oder mehrerer biologischer Elternteile unumgänglich, die außerhalb der sozialen Familieneinheit stehen.

Die Lösung, die den geringsten technischen Aufwand erfordert, ist die Adoption. Dabei werden alle biologischen Bestandteile der Fortpflanzung von einem Mann und einer Frau beigesteuert, die mit dem sozialen Vater und der sozialen Mutter nicht identisch sind. Folglich gibt es eine komplette Trennung zwischen dem biologischen und dem sozialen Erbe des betreffenden Kindes. Adoptionen hat es immer gegeben, und es wird sie auch weiterhin geben, doch die Zahl der gesunden Neugeborenen, die in den Vereinigten Staaten jedes Jahr zur Adoption freigegeben werden, ist heute wesentlich kleiner als früher. Das hat zum großen Teil mit der Entscheidung des US Supreme Court aus dem Jahre 1973 zu tun, durch die die Abtreibung legalisiert wurde. Daraufhin sank die Zahl der ungewollten Schwangerschaften, die bis zur Geburt fortgeführt wurden, dramatisch. Außerdem hat die allgemeine gesellschaftliche Akzeptanz des vorehelichen Geschlechtsverkehrs das Stigma, als unverheiratete Mutter ein Kind zu bekommen, wesentlich verringert. Junge unverheiratete Frauen, die früher ein typischer Fall für die Freigabe des Kindes zur Adoption waren, werden heute eher ermutigt, den entgegengesetzten Weg einzuschlagen. Die Folgen dieser veränderten Situation sind darin ablesbar, daß sich im Jahre 1984 beispielsweise 2 Millionen amerikanische Paare um die Adoption von 58 000 neugeborenen amerikanischen Kindern bewarben.[6]

Die anderen »traditionellen« Ansätze, allen Hindernissen zum Trotz doch noch Eltern zu werden, basieren auf Methoden der »kollaborativen Reproduktion«, wie der Bioethiker John Robertson solche Fälle bezeichnete. Bei der kollaborativen Reproduktion wird ein zur Fortpflanzung unverzichtbarer biologischer Bestandteil von einem oder beiden sozialen Elternteilen bereitgestellt, ein weiterer Bestandteil dagegen von einem oder zwei biologischen Elternteilen »gespendet«, die mit den sozialen Eltern nicht identisch sind.

Auf diese Weise können ein oder zwei für die Geburt eines Kindes unverzichtbare biologische Bestandteile »restauriert« werden: Eizelle und Mutterleib werden eingebracht, wenn eine Leihmutter mit dem Sperma des zukünftigen Vaters befruchtet wird. Das Sperma des Mannes kann bei einer künstlichen Besamung der zukünftigen Mutter durch eine fremde Samenspende ersetzt werden. Fehlt nur die Eizelle, so kann diese von einer anderen Frau beigesteuert und anschließend der im Reagenzglas gezeugte Embryo der zukünftigen Mutter eingesetzt werden. Auch Eizelle und Sperma können gespendet und der Embryo dann der zukünftigen Mutter eingepflanzt werden. Der Mutterleib allein kann schließlich ersetzt werden, wenn Sperma und Eizelle der zukünftigen Eltern im IVF-Verfahren zusammengebracht werden und der Embryo anschließend einer Leihmutter implantiert wird. All diese Möglichkeiten der kollaborativen Reproduktion sollen in den beiden folgenden Kapiteln ausführlicher dargestellt werden.

Kapitel 12
Leibliche Mütter per Vertrag

Leihmutterschaft – damals und heute

»Da Rahel sah, daß sie [ihrem Ehemann] Jakob kein Kind gebar, da ward sie eifersüchtig auf ihre Schwester [Lea, die zuvor schon Kinder von ihm bekommen hatte] und sprach zu Jakob: Schaffe mir Kinder; wo nicht, so sterbe ich. Jakob aber wurde zornig über Rahel und sprach: Bin ich denn an Gottes Statt, der dir Leibesfrucht versagt? Darauf sprach sie: Da hast du meine Magd Bilha; wohne ihr bei, damit sie auf meinem Schoß gebäre und durch sie auch ich zu Kindern komme. Also gab sie ihm ihre Magd Bilha zum Weibe, und Jakob wohnte ihr bei. Und Bilha wurde schwanger und gebar dem Jakob einen Sohn. Da sprach Rahel: Gott hat meine Sache gerichtet; er hat mich erhört und mir einen Sohn gegeben.« (1. Mose 30, 1–6)

Wie uns diese biblische Erzählung zeigt, gibt es die Leihmutterschaft schon so lange, wie es Historiker gibt, die darüber berichten konnten. Nicht nur Rahel, sondern auch Sara und Lea fordern im Alten Testament ihre Ehemänner auf, ihre Mägde zu schwängern, damit »durch sie auch ich zu Kindern komme«, wie Rahel es ausdrückt. Wahrscheinlich hat es seither immer wieder heimliche Leihmutterschaften gegeben, wenn unfruchtbare Frauen ihre Schwestern oder Freundinnen überredeten, mit ihren Männern Kinder zu zeugen, die sie dann als eigene Nachkommen aufziehen konnten.

1978 wurde in einem Artikel des Nachrichtenmagazins *Time* erstmals in den populären Medien der Begriff »Leihmutter« verwendet, um eine Frau zu beschreiben, die *für ein anderes Paar* ein Kind bis zur Geburt austrägt, das dann anschließend als Kind der Auftraggeber aufgezogen wird.[1] Doch sobald der Begriff geprägt war,[2] liefen Ethiker, Feministinnen und juristische Kommentatoren schon dagegen Sturm: »unangemessen« sei er, »bizarr« und »beunruhigend«. Wie könne denn die Frau, die ein Kind geboren habe, nur die Leihmutter oder Ersatzmutter sein, während sie doch »die *tatsächliche* Mutter« sei?[3]

Hier haben wir ein klares Beispiel dafür, wie die mehrfache Bedeutung des Wortes »Mutter« Verwirrung stiften kann. Biologisch gesehen ist die sogenannte Leihmutter in der Tat die »echte« Mutter und nicht nur ein Ersatz. Doch aus der Sicht der zukünftigen sozialen Mutter dient die schwangere Frau in der Tat nur als Ersatzmutter, die für das Biologische zuständig ist.[4]

Die Verlautbarungen der Akademiker und anderer Kritiker hatten auf die breite Öffentlichkeit und ihren Sprachgebrauch jedoch keinen Einfluß, und so spricht man weiterhin von einer »Leihmutter«, und jeder weiß, was damit gemeint ist.

Man hat den Begriff sogar noch weiter differenziert, um die beiden Möglichkeiten auseinanderzuhalten, wie der von der Ersatzmutter ausgetragene Fetus zu ihr selbst und den zukünftigen sozialen Eltern in Beziehung stehen kann. Die »traditionelle« Ersatzmutter ist sowohl die genetische als auch die Geburtsmutter des Kindes. Normalerweise kommt heute eine solche Schwangerschaft durch künstliche Besamung mit dem Sperma des zukünftigen sozialen Vaters zustande. Doch wie die Bibel berichtet, gibt es auch die Variante, daß der zukünftige Vater Geschlechtsverkehr mit der Ersatzmutter hat.

Beschränkt sich die Leihmutterschaft auf das Austragen des Kindes, dann ist die betreffende Frau nur Geburtsmutter und mit dem Fetus, den sie austrägt, genetisch nicht verwandt. Diese Art Leihmutterschaft nimmt ihren Ausgang meistens mit der Zusammenführung der Keimzellen des zukünftigen Vaters und der zukünftigen Mutter im IVF-Verfahren. Die so entstandenen Embryonen werden der Leihmutter dann eingesetzt in der Hoffnung, daß sich wenigstens einer davon einniste und weiterentwickele.

Das moderne Zeitalter der vertraglich geregelten Leihmutterschaft begann erst in den späten siebziger Jahren des 20. Jahrhunderts, und ins öffentliche Bewußtsein drang diese Form der Mutterschaft sogar erst in den frühen achtziger Jahren – nach einer Serie von Fällen, die ins Rampenlicht der Öffentlichkeit gerieten, weil die Arrangements der Leihmutterschaft sich als brüchig erwiesen und juristische Komplikationen die Folge waren. In den folgenden Jahren erschienen dann Hunderte von Artikeln über Leihmütter in populären Zeitschriften, Fachzeitschriften und Büchern. Feministinnen, Rechtsanwälte, Ethiker und Theologen setzten sich allesamt mit dem Für und Wider der gängigen Praxis auseinander. Darüber hinaus fällten verschiedene Gerichts- und Gesetzgebungsinstanzen Grundsatzurteile über die Gültigkeit von Leihmutterschaftsverträgen und über die angemessenen Mittel zur Schlichtung von Streitigkeiten für den Fall, daß sich verschiedene Eltern um ein und dasselbe Kind streiten sollten.

Wie die Sache funktioniert

Entscheidet sich ein Paar oder auch eine Einzelperson, mit Hilfe einer Ersatzmutter ein Kind zu bekommen, wie gehen sie praktisch vor? Eine Möglichkeit bestünde darin, eine Freundin oder Verwandte zu finden, die bereit ist, einem Paar bei der Überwindung der Unfruchtbarkeit zu helfen oder auch, im Falle eines alleinstehenden Mannes, schlicht ihre weiblichen Fortpflanzungsorgane »zur Verfügung zu stellen«. Die Freundin oder Verwandte läßt sich darauf ein, schwanger zu werden und das Kind nach der Geburt an die zukünftigen Eltern oder den zukünftigen Vater abzugeben.

Diese Form der Leihmutterschaft gilt als »altruistisch«, denn die Ersatzmutter handelt in erster Linie, um jemandem, den sie gut kennt, einen Dienst zu erweisen, nicht aus finanziellen Motiven. Die zukünftigen Eltern können ihrer Stellvertreterin die medizinischen Auslagen und vielleicht auch noch den Lebensunterhalt ersetzen. Und die beteiligten Personen können dabei auf einen rechtlich bindenden Vertrag verzichten, müssen es aber nicht.

Die Leihmutterschaft stellt ein enormes physisches wie emotionales Engagement dar, dem sich die meisten Frauen nicht gewachsen fühlen, nicht einmal für enge Freunde oder Verwandte. Deshalb werden zukünftige Eltern meistens keine altruistischen Leihmütter finden können. Sie müssen sich dann an eine kommerzielle Agentur oder einen individuellen Makler für die Vermittlung von Leihmüttern wenden.[5]

Eine kommerzielle Leihmutter kostet Geld, viel Geld. Die Agentur oder der Vermittler berechnet bis zu 16 000 Dollar für Bearbeitungsgebühren, Anwerbung und Bewertung der Kandidatinnen und für die Vertragsverhandlungen; die Leihmutter selbst bekommt für ihre Dienste bis zu 15 000 Dollar. Die mit Schwangerschaft und Geburt verbundenen medizinischen Kosten müssen extra erstattet werden: nochmals rund 5000 Dollar. Weitere Auslagen und Unkosten kommen hinzu: für Umstandsgarderobe, Lohnausfall gegen Ende der Schwangerschaft, Lebensversicherungsprämien, Beratungs- und Anwaltsgebühren. So können leicht bis zu 50 000 Dollar zusammenkommen,[6] wenn IVF-Dienstleistungen im Spiel sind, sogar noch mehr.

Der Leihmutterschaftsvertrag – unterzeichnet von der Leihmutter und den zukünftigen Eltern – ist heikel, aber von zentraler Bedeutung. Bestandteil des Vertrags ist natürlich, daß die Leihmutter nach der Geburt das Kind an ihre Vertragspartner, die zukünftigen Eltern, abgibt. Fast immer wird auch verlangt, daß die Geburtsmutter alle juristischen Ansprüche und alle offiziellen Rechtsbeziehungen zum Kind aufgibt. Im Vertrag können noch weitere Einschränkungen für das Verhalten der Leihmutter während der Schwangerschaft vorgesehen sein. Normalerweise sind Rauchen, Alkohol- und Drogenkonsum verboten; vorgeschrieben sind dagegen eine bestimmte Ernährungsweise und ein bestimmtes medizinisches Vorsorgeprogramm. Diese Einschränkungen sollen natürlich das Risiko verringern, daß der Fetus Schaden nimmt, doch manche Ersatzmütter haben dabei vielleicht auch das Gefühl, daß sie ihre individuelle Freiheit aufgeben müssen, wenn sie diesen Abmachungen Folge leisten.

Verschiedene Ansichten

Ethiker, Juristen, Theologen und Feministinnen haben die Praxis der Leihmutterschaft immer wieder verurteilt. Sie halten sie für unmoralisch und schädlich für die Frau, die die Aufgabe der Ersatzmutter übernimmt, aber auch für die Gesellschaft insgesamt. Viele sehen auch einen Schaden für das Baby, das von der Leihmutter an die Auftraggeber übergeben wird.

Der Vorwurf der Unmoral wird am nachdrücklichsten von jenen erhoben, die jeden Zeugungs- und Fortpflanzungsakt, der über die traditionellen Grenzen des Geschlechtsverkehrs zwischen einem verheirateten Paar hinausgeht, als Herausforderung von Gottes Willen betrachten. Manche Menschen sehen in bestimmten Formen der Ersatzmutterschaft das Äquivalent von Ehebruch oder Inzest (wenn beispielsweise die Mutter oder die Schwester des Mannes Leihmutter ist),[7] selbst wenn die Befruchtung durch künstliche Besamung erfolgt. Diese Einwände resultieren aus der Unfähigkeit oder mangelndem Willen, zwischen Sex und Fortpflanzung zu unterscheiden.

Anderen Kritikern machen die potentiell schädlichen Auswirkungen der Leihmutterschaft auf die betreffende Frau am meisten zu schaffen. Sie befürchten, diese Erfahrung könnte »entmenschlichend« auf die Ersatzmutter wirken und folglich auch entwürdigend auf die Gesellschaft als Ganzes. Manche setzen die kommerzielle Leihmutterschaft mit der Prostitution gleich. Diese Gedankenverbindung beruht auf dem Gefühl, daß viele Frauen solche Verträge nur abschließen, weil sie dringend Geld brauchen. Folglich, befürchtet man, könnten sie von den Vertragspartnern ausgebeutet werden.

Und schließlich glauben die Kritiker auch, daß Geldzahlungen an eine Leihmutter dem Kind etwas von seinem »menschlichen Wert« nehmen könnten. »Was bei Leihmutterschaftsarrangements von Grund auf unethisch ist«, sagt der Rechtsprofessor Herbert Krimmel, »ist, daß dabei ... eine Person (das Kind) behandelt wird, als sei sie eine Sache, eine Handelsware. Leihmutterschaftsvereinbarungen ... ermutigen Adoptiveltern nachhaltig, Kinder als Waren anzusehen.«[8]

Ich glaube nicht, daß solche Argumente irgend jemanden überzeugen können, der selbst liebevoll ein Kind aufgezogen hat, und es gibt auch keine Belege für Krimmels Behauptung, soziale Eltern würden von Leihmüttern geborene Kinder als »Waren« betrachten. Im Gegenteil, Untersuchungen bei Familien mit Adoptivkindern belegen, daß Adoptiveltern »sich ihren Kindern nicht weniger eng verbunden fühlen als verantwortungsbewußte genetische Eltern«.[9]

Es gibt auch einige prominente, auf ethische Fragen spezialisierte Juristen, etwa John Robertson[10] und Lori Andrews, die für das Recht von Frauen und Männern eintreten, Leihmutterschaftsverträge abzuschließen. Andrews, Professorin am Chicago-Kent College of Law, schreibt: »Offenkundig besteht der Großteil der politischen Einwände und Medienkommentare gegen die Leihmutterschaft aus symbolischen Argumenten und sprachlichen Abwertungen.« Viele Gegenargumente basieren, wie sie zeigen kann, auf der Vorstellung, eine Frau müsse vor ihrer eigenen Unfähigkeit geschützt werden, gesellschaftlich akzeptabel zu handeln, wenn sie mit der Entscheidung konfrontiert sei, ob sie Leihmutter werden wolle oder nicht. »Doch wer für ein Verbot der Leihmutterschaft eintritt, steht anscheinend auf dem Standpunkt, *der Staat* [Hervorhebung im Original] und nicht die individuelle Frau solle entscheiden, welchem Risiko sich eine Frau aussetzen darf.« »Die Denkweise hinter einem solchen Verbot«, fährt Andrews fort, »entspricht oft genau jener Denkweise, gegen die die Feministinnen im Zusammenhang mit Fragen wie Abtreibung, Empfängnisverhütung, nichttraditionelle Formen des Familienlebens und Berufstätigkeit der Frau angekämpft haben.« Ebendiese Denkweise, »die staatliche Einmischungen in die individuellen Entscheidungen zur Fortpflanzung rechtfertigt, könnte durch die Hintertür wiederkommen und den Feministinnen in anderen Bereichen der Fortpflanzungspolitik und des Familienrechts schwer zu schaffen machen.«[11] Dazu sagte eine Leihmutter, Donna Regan, bei einer Anhörung vor einem Parlamentsausschuß des Staates New York: »Ich empfinde es als schlimme Beleidigung, daß sich Leute anmaßen zu sagen, ich als Frau könne bezüglich einer Schwangerschaft, auf die ich mich einlasse, keine wohlüberlegte Entscheidung treffen. [Wie alle anderen Menschen] treffe ich doch auch sonst in meinem Leben schwierige Entscheidungen.«[12]

Wenn alles gut verläuft: Durch die Liebe zweier Mütter

Ein Fall altruistischer Leihmutterschaft, in dem es all jene Probleme, die die Kritiker befürchten, nicht gegeben hat, ist die Geschichte von Karen Ferreira-Jorge und ihrer Mutter Patricia (Pat) Anthony aus der südafrikanischen Kleinstadt Tzaneen. Als Karen und ihr Mann Alcino heirateten, planten sie, eine große Familie zu gründen. Doch 1984, bei der Geburt ihres ersten Kindes, ergaben sich medizinische Komplikationen, durch die Karen beinahe verblutet wäre. Die Gebärmutter mußte ihr entfernt werden. Doch Karen und Alcino wollten weitere Kinder haben, und so dachten sie daran, die Dienste einer nicht verwandten Ersatzmutter in Anspruch zu nehmen. Sie befürchteten jedoch, die Leihmutter könnte sich entgegen den Zusagen nach der Geburt weigern, das Neugeborene ihnen zu geben, und nahmen deshalb von diesem Plan wieder Abstand.

Als Karen und Alcino verzweifelt überlegten, wie sie ihren Kinderwunsch trotzdem erfüllen konnten, entschloß sich Karens bald achtundvierzigjährige Mutter Pat, ihre eigenen Dienste als Leihmutter anzubieten. Pats Ehemann, Karens Vater Raymond, unterstützte diesen Plan, und Karen und Alcino hatten natürlich auch nichts dagegen.

Also wurden im Januar 1987 Karens Eierstöcke hormonell stimuliert, mit dem Ergebnis, daß elf Eizellen entnommen und mit dem Sperma ihres Mannes befruchtet werden konnten. Zwei Tage darauf wurden vier Embryonen in Pats Gebärmutter implantiert. In Anbetracht von Pats Alter war es höchst erstaunlich, daß sich drei davon einnisten konnten und sich weiterentwickelten. Und so kamen im Morgengrauen des 1. Oktober 1987 in der Park Lane Clinic in Johannesburg durch Kaiserschnitt drei gesunde Babys zur Welt: David, Jose und Paula. Karen, deren Milchproduktion hormonell angeregt worden war, begann schon wenige Stunden nach der Geburt, alle drei Kinder zu stillen.

Bei diesem Leihmutterarrangement waren am Ende alle Gewinner: Karen und Alcino bekamen die große Familie, von der sie geträumt hatten. Pat und Raymond erhielten drei neue Enkelkinder zum Verwöhnen, und speziell Pat konnte stolz sein auf diesen großen Liebesbeweis für ihre Tochter. David, Jose und Paula schließlich werden mit dem Wissen aufwachsen, daß sie eine ganz besondere Großmutter haben, die sich von fast allen Großmüttern der Welt in einem wesentlichen Punkt unterscheidet.

Wenn alles schiefgeht: Mary Beth und Bill

Von allen Reproduktionstechnologien, über die wir heute – und in Zukunft – verfügen, wird die Leihmutterschaft immer eine Sonderstellung einnehmen, denn ihr liegt das ethische Dilemma zugrunde, daß am Ende potentiell Mutter gegen Mutter steht. Um dieses Problem näher zu verstehen, müssen wir zunächst die emotionalen Bindungen untersuchen, die mit dem jeweiligen »Anteil« am Fortpflanzungsvorgang verbunden sind.

Von den drei biologischen »Komponenten«, die bei der Entstehung eines Babys unverzichtbar sind, ist Sperma am leichtesten zu produzieren. Ein fruchtbarer Mann kann innerhalb weniger Minuten 100 Millionen lebensfähige Spermien in einen Behälter ejakulieren, ohne dabei Hilfe von dritter Seite in Anspruch nehmen zu müssen. Würde man die heute zur Verfügung stehenden technologischen Mittel konsequent einsetzen, dann könnte der Inhalt dieses Gefäßes dazu dienen, ein Land von der Größe Frankreichs neu zu bevölkern.

Eizellen erhält man nicht so leicht. Doch wenn eine Frau bereit ist, sich einer zweiwöchigen Hormonbehandlung und einem einfachen ambulanten Eingriff zu unterziehen, lassen sich ein oder zwei Dutzend weiblicher Keimzellen auf diesem Wege gewinnen. Der größere Zeitaufwand und die größeren Unbequemlichkeiten für die Eizellenspenderin schlagen sich normalerweise auch in einer wesentlich höheren Vergütung nieder, die die Frau für ihre Dienste erhält.[13]

Männer und Frauen, die nur Sperma oder Eizellen zur kollaborativen Reproduktion beitragen, sind in einem entscheidenden Punkt vergleichbar: Beide können aus dem Fortpflanzungsprozeß herausgehalten werden, ehe auch nur ein einziger Embryo gezeugt worden ist und ehe bekannt ist, welche der von ihnen gespendeten Keimzellen bei der Entstehung des Kindes verwendet werden (wenn überhaupt). Folglich müssen Samen- und Eizellenspender keinerlei emotionale Bindung zu einem potentiellen Nachkommen aufbauen – allenfalls in ihrer Phantasie.

Beim dritten biologischen »Anteil«, dem Mutterleib, liegt die Sache ganz anders, denn hier wird der Frau ein wesentlich größeres Engagement abverlangt. Eine Ersatzmutter kann gezwungen sein, körperliche und gefühlsmäßige Opfer zu bringen, welche die der Keimzellenspender bei weitem übersteigt. Und anders als Samen- oder Eizellenspender kann eine Leihmutter noch bis zur letzten Minute aus dem kolaborativen Arrangement auszusteigen versuchen, um das Kind zu behalten, das sie geboren hat. Deshalb gilt die Leihmutterschaft oft bei potentiellen Eltern als sehr riskante Lösungsmöglichkeit für ein Infertilitätsproblem.

Was kann eine Frau dazu veranlassen, noch nach der Geburt von einem Leihmutterschaftsvertrag zurückzutreten? Der intime Kontakt zwischen Leihmutter und heranreifendem Fetus. Gegen Ende des 5. Monats kann die Frau seine Bewegungen spüren, wenn sie ißt, schläft und ihren anderen alltäglichen Aktivitäten nachgeht. Während der beiden letzten Schwangerschaftsmonate spürt sie, wie der Fetus auf Reize von außen reagiert, etwa auf laute Geräusche oder Musik. Und am Ende der Schwangerschaft kann sie beobachten, wie dieser Fetus als Baby aus ihrem Körper hervorkommt. Zwar hat sie zu Beginn zugestimmt, ein »virtuelles« Baby nach der Geburt abzugeben, doch die in Jahrmillionen der Evolution akkumulierten Instinkte sagen ihr vielleicht jetzt, daß sie ihr Versprechen widerrufen und ihr ganz reales Baby behalten müsse. (Es sollte allerdings an dieser Stelle der Hinweis nicht fehlen, daß selbst in den Anfangsjahren kommerzieller Leihmutterschaftsverhältnisse weniger als ein Prozent der Leihmütter so reagierten.)

Während derselben neun Monate erwartet nun ein anderes Paar sehnsüchtig die Geburt *seines* Kindes. Der Mann wird wahrscheinlich in jeder Hinsicht der *Vater* des Kindes sein, die Frau dagegen im Fall einer traditionellen Leihmutterschaft nur eine zukünftige soziale Mutter. Wenn indes die Leihmutter das Kind lediglich austrägt, könnte die Frau auch die genetische Mutter des erwarteten Kindes sein. Beide zukünftigen Eltern fühlen den Fetus nicht in ihren Körpern, aber gedanklich werden sie mit großer Sicherheit bereits einen Bezug zu ihrem Kind entwickeln. Wenn die Leihmutter das Kind nur austrägt, kann sich die zukünftige (genetische) Mutter ganz genau so fühlen, wie sich seit jeher zukünftige Väter gefühlt haben, die bei ganz normalen Schwangerschaften auf die Geburt ihrer Kinder warteten.

Und was geschieht nun, wenn die Leihmutter und das Ehepaar, das den Vertrag geschlossen hat, beide »ihr« Kind haben wollen? Wie löst man einen solchen Konflikt zwischen zwei möglicherweise gleichwertigen, aber unvereinbaren Ausdrucksformen grundlegender menschlicher Bedürfnisse? Die amerikanische Nation war gezwungen, sich diesem ethischen Dilemma zu stellen, als sich Mary Beth Whitehead entschloß, das Kind zu behalten, das sie laut Vertrag für William (Bill) und Elizabeth (Betsy) Stern ausgetragen und geboren hatte.

Bill und Betsy waren beide 41 Jahre alt, als Freiberufler tätig und wohnten in einem wohlhabenden New Yorker Vorort. Sie waren schon zwölf Jahre verheiratet, als sie den Entschluß faßten, sich einer Leihmutter zu bedienen, um ein Kind zu bekommen. Bill arbeitete als Biochemiker, Betsy als Kinderärztin. Bei Betsy bestand kein Anlaß zu der Annahme, daß sie unfruchtbar sei, doch sie litt unter einer leichten Form von Multipler Sklerose und fürchtete, eine Schwangerschaft könnte ihren Gesundheitszustand deutlich verschlechtern. So nahmen die Sterns 1985 Kontakt mit dem Leihmüttervermittler Keane auf, der sie mit Mary Beth Whitehead zusammenbrachte, einer arbeitslosen Mutter von 29 Jahren mit 2 Kindern (im Alter von 10 und 12 Jahren), die mit einem Kanalarbeiter verheiratet war und nicht weit entfernt in einem Arbeiterviertel namens Brick Township wohnte. Keane setzte einen Leihmuttervertrag auf, der von den Whiteheads und den Sterns unterzeichnet wurde. Darin erklärte sich Mery Beth bereit, durch künstliche Besamung mit Bills Sperma schwanger zu werden und den Sterns dann nach der Geburt das Baby zu übergeben. Diese zahlten bei Vertragsabschluß eine Vermittlungsgebühr von 7500 Dollar, erklärten sich bereit, Mary Beth alle Kosten zu erstatten, die mit der Schwangerschaft in Verbindung standen, sowie ein Honorar von 10 000 Dollar, nachdem das Baby in ihre Obhut übergeben worden sei.

»Baby M«, so die Bezeichnung des Kindes in den Gerichtsakten, wurde am 27. März 1986 geboren. Sofort wußte Mary Beth, daß sie einen schweren Fehler gemacht hatte. »Als ich sie sah und im Arm hielt«, sagte sie, »war sie mein Kind. Ich habe einen Vertrag über eine Eizelle unterzeichnet. Ich habe nicht für ein neugeborenes Mädchen unterschrieben, das wie ein Klon meines anderen kleinen Mädchens aussah.«[14] Mit diesem Hintergedanken ließ sie den Namen Sara Elizabeth Whitehead auf der Geburtsurkunde eintragen.

Gleichwohl wurde das Baby nach einem gemeinsamen dreitägigen Klinikaufenthalt mit seiner leiblichen Mutter vertragsgemäß den Sterns ausgehändigt. Und diese gaben dem kleinen Mädchen den Namen Melissa. Kaum einen Tag später stand Mary Beth bei den Sterns vor der Tür und bat, man möge ihr doch gestatten, das Baby noch für eine Woche mitzunehmen. Die Sterns willigten ein in der Hoffnung, diese kurze gemeinsame Zeit mit ihrem Baby werde es Mary Beth ermöglichen, sich mit ihrer ursprünglichen Entscheidung abzufinden und das Kind freiwillig und in Frieden herzugeben. Doch eine friedliche Lösung erwies sich leider als unmöglich.

Mary Beth weigerte sich, die 10 000 Dollar Leihmutterschaftshonorar entgegenzunehmen und behielt ihre Sara 5 Wochen lang, obwohl die Sterns sie inständig baten, das Kind zu ihnen zurückkehren zu lassen. Schließlich erwirkten die Sterns heimlich eine gerichtliche Verfügung, in der ihnen das Sorgerecht für ihre Tochter Melissa zugesprochen wurde. Mit diesem Papier stürmten sie samt Vollstreckungsbeamten in das Haus der Whiteheads, um ihr Baby zu retten. Doch während die Sterns vorn im Wohnzimmer warteten, wurde Klein-Sara durch das rückwärtige Schlafzimmerfenster im Erdgeschoß herausgereicht und sofort über die Autobahn abtransportiert. Als die Beamten merkten, daß das Baby verschwunden war, konnten sie bei den Whiteheads nichts weiter ausrichten, und die Sterns mußten wütend und konsterniert ohne das Kind nach Hause fahren. Bald darauf verschwand auch Mary Beth.

So engagierten die Sterns ein Privatdetektiv, um nach dem vermißten Kind zu suchen. Dreieinhalb Monate warteten Bill und Betsy, ohne zu wissen, ob sie ihre Melissa jemals wiedersehen würden. Schließlich spürte der Detektiv Mary Beth und ihr Baby in ihrem Versteck auf: bei Mary Beths Mutter und anderen Familienangehörigen in einem kleinen Haus in Florida. Man benachrichtigte das FBI, das Haus wurde umstellt, und der Detektiv ging hinein. Er fand Sara an der Mutterbrust. Unter den Augen des Gesetzes entriß er Mary Beth das Baby, brachte es schnell aus dem Haus, und ab ging die Fahrt zurück

nach Norden, zu Bill und Betsy Stern. Jetzt war es an der Familie Whitehead, wütend und konsterniert zu sein.
Weil die Sterns Melissa behielten, kam es schließlich zu einer schlagzeilenträchtigen sechswöchigen Gerichtsverhandlung. Ein Jahr nach der Geburt des Babys verkündete Richter Harvey Sorkow sein Urteil. Er hielt den Leihmutterschaftsvertrag für rechtskräftig und durchsetzbar, erteilte Bill Stern das dauerhafte Sorgerecht für das Kind und beendete alle elterlichen Ansprüche und Rechte Mary Beths gegenüber dem Kind. Betsy Stern wurde zur gesetzlichen Mutter des Kindes erklärt.
Mary Beth war über dieses Urteil schockiert und legte beim Obersten Gerichtshof des Staates New Jersey Berufung ein. Am 3. Februar 1988 entschied diese Instanz »in Sachen Baby M.«. Das Urteil war zwar weitgehend ein Sieg für die Sterns, zugleich aber auch eine Niederlage für alle, die zukünftig Leihmutterschaftsverhältnisse im Staat New Jersey eingehen wollten. Das Gericht hob das erste Urteil auf, erklärte alle Leihmutterschaftsverträge wie jenen, den die Sterns und die Whiteheads geschlossen hatten, für illegal und juristisch nicht durchsetzbar – mit der praktischen Folge, daß eine Frau, die eine solche nunmehr illegale Vereinbarung trifft, nicht mehr gezwungen werden kann, das Kind, das sie für ihre Auftraggeber ausgetragen hat, auch wirklich herzugeben.
»In Sachen Baby M.« sprach der Gerichtshof jedoch Bill und Betsy das Sorgerecht zu – in erster Linie, weil das Kind inzwischen schon fast zwei Jahre bei ihnen gelebt hatte. Deshalb wurde im wohlverstandenen Interesse des Kindes entschieden, Melissa dürfe bei dem Mann und der Frau bleiben, zu denen sie »Papi« und »Mami« sage. Gleichzeitig wurde Mary Beth Whitehead ein wöchentliches Besuchsrecht zugesprochen; auch erhielt sie ihren Status als gesetzliche Mutter des Kindes zurück. So war das Ergebnis für die Beteiligten zwar alles andere als ideal, aber man verzichtete auf eine Revision beim US Supreme Court, weil alle das Gefühl hatten, Melissa/Sara habe in ihrem kurzen Leben schon genug durchgemacht.

Baby M. und die Folgen

Es gibt keine einfache ethische Lösung und keine allein richtige Antwort für das Dilemma, das sich ergibt, wenn eine Leihmutter das von ihr geborene Kind behalten möchte. Für sich genommen aber ist es schon faszinierend, die politischen Schlachtordnungen zu betrachten, die sich bei dieser Frage ergeben haben, mit Konservativen und Liberalen auf beiden Seiten. Prominente Feministinnen wie Betty Friedan und Gloria Steinem, die das Gefühl haben, eine Leihmutterrolle degradiere die betreffenden Frauen, finden sich Seite an Seite mit seltsamen Bundesgenossen wieder – etwa dem sozialreaktionären Senator Henry Hyde und der katholischen Kirche –, wenn es darum geht, die Rechtsgültigkeit von Leihmutterschaftsverträgen anzufechten und für das Recht der Geburtsmutter einzutreten, das Kind zu behalten. Auf der anderen Seite macht eine kleine Zahl feministischer Wissenschaftlerinnen wie Lori Andrews – die sich staatlichen Beschränkungen der weiblichen Entscheidungsfreiheit beim eigenen Fortpflanzungsverhalten widersetzen – gemeinsame Sache mit traditionellen Konservativen, die der Ansicht sind, Personen, die über die Tragweite ihrer Entscheidung ausreichend informiert seien, müßten die von ihnen geschlossenen Verträge auch einhalten.

Andere, Individuen wie einzelstaatliche Gerichte, sehen die Biologie nuancierter und urteilen dementsprechend subtiler. Für Leute, die in der Mitte des Spektrums angesiedelt sind, gibt der doppelte biologische Beitrag, den traditionelle Leihmütter wie Mary Beth Whitehead leisten, nämlich die Bereitstellung von Genen und Mutterleib, den Ausschlag gegenüber dem einfachen biologischen Beitrag des Vaters und Vertragspartners (in diesem Fall Bill Stern). Trägt die Leihmutter den Embryo nur aus, neigt sich die Waage zur anderen Seite, denn dann stellt das Paar, das den Leihmutterschaftsvertrag abschließt, das väterliche wie das mütterliche Erbgut, die Ersatzmutter dagegen nur den Mutterleib.

Manche neigen (fälschlich) zu der Ansicht, es könne nur eine einzige »reale biologische Mutter« geben: die genetische Mutter, die die Eizelle zur Verfügung stellt. Bei einer solchen Argumentation steht natürlich ein Kind, das aus einer Leihmutter hervorgeht, die den Embryo

lediglich ausgetragen hat, dem Ehepaar zu, das die Leihmutter unter Vertrag genommen hat.
Obwohl klar war, daß ethische Probleme von der Art, wie sie durch »Baby M.« aufgeworfen wurden, nur bei einem kleinen Teil aller Fälle von Ersatzmutterschaft vorkommen, hatte die tragische Situation von Mary Beth Whitehead, die im Fernsehen breite Aufmerksamkeit fand, juristisch weitreichende Folgen. Außer in New Jersey wurde auch in einer Reihe anderer Bundesstaaten der USA, darunter Arizona, Kentucky, Indiana, New Mexico, North Dakota, Louisiana, Nebraska, Utah und Washington, entschieden, Leihmutterschaftsverträge seien illegal und juristisch nicht haltbar.[15] In der Praxis bedeutet das, daß jede Leihmutter, die in einem dieser Staaten lebt, das Recht hat, ihre Meinung nach der Geburt zu ändern und das Sorgerecht für ihr Baby zu behalten. In Arizona bestimmte die Gesetzgebung sogar, daß die Leihmutter und (wenn sie verheiratet ist) ihr Ehemann als gesetzliche Eltern des Kindes gelten, selbst wenn Sperma und Eizelle von den Auftraggebern stammen und die Leihmutter den Embryo nur ausgetragen hat. (Dieses Gesetz wurde allerdings kürzlich von Gerichten in Arizona außer Kraft gesetzt.)
Manche Staaten gehen sogar noch weiter. Die Parlamente von Michigan, Virginia, New Hampshire und New York haben unter Strafandrohung für alle Beteiligten die kommerzielle Leihmutterschaft zum kriminellen Akt erklärt. In Michigan sind strenge Strafen vorgesehen. Die Leihmütter selbst machen sich eines Vergehens schuldig, auf das bis zu 10 000 Dollar Geldstrafe und ein Jahr Gefängnis stehen. Personen, die eine Leihmutterschaftsvereinbarung arrangieren, machen sich eines schweren Verbrechens schuldig, auf das bis zu 50 000 Dollar Geldstrafe und 5 Jahre Gefängnis stehen. Eine ähnliche Politik wird auch außerhalb der Vereinigten Staaten verfolgt: In Großbritannien, Frankreich, Deutschland und Australien stehen kommerzielle Leihmutterschaftsvereinbarungen ausnahmslos unter Strafandrohung, wenn auch in jeweils unterschiedlichem Ausmaß.
Der Name Mary Beth Whithead steht als Symbol für alles, was bei einem Leihmutterschaftsvertrag schiefgehen kann. Die Geschichte dient auch all jenen als »Präzedenzfall«, die diese Form der Reprogenetik verbieten wollen. Doch was wäre, wenn die Leihmutterschaft in

Zukunft so gestaltet werden könnte, daß es keine weiteren Mary Beths mehr geben würde? Wenn es möglich würde zu garantieren, daß jede unter Vertrag stehende Ersatzmutter freiwillig und ohne Bedauern das Baby, das sie von einem Paar oder einer Einzelperson empfing, nach der Geburt hergäbe? Würde diese Beseitigung des »wahren Problems mit der Leihmutterschaft«, wenn schon nicht dem Gesetz nach, so doch wenigstens in der wirklichen Welt, einen Unterschied machen?

Die Realität

Die Leihmutterschaft hat in letzter Zeit kaum mehr Schlagzeilen gemacht. Gelegentlich gibt es irgendwo einen Fall mit einem besonderen Dreh, doch solche Dinge erregen kein großes Aufsehen mehr und sind am nächsten Tag schon wieder vergessen. Im allgemeinen herrscht Ruhe an der Front. So könnten Sie also auf den Gedanken kommen, die gesetzlichen Regelungen hätten gegriffen und diese reprogenetische Variante sei erfolgreich aus Amerika verbannt worden. Vielleicht denken Sie auch, die Praxis sei nur in den Untergrund abgedrängt worden. Jedenfalls entziehe sie sich den neugierigen Blicken der »Fortpflanzungspolizei«.

Aber sehen Sie einmal genauer hin.

Das amerikanische Leihmutterschaftswesen boomt, und zwar in aller Öffentlichkeit. Wenn Sie im Internet surfen und auf folgende Adresse stoßen: http://www.surrogacy.com, dann sind Sie beim American Surrogacy Center gelandet, einer Firma, die – fein säuberlich nach Staaten getrennt – Leihmutterschaftsvermittler sowie Agenturen auflistet, die das ganze Spektrum der einschlägigen Dienstleistungen anbieten. Im August 1996 waren allein für Kalifornien 7 Einträge verzeichnet. Auf der genannten Internet-Seite finden Sie außerdem Informationen, Artikel, Kleinanzeigen und detaillierte Beschreibungen aller Aspekte des Leihmutterschaftsverfahrens. Surfen Sie weiter zu http://www.opts.com, und Sie treffen dort auf die Organisation of Parents Through Surrogacy, eine »nationale, gemeinnützige, nur aus Freiwilligen bestehende Organisation, deren Zielsetzung darin besteht, sich in bezug auf Leihmutterschaft gegenseitig zu unterstützen, ein Netzwerk zu bilden und Informationen zu verbreiten«. Wenn Sie detaillierte Informationen über individuelle Leihmutterschaftsagenturen wünschen, dann sind Sie bei http://www.surroparenting.com (Center for Surrogate Parenting & Egg Donation in Beverly Hills, Kalifornien) an der richtigen Adresse oder bei http://www.babies-by-levin.com (Surrogate Parenting Associates in Louisville, Kentucky), http://www.surrogacyagency.com (Surrogate Parenting Center of Texas in Austin) oder http://www.surrogatemothers.com (Surrogate Mothers in Monrovia, Indiana).

Wenn nun aber die kommerzielle Leihmutterschaft offenbar in größerem Maßstab als je zuvor praktiziert wird, warum erregt sie in den Medien kaum noch Aufmerksamkeit? Erstens ist alles, was es darüber zu sagen gibt, schon bis zum Überdruß ausgebreitet worden. Und zweitens haben die Leihmüttervermittler Wege gefunden, um die mit großer Aufmerksamkeit bedachten Fiaskos früherer Tage zu vermeiden, vor allem durch eine gründliche Vorauswahl der Frauen, die für eine Leihmutterschaft in Frage kommen.

Und wie ist es möglich, daß in den USA offen die Leihmutterschaft praktiziert wird, obwohl sie in zahlreichen Bundesstaaten gesetzlich verboten ist? Das hängt mit der amerikanischen Verfassung zusammen. Darin ist den einzelnen Bundesstaaten eindeutig die Zuständigkeit für die Regelung aller Familienangelegenheiten übertragen, also für Eheschließungen, Ehescheidungen, Adoptionen und Geburtsrechte. Das heißt, wenn Sie beispielsweise schnell heiraten oder sich scheiden lassen wollen, dann suchen Sie sich eben einen Bundesstaat, der Ihren Wünschen entgegenkommt. Und wenn Sie möchten, daß eine Ersatzmutter Ihr Kind zur Welt bringt, dann verfahren Sie ebenso.

In der Praxis läuft die Sache darauf hinaus, daß die einzigen ernstzunehmenden Gesetze über das Leihmutterwesen die der liberalsten Bundesstaaten sind. Warum sollte man in Michigan deftige Geldbußen und eine Gefängnisstrafe riskieren, wenn es genügt, über die Grenze nach Ohio zu fahren, wo eine Leihmutter, die ein genetisch nicht verwandtes Kind lediglich austrägt, gerichtlich verpflichtet wird, den Vertrag, den sie vor Beginn der Schwangerschaft unterschrieben hat, auch einzuhalten? Und die Kosten für mehrere Inlandsflüge von New Jersey nach Kalifornien sind eine Bagatelle im Vergleich zu den rund 45 000 Dollar, die Sie in jedem Fall aufbringen müssen, ganz gleich wo die in Aussicht genommene Leihmutter lebt. Es wird Sie vielleicht überraschen, daß der – was die Interessen der Auftraggeber betrifft – »leihmutterschaftsfreundlichste« Bundesstaat heutzutage Arkansas ist, im tiefsten Süden gelegen. Sowohl bei der traditionellen als auch bei der nur austragenden Leihmutterschaft erkennt Arkansas das Ehepaar oder die Einzelperson, die die Leihmutter vertraglich verpflichtete, als gesetzliche Eltern an, deren Namen auf der Geburtsurkunde eingetragen werden. Im Konfliktfall wird der geschlossene Vertrag als Entscheidungsmaßstab herangezogen, und das heißt, daß die Leihmutter in jedem Fall das Sorgerecht für das Baby aufgeben muß.

Zwei weitere der Leihmutterschaft gegenüber aufgeschlossene Staaten sind Kalifornien und Ohio. Dort gelten die vertragsschließenden Eltern als gesetzliche Eltern, wenn die Leihmutter das Kind nur austrägt. Allerdings kann in diesen Staaten eine Leihmutter im traditionellen Sinne, sollte es zum Konflikt kommen, das Sorgerecht für das Kind beanspruchen. Nun stellen Sie sich aber vor, was geschehen würde, wenn Leihmutterschaftsagenturen wirklich in der Lage wären zu garantieren, daß die Geburtsmutter das Kind nach der Geburt aus freien Stücken hergibt. Die Anzahl der Staaten, in denen die Leihmutterschaft in aller Offenheit praktiziert werden darf, würde sich dramatisch erhöhen. Alle Staaten, in denen die kommerzielle Leihmutterschaft nicht ausdrücklich verboten ist, würden sich beteiligen, und damit ungefähr die Hälfte der Nation.

In praktischer Hinsicht gelten diese Zustände bereits. Bis April 1996 betreute das Center for Surrogate Parenting & Egg Donation in Beverly Hills 456 Geburten durch Leihmütter ohne einen einzigen Konfliktfall, die Surrogate Parenting Associates in Kentucky sogar mehr als 500 Fälle, ebenfalls ohne jeden Zwischenfall.

Diese und ähnliche Zentren haben ihr Ziel, das praktisch einer Erfolgsgarantie gleichkommt, dadurch erreicht, daß sie die Leihmütter sorgfältig auswählten. Dabei wurde eine lange Liste mit Kriterien zugrunde gelegt, denen sich jede potentielle Leihmutter in Interviews und psychologischen Tests stellen mußte. Im Center for Surrogate Parenting & Egg Donation heißt es, man akzeptiere von 20 Bewerberinnen nur eine, und zwar nach einer langwierigen Auswahlprozedur, die 3 bis 5 Monate in Anspruch nehmen könne. Der gegenwärtige Zustand der kommerziellen Leihmutterschaft wird von Steven C. Litz vom American Surrogacy Center treffend wie folgt beschrieben:

> Keine Leihmutter sollte an einem solchen Programm teilnehmen dürfen, ohne vorher gründlich psychologisch getestet zu sein. Manche Programme sind zwar wegen mangelhafter Testverfahren unrühmlich aufgefallen, aber das sind dann auch jene, bei denen sich gelegentlich Katastrophen ereignen. Wenn die Leihmutterschaft verantwortungsbewußt durchgeführt wird, ist sie rundum erfolgreich. Bei den Tausenden von Kindern, die von Leihmüttern zur Welt gebracht wurden, gab es bisher noch keinen einzigen Fall, in dem eine vor der Konzeption ausreichend getestete Leihmutter ihre Meinung geändert hat und das Kind nach der Geburt behalten wollte.[16]

Können wir die Praxis der Leihmutterschaft, so wie sie sich in Amerika entwickelt hat, als Vorboten für den zukünftigen Einsatz fortgeschrittenerer reprogenetischer Technologien ansehen? Ich bejahe die Frage aus voller Überzeugung, und die Auswirkungen sind in der Tat atemberaubend. Was uns die kurze Geschichte der Leihmutterschaft lehrt, ist, daß sich die Amerikaner nicht durch ethische Ungewißheit, einzelstaatliche Verbote oder hohe Kosten daran hindern lassen werden, sich Zugang zu jeder Technologie zu verschaffen, die ihnen ihrer Meinung nach dabei helfen kann, ihre persönlichen Fortpflanzungsziele zu erreichen.

Kapitel 13
Kauf und Verkauf von Spermien und Eizellen

Künstliche Insemination mit einer Samenspende

Wenn einem Paar zur Erfüllung seines Kinderwunsches das genetische Material des Mannes fehlt, weil dieser unfruchtbar ist, oder wenn eine alleinlebende Frau sich ein Kind wünscht, ohne daß ein Mann durch Geschlechtsverkehr an der Zeugung beteiligt sein soll, dann heißt die Lösung: künstliche Insemination mit einer Samenspende (im Englischen als »DI« abgekürzt, *donor insemination*).[1]

Die künstliche Besamung hat eine lange Geschichte, die über zwei Jahrhunderte in eine Zeit zurückreicht, da man noch nicht einmal wußte, daß nur eine einzige Samenzelle benötigt wird, um eine Schwangerschaft in Gang zu setzen. Der italienische Priester und Physiologe Lazzaro Spallanzani war der erste, der mit dieser Technik eine Schwangerschaft initiierte, und zwar im Jahre 1782 bei Experimenten an Hunden.[2] In den neunziger Jahren des 18. Jahrhunderts war der schottische Arzt John Hunter an der ersten erfolgreichen künstlichen Besamung einer Frau mit dem Sperma ihres Ehemannes beteiligt, dessen Infertilität allein auf eine angeborene Deformation seines Penis zurückzuführen war. Hunter führte die Prozedur nicht selbst aus, sondern gab dem Ehemann eine Spritze, die dieser mit seinem Ejakulat füllte, das er dann seiner Frau in die Vagina spritzte.[3]

Weitere Fälle künstlicher Insemination mit dem Samen des Ehemannes (als medizinische Behandlung bestimmter Fertilitätsprobleme) wurden im ganzen 19. Jahrhundert aus verschiedenen europäischen Ländern und den USA gemeldet. 1884 führte an der Jefferson Medical School in Philadelphia der Arzt William Pencoast die erste erfolgreiche Insemination einer verheirateten Frau mit Sperma eines anonymen Spenders durch, eines Medizinstudenten, der als »der ansehnlichste Student seines Jahrgangs« beschrieben wurde.[4]

In den Jahren vor dem Zweiten Weltkrieg wuchs die Zahl der Inseminationsfälle mit gespendetem Sperma langsam, aber stetig, ohne daß viel Aufhebens davon gemacht wurde. Doch nur ein Bruchteil aller Paare, denen mit dieser Technik hätte geholfen werden können, nahm sie in Anspruch, weil sich die meisten Ehemänner mit dem Gedanken nicht abfinden konnten, ein Kind zu haben und aufzuziehen, das genetisch nicht ihr eigenes war. In vielen Gesellschaften und Kulturen gilt eine Ehe als nicht wirklich vollzogen, bis das Paar Kinder mit seinem eigenen Erbgut bekommen hat. In einem solchen Kontext aber wäre ein Kind von einem fremden Samenspender eine ständige Bedrohung für das Ego des Mannes, stellte es doch den lebenden Beweis dar, daß er nicht in der Lage war, »die vornehmste Pflicht der Natur« zu erfüllen.

Ein weiterer Grund für die langsame Akzeptanz der künstlichen Insemination war, daß diese erste von vielen reprogenetischen Technologien, die im 20. Jahrhundert entwickelt und eingesetzt wurden, natürlich in schockierender Weise bestehende Werte und Normen in Frage stellte. Manche gesetzgebenden Körperschaften und Gerichte in Kanada, England und den Vereinigten Staaten setzten die künstliche Insemination mit einer Samenspende dem Ehebruch gleich; die daraus hervorgegangenen Kinder galten als illegitim, selbst wenn der Ehemann seine Zustimmung gegeben hatte.[5] Die ablehnende Einstellung der rechtsprechenden Organe, die bis in die sechziger Jahre unseres Jahrhunderts erhalten blieb, spiegelte deutlich die vorherrschende öffentliche Meinung wider, derzufolge ein »gutes« Mädchen mit dem Sex bis zur Hochzeit wartete und geschiedene Frauen als »gebrauchte Modelle« galten. Allein die Vorstellung, den Samen eines fremden Mannes in ihrer Vagina zu haben, reichte wahrscheinlich aus, um viele Frauen davon abzuhalten, sich mit dem Gedanken an die Insemination mit einer Samenspende überhaupt vertraut zu machen.

Zu diesen juristischen und emotionalen Problemen kam noch ein technisches hinzu, das damit zu tun hatte, daß die Zeitpläne aller Beteiligten (des Arztes, des Paares und des Samenspenders) koordiniert werden mußten, was nicht ganz einfach war. Auszurichten hatte sich die gesamte Prozedur ausschließlich am natürlichen Ovulationszyklus der betreffenden Frau. An diesem Datum mußte der Samenspender persönlich in der Arztpraxis (oder zumindest ganz in der Nähe) erscheinen und auf Kommando masturbieren. So, wie es die Fertilitätsexperten R. Snowden und G. D. Mitchell beschrieben haben:

> Der Samenspender fühlt sich vielleicht gerade nicht besonders wohl, oder es ist aus einem anderen Grund ungünstig, daß er gerade an diesem gegebenen Zeitpunkt Samen produzieren muß. Der Masturbationsvorgang auf Kommando oder während eines Arbeitstages ist nicht unbedingt das, was den meisten Männern Freude machen würde. ... Vom Spender wird außerdem verlangt, daß er sich vor Abgabe seines Samens eine gewisse Zeitlang sexueller Aktivitäten enthalten muß, und das kann für manche Männer eine beträchtliche Einschränkung bedeuten. ... Die Samenspende ist also nicht so unkompliziert und so einfach zu arrangieren, wie sich manche das vorstellen.[6]

Als dann aber im Jahre 1953 erstmals über eine Technik der erfolgreichen Tiefkühlpräservation (Kryopräservation) von menschlichem Sperma berichtet wurde, ließen sich die Terminprobleme des Samenspenders eliminieren. Plötzlich wurde es möglich, schon im voraus viele verschiedene Samenproben zu sammeln und aufzubewahren – Samenspenden verschiedener Männer, die an verschiedenen Tagen abgegeben wurden. Die Gefriertechnik gestattete es den Ärzten fortan, einen Spender mit physischen Merkmalen auszuwählen, die denen des Ehemanns am nächsten kamen, damit die Familien die Ursprünge ihrer Kinder leichter vor der Außenwelt verbergen konnten. Außerdem mußten Samenspender und Samenempfängerin nicht mehr zur selben Zeit am selben Ort sein. Auf diese Weise konnte auch die Angst ausgeräumt werden, daß man sich zufällig begegnen würde; kurz, die Anonymität des Spenders konnte sichergestellt werden.

Doch obgleich das Einfrieren der Samenspenden viele technische Probleme der künstlichen Insemination beseitigte und obwohl die Nutzung dieser Methode allmählich zunahm, wurde sie aus denselben Gründen, die vor 1953 galten, immer noch im Schatten des Gesetzes und der öffentlichen Meinung praktiziert. In den siebziger Jahren allerdings, als die künstliche Insemination mit Spendersamen in der

ganzen amerikanischen Gesellschaft allmählich salonfähig wurde, nahm die Verwendung bei unfruchtbaren Paaren sprunghaft zu.
Eine neue Sexualmoral, eine größere Offenheit bei der Diskussion männlicher Unfruchtbarkeit und eine Abnahme der zur Adoption freigegebenen Babys spielten bei diesem Wandel der öffentlichen Meinung eine bedeutende Rolle. Aber auch das Verstreichen der Jahre war ein wichtiger Faktor: Es erforderte einfach eine gewisse Zeit, sich mit einer Praxis zu arrangieren, die anfangs als fremdartig und unnatürlich galt, die mit zunehmender Dauer und Vertrautheit aber keine Bedrohung mehr darstellte.
1974 unternahm die American Medical Association den unglücklichen Versuch, die Kontrolle über diese neue boomende reprogenetische Technik zu gewinnen, indem sie forderte, nur approbierte Ärzte dürften die künstliche Insemination mit Samenspenden vornehmen. Außerdem versuchten die Ärzte, die die Insemination durchführten, damals auch noch stark, ihre eigenen Moralvorstellungen der Entscheidung zugrunde zu legen, bei welchen Frauen die Methode überhaupt angewandt werden dürfe. Unverheiratete Frauen und Lesbierinnen waren so meistens von vornherein ausgeschlossen.[7]
Die Bemühungen der American Medical Association, den Markt unter Kontrolle zu bringen, waren indes ohnehin zum Scheitern verurteilt, weil die benötigten Utensilien – ein Plastikbehälter für das Ejakulat und irgendein Instrument, um den Samen in die Nähe des Muttermundes am Ende der Vagina zu bringen – ohne weiteres in jedem Supermarkt erhältlich waren. Überdies richteten von 1978 an verschiedene frauenfreundliche Gesundheitszentren eigene Programme ein, in deren Rahmen auch alleinstehende heterosexuelle oder lesbische Frauen anonyme Samenspenden erhalten konnten.[8]
Eine umfassende Erhebung der amerikanischen Regierung aus dem Jahre 1987 zum Thema künstliche Besamung zeigte, wie weit verbreitet und allgemein akzeptiert dieses Verfahren inzwischen war.[9] In nur 12 Monaten nahmen 1986/1987 schätzungsweise 8000 Ärzte an rund 77 000 Frauen eine künstliche Besamung mit Samenspenden vor. Daraus gingen rund 30 000 Babys hervor. Einen ungefähren Eindruck von dem ungeheueren Einfluß, den diese simple Reproduktionstechnologie auf die Gesellschaft gehabt hat, erhält man, wenn

man zu dieser Zahl noch all die Schwangerschaften durch künstliche Insemination hinzurechnet, die jedes Jahr ohne ärztliche Assistenz zustande kommen, und wenn man die Zahlen von 1987 auf die Verhältnisse Mitte der neunziger Jahre hochrechnet – mit einer noch höheren Geburtenzahl, einer noch größeren gesellschaftlichen Akzeptanz der künstlichen Insemination und hohen Zahlen von alleinstehenden und lesbischen Frauen, die ein Kind bekommen wollen. Die Gesamtzahl der heute lebenden Menschen, die ihre Existenz der künstlichen Besamung verdanken, läßt sich exakt nicht ermitteln. Doch sind Schätzungen, die von einer Million Fälle ausgehen, nicht übertrieben.

Gespendete Eizellen

Bislang galt unser Augenmerk den Methoden, die von Paaren mit Kinderwunsch genutzt werden können, wenn von den drei unverzichtbaren biologischen Komponenten entweder befruchtungsfähiges Sperma oder ein Mutterleib fehlt, der in der Lage ist, eine Schwangerschaft neun Monate lang aufrechtzuerhalten. Es bleibt nun die Frage, welche Lösungen sich anbieten, wenn eine befruchtungsfähige Eizelle fehlt. Wenn der Mann fruchtbar ist, die Frau jedoch keine befruchtungsfähigen Eizellen produzieren kann, ansonsten aber gesund ist, dann gibt es zwei Möglichkeiten, ein Kind zu bekommen, das genetisch mit dem sozialen Vater verwandt ist: Das Paar kann, wie schon dargestellt, die Dienste einer Leihmutter in Anspruch nehmen oder es kann gespendete Eizellen befruchten lassen und diese dann in die Gebärmutter der Frau einsetzen lassen – in der Hoffnung, daß sich wenigstens eine davon einnistet.

Im Gegensatz zur künstlichen Besamung, die schon seit mehr als zweihundert Jahren praktiziert wird, und zur Leihmutterschaft, die es schon seit mindestens dreitausend Jahren gibt, ist die Einleitung einer Schwangerschaft mittels einer Eizellenspende erst seit 1978 möglich, seit das IVF-Verfahren beim Menschen erfolgreich angewandt werden kann. Die erste auf diese Weise initiierte Schwangerschaft wurde im November 1983 von der Monash University im australischen Melbourne gemeldet. Seither wird diese Möglichkeit weltweit in vielen

Kliniken angeboten, die auch das Standard-IVF-Verfahren im Programm haben.
Gegenüber der Leihmutterschaft hat die Eizellenspende mehrere Vorteile: Erstens ist, weil die Spenderin am weiteren Reproduktionsprozeß nicht mehr teilhat, die Möglichkeit auszuschließen, daß sich zwischen ihr und dem Kind ein emotionales Verhältnis entwickelt. Zweitens kann die unfruchtbare Frau wenigstens in einem reduzierten Sinn leibliche Mutter des Kindes werden, da sie es zur Welt bringt. Und schließlich ist die Zahl jener Frauen, die bereit sind, Eizellen zu spenden, wesentlich größer als die Zahl der potentiellen Leihmütter. Während Paare also Monate oder Jahre darauf warten müssen, eine passende Leihmutter zu finden, berichtete das Center for Surrogate Parenting & Egg Donation im November 1995, man verfüge über eine Liste mit 150 Frauen, die nur darauf warteten, von entsprechenden Paaren als Eizellenspenderin ausgewählt zu werden.[10]
Dieses und andere Fertilitätszentren behandeln inzwischen Eizellenspenderinnen und Samenspender weitgehend gleich.[11] Potentielle Spenderinnen werden durch Annoncen und Mund-zu-Mund-Propaganda gewonnen und dann im Fertilitätszentrum von speziell ausgebildeten Psychologen und Sozialarbeitern interviewt. Wer den aufgestellten Kriterien gerecht wird, kommt auf eine Liste, die den Paaren präsentiert wird, welche an einer Eizellenspende Interesse haben. Es gibt im wesentlichen nur einen Unterschied gegenüber Samenspendern: Die Eizellenentnahme erfolgt im Normalfall erst, nachdem eine prospektive Spenderin von einem Paar ausgewählt worden ist. Auf diese Weise können frisch gespendete Eier sofort mit dem Samen des zukünftigen Vaters befruchtet werden.

Andere Kombinationen und Möglichkeiten

Samenspenden, Eizellenspenden und ein geliehener Mutterleib können auf jede denkbare Weise kombiniert werden – und dies geschieht ja auch tatsächlich –, um Paaren und Einzelpersonen die Möglichkeit zu geben, verschiedene Formen von Infertilitätsproblemen zu überwinden. Wenn ein Paar nicht in der Lage ist, befruchtungsfähiges Sperma oder befruchtungsfähige Eizellen zu produzieren, die Frau jedoch über eine gesunde Gebärmutter verfügt, dann helfen entweder eine Embryonenspende oder zwei gespendete Keimzellen. Embryonenspenden sind oft nach einer erfolgreichen IVF-Behandlung anderer unfruchtbarer Paare verfügbar, wenn die überzähligen eingefrorenen Embryonen nicht mehr gebraucht werden. Mehr Kontrolle über den Vorgang behält ein Paar allerdings, wenn es sich eine spezifische Eizellenspenderin und einen spezifischen Samenspender aussucht (die sich persönlich allerdings niemals begegnen werden), um mittels einer IVF befruchtete Eizellen zu bekommen, die der zukünftigen sozialen Mutter des Kindes eingesetzt werden.

Weil das Kind, das daraus hervorgeht, mit beiden sozialen Elternteilen genetisch nicht verwandt ist und sich somit in dieser Hinsicht von normalen Adoptivkindern nicht unterscheidet, fragen Sie vielleicht: »Wozu das alles?« Damit unter Einsatz von reprogenetischer Technologie die zukünftige Mutter zu ihrem Kind eine biologische Bindung aufbauen kann, die sie im Falle der Adoption nicht verspüren würde; und weil es heutzutage wesentlich schwieriger ist, gesunde Neugeborene zu adoptieren, als Spender von Samen- und Eizellen zu finden. Somit ist eine Embryonenspende oder eine Keimzellen-Doppelspende für solche Paare wahrscheinlich der leichteste Weg zur Elternschaft.

Bei einer anderen Art von Fertilitätsproblem ist die Frau eines Paares vielleicht nicht in der Lage, einen Fetus auszutragen, obwohl befruchtungsfähige Eizellen zur Verfügung stehen, während der Mann keine befruchtungsfähigen Spermien produzieren kann. In diesem Fall besteht, abgesehen von einer Adoption, die einfachste Lösung darin, eine Leihmutter zu engagieren, die den Fetus lediglich austrägt, während die zukünftige soziale Mutter ihre Eizellen mittels IVF mit dem Samen eines Spenders befruchten und die daraus hervorgegangenen Embryonen der Leihmutter implantieren ließe. Bei dieser Kombination reprogenetischer Technologien wird das traditionelle Leihmutterarrangement genau auf den Kopf gestellt, denn das daraus hervorgehende Baby ist genetisch mit der sozialen Mutter verwandt, nicht aber mit dem zukünftigen sozialen Vater.

Kann eine Frau keine befruchtungsfähigen Eizellen produzieren und ist sie außerdem (etwa, weil ihre Gebärmutter entfernt werden mußte) nicht mehr in der Lage, ein Kind auszutragen, wird sie wiederum die Dienste einer Leihmutter benötigen. Ist ihr männlicher Partner fruchtbar, bestünde die einfachste Lösung natürlich darin, ein traditionelles Arrangement zu vereinbaren, bei dem die Leihmutter mit dem Sperma des sozialen Vaters künstlich besamt wird – wie im Fall von Baby M. Auf Leihmutterschaftsfragen spezialisierte juristische Experten wie Thomas M. Pinkerton vom American Surrogacy Center raten jedoch zur Verwendung von Eizellen, die eine dritte Frau gespendet hat, um die Verbindung zwischen der Leihmutter und dem von ihr geborenen Baby zu vermindern.[12] Sollte wider Erwarten bei einem solchen Arrangement die Leihmutter ihre Meinung ändern, würden die Gerichte, zumindest in Kalifornien, das Sorgerecht für das Kind wahrscheinlich dem auftraggebenden Paar zusprechen, weil die Leihmutter keine genetische Verbindung zu dem Kind hätte. Bei einem traditionellen Leihmutterschaftsarrangement dagegen würde in einem solchen Fall in Kalifornien die Leihmutter obsiegen.

Schließlich ist auch noch ein Szenario denkbar, bei dem alle biologischen Komponenten von verschiedenen Spendern eingebracht werden, wenn nämlich beide Partner des prospektiven Elternpaares keine befruchtungsfähigen Keimzellen produzieren können und die Frau darüber hinaus auch kein Kind austragen kann. Das Paar verpflichtet also eine Leihmutter, der Embryonen eingepflanzt werden, welche mittels IVF aus einer Ei- und einer Samenspende gewonnen wurden. Das aus einer solchen Konstellation hervorgehende Kind hätte es mit einem sozialen Vater und einer sozialen Mutter zu tun, sowie mit einem leiblichen Vater, einer genetischen Mutter und einer Geburtsmutter – insgesamt fünf verschiedenen Elternteilen!

Ich hege keinen Zweifel, daß sich solche Szenarien in der Wirklichkeit bereits ergeben haben und daß sie in Zukunft noch häufiger vorkommen werden. Warum? Zunächst wegen der von Pinkerton genannten juristischen Vorteile, wenn zwischen der Leihmutter, die den Fetus austrägt, und diesem keine genetische Verbindung besteht. Und ferner, weil es noch einen Vorteil bei diesem Arrangement gibt, der nach Meinung der meisten Leute besser unausgesprochen bleiben sollte. Man geht nämlich davon aus, daß Frauen, die zu einer Leihmutterschaft bereit sind, meistens gewisse wichtige Merkmale nicht aufweisen, auf die unfruchtbare Paare bei der Auswahl der genetischen Mutter ihres Kindes jedoch nur ungern verzichten würden.

Eine gute Leihmutter hat bereits eigene Kinder und ist bereit, sich mit den Mühen einer Schwangerschaft abzufinden, um ein Honorar von 15 000 Dollar oder weniger zu kassieren. Typische Leihmütter werden weder einen akademischen Abschluß haben noch im Berufsleben überaus erfolgreich sein. So kann eine Frau mit normalem Schulabschluß (in den USA also dem High-School-Diplom), die sich guter Gesundheit erfreut, wohl eine ideale Leihmutter abgeben, doch als genetische Mutter wäre sie für viele Akademikerpaare, bei denen beide Partner ihren eigenen Beruf haben, nicht optimal geeignet.

Und wer wäre dann eine ideale genetische Mutter? Vielleicht eine tüchtige Physikstudentin an der Princeton University? Die folgende Anzeige erschien jedenfalls im April 1995 in der Princetoner Studentenzeitung, und in den Campus-Tageszeitungen anderer hochkarätiger Privatuniversitäten Amerikas werden Sie mit Sicherheit ähnliche Annoncen finden: »Liebevolles unfruchtbares Paar (Yale-Absolventin des Jahrgangs 1980 und ihr Ehemann), das eine Familie gründen will, sucht gesunde, hellhaarige Frau (Alter 21–32), die bereit ist, als Eizellenspenderin zu fungieren. Erstattet werden 2000 Dollar plus Spesen für Zeitaufwand und Bemühungen. Gründliche physische Untersuchung an führendem Krankenhaus in New York City eingeschlossen. Telefon (212)...«

Keimzellenspenden und Eugenik?

Als sich die Praxis der Insemination mit Samenspenden von den dreißiger Jahren des 20. Jahrhunderts bis in die siebziger Jahre allmählich weiterentwickelte, folgten die Ärzte meistens dem Präzedenzfall, den William Pencoast 1884 geschaffen hatte. Mit wenigen Ausnahmen waren sie es, die den Spender auswählten, und dieser Spender war meistens ein Medizinstudent oder ein anderer Arzt.[13] Außerdem nahmen viele Praktiker nur solche Spender, die eine überlegene Intelligenz zu besitzen schienen sowie eine gefällige Persönlichkeit und ein angenehmes Äußeres,[14] während sich fast alle in der Ablehnung von Männern einig waren, die irgendwelche Persönlichkeits- oder Gesundheitsprobleme aufwiesen. In neuerer Zeit haben die Ärzte prospektive Samenspender sogar auf die familiäre Vorgeschichte hin untersucht und sie nicht nur einer gründlichen medizinischen Untersuchung unterzogen – in der Hoffnung, auf diese Weise diejenigen eliminieren zu können, die genetische Schwierigkeiten verursachen oder schwerer auszumachende Probleme der körperlichen und geistigen Gesundheit haben könnten.

Jeder der zigtausend Ärzte, die im Laufe der Jahre künstliche Inseminationen mit Samenspenden vorgenommen haben, hat vielleicht nur im Einklang mit seinem individuellen ärztlichen Gewissen gehandelt; zusammengenommen haben sie jedoch zur Geburt von rund einer Million Kinder beigetragen, die mit insgesamt überdurchschnittlichem Erbgut zur Welt gekommen sind, wenn man als Vergleichsmaßstab die genetische Verfassung der Gesamtbevölkerung zugrunde legt. Während man sich über den exakten Beitrag der Gene zu angeborenen intellektuellen Fähigkeiten des Individuums sicher streiten kann, sind sich doch alle Wissenschaftler heute einig, daß ein gewisser genetischer Einfluß auf jeden Fall existiert. Auch ist nicht länger umstritten, daß Gene bei vielen körperlichen und psychischen Krankheiten eine grundlegende Rolle spielen – etwa bei Fettleibigkeit, Schizophrenie, Alkoholismus und Depression – und daß die allgemeinen körperlichen Merkmale im guten wie im schlechten genetisch bedingt sind. Was die Praktiker der künstlichen Insemination also mit ihren Methoden zur Spenderauswahl bewirkt haben, ist eine Verschiebung des genetischen Potentials in der nach Millionen zählenden amerikanischen Bevölkerung, die ihr Leben der künstlichen Befruchtung mit Spendersamen verdankt, gegenüber dem Potential der Gesamtbevölkerung.[15]

Im Klartext: Die Praxis der künstlichen Insemination mit Samenspenden hat zu *eugenischen* Resultaten geführt (im Sinne der ursprünglichen Begriffsdefinition: »Erbgutverbesserung«). Was Sir Francis Galton, der Begründer der Eugenik, in der zweiten Hälfte des 19. Jahrhunderts vorgeschlagen hatte, wurde hier realisiert: die selektive

Menschenzucht, um das Erbgut eines kleinen Teils der Gesamtbevölkerung zu verändern.

Zweifellos haben staatliche Versuche, eine eugenische Politik durchzusetzen, Einzelpersonen, Bevölkerungsteilen und ganzen Gesellschaften schweren Schaden zugefügt: durch Einwanderungsbeschränkungen, Begrenzungen der Fortpflanzungsfreiheit und – in extremen Fällen – Völkermord. Doch die im Rahmen der künstlichen Insemination praktizierte Eugenik beschränkt die individuellen Fortpflanzungsmöglichkeiten nicht – im Gegenteil, sie verbessert sie. Den jeweiligen Kindern wird keinerlei Schaden zugefügt. Statistisch gesehen ist bei ihnen sogar die Wahrscheinlichkeit geringer, daß sie Krankheiten bekommen, gegen die bei der Spenderauswahl selektiert wurde. Den Eltern geschieht ebenfalls kein Leid, solange sie bezüglich der Leistungsfähigkeit ihrer Kinder keine unrealistischen Erwartungen hegen (letzteres ist allerdings auch bei vielen Eltern traditionell gezeugter Kinder ein Problem). Und schließlich fällt es schwer, irgendeine potentiell negative Wirkung der Spenderauswahl auf die Gesamtgesellschaft auszumachen.

Wenn es bei der traditionellen Praxis der künstlichen Insemination mit Samenspenden unter ärztlicher Betreuung überhaupt ein Problem gab, dann jenes, daß sich der Arzt (fast immer ein Mann) normalerweise anmaßte, er selbst könne für das betreffende Paar die beste Auswahl treffen. Doch inzwischen entscheiden immer mehr prospektive Eltern selbst, welcher Samenspender aus der Vielzahl der Katalog-Angebote verschiedener konkurrierender amerikanischer Samenbanken für sie der richtige ist.

Dieser Trend zum Verbrauchermarkt begann im Jahre 1979, als eine kalifornische Samenbank namens The Repository for Germinal Choice entstand. Gründer war ein pensionierter Optiker von 75 Jahren, Robert Graham, der mit seiner Erfindung bruchsicherer Brillengläser ein Vermögen verdient hatte. Graham, der seine gemeinnützige Samenbank mit eigenem Kapital finanzierte, plante ursprünglich, nur Samenspenden von Nobelpreisträgern entgegenzunehmen und diese ausschließlich an glücklich verheiratete Frauen mit einem Intelligenzquotienten von über 140 abzugeben.

Damit verfolgte Graham eindeutig eugenische Absichten. Das wird auch in der folgenden Äußerung eines seiner Spender deutlich, des umstrittenen Nobelpreisträgers William Shockeley: »Die hier zugrundeliegenden Prinzipien mögen nicht populär sein, aber sie sind gesund. Wir versuchen nur, die Möglichkeiten der Genetik zu unserem Vorteil zu nutzen. Wir erhoffen uns ein paar mehr kreative, intelligente Menschen, die sonst vielleicht das Licht der Welt nicht erblicken würden.«

Das Echo der Medien auf Grahams Projekt war eine Mischung aus Horror und Belustigung. Die »Nobel-Samenbank«, wie sie apostrophiert wurde, war Zielscheibe vieler Witze, aber auch Gegenstand von Zeitungsartikeln im ganzen Land. Die Redaktion der *New York Times* bemerkte sarkastisch: »Wären intellektuelle Qualitäten auf irgendeine einfache Weise vererbbar, dann könnten jene, die mit Hilfe des Spermas eines Nobelpreisträgers ein Kind zeugen, mit Nachwuchs rechnen, der eine Überdosis Eitelkeit und einen Mangel an gesundem Menschenverstand mitbekommen hat. Es sieht aber eher danach aus, als würden sie einfach nur ganz normale Kinder bekommen.«[16]

Andere Kritiker waren nicht so nett. Dr. Kenneth Dumars, der Leiter der Abteilung für klinische Genetik an der University of California in Irvine, erklärte: »Alles nur Fisimatenten und unrealistische Hoffnungen für die Familien. Die Idee zu propagieren, daß Nobel-Sperma der Gesellschaft helfen könne, ist reiner Quatsch.«[17]

1984 war Graham gezwungen, seine ursprünglichen Pläne aufzugeben. Er war nicht in der Lage gewesen, mehr als eine Handvoll Nobelpreisträger zu einer Samenspende zu überreden. Und die wenigen Proben, die er bekam, waren wegen des fortgeschrittenen Alters der Spender qualitativ nicht gerade hochwertig. Was Graham jedoch überraschte, war, daß die meisten Frauen gar kein Interesse daran hatten, mit Sperma von Nobelpreisträgern befruchtet zu werden. »Die Nobelpreisträger waren meistens so alt, daß alle Empfängerinnen Abstand nahmen«, sagte Graham. »Selbst auf dem Papier fühlen sich Frauen zu jüngeren Männern hingezogen.«

Also bemühte er sich um junge kalifornische Forscher, die er als »potentielle Nobelpreisträger« ausgab, und andere, die athletische Qualitäten vorzuweisen hatten, etwa einen Olympiasieger. Ferner entschloß er sich, seine Anforderungen an die Empfänngerinnen herunterzuschrauben. In Frage kam hinfort fast jede Frau, die verheiratet, unter 38 Jahre alt, gesund und in der Lage war, einem Kind einen angemessenen Lebensstandard zu bieten.

Zu diesem Zeitpunkt unterschied sich Grahams Ansatz bei der künstlichen Insemination durch Samenspenden nur noch graduell von den Auswahlprozeduren der meisten anderen Anbieter, die ebenfalls Männer mit hoher Intelligenz und guten physischen Eigenschaften bevorzugten. Der einzige gravierende Unterschied gegenüber den konkurrierenden Samenbanken bestand in den frühen achtziger Jahren darin, daß Graham den Paaren gestattete, sich ihre Spender selbst auszusuchen.

Doch Mitte der neunziger Jahre schossen andere Samenbanken, die sich direkt an die »Verbraucher« richteten, im ganzen Lande aus dem Boden. Manche, etwa die Fertility Research Foundation in Manhattan, bieten ebenfalls Sperma von Wissenschaftlern und Olympiateilnehmern an. Andere – wie Cryobank mit Filialen im kalifornischen Palo Alto und in Boston – sind auf Sperma von Spitzenstudenten in Colleges und Universitäten wie Stanford und Harvard spezialisiert. Prospektive Kunden erhalten einen Katalog, in dem die relevanten Merkmale eines jeden Spenders aufgeführt sind. Dazu gehören: eine detaillierte Körperbeschreibung, die medizinische Vorgeschichte, spezielle musische, künstlerische oder athletische Talente, eine Liste der besuchten Schulen und Universitäten sowie die akademischen Testergebnisse. Gegen ein Zusatzhonorar kann man die Dienste eines Beraters in Anspruch nehmen, der sich noch genauer um Auswahl und Vermittlung des passenden Samenspenders bemüht.

Das Repository for Germinal Choice (das bis Ende 1991 200 Geburten ermöglicht hatte) und andere Samenbanken werden die Gesellschaft nicht auf derart grandiose Weise verändern, wie sich Graham das vorgestellt hatte. Vielmehr bieten sie einfach unfruchtbaren Paaren die Möglichkeit, Spender mit Eigenschaften auszusuchen, die sie als zukünftige Eltern selbst für attraktiv halten. Daß diese Eigenschaften am Ende in den Kindern wirklich zum Ausdruck kommen, ist indes keineswegs sicher.

Wenn sie die Wahl hätte, würde die überwältigende Mehrheit der zu-

künftigen Eltern ihren Kindern lieber die eigenen Gene vererben, nicht die aus fremden Keimzellen, ganz gleich wer der Spender oder die Spenderin auch sein mag. Ist jemand jedoch nicht in der Lage, seinem Kind die eigenen Gene zu vererben, dann stellt eine Samen- oder Eizellenspende eine echte Alternative dar. Viele Menschen in den westlichen Gesellschaften würden heute lieber ein Kind als ihr eigenes aufziehen, das die Gene eines Fremden in sich trägt, als auf den Kinderwunsch ganz zu verzichten.
Ist aber die Entscheidung für eine Keimzellenspende erst einmal gefallen, dann scheint es doch nur vernünftig zu sein, daß Eltern gern den bestmöglichen Spender auswählen möchten. Die folgenden Kommentare aus dem Jahre 1994 stammen von zufriedenen Eltern, die mit Samenspenden aus Grahams Spermabank Kinder bekommen hatten:[18]

> Zuerst einmal wollten wir vor allem ein gesundes Baby haben. Aber wir wollten auch ein besonderes Baby, eines, das seine Sache gut machen und im Leben Erfolg haben würde. … Wünschen sich das nicht alle Eltern? Will nicht jeder, daß sein Kind cleverer ist als die anderen? (Sandy Fuller)

> Am Ende des Tages wollte ich nur ein gesundes, glückliches Baby – doch warum nicht auch ein Kind, das in dieser immer schwieriger werdenden Welt einen Vorteil hat? (Afton Blake)

> Ist es immer so toll, wenn man auch den Schwarzen Peter ziehen kann? (David Ramm)

Selbst der Bioethiker Arthur Caplan, der Grahams Unternehmen zunächst als »moralisch verwerflich« kritisiert hatte, mußte schließlich zugeben: »Wir formen und bilden unsere Kinder mit Umweltfaktoren. Wir geben ihnen Klavierstunden und alle möglichen anderen Lektionen. Und so bin ich mir nicht sicher, ob nicht auch einiges für den Einsatz der Genetik spricht … solange dabei niemand Schaden nimmt und solange er [Graham] seine Vorstellungen von menschlicher Perfektion keinem anderen aufzwingt.«

Kapitel 14
Verwirrende Erbkonstellationen

Ihr »eigenes« Kind

Seit unseren Vorfahren zum ersten Mal der Zusammenhang zwischen Sexualität und Fortpflanzung bewußt wurde, hat eine Mutter unter ihrem »eigenen« Kind immer jenes verstanden, das sie selbst geboren hatte, und ein Vater immer jenes, das mit Samen gezeugt worden war, den er in die Vagina (s)einer Frau ejakuliert hatte.[1] Auf der Basis dieser Verständnisses wurde das Verlangen, »eigene« Kinder zu haben, im Verlauf der Evolution als natürlicher Instinkt in unsere Gene aufgenommen.

Die Unterscheidung zwischen eigenen Kindern und denen eines oder einer anderen war im Verlauf der Geschichte viel schärfer, als vielen heutzutage noch bewußt ist. Die Adoption genetisch nicht verwandter Kinder war bis zum frühen 20. Jahrhundert äußerst selten.[2] Verwaiste Kinder ohne Verwandte mögen in früheren Zeiten von Pflegeeltern versorgt worden sein, doch solche Eltern unterschieden unweigerlich zwischen ihren »eigenen« Kindern und denen anderer.

Seit dem Einsatz reprogenetischer Technologien indes ist die Bedeutung des Begriffes »eigenes« Kind unscharf geworden. Denn die IVF macht es möglich, daß eine Frau ein Kind zur Welt bringt, das aus der Eizelle einer anderen Frau hervorgegangen ist. Welche dieser beiden Frauen hat dann das Recht, dieses Kind als ihr »eigenes« zu betrachten?

Die meisten gebildeten Bürger der westlichen Welt würden sagen, das Kind »gehöre« der Frau, deren Eizelle bei der Zeugung verwendet wurde. Schließlich kennen wir uns in den Feinheiten der Biologie aus; wir wissen, daß alle Erbmerkmale des Kindes in der Eizelle und im Sperma enthalten sind. Keiner dieser Faktoren wird vom Blut oder vom Körper der Geburtsmutter beigesteuert. Darüber hinaus wissen wir, daß diese Eigenschaften durch die *Gene* in der befruchteten Eizelle programmiert sind. Und so sprechen wir voller Überzeugung von einer genetischen Mutter, die ein mit ihren Genen geborenes Kind zu Recht als ihr »eigenes« Kind ansehen könne, ganz gleich, wo dessen fetale Entwicklung stattfand. Damit aber ziehen wir einen intellektuellen Schleier über unsere primitiven Instinkte, um die Geburt unseres »eigenen« Kindes durch den Geburtskanal einer anderen Frau besser akzeptieren zu können.

Sind Gene wirklich der einzige determinierende Faktor, wenn es darum geht, wem ein Baby »gehört«? Oder ist die Sache in Wirklichkeit doch nicht ganz so einfach?

Zwillingsschwestern können einander ein ganz besonderes Geschenk machen

Florence und Gail sind eineiige Zwillingsschwestern. Florence ist mit Frank verheiratet, Gail mit Gary. Leider bildeten sich bei Florence, noch ehe sie Frank überhaupt begegnet war, Zysten in den Eierstöcken. Deshalb mußten beide Eierstöcke herausoperiert werden. Jetzt wünschen sich Florence und Frank Kinder, doch Florence kann keine befruchtungsfähigen Eizellen mehr produzieren. Um ihrer Schwester zu helfen, stimmt Gail einer Eizellenspende zu. Gails Eizellen werden in vitro mit Franks Sperma befruchtet und dann in Florences Gebärmutter eingesetzt. Neun Monate später bringt Florence ein kleines Mädchen zur Welt und gibt ihm den Namen Fiora.

Wer ist Fioras genetische Mutter? Natürlich Gail, würden Sie sagen, denn sie hat die Eizelle beigesteuert, aus der sich Fiora entwickelt hat. Würde jedoch von Fiora und ihrer Geburtsmutter Florence tatsächlich ein genetischer »Fingerabdruck« genommen, würde also die DNA der beiden analysiert, dann wären die Ergebnisse mit Sicherheit eindeutig: Florence würde ohne Wenn und Aber zu Fioras genetischer Mutter erklärt. Wie kommt das? Was wird hier gespielt?

Die Konfusion rührt daher, daß Florence und Gail eineiige Zwillinge sind. Folglich haben sie exakt dieselben Gene. Jede Eizelle, die Gail produziert, enthält die Hälfte ihrer Gene. Doch jede Genhälfte Gails entspricht genau der Hälfte von Florences Genen. Deshalb könnten die von Gail produzierten Eizellen auch von Florence stammen.

Man kann die Sache auch von der einen befruchteten Eizelle her betrachten, aus der sich sowohl Florence als auch Gail entwickelt haben. Diese einzelne Zelle durchlief ungefähr 100 Teilungen, ehe eine kleine Anzahl der daraus hervorgegangenen Zellen ihr genetisches Material um die Hälfte reduzierte, um selbst zu Eizellen zu werden. Einige dieser Eizellen gelangten in Gails Eierstöcke, während andere in Florences Eierstöcken landeten (die dann später herausoperiert werden mußten).

Strikt genetisch gesprochen, müssen Gail und Florence gemeinsam als Fioras genetische Mutter betrachtet werden. Doch diese Schlußfolgerung ist eher beunruhigend, denn sie bedeutet, daß nach den Maßstäben der DNA-Analyse (des genetischen Fingerabdrucks) bei den Kindern *aller* eineiigen Zwillinge festgestellt werden wird, daß sie zwei genetische Mütter oder zwei genetische Väter haben: ihre soziale Mutter bzw. ihren sozialen Vater und ihre Tante oder ihren Onkel. Das heißt aber auch, daß alle Cousinen und Cousins ersten Grades von Eltern, die eineiige Zwillinge sind, dem genetischen Anschein nach Halbbrüder oder Halbschwestern sind.

Die Kinder einer Mutter, die eine eineiige Zwillingsschwester hat, denken jedoch normalerweise nicht so, und zwar aus einem ganz einfachen Grund: Ihre soziale Mutter ist auch ihre Geburtsmutter und ihre genetische Mutter, während sie mit ihrer Tante nur durch die Gene verbunden sind. Und wie sieht die Sache bei Florence und Fiora aus? Florence ist eine genetische Mutter, sie bringt das Kind zur Welt und will Fioras soziale Mutter sein. Schlägt diese Kombination Gails Beitrag, die Spende einer befruchtungsfähigen Eizelle, aus dem Felde – eines Eis, das auch Florence selbst produziert hätte, wenn sie ihre Eierstöcke noch besäße? Gail hat nur *einen* einzigartigen Beitrag geleistet: Sie hat die Eizelle ungefähr fünfundzwanzig Jahre lang für Florence aufbewahrt, ehe sie diese ihrer Schwester nun in aller Form zum Gebrauch zurückgibt.

Betrachten wir noch ein anderes, ganz ähnliches Szenario, das jedoch über rein semantische Fragen hinausgeht und eine medizinische Fragestellung einbezieht. Diesmal heißen die eineiigen Zwillingsschwestern Amy und Jane. Amy ist mit Andrew verheiratet, Jane mit Jay. Amy hat eine Infektion, die dazu zwingt, die Gebärmutter herauszunehmen. Ihre Eierstöcke bleiben jedoch intakt und funktionieren weiterhin. Amy und Andrew wollen ihre »eigenen« Kinder haben, und Jane hat sich bereit erklärt, das Kind als Leihmutter für Amy auszutragen. Amy plant, sich Eizellen entnehmen zu lassen, damit diese mittels IVF mit Andrews Sperma befruchtet werden können. Die befruchteten Eier sollen dann in Janes Gebärmutter eingesetzt werden. Jane wird den Fetus austragen und das Kind dann Amy und Andrew übergeben, damit sie es als ihr »eigenes« Kind aufziehen können.

Wie wir aus dem vorigen Szenario von Gail und Florence noch wissen, kann man eineiige Zwillingsschwestern als genetische Mütter eines jeden Kindes ansehen, das aus den Eizellen hervorgegangen ist, die eine der beiden Frauen produziert hat. Das bedeutet, daß ein IVF-Kind aus Amys Eizelle und Andrews Samenzelle dasselbe Erbgut in sich trüge wie ein Kind aus einer Eizelle von Jane und einer Samenzelle von Andrew. Dieses Resultat aber ließe sich durch eine einfache künstliche Insemination ebenfalls erreichen.

Was soll Amy nun tun? Die künstliche Insemination ist billiger und verlangt beiden Frauen längst nicht soviel ab wie eine IVF. In beiden Fällen hätte das Kind dieselbe Geburtsmutter und dasselbe genetische Mütterpaar. Worin also bestünde der Unterschied?

Amy könnte behaupten, daß sie und ihre Zwillingsschwester zwar dieselben Gene in sich trügen, daß sie aber trotzdem lieber ihre eigene Eizelle verwenden würde, damit ihr Kind jene speziellen DNA-Moleküle erhalte, die sie in ihrem eigenen Körper produziert habe. Sehr zu Amys Überraschung sticht dieses Argument jedoch nicht, weil meistens die speziellen DNA-Moleküle einer menschlichen Eizelle gar nicht in den Körper eingehen, der sich aus dieser Eizelle entwickelt.[3] Doch selbst im Lichte dieser neuen Erkenntnis wird Amy immer noch darauf bestehen, daß sie zu diesem kollaborativen Fortpflanzungsarrangement ihre *eigene* Eizelle beisteuern wolle. Obwohl ein aus Amys Eizelle hervorgegangenes Kind nach allen denkbaren Testmethoden genetisch nicht von einem Kind zu unterscheiden wäre, das aus einer Eizelle ihrer Schwester hervorgegangen wäre, wird

Amy wahrscheinlich das Gefühl haben, daß sie irgendeinen *physischen* Beitrag zu ihrem eigenen Kind leisten müsse, so unbedeutend dieser auch sein mag und so irrational uns ihre Gefühle auch erscheinen mögen.

Doch die Vernunft hat in Wahrheit mit diesem ganzen Vorgang überhaupt nichts zu tun. Denn wir begegnen hier einem urtümlichen Instinkt, den Amy in ihren Genen trägt und auf den ihr Verlangen, ein »eigenes« Kind zu haben, zurückgeht. Dieser Instinkt hat sich herausgebildet, als die Unterscheidung zwischen einem eigenen Kind und dem eines anderen noch glasklar war. Während der mit diesem Instinkt verfolgte evolutionäre Zweck in der vermehrten Übertragung unserer eigenen Gene auf unseren Nachwuchs liegt, wirkt der Instinkt selbst in der *physischen Verbindung zwischen Mutter und Kind*. Darum kämpft Amy wahrscheinlich instinktiv um eine physische Verbindung mit ihrem Kind, auch wenn dies, was die Übertragung der Gene angeht, keinen Unterschied macht.

Zwillingsbrüder und ein Heilmittel für die Sterilität

Jetzt lassen Sie uns abschließend noch ein weiteres Zwillingsszenario betrachten, eines, das sogar faktisch verbürgt ist. Die Geschichte begann im Jahre 1947, an jenem Tag, als Mrs. Twomey ihre eineiigen Zwillingssöhne Tim und Terry gebar. Wie alle derartigen Zwillingspaare sahen Tim und Terry ziemlich gleich aus und ließen sich kaum auseinanderhalten. Einen entscheidenden Unterschied aber gab es zwischen Tim und Terry, der nach außen hin allerdings verborgen blieb: Infolge einer seltenen Entwicklungsstörung im Mutterleib kam Tim ohne Hoden zur Welt.[4]

Mit Hilfe der modernen Medizin war er jedoch in der Lage, ein äußerlich normales Leben zu führen. Als er 18 Jahre alt war, begannen die wöchentlichen Testosteron-Injektionen, und diese Hormongaben ermöglichten ihm eine späte Pubertät. Als er älter wurde, konnte er dank diesen Hormoninjektionen sogar ein normales Sexualleben führen. Mit 29 Jahren heiratete Tim Jannie. Sein Bruder Terry hatte inzwischen ebenfalls geheiratet und war Vater von drei Kindern geworden.

Als Tim und Jannie heirateten, gingen sie davon aus, daß auch sie »eigene« Kinder haben würden. 5 Jahre hatte Tim erfolglos versucht, eine medizinische Autorität zu finden, die sein Fertilitätsproblem kurieren konnte. Kurz nach seiner Eheschließung war er dann auf Dr. Sherman Silber getroffen, der am Saint Luke's Hospital in St. Louis, Missouri, tätig war. Dieser Urologe war auch ein versierter Mikrochirurg, dessen Fähigkeit, Vasektomien (Samenleiterdurchtrennungen) rückgängig zu machen, weithin bekannt war. Dr. Silber sagte, er könne Tims Sterilität dadurch heilen, daß er einen von Terrys Hoden in Tims Hodensack transplantiere. Eine solche Operation war zwar niemals zuvor durchgeführt worden, und die Hürden bei der Zusammenfügung der Samenleiterabschnitte und der Blutgefäße waren beträchtlich. Doch Dr. Silber war überzeugt, daß er mit seiner Erfahrung diese Operation erfolgreich bewältigen könne.

Terry und Tim waren bereit, das Risiko auf sich zu nehmen, und so führte Dr. Silber am 17. Mai 1977 die Transplantation durch – mit Erfolg.[5] Innerhalb weniger Monate erreichte Tim in seinem Ejakulat normale Spermienzahlen und so benötigte er keine weiteren Hormoninjektionen mehr. Am 15. März 1980 bekamen Tim und Jannie, beide als Polizeioffiziere im kalifornischen Sacramento tätig, einen kleinen Sohn, der 3100 Gramm wog und den Namen Christopher Gene erhielt (der zweite Vorname ist kein Witz!).[6] Würde man einen Gentest durchführen, so würde dabei zweifellos herauskommen, daß Christopher Gene genetisch eindeutig Tims Sohn ist.

Welche Gefühle sollte Tim jetzt diesem Kind gegenüber haben? Sollte er Christopher als seinen eigenen Sohn ansehen oder als den seines Bruders? Und hätte er genau dieselben Gefühle, wenn die Hodentransplantation unmöglich gewesen wäre und sein Sohn nach einer künstlichen Befruchtung seiner Frau mit dem Sperma seines Zwillingsbruders zur Welt gekommen wäre? Oder war die Produktion der Spermien in seinem eigenen Hodensack für die persönliche Beziehung zwischen Vater und Kind von entscheidender Bedeutung? Konnte Tim dieses Kind nur so als sein »eigenes« ansehen?

Die Tatsachen legen gewiß den Schluß nahe, daß Tim das Kind, wäre es nach einer künstlichen Besamung seiner Frau mit Terrys Sperma geboren worden, *mit anderen Augen* angesehen hätte. So aber hatte er selbst diesem Kind das Leben gegeben. Spielte es bei diesem Gefühl dann keine Rolle mehr, daß »sein« Sperma faktisch aus einem Hoden Terrys kam?

Auch hier gilt: Die Gefühle, die jemand bei rationaler Betrachtung der Angelegenheit empfinden *sollte*, müssen durchaus nicht mit denen übereinstimmen, die er tatsächlich empfindet, wenn urtümliche Instinkte die Oberhand gewinnen. Zwar waren es in den Anfängen unserer Spezies die Gene, die den Wunsch nach eigenen Kindern weckten, doch wird das Gefühl der engen Verwandtschaft zwischen den Eltern und ihrem Kind instinktiv durch die physischen Verbindungen, die mit Besamung, Schwangerschaft und Geburt einhergehen, vermittelt. Erst heute sind wir in der Lage, abstrakt über die Verwurzelung des Erbguts in den Genen nachzudenken. Doch wenn die Intellektualisierung der physischen Verbindungen zum eigenen Kind mit den urtümlichen Instinkten in Konflikt gerät, dann resultiert daraus meistens totale Verwirrung.[7] Diese Konfusion ist aber eigentlich gar nichts Tiefgreifendes, sondern nur eine weitere Variante der Konflikte, die sich ergeben, wenn die moderne Welt sich nicht mehr an die Spielregeln hält, nach denen sich die Menschheit evolutionär entwickelt hat.

Was in allen drei Zwillingsgeschichten deutlich wird, ist die Vergeblichkeit des Versuches, moderne Definitionen des Begriffes »mein eigenes Kind« an die Stelle der instinktiven Gefühle zu setzen. Ob ein Kind als eigenes empfunden wird oder nicht, richtet sich letztlich allein nach den tatsächlichen Gefühlen der Eltern. Dabei kann, aber muß es nicht unbedingt eine Rolle spielen, wo und wie Keimzellendifferenzierung und fetale Entwicklung stattfanden.

Gibt es beim Klonierungsvorgang Eltern oder nicht?

Bei der US-Senatsanhörung zum Thema Klonen, die innerhalb einer Woche nach Bekanntgabe der Geburt des Schafes Dolly stattfand, warnte George Annas, Jurist und Bioethiker an der Boston University, die Senatoren, das Klonieren einer menschlichen Person werde »die Definition eines menschlichen Wesens grundlegend verändern«, denn dabei werde der weltweit erste Mensch entstehen, der genetisch nur einen Elternteil habe.[8] Hatte er recht?

Das Bild, das Professor Annas bei seiner Aussage wahrscheinlich vorschwebte, war das einer Frau oder eines Mannes mit einem Baby auf dem Arm, das ganz aus einer Zelle entstanden war, die dieser betreffende Erwachsene beigesteuert hatte – vergleichbar etwa der Geschichte von Jennifer und Rachel, die in Kapitel 9 erzählt wurde. Wenn es nach Professor Annas ginge, dann müßte Jennifer als genetische Mutter von Rachel gelten. Was wäre dann aber mit einer Situation, in der sich Eltern (beide Teile seit kurzem unfruchtbar) zur Vergrößerung ihrer Familie entschlössen und dabei ein bereits vorhandenes eigenes Kind klonierten? Wäre das ältere Kind dann Elternteil des jüngeren, oder wären beide Kinder nicht einfach eineiige Zwillinge, die zwar zu unterschiedlichen Zeiten geboren wurden, aber dieselben genetischen Eltern haben?

Professor Annas scheint die verschiedenen Muttertypen durcheinanderzubringen, die ein Kind haben kann. Wenn Jennifer einen Klon ihrer selbst namens Rachel gebärt, dann ist sie eindeutig Rachels Geburtsmutter. Und wenn Jennifer Rachel selbst aufzieht, dann ist sie außerdem noch die soziale Mutter des Kindes. Genetisch indes ist Jennifer nicht Rachels Mutter, sondern ihre Zwillingsschwester. Rachels genetische Eltern sind dieselben wie die Jennifers. Anders gesagt, Rachels soziale Großeltern sind gleichzeitig ihre genetischen Eltern. Und das heißt nichts anderes, als daß Rachel wie alle anderen klonierten Kinder immer zwei genetische Elternteile haben wird, nicht nur einen.

Die zweifellos vorhandene genetische Beziehung zwischen der klonierten Person und jener, die die für die Klonierung benötigte Zelle beisteuerte, ist nicht einfach zu beschreiben. Natürlich könnte man einfach sagen, die beiden seien identische Zwillinge – was immer richtig ist –, und es dabei belassen. Doch kommt dabei die Ausrichtung dieser Beziehung nicht zum Ausdruck; es wird nicht gesagt, daß genetisches Material von einer bereits lebenden Person zur Schaffung des Lebens einer anderen Person verwendet wurde. Um diese spezielle Beziehung zum Ausdruck zu bringen, werde ich den Begriff »genetischer Vorfahr« benutzen, um jene Person zu bezeichnen, deren Zelle beim Klonierungsvorgang benutzt wurde, sowie (falls überhaupt erforderlich) »genetischer Abkömmling« zur Bezeichnung jener Person, die aus dieser Zelle hervorgegangen ist. Und vergessen Sie nicht: Die soziale Rolle eines genetischen Vorfahren kann entweder die eines Elternteils sein oder aber die eines Bruders oder einer Schwester – je nach dem Alter des Vorfahren und den Umständen des Klonierungsvorgangs.

Die genetischen Folgen des Klonierens können in der Tat recht seltsam sein. Wird ein geklontes Kind beispielsweise von seiner erwachsenen genetischen Vorfahrin aufgezogen – diese Frau übernimmt dann die soziale Mutterrolle –, so wird eine Generation im Familienstammbaum verdoppelt. Wenn Rachel also erwachsen und bereit ist, eigene Kinder zu haben, dann wird sie sich mit der Tatsache auseinandersetzen müssen, daß all ihre Kinder auch genetische Abkömmlinge ihrer Mutter Jennifer sein werden. In Kapitel 9 hatten wir die Frage gestellt, ob Jennifer ihre Eltern um Erlaubnis hätte fragen müssen, in Gestalt von Rachel einen Klon ihrer selbst zu produzieren. Jetzt könnten wir mit gleichem Recht fragen, ob Rachel Jennifers Erlaubnis benötigt, durch natürliche Empfängnis eigene Kinder zu bekommen. In beiden Fällen geht es um die traditionelle Annahme, niemand dürfe gezwungen werden, ein Kind zu bekommen. Eine rein logische Ausdehnung dieses Prinzips auf eineiige Zwillinge würde erfordern, daß diese jeweils ihren Bruder oder ihre Schwester fragen müßten, ehe sie selbst ein Kind bekämen. Doch das wäre schlichtweg absurd.

Schließlich wäre da noch jene ungewöhnliche Situation, die sich mit Sicherheit aber eines Tages ergeben wird, wenn sich eine Frau entschließen sollte, nachdem sie durch natürliche Zeugung bereits Kinder bekommen hat, weitere Kinder durch Klonierung ihrer selbst in die Welt zu setzen. Dann würde ein kloniertes Kind nämlich zur genetischen Mutter seiner älteren Brüder und Schwestern.

Fetale »Mütter«

Selbstredend gehen wir davon aus, daß man eine *Frau* benötigt, die eine Eizelle bereitstellt, und einen *Mann*, der den Samenzellkern beisteuern muß, um ein befruchtetes Ei zu erhalten. Und wieder hat uns unsere Intuition eine Streich gespielt! Denn menschliche Ei- und Samenzellen müssen nicht von erwachsenen Frauen und Männern kommen. Ja, sie müssen nicht einmal von Menschen kommen, die das Licht der Welt erblickt haben!

Denken Sie an den Kommentar der Embryologin Brigid Hogan: »Mir gefällt die Idee, daß vor langer Zeit eine junge schwangere Engländerin im südafrikanischen Port Elizabeth in ihrem Bauch nicht nur ihre Tochter trug, sondern auch die Eizelle, aus der einmal ihre Enkelin werden sollte, und daß die genetische Rekombination, die zu meiner Person beigetragen hat, damals schon begonnen hatte.«

Damit spielt Hogan auf die Tatsache an, daß sich alle unreifen Eizellen, die Oozyten, schon lange vor der Geburt im Eierstock des Fetus befinden. Um ganz genau zu sein, sechseinhalb Monate vor der Geburt. Erstaunlicherweise ist schon in diesem frühen Stadium der fetalen Entwicklung die Produktion aller Eizellen der zukünftigen Frau abgeschlossen, der Vorrat für das ganze Leben angelegt. Einige der fetalen Eizellen werden, nachdem sie zum Teil jahrzehntelang im Zustand latenten Lebens verharrt haben, das Signal erhalten, während eines Ovulationszyklus der Frau heranzureifen. Selbst nach 50 Jahren hat eine aktivierte Eizelle noch das Potential, befruchtet zu werden und sich zu einem neuen Lebewesen zu entwickeln. Doch nur ein winziger Bruchteil der im Fetus enthaltenen Eizellen wird je auf diesen Weg gebracht. Die überwältigende Mehrheit wird dagegen (wie auch die meisten Samenzellen des Mannes) einfach nicht benötigt und dahinschwinden.

Diese biologischen Tatsachen erinnern uns daran, daß jede Schwangere mit einem weiblichen Fetus nicht nur ihr zukünftiges Kind trägt, sondern auch schon die Eizellen, aus den sich potentiell ihre Enkel entwickeln werden. Die junge Engländerin in Südafrika, die oben erwähnt wurde, war Brigid Hogans Großmutter. Wie jede Schwangere mit einem weiblichen Fetus hatte sie vier mit Oozyten gefüllte Eier-

stöcke in sich: die beiden, mit denen sie selbst auf die Welt gekommen war, und die beiden des ungeborenen Kindes.
Inzwischen können Sie sich wahrscheinlich schon denken, worauf ich hinauswill: Wenn Sie einen Weg finden könnten, eine unreife Eizelle aus den Eierstöcken des Fetus zu einem befruchtungsfähigen Ei heranreifen zu lassen, dann wären die potentiellen Folgen, gelinde gesagt, höchst eigenartig.
Genau dies gelang nun im Jahre 1995 John Eppig und seinen Kollegen im Jackson Laboratory in Bar Harbor, Maine. Unter peinlich genauer Beachtung aller notwendigen Rahmenbedingungen gewann Eppig völlig unreife Mäuse-Oozyten und verwandelte sie in einem Brutschrank in ausgereifte Eizellen. Im wesentlichen hatte er nur im Labor den Reifungsprozeß nachvollzogen, der sich ganz natürlich im Eierstock abspielt, wenn eine Eizelle das Signal erhält, sich bis zum Eisprung weiterzuentwickeln. Der Erfolg von Eppigs Ansatz wurde deutlich, als er die reifen Eizellen im IVF-Verfahren befruchtete und zeigen konnte, wie sich aus ihnen über Schwangerschaft und Geburt gesunde, fruchtbare Mäuse entwickelten.
Was bei Mäusen möglich war, ließe sich auch beim Menschen machen. Ein Teil dieses Prozesses ist sogar schon vollzogen worden: Seit 1991 sind die Reprogenetiker in der Lage, nur teilweise reife Oozyten aus den nicht stimulierten Eierstöcken einer Frau zu entnehmen, den Reifungsprozeß in einer Laborschale fortzuführen, die so herangereiften Eier mit einer IVF zu befruchten und am Ende lebend geborene Kinder zu bekommen.[9] Es ist also nur eine Frage der Zeit, bis wir fähig sein werden, den gesamten Reifungsprozeß menschlicher Eizellen unter Laborbedingungen nachzuvollziehen (vielleicht ist es bereits geschehen, wenn Sie dieses Buch lesen). Und wenn diese Bedingungen perfektioniert sind, wird es möglich werden, die Eierstöcke fehlgeborener oder abgetriebener menschlicher Feten zu retten und die darin enthaltenen Eizellen bei der Schaffung neuen menschlichen Lebens zu verwenden. Die so geborenen Kinder hätten dann sogar genetische Mütter, die selbst niemals geboren wurden!
Ich gebe gern zu, daß selbst ich als gestandener rationaler Wissenschaftler dieses Konzept bizarr finde. Und wenn wir noch einen Schritt weiter gehen und menschliches Leben mit bewußtem Leben

gleichsetzen – das in einem Fetus im Frühstadium mangels Nervenzellen noch nicht vorhanden ist –, dann könnten sogar Kinder von genetischen Müttern geboren werden, die niemals existiert haben.
Es überrascht kaum, daß die Reaktionen der meisten Bioethiker – und auch der nicht auf die Biologie spezialisierten Ethiker – negativ ausfielen. Professor George Annas rief aus: »Diese Idee ist so grotesk, daß sie schon als unglaublich bezeichnet werden muß.«[10] Und Arthur Caplan meinte: »Es wäre ein schwerer Schlag, wenn man mit dem Bewußtsein aufwachsen müßte, aus einer Situation hervorgegangen zu sein, in der die eigene Mutter abgetrieben wurde. Es gibt viele Schwierigkeiten, mit denen ein Kind im Leben zurechtkommen muß, aber ich glaube einfach, es übersteigt das Maß der menschlichen Einbildungskraft, sich vorstellen zu wollen, was jemand empfinden müßte, der entdeckt, daß er selbst existiert, seine Mutter hingegen das Stadium einer menschlichen Persönlichkeit niemals erreicht hat.«[11]
Caplan und andere wiesen auch darauf hin, daß es in diesem Fall unmöglich sei, eine auf hinreichende Information gegründete Zustimmung der – fetalen – »Eizellenspenderin« zur Verwendung ihrer Oozyten zu erhalten. Laut Caplan »sollte niemand in die Lage versetzt werden, ohne Ihre Zustimmung ein Kind aus Ihren Eizellen oder Ihrem Sperma zu erschaffen«. Doch wenn ein Fetus keine Person ist, wie Caplan in demselben Interview zugibt, wie soll er dann seine Stimme abgeben? Wenn der Fetus keine Person ist, dann sind die fetalen Eierstöcke nicht mehr, aber auch nicht weniger als Gewebepartien im Körper einer Frau. Und wenn diese Frau ihren Arzt bittet, diese Gewebepartien zusammen mit anderen (bei einer Abtreibung) aus ihrem Körper zu entfernen, dann hat sie auch das Recht zu bestimmen, ob dieses Gewebe einer anderen Frau übergeben und von ihr benutzt werden darf.
Einer der wenigen Bioethiker, die sich nicht gegen die Verwendung fetaler Eierstöcke bei der Schaffung neuen Lebens wandten, war John Fletcher von der University of Virginia, der die Ansicht vertrat, eine Spende von Frauen, die abgetrieben hätten, an anderen Frauen, die unfruchtbar seien, sei der gegenwärtigen Abhängigkeit von erwachsenen Eizellenspenderinnen sogar vorzuziehen, weil diese Spenderinnen Eingriffe in ihren Körper über sich ergehen lassen müßten. »Ins-

gesamt gesehen vermeidet man mehr Schmerz und Leid«, sagte Fletcher. »Ich glaube, deshalb lohnt es sich, diesen Gedanken in die Erwägungen einzubeziehen.«[12]

Schweineväter

Spermien sind nicht wie Eizellen. Sie treten im Körper des Mannes erst viele Jahre nach seiner Geburt in Erscheinung. Ja, es ist sogar die Samenproduktion, die Männer von pubertierenden Jungen unterscheidet. Deshalb sollte man meinen, daß ein Mann bei der Erschaffung eines neuen menschlichen Lebens absolut unverzichtbar sei.

Gegenwärtig gilt das noch. Aber vielleicht nicht mehr lange.

An dieser Stelle ist es vielleicht nicht verkehrt, kurz abzuschweifen und uns die Biologie der Spermien zu vergegenwärtigen. Lassen Sie uns ganz am Anfang beginnen. Innerhalb weniger Wochen nach der Empfängnis, wenn sich die embryonalen Zellen zu differenzieren beginnen, wird eine besondere Zellgruppe, die der *Urgeschlechtszellen*, separiert. Diese Urgeschlechtszellen haben zwei mögliche Bestimmungen: Sie können Eizellen oder Samenzellen werden. Welchen Weg sie gehen, hängt von den Signalen ab, die sie empfangen, wenn die sexuelle Differenzierung beim Fetus einsetzt.

Im weiblichen Fetus erhalten die Urgeschlechtszellen die Instruktion, sich zu primären Eizellen zu entwickeln, die in den neugebildeten fetalen Eierstöcken ruhen, bis sie mit Beginn der Pubertät eine nach der anderen den Befehl erhalten, sich zu befruchtungsfähigen Eiern weiterzuentwickeln.

Im männlichen Fetus erhalten die Urgeschlechtszellen die Instruktion, sich zu Spermatogonien (Ursamenzellen) zu differenzieren, die ebenfalls getrennt gelagert werden – in den fetalen Hoden. Auch diese Zellen erhalten mit Beginn der Pubertät bestimmte Reaktivierungssignale, die den Zelldifferenzierungsprozeß wieder in Gang setzen.

Ein erwachsener Mann produziert dann an jedem Tag seines Lebens Millionen von Samenzellen. Dazu ist er in der Lage, weil seine Samenbildungszellen sich bei jedem Differenzierungszyklus erneuern. Jedesmal wenn sich eine Samenbildungszelle teilt, behält eine der

Tochterzellen die Eigenschaften der Mutterzelle, während die andere sich weiter ausdifferenziert. Bei diesem Vorgang, der erst nach mehreren Wochen abgeschlossen ist, ergeben sich dramatische Gestalt- und Funktionswechsel. Am Ende steht die Produktion reifer Samenzellen (Spermatozoen, Spermien), die von den Hoden abgesondert und in Samenleiter und Samenblase aufbewahrt werden, bis sie bei einer Ejakulation (Samenerguß) benötigt werden.

Große, runde, »seßhafte« Samenbildungszellen lassen sich allerdings im Labor nicht in schlanke, schwimmende Spermien verwandeln. Dieser Prozeß kann nur im Hoden stattfinden, wo ausdifferenzierende Samenzellen und anderen Hodenzelltypen ungestört miteinander in Kontakt treten können und zwischen den beteiligten Zelltypen fortwährend heute noch unbekannte Signale ausgetauscht werden. Diese Ausgangsbedingungen könnten nun jedem Wissenschaftler, der sich dafür interessiert, in den Spermien-Differenzierungsprozeß einzugreifen, als enormes Hindernis erscheinen. Doch Ralph Brinster, Professor an der University of Pennsylvania, ließ sich davon nicht abschrecken.

Im Kreise der experimentellen Embryologen war Brinster bereits durch seine bahnbrechenden Arbeiten zur Chimärenbildung bekannt (auf die Chimärenbildung werde ich in Kürze zurückkommen), aber auch durch seine gentechnologischen Arbeiten an embryonalen Zellen (auf diesen Aspekt wird sich Kapitel 18 konzentrieren). Brinster schien immer in der Lage zu sein, Hindernisse, die seinen Experimenten im Wege standen, zu überspringen und zu erreichen, was zuvor als unmöglich gegolten hatte.

So war es keine allzu große Überraschung, daß er einen einfachen Weg fand, das Problem zu umgehen, das die Spermiendifferenzierung unter Laborbedingungen darstellte. Er verzichtete einfach auf das Labor und ersetzte es durch lebende Hoden: Wirtshoden in einem anderen Tier. Im Mai 1996 beschrieb er die Resultate von Experimenten, bei denen er Rattenspermatogonien in Mäusehoden transplantiert hatte.[13] Obwohl sich Ratten und Mäuse schon seit 15 Millionen Jahren getrennt entwickelt hatten und obgleich die Differenzierung von Rattenspermien 17 Tage länger braucht als die von Mäusespermien, ja obgleich Rattenspermien ganz anders aussehen als Mäusespermien, können Rattenspermatogonien gleichwohl das Umfeld der Mäusehoden zu ihren Gunsten nutzen und sich ganz normal zu Rattenspermien ausdifferenzieren.

In einem Interview im BBC-Programm »Tomorrow's World« am 1. Juni 1996 sagte Brinster: »Das Resultat des Ratten-Mäuse-Versuches legt den Schluß nahe, daß man Grenzen zwischen Spezies überspringen kann. Bei welchen Arten dies möglich ist, ist schwer zu sagen. Wenn man vom Menschen zur Maus springen will, könnte das wesentlich schwieriger sein als der Sprung vom Menschen zum Schwein. Nur die Durchführung des Experimentes wird es erweisen.« Wahrscheinlich wird sich eine Spezies finden lassen, die die normale Ausdifferenzierung menschlicher Samenzellen aus transplantierten Spermatogonien in Wirtshoden ermöglicht. Und weil sich die Samenbildungszellen aus sich selbst erneuern, wird ein Tier mit einem menschlichen Transplantat in seinen Hoden in der Lage sein, für den Rest seines Lebens die Samenzellen der betreffenden Person zu produzieren. Weil überdies Samenbildungszellen leicht einzufrieren sind[14] und leicht von einem Tier auf ein anderes übertragen werden können, wäre es sogar möglich, daß verschiedene Tiere nacheinander immer noch Spermien von demselben ursprünglichen Mann produzieren, wenn dieser bereits lange tot ist.

Natürlich wurden auch die Bioethiker wieder in den Medien befragt und um eine Stellungsnahme zu dieser weiteren neuen Möglichkeit der Reprogenetik gebeten. Als Brinsters Ergebnisse bekannt geworden waren, sagte Arthur Caplan: »Ein Teil unseres Selbstverständnisses – wenn wir darüber nachdenken, wer wir sind und welchen Wert wir uns selbst beimessen – hat mit unseren Ursprüngen und unserer Reproduktion zu tun. Es stellt die Besonderheit des Menschen in Frage, wenn man den Herkunftsort menschlicher Wesen in den Reproduktionstrakt irgendeines Tieres verlegt.«[15]

Caplan hat völlig recht. Die »Besonderheit des Menschen« wurde hinterfragt, und es stellte sich heraus, daß der Mensch gar nichts so Besonderes ist. Was uns diese wie viele andere neuen Techniken sagt, ist, daß die menschliche Reproduktion überhaupt *nichts* Besonderes an sich hat. Und das gilt mit einer Ausnahme auch für alle anderen Aspekte der menschlichen Biologie. Was am Menschen besonders ist, hat seinen Sitz allein zwischen den Ohren. Wenn Sie auch im Rest des Körpers nach Besonderheiten suchen, werden Sie unweigerlich enttäuscht werden.

Und nun die Synthese

Was in den ursprünglichen Reaktionen auf Brinsters Resultate nicht angesprochen wurde, waren die Möglichkeiten, die sich für den Einsatz seiner Technologie ergaben: Wenn man einem Erwachsenen Samenbildungszellen entnehmen und diese anderswo zur Reife bringen kann, was hindert einen dann eigentlich noch, diese Zellen einem abgetriebenen männlichen Fetus zu entnehmen? Es gibt zumindest keinen naheliegenden Grund dafür, warum sich nicht Bedingungen herstellen lassen sollten, unter denen auch das möglich wäre.

Jetzt stellen Sie sich vor, was geschehen könnte, wenn die Technologie der fetalen Samenreifung mit der Technologie der fetalen Eizellenreifung kombiniert würde. Man könnte abgetriebenen oder fehlgeborenen männlichen und weiblichen Feten Spermatogonien und primäre Oozyten entnehmen. Die Samenbildungszellen würden in den Hoden einer geeigneten Tierart zu reifen Samenzellen ausdifferenziert, die Eizellen in einem Brutschrank zu befruchtungsfähigen Eizellen. Diese Keimzellen würde man dann mittels einer IVF vereinigen. Der dabei entstandene Embryo würde einer der Frauen, die eine Fehlgeburt erlitten, in die Gebärmutter eingepflanzt. Nach einer erfolgreich ausgetragenen Schwangerschaft könnte diese Frau dann ihr eigenes genetisches Enkelkind gebären, ohne je selbst genetische Mutter geworden zu sein. Und das betreffende Kind selbst hätte lediglich zwei *virtuelle* genetische Elternteile, die selbst nie eine eigene Existenz geführt hätten.

Genetisch gesehen, wäre die Verbindung zweier Feten das Gegenteil des Klonierungsprozesses, denn sie führt zum Überspringen einer Generation zwischen Mutter und Kind. Dagegen kann, wie bereits dargestellt, das Klonieren eine zusätzliche Generation zwischen einem genetischen Vorfahren und einem genetischen Kind einfügen. So wird die Verwendung beider reprogenetischer Technologien dazu

führen, daß die traditionellen Begriffe von Vererbung und Familienbeziehungen durcheinandergeraten.
Eine Verbindung zwischen Feten würde mit Sicherheit auf große Teile der Gesellschaft abstoßend wirken. Dabei würde es keine Rolle spielen, welche Ansichten zur Abtreibung die einzelnen hätten. Und es ist ja auch sehr schwierig, sich Umstände vorzustellen, unter denen ein solches Szenario tatsächlich realisiert werden könnte. Doch wie bei jeder anderen neuen Fortpflanzungsmöglichkeit, die sich als machbar erweist, wird auch die Verbindung von Feten, sofern sie die Lösung eines speziellen Reproduktionsproblems eines Menschen bedeuten würde, mit Sicherheit angewandt werden. *Eine* derartige Anwendungsmöglichkeit wird am Ende des folgenden Kapitels geschildert werden.

Kapitel 15
Gemeinsame Mutterschaft

Jeder einigermaßen gebildete Mensch weiß, daß Befruchtung in der Fusion einer einzelnen Samenzelle mit einer einzelnen Eizelle besteht. Das bedeutet, daß jedes Kind eine genetische Mutter und einen genetischen Vater haben muß. Selbst im Ausnahmefall einer Zwillingsmutter beziehungsweise eines Zwillingsvaters erhält ein Kind immer nur einen einzelnen mütterlichen und einen einzelnen väterlichen Beitrag zu seinem genetischen Material.

Viele glückliche Paare sehen die Geburt eines Kindes, in dem sich beider Erbgut vereint, als Krönung ihrer Liebe. Und falls dem irgendein Hindernis entgegensteht, würden viele, wie wir gesehen haben, alles in ihrer Macht Stehende tun, um dieses Hindernis aus der Welt zu schaffen und ihr Ziel zu erreichen. Eine besondere Gruppe glücklich miteinander verbundener Paare aber hat bislang nie daran denken können, ihre Gene in einem gemeinsamen Kind zu vereinigen. Natürlich ist die Rede von gleichgeschlechtlichen Paaren.[1]

Die meisten Menschen halten es für biologisch unmöglich, daß zwei miteinander nicht verwandte Frauen (oder Männer) in der Lage sein sollten, ihr Erbgut in einem einzelnen Kind zu vereinigen. Doch Sie wissen inzwischen, daß die künftigen Möglichkeiten der Reprogenetik nahezu unbegrenzt sind, und ahnen vermutlich bereits, daß die Reprogenetiker über irgendeine Möglichkeit verfügen müssen, auch hier ihr Wunderwerk zu vollbringen und das biologische Gesetz zu übertreten, das nur einen einzelnen mütterlichen und einen einzelnen väterlichen Beitrag zu einem Embryo vorsieht. Und in der Tat gibt es eine Möglichkeit, wie zwei Frauen ihre Gene in einem gemeinsamen Kind vereinigen können, allerdings nicht ganz so, wie Sie vielleicht denken.

Was uns die Kerntransplantation bei Mäusen gelehrt hat

Bevor ich die tatsächlich mögliche Prozedur bespreche, möchte ich kurz auf das eingehen, was auf den ersten Blick als der direktere Weg erscheinen könnte, aber leider nicht das gewünschte Ergebnis bringt. Dieser Ansatz läßt sich mit einem Gedankenexperiment verdeutlichen, in dem Sie, die Leserin oder der Leser, die Rolle der Reprogenetikerin beziehungsweise des Reprogenetikers übernehmen.

Angenommen, zwei Frauen wollten genetische Eltern eines gemeinsamen Kindes werden, Sie möchten ihnen helfen, und Ihnen stünden sämtliche Mittel und Methoden eines modernen Reprogenetiklabors und einer IVF-Klinik zur freien Verfügung. Zuerst überdenken Sie natürlich die relevanten biologischen Tatbestände. Sie wissen, daß die Eizelle die Hälfte allen genetischen Materials zu einem Embryo beiträgt und daß es einer Samenzelle bedarf, um die andere Hälfte beizusteuern. Genausogut wissen Sie, daß das genetische Material von Spermium und Ei während der ersten 24 Stunden nach der Befruchtung in zwei getrennten kugelförmigen Strukturen namens Pronuclei verbleibt.

Sie sagen sich: »Wenn ich einen Embryo mit zwei Pronuclei aus den Eizellen von zwei verschiedenen Frauen herstellen könnte, dann hätte ich ein Mädchen mit zwei Müttern.« Und mit Ihren ausgefeilten reprogenetischen Techniken entwerfen Sie eine Strategie, mit der Sie Ihr Ziel erreichen können. Zuerst entnehmen Sie beiden Frauen reife Eizellen, die Sie in einem Kulturschälchen mit dem Samen eines Spenders befruchten. Sie warten ein paar Stunden und holen dann mit einer hauchdünnen Glasnadel den Pronucleus der Samenzelle (der sich übrigens von dem der Eizelle leicht unterscheiden läßt) aus der befruchteten Eizelle wieder heraus und geben ihn zum Abfall. Dann stechen Sie mit der Nadel in die befruchtete Eizelle der zweiten Frau. Dieses Mal entnehmen Sie den Pronucleus der Eizelle. Diesen injizieren Sie in die erste Eizelle.[2] Damit hätten Sie einen neuen einzelligen Embryo geschaffen, der die eine Hälfte seines genetischen Materials von einer Frau und die andere Hälfte von einer anderen Frau erhalten hat und damit über keinen genetischen Vater verfügt. Dieses Ei von zwei Müttern würden Sie dann einer der beiden Frauen einpflanzen, damit es heranreifen kann.

Genau dieses Experiment wurde Anfang der achtziger Jahre von Davor Solter und Jim McGrath durchgeführt, denselben beiden Wissenschaftlern, die so viel zur Entwicklung der Klonierungstechnologie beigetragen haben.[3] Das einzige, was das Solter-McGrath-Experiment von dem oben beschriebenen hypothetischen Versuch unterschied, ist die Tatsache, daß Eizelle und Spermien von Mäusen stammten und nicht von Menschen. Dennoch sandten ihre Versuchsergebnisse Schockwellen durch die weltweite Gemeinde der Genetiker – und zwar nicht etwa, weil sie auf diese Weise Mäuse mit zwei Müttern erhalten hatten, sondern weil es ihnen unmöglich war, diese zu bekommen.

Solter und McGrath hatten zuvor klar und deutlich gezeigt, daß Embryonen sich nach einer Kerntransplantation zu gesunden Mäusen entwickeln können. Aber erfolgreich war das Ganze nur, wenn die befruchtete Eizelle am Ende den Pronucleus einer Samenzelle zusammen mit dem einer Eizelle enthielt. Wann immer die Eizelle mit zwei Pronuclei versorgt wurde, die ursprünglich *beide* von weiblichen Tieren oder *beide* von männlichen Tieren stammten, konnte keine lebensfähige Maus heranreifen.[4]

Dieses Ergebnis schockierte die Genetiker, weil damit gleichzeitig gesagt war, daß das genetische Material, das von seiten der Mutter in die Eizelle gelangt, sich in grundlegender Weise von dem unterscheiden muß, was seitens des Vaters hinzukommt, und daß beide Versionen notwendig sind, damit eine normale Entwicklung ablaufen kann.

Wir wissen heute, daß dies für alle Säugerarten zutrifft, und wir wissen auch, daß und wie Mütter und Väter vor der Befruchtung einen minimalen Bruchteil der Ei- beziehungsweise Spermien-DNA chemisch verändern. Damit der menschliche Embryo sein Entwicklungsprogramm durchlaufen kann, benötigt er sowohl die Spermienversion einer ganz bestimmten Gengruppe als auch die Eizellversion eines völlig anderen kleinen Gensatzes, denn beider Modifikationen ergänzen einander. Die elterlichen Modifikationen der DNA werden dann von jeder Zelle in die Tochterzellen hineinkopiert und bestehen sogar noch im erwachsenen Körper weiter. Im Verlauf der Keimzellentwicklung aber werden sie sämtlich aus der Welt geschafft. Gleichgültig, in welcher Konformation diese speziellen Gene in den Körper hineingelangt sind, am Ende werden sie in den Pronuclei von Spermien männlich und in den Pronuclei von Eizellen weiblich aussehen. Zumindest in allernächster Zeit wird also der direkteste Weg zur Erzeugung von Kindern mit zwei Müttern beziehungsweise zwei Vätern nicht funktionieren können.

Mäusechimären

Zwanzig Jahre bevor Solter und McGrath ihre Experimente zur Kerntransplantation durchführten, hatte ein polnischer Embryologe namens Kristof Tarkowski an einem anderen Ansatz zur Erzeugung von Mäusen mit zwei genetischen Müttern oder Vätern gearbeitet.[5] Tarkowskis Herangehensweise war viel einfacher und funktionierte von Anfang an.

Tarkowski hatte sich überlegt, daß es, wenn sich sehr junge Embryonen in Einzelzellen auftrennen lassen, um sich dann unabhängig voneinander zu eineiigen Zwillingen, Drillingen oder Vierlingen zu entwickeln, auch möglich sein müßte, den Prozeß umzukehren und mehrere Embryonalzellen zusammenzuführen. Und er meinte, daß es, wenn sich Zellen aus demselben Embryo zusammenbringen lassen, auch möglich sein sollte, Zellen zusammenzuführen, die aus verschiedenen Embryonen, sogar aus Embryonen von verschiedenen Eltern, stammten.

Tarkowskis einfache Methode kam einem Zaubertrick gleich und ist seit ihrer Originalpublikation im Jahre 1961 in vielen hundert Labors wiederholt worden.[6] Verschmilzt man die Embryonen von Mäusepaaren aus zwei verschiedenen Stämmen von verschiedener Fellfarbe miteinander, dann läßt sich der Erfolg des Protokolls am Nachwuchs auf einen Blick erkennen. Kombiniert man den Embryo eines Albinostamms mit einem dunkler gefärbten, dann haben die Nachkommen einen gescheckten Pelz, in dem sich dunkle und weiße Flecken abwechseln.

Es ist wichtig, genau zu verstehen, was sich in einem Embryo, der aus den Nachkommen zweier verschiedener Elternpaare zusammengesetzt wurde, im einzelnen abspielt. Auf zellulärer Ebene passiert gar nichts. Jede einzelne Zelle behält ihre Identität, es kommt nie zu einer Fusion von Zellen. Vielmehr vermischen sich die Zellen der beiden Elternpaare im Laufe der Entwicklung und beginnen, untereinander zu kommunizieren, als gehörten sie zur selben Mannschaft. Wenn das Tier schließlich geboren wird, dann ist jedes seiner Gewebe – Gehirn und Keimdrüsen eingeschlossen – ein Mosaik von Zellen aus den beiden ursprünglichen Embryonen.

Embryonen und Tiere, die durch die Zusammenführung von Zellen entstehen, die von verschiedenen befruchteten Eizellen abstammen, bezeichnet die Wissenschaft in Anlehnung an das gleichnamige Fabelwesen der griechischen Mythologie als Chimären.[7] Jene sagenumwobene Chimäre war ein feuerspeiendes Monstrum, bei dem Kopf und Schultern einem Löwen, der Rumpf einer Ziege und das Hinterteil einem Drachen ähnelte. Mag die Chimäre der griechischen Sage auch ein Monster sein, die Mäusechimäre unserer Tage hat damit eindeutig nichts zu tun. Ein im Labor erzeugter Embryo und Fetus durchläuft seine Entwicklung in völlig normaler Weise, und das Chimärenwesen, das daraus hervorgeht, sieht aus und verhält sich genau wie eine ganz normale Maus, wobei allerdings zwei Ausnahmen möglich sind.

Zu der ersten Ausnahme kommt es nur, wenn die beiden Embryonen, die zur Herstellung der Chimäre verwendet werden, Gene für verschiedene Fellfarben in sich tragen. Das Tier, das daraus hervorgeht, wird, wie bereits erwähnt, ein geschecktes Fell haben und daher auf den ersten Blick als Chimäre erkennbar sein. Zur zweiten Ausnahme kann es kommen, wenn ein weiblicher und ein männlicher Embryo zusammengeführt werden. Die möglichen Konsequenzen daraus werde ich im folgenden Abschnitt besprechen.

Die Möglichkeit, Chimären erzeugen zu können, liefert uns ein weiteres Beispiel für ein Gedankenexperiment gegen den Versuch, einem frühen Embryo irgendeine Form von Identität zuzusprechen. Das Experiment lautet folgendermaßen: Sie beginnen mit zehn achtzelligen Embryonen von zehn verschiedenen Pärchen und zerlegen sie in ihre

Einzelzellen. Damit halten Sie ein Gemisch aus achtzig einzelnen Embryonalzellen in der Hand. Im nächsten Schritt wählen Sie einzelne Zellen aus diesem Gemisch aus und fügen sie in zufälliger Anordnung zu zehn nagelneuen Achtzellstadien zusammen, die Sie dann zehn Leihmüttern einpflanzen, um sie austragen zu lassen. Sie haben das Experiment mit zehn achtzelligen Embryonen begonnen, an seinem Ende stehen zehn lebende Individuen, doch zwischen beiden besteht keinerlei Übereinstimmung.

Menschliche Chimären

Eine Mäusechimäre herzustellen mag ja gut und schön sein, wie aber können wir wissen, ob wir dasselbe auch beim Menschen fertigbrächten? Ich möchte Sie daran erinnern, daß Maus-, Mensch- und alle anderen Säugerembryonen in diesem frühen Stadium voneinander so gut wie nicht zu unterscheiden sind und auf Manipulationen mit großer Sicherheit auf dieselbe Art und Weise ansprechen werden. Genau dieser Logik folgten einst Steptoe und Edwards in ihrem jahrzehntelangen Bestreben, die Bedingungen für die In-vitro-Fertilisation beim Menschen zu vervollkommnen.

Aber ich benötige diese Logik eigentlich überhaupt nicht, denn Mutter Natur hat dieses Experiment längst für uns durchgeführt. Seit den fünfziger Jahren sind von den Genetikern in der medizinischen Praxis mehr als hundert auf natürliche Weise entstandene menschliche Chimären identifiziert worden.[8] Jede dieser Personen entstand durch die Fusion zweier Embryonen, hervorgegangenen aus der Befruchtung zweier Eizellen derselben Mutter, die beim selben Eisprung freigesetzt worden sind. Wir sollten von diesem seltenen, aber natürlichen Vorgang nicht überrascht sein, wissen wir doch, daß Embryonen auch spontan zu zwei eineiigen Zwillingen zerfallen können. Wenn Wissenschaftler zwei Mäuseembryonen dazu bringen können, unter Laborbedingungen zusammenzukleben, warum sollte dasselbe nicht hin und wieder spontan in den Geschlechtsorganen einer Frau geschehen?[9]

Eine menschliche Chimäre ist – genau wie eine Mäusechimäre – in nahezu jeder Hinsicht von anderen Artgenossen nicht zu unterscheiden. Aber genau wie bei Mäusen gibt es auch bei ihnen zwei mögliche Ausnahmen: Hatten die beiden verschmolzenen Embryonen sehr unterschiedliche genetische Programme bezüglich Haut- oder Haarfarbe, dann kann die oder der Betreffende unter Umständen einen fleckigen Teint oder eine unregelmäßige Haarfarbe aufweisen. Bei natürlichen Chimären ist diese Unregelmäßigkeit allerdings sehr selten, vermutlich deshalb, weil beide nur eine einzige genetische Mutter und einen einzigen genetischen Vater haben.

Zur zweiten Ausnahme kommt es nur, wenn ein Embryo mit einer XX-Konstitution mit einem XY-Embryo vermischt wird. Im Laufe der fetalen Entwicklung werden die Gewebe, aus denen sich die Geschlechtsorgane entwickeln sollen, mit widersprüchlichen Signalen bombardiert.[10] In den allermeisten Fällen werden die Signale des Y-Chromosoms vorherrschen, und der Betreffende wird normale oder weitgehend normale männliche Genitalien entwickeln. Die Keimdrüsen selbst aber werden in vielen Fällen eine Mischung aus Eierstock- und Hodengewebe sein.[11]

In manchen Fällen kann die Kombination aus männlichen und weiblichen Signalen dazu führen, daß auch die äußeren Genitalien eine Zwischenstufe einnehmen, bei der beispielsweise die Klitoris vergrößert (oder der Penis verkleinert) ist, die Ausbildung der anderen Gewebe irgendwo zwischen Hodensack und Vulva endet und die Vagina verkümmert oder überhaupt nicht vorhanden ist. Die Genitalien können bei zweigeschlechtlichen Chimären das gesamte Spektrum zwischen normal weiblich und normal männlich abdecken. Und, was vielleicht überrascht, zweigeschlechtliche Chimären können fruchtbar sein und selbst Kinder haben – in manchen Fällen als Vater, in anderen als Mutter.

Menschliche Chimären werden meist nur dann entdeckt, wenn ihre Genitalien von den Ärzten als »nicht eindeutig« eingestuft werden. Auf jede so entdeckte Chimäre aber werden vermutlich vier oder fünf Personen kommen, die unentdeckt durchs Leben gehen. Dies betrifft vor allem nahezu alle, die aus zwei gleichgeschlechtlichen Embryonen hervorgegangen sind, aber auch viele zweigeschlechtliche Chimären, die sich zu normalen Männern und Frauen entwickelt haben.[12]

Spricht irgend etwas dagegen, menschliche Chimären absichtlich entstehen zu lassen? Der naheliegendste Einwand wäre, daß 50 Prozent von ihnen zweigeschlechtlich sein würden und deshalb eine Tendenz zur Ausbildung abnormer Geschlechtsorgane haben könnten.[13] Es wäre unmoralisch, ein Kind mit einem derart hohen Risiko für eine schwerwiegende Fehlbildung in die Welt zu setzen. Mit den neuen Technologien zur genetischen Diagnose von Embryonen aber (die in Kapitel 17 besprochen werden) ließe sich dieses Problem lösen.

Es gibt noch andere Gründe, weshalb jemand gegen die willkürliche Schaffung von Chimären sein könnte, doch diese Überlegungen möchte ich zurückstellen, bis ich Ihnen die Geschichte von Cheryl und Madelaine aus dem Prolog zu Ende erzählt habe, jenem gleichgeschlechtlichen Paar, das seine Gene in einem Kind vereinigt sehen wollte, das beide als ihr eigenes bezeichnen konnten.

Cheryls und Madelaines Nachwuchs

Es ist Dienstag, der 15. September 2009. Wir befinden uns in Cambridge, Massachusetts, in einer der vielen privaten IVF-Kliniken, die es in und um die Großstädte mit ihrer gebildeten und wohlhabenden Bevölkerung gibt. Cheryl und Madelaine sind früh zu ihrem Termin in der Klinik erschienen, und beide sprudeln über vor Aufregung – und vor Hormonen.

Cheryl ist 38 Jahre alt und von Beruf theoretische Physikerin. Im selben Jahr hatte die Harvard University ihr eine Dauerstelle angeboten, so daß sie für den Rest ihres Lebens einen sicheren Job haben würde. Auf diese Position hatte sie zielstrebig hingearbeitet, solange sie denken konnte. Schon lange vor ihrer Beziehung zu Madelaine, mit der sie seit nunmehr acht Jahren zusammenlebt, hatte der Wunsch nach einer Dauerstellung ihr Leben beherrscht, und beinahe jede Stunde des Tages hatte der Forschung, der Lehre und anderen Universitätsangelegenheiten gegolten. Nun, da sie den Vertrag hatte, war Cheryl plötzlich frei, an andere Dinge zu denken – an Dinge, die nichts mit Wissenschaft zu tun hatten und die sie in ihrem Leben gern erreicht

hätte. Und das eine, das schwerer wog als alles andere, war der Wunsch, ein eigenes Kind zu haben und aufzuziehen.
Madelaine ist 34 Jahre alt, Musiklehrerin an einer Grundschule und Sängerin in einer regionalen Rockband. Sie stammt aus einer Familie mit fünf Kindern, und drei ihrer Brüder und Schwestern haben bereits selbst Kinder. Tante Madelaine liebt ihre Nichten und Neffen heiß und innig, hat aber den Gedanken an ein eigenes Kind längst aufgegeben. Denn Madelaine teilt ihr ganzes Leben mit Cheryl, und obwohl beide für ihr Leben gern ein Kind gehabt hätten, konnten sie sich doch nicht vorstellen, ein Kind aufzuziehen, das sie nicht gleichermaßen ihr eigen nennen konnten. Das aber schien lange Zeit unmöglich zu sein.
Cheryl hatte das Thema eigene Kinder im April 2009 zuerst angeschnitten, und während der folgenden zwei Monate hatten Madelaine und sie ihre Möglichkeiten durchgesprochen. Sie hatten eine Adoption erwogen, aber einsehen müssen, daß ihre Chance, von einer Agentur ein gesundes Kind vermittelt zu bekommen, praktisch bei Null lag. Nicht nur, weil sie lesbisch waren, sondern vor allem Cheryl galt bereits als jenseits des bevorzugten Alters. Sie hatten auch eine künstliche Besamung erwogen, aber weder Madelaine noch Cheryl gefiel die Vorstellung, daß nur eine von beiden die Mutter sein würde, während die andere keinerlei biologische Beziehung zu dem Kind hätte.
Dann hatte Cheryl mit einem Professor – Mally Meselbert – zu Mittag gegessen, einem guten Freund aus der Abteilung für Biochemie an der Harvard University. Es war ein herrlicher Tag Anfang Juni gewesen. Während des Hauptgerichts hatte Mally mitfühlend Cheryls Klagen über ihre Kinderlosigkeit gelauscht. Gleich zu Beginn ihres Monologs war ihm eine technische Lösung in den Sinn gekommen, die sowohl Cheryl als auch ihre Partnerin zufriedenstellen würde. Er hatte allerdings einige Bedenken hinsichtlich der potentiellen Konsequenzen einer Anwendung auf den Menschen, und so behielt er seine Gedanken für sich, während er langsam seine Mahlzeit beendete. Als der Kaffee kam, hatte er seine Meinung geändert. Er hatte beschlossen, daß Cheryl und Madelaine das Recht hatten, sich selbst ein Urteil über mögliche Konsequenzen zu bilden. Also fing er an, Cheryl zu erklären, wie Wissenschaftler, die an Mäusen, Schafen, Ziegen und

Kühen arbeiteten, die Technologie der Embryofusion perfektioniert hatten, und daß gelegentlich auch im Körper einer Frau zwei menschliche Embryonen auf natürliche Weise miteinander verschmelzen und daß daraus ein lebensfähiges, gesundes Kind hervorgehen kann.

Cheryl hörte voller Staunen zu, bis Mally seine ausführliche Biologiestunde beendet hatte. Mehr mußte er nicht sagen. Die Tragweite seiner Ausführungen lag auf der Hand, und Cheryl stellte nur eine einzige Frage: »Glaubst du, daß wir eine Fertilitätsklinik finden können, die bereit wäre, mit uns daran zu arbeiten?« Mally überlegte einen Augenblick lang. Seine Arbeit an Tieren brachte ihn nur selten auf beruflicher Ebene mit praktizierenden Medizinern zusammen, aber seine Frau war gut befreundet mit einer sehr begabten Fertiltätsspezialistin namens Dr. Ricky Shapiro, die in direkter Nachbarschaft zum Campus der Harvard University ihre eigene Klinik unterhielt.

Cheryl hatte genug gehört. Sie warf einen Zwanzig-Dollar-Schein auf den Tisch und lief hastig zur Tür. Im Hinausgehen rief sie Mally noch zu, er solle das Wechselgeld behalten, bis sie das nächste Mal zusammen essen gehen würden. Sie hatte bereits den Entschluß gefaßt, auf dem Weg zu ihrem Büro noch einen Umweg zu machen, und flog förmlich in die U-Bahn-Station am Harvard Square, um den nächsten Zug nach Boston zu erreichen, mit dem sie Madelaine zwischen zwei Unterrichtsstunden zu erwischen hoffte. Atemlos rannte sie in die Schule und fand Madelaine im Aufenthaltsraum. Als sie wieder zu Atem gekommen war, wiederholte sie Mallys gesamte Biologielektion, und Madelaine lauschte voller Staunen.

Inzwischen liegt ein Sommer voller Diskussionen, Entscheidungen und Vorbereitungen hinter den beiden, und Cheryl und Madelaine warten in der Klinik, bis sie an der Reihe sind. Endlich ruft die Empfangsdame sie herein. Dr. Shapiro erwartet sie in Zimmer 1, wo sie gewöhnlich Eizellen entnimmt und verpflanzt. Die beiden werfen eine Münze. Das Wappen ist oben, und damit ist Cheryl zuerst dran. Sie zieht sich aus und vertauscht ihre Kleider mit dem Krankenhaushemd. Dr. Shapiro hilft ihr auf den Tisch und bereitet sie für die Eizellentnahme vor. Auf dem Monitor erscheint ein Ultraschallbild ihres linken Eierstocks, und Dr. Shapiro lächelt beim Anblick der zahllosen flüssigkeitsgefüllten Säckchen auf seiner Oberfläche, die jeweils eine reife Eizelle enthalten. Sie macht sich – zuerst am linken Eierstock und dann am rechten – an die Arbeit und binnen einer Viertelstunde hat sie Cheryl dreiundzwanzig wunderschöne Eizellen entnommen. Sie bringt sie rasch in den Brutschrank im Labor nebenan, wo sie bei Körpertemperatur ihr weiteres Schicksal abwarten. Dann ist Madelaine an der Reihe. Bei ihr kann Dr. Shapiro nur sechzehn Eizellen »ernten«, aber sie ist zuversichtlich, daß diese für die vor ihnen liegende Aufgabe ausreichen werden.

Es ist Zeit für die Befruchtung. Dr. Shapiro holt das Röhrchen mit den vorbehandelten Spermien aus dem Tank mit flüssigem Stickstoff und hängt es in ein kleines metallenes Wasserbad, das auf Körpertemperatur erwärmt ist. Cheryl und Madelaine dürfen der ganzen Prozedur zuschauen, und während die Spermien auftauen, erinnern sie sich an die vielen Stunden, die sie über dem Online-Katalog der Kryobank gebrütet hatten, um die Samenprobe zu finden, die für ihre Zwecke am besten geeignet war.

Ihre Aufmerksamkeit hatte vor allem der Teintfärbung gegolten, die zu jeder Probe abgebildet war. Sie wollten das Risiko für eine fleckige Haut so gering wie möglich halten, und obwohl ihrer beider Hautfarbe sich nur geringfügig unterschied, fanden sie doch einen Spender, dessen Hautfarbe zwischen diesen beiden Tönen lag. Ihnen war zwar klar, daß dies keine Garantie bedeutete, aber sie dachten sich: »Warum nicht?« Außerdem war der junge Spender Physikstudent im vorletzten Semester, hatte einen Notenschnitt von einer glatten Eins und zu Schulzeiten bei einem landesweiten Musikwettbewerb den ersten Preis im Fach Klavier errungen. Cheryl und Madelaine war auch in diesem Falle klar, daß damit nichts garantiert war, aber die Möglichkeit, ihrer beider Begabungen bei einem gemeinsamen Kind noch erweitern zu können, faszinierte sie.

Cheryl und Madelaine hatten sich für ein Mädchen entschieden. Der allererste Schritt auf dem Weg dahin hatte daher darin bestanden, die Spermienbank um eine möglichst frische Samenprobe des von ihnen gewählten Spenders zu bitten. Diese Probe war vor zwei Wochen gekommen und sofort in ein sogenanntes Durchflußzytometer gegeben worden, mit dem sich die Samenzellen in zwei Gruppen aufteilen lassen, die zu jeweils 90 Prozent auf X- beziehungsweise Y-Chromosomen angereichert sind.[14] Die auf X-Chromosomen angereicherte Probe war die nächsten zwei Wochen über in flüssigem Stickstoff gelagert worden. Inzwischen ist der Auftauprozeß abgeschlossen und in dem Tropfen, den Dr. Shapiros Assistentin und nach ihr auch Cheryl und Madelaine unter dem Mikroskop beobachten, sieht man lebende Spermien umherschwimmen.

Sie werden mit einer Pipette in die beiden Schälchen mit Madelaines und Cheryls Eizellen gegeben. Die Schälchen werden abgedeckt und wieder in den dunklen Brutschrank gestellt. Als die Tür des Brutschranks ins Schloß fällt, ist die Arbeit dieses Tages beendet. Cheryl und Madelaine kehren nach Hause zurück und warten Kilometer entfernt geduldig ab, daß ihre Embryonen langsam ihre Befruchtung und die ersten Entwicklungsstadien absolvieren.

Drei Tage später kommen sie wieder in die Klinik. Jedes ordnungsgemäß befruchtete Ei befindet sich inzwischen im Achtzellstadium. Zu diesem Zeitpunkt werden die Embryonen aus beiden Schälchen unter dem Mikroskop gesichtet, und jeder gesund aussehende Embryo kommt in eine Extraabteilung und wird mit einer Nummer versehen. Dann wird von jedem Embryo vorsichtig eine einzelne Zelle zur genetischen Diagnostik abgepflückt. 24 Proben – 15 überlebende Embryonen von Cheryl und 9 von Madelaine – werden ans molekulardiagnostische Labor geschickt, und 4 Stunden später treffen die Ergebnisse ein. Bei Cheryls Embryonen war in 11 Fällen eine Diagnose möglich, das Ergebnis sind 9 Mädchen und 2 Jungen. Bei Madelaine konnten nur 6 Embryonen erfolgreich untersucht werden, sie alle sind weiblich.

Damit wissen Cheryl, Madelaine und Dr. Shapiro, daß sie nun die Möglichkeit haben, 6 Mädchen-Mädchen-Chimären entstehen zu lassen. Und ruhig beginnt Dr. Shapiro mit der Arbeit. Anhand der Testergebnisse stellt sie fest, welche Vertiefung in Cheryls Kulturschale weibliche Embryonen enthält. Sie entnimmt einen davon und gibt ihn in eine Schale mit frischer Flüssigkeit, dann nimmt sie auch aus Madelaines Schale einen Embryo und pipettiert ihn dazu. Beide Embryonen werden mit einer chemischen Substanz behandelt, die ihre Eihülle auflöst, und nun sind sie endlich für das große Ereignis bereit. Mit einem sachten Schubs schiebt Dr. Shapiro Cheryls Embryo hinüber zu Madelaines. Sobald die beiden einander berühren, kleben sie aneinander. Wo eben noch zwei lebende Dinge gewesen waren, ist nun nur noch eines. Im Laufe der nächsten 15 Minuten wiederholt Dr. Shapiro dieselbe delikate Prozedur noch fünfmal. Als Sie fertig ist, gibt es 6 Embryonen, die zu gleichen Teilen von Cheryl und Madelaine stammen.

Sie lassen noch einige weitere Stunden verstreichen, um sicher zu sein, daß jede Fusion erfolgreich verlaufen ist. Dann ist es Zeit für den letzten Eingriff. Sobald er vorüber ist, gibt es nichts mehr zu tun als abzuwarten und zu hoffen. Cheryl und Madelaine hatten im voraus nicht wissen können, wie viele fusionierte Embryonen entstehen würden. Sie hatten entschieden, falls nur zwei Embryonen zur Verfügung ständen, beide Cheryl einpflanzen zu lassen. Wären es mehr, dann wollten sich beide Frauen Embryonen einpflanzen lassen, in der Hoffnung, daß wenigstens einer davon eingenistet bleiben würde.

Nachdem sie die verfügbaren Statistiken über vermittels IVF erfolgreich etablierte Schwangerschaften durchgesehen hatten, kamen sie überein, daß jede von ihnen sich zwei Embryonen würde einpflanzen lassen. Ihnen war klar, daß das auch bedeuten konnte, daß sie am Ende vier Kinder haben würden, doch Dr. Shapiro versicherte ihnen, daß dies erstens extrem unwahrscheinlich sei und daß man außerdem auch die Anzahl der Embryonen durch selektive Abtreibung verringern könnte, falls dies gewünscht würde.

Die Woche nach ihrer Rückkehr aus der Klinik können Cheryl und Madelaine nichts anderes tun, als mit zunehmender Spannung abzuwarten. Wird eine von ihnen schwanger werden? Wird das erhoffte Kind gesund und normal sein? Wird ihre Familie dort, wo sie leben, akzeptiert werden? Und dann gibt es die ersten Anzeichen. Eines Morgens wachen Cheryl und Madelaine noch vor dem Morgengrauen auf – beiden ist übel. Auf dieses Signal haben sie gewartet, der Schwangerschaftstest, den beide durchführen, bestätigt nur, was sie bereits wissen.

Doch ihre Euphorie wird nun von neuen und anderen Ängsten überlagert. Wieviele Embryonen wachsen in ihnen heran? Wird es zu einer Fehlgeburt kommen? Mit einer Mischung aus Aufregung und Sorge durchleben sie die nächsten drei Wochen, bis ihnen eine Ultraschalluntersuchung Antwort auf ihre erste Frage geben kann. Zusammen fahren sie in Dr. Shapiros Klinik. Dieses Mal ist Madelaine die erste auf dem Untersuchungstisch. Der Scanner macht nur ein einziges kleines Bläschen mit einem winzigen schlagenden Herzen aus. Cheryl ist an der Reihe, und wieder findet sich nur ein Embryo mit einem winzigen schlagenden Herzen.

Die Ergebnisse auf dem Monitor sorgen für spürbare Erleichterung. Cheryl und Madelaine sind sich darin einig, daß zweieiige Zwillinge vermutlich besser sind als ein einzelnes Kind, denn die beiden Schwestern würden miteinander aufwachsen.

Einen Monat später absolvieren Cheryl und Madelaine einen abschließenden Test, der ihnen bestätigen soll, daß beide Feten wirklich durch und durch weiblich sind. Sie kehren noch einmal in die Klinik zurück – zum letzten Mal vor der Geburt, wie sie hoffen. Bei beiden wird eine Chorionzottenbiopsie durchgeführt, um fetale Zellen zu erhalten. Wieder werden die Proben an das molekulardiagnostische Labor versandt, und wenige Stunden später treffen die Ergebnisse ein. Jeder Fetus ist eine echte Mischung aus Zellen, die von beiden Müttern abstammen, und beide sind durch und durch Mädchen.

Die folgenden sieben Monate verstreichen ohne besondere Vorkommnisse. Madelaine unterrichtet weiterhin und singt in ihrer Band. Cheryl arbeitet weiterhin in Forschung und Lehre. Bei ihr setzen die Wehen zuerst ein. Am 1. Juni 2010 bringt sie ein Mädchen zur Welt, es wiegt knapp 4150 Gramm, und Cheryl und Madelaine geben ihm den Namen Eve. Und obwohl es in Eves Innerem recht ungewöhnlich aussieht, würde man ihr das nie ansehen oder anmerken. Sie ist nichts anderes als ein weiteres süßes Baby auf der Entbindungsstation.

Fünf Tage später ist Madelaine an der Reihe. Ihr Baby ist kleiner, knapp 3050 Gramm, und Cheryl und Madelaine nennen es Rebecca. Rebecca und Eve werden zusammen aufwachsen – zwei ganz besondere Schwestern in einer Welt voller neuer reprogenetischer Technologien.

Nachwort zur Geschichte von Cheryl und Madelaine

Ich habe Eves und Rebeccas Geburt zehn Jahre in die Zukunft verlagert, doch jeder notwendige technische Handgriff ließe sich bereits heute durchführen. Auf ähnliche Weise könnten auch zwei Männer ein gemeinsames Kind haben. Dabei würden mehrere Eizellen einer Spenderin mit den Spermien jedes der beiden Männer besamt werden. Die daraus hervorgehenden Chimären hätten dann drei genetische Eltern – zwei Väter und eine Mutter. Der große Unterschied bei den beiden Männern bestünde freilich darin, daß sie auf eine Leihmutter angewiesen wären. Das aber sollte kein unüberwindliches Hindernis darstellen.

Allein die Tatsache, daß eine Methode möglich ist, heißt nicht, daß sie angewandt werden sollte, und es gibt die verschiedensten Gründe, die man gegen die vorsätzliche Erzeugung von Chimären einwenden könnte. Der erste Gedanke, der vielen Leuten in den Sinn kommt, ist die Empfindung, daß dies ein recht absonderliches Vorgehen ist und daß die Kinder irgendwie »unnatürlich« seien. Wir haben bereits bei den vorhergegangenen Diskussionen um reprogenetische Technologien gesehen, daß dieses Argument falsch ist. Es kommt zwar überaus selten vor (auf der ganzen Welt kennt man bislang weniger als tausend Fälle), aber menschliche Chimären werden auch auf natürliche Weise geboren, und die meisten von ihnen führen ein normales Leben, sind sich ihres Zustands oftmals gar nicht bewußt.

Andere mögen der Ansicht sein, daß es nicht richtig sei, wenn homosexuelle Eltern ein Kind großziehen. Eine angemessene Antwort auf diese Frage würde den Rahmen dieses Buches sprengen. An dieser Stelle mag der Hinweis genügen, daß bereits heute in den Vereinigten Staaten etliche hunderttausend Kinder von homosexuellen Eltern erzogen werden und daß die Gerichte verschiedener Staaten Schritte unternommen haben, die Beziehung zwischen gleichgeschlechtlichen Partnern zu legitimieren. Man kann die Erzeugung von Chimären nicht mit der Begründung ablehnen, daß diese vorwiegend eine Lösung für homosexuelle Eltern ist.

Nebenbei bemerkt ist es interessant, daß ein Hauptargument der religiösen Rechten in ihrem Widerstand gegen gleichgeschlechtliche Verbindungen auf der Feststellung basiert, daß die Ehe dem Ziel der Fortpflanzung zu dienen habe. Diesem Standpunkt zufolge sollten homosexuelle Ehen deshalb nicht gebilligt werden, weil sie unfruchtbar sind. Wenn wir die Vertreter dieser Position beim Wort nehmen, dann müßte die Möglichkeit, daß Lesbierinnen oder Schwule sich fortpflanzen können, eigentlich deren Recht auf eine Eheschließung begründen.

Manche Leute wenden ein, daß medizinische Behandlungen nur der Heilung von Krankheiten dienen sollten und nicht solchen aberwitzigen Dingen wie der Schaffung von Chimären. Zumindest in der amerikanischen Gesellschaft greift dieses Argument nicht, denn wir akzeptieren grundsätzlich das Recht eines Menschen, medizinische Dienste für andere aberwitzige Zwecke wie Nasenkorrekturen und das Absaugen von Speckfalten in Anspruch zu nehmen. Unsere Gesellschaft billigt einem jeden das Recht zu, die Medizin zu jedem beliebigen Zweck in Anspruch zu nehmen, solange er ihre Dienste bezahlt. Das ist Amerika.

Am schwersten wiegt das Argument, daß ein aus einer Chimärenbildung hervorgegangenes Kind möglicherweise irgendeinen direkten Schaden nehmen könnte. Menschen aller möglichen politischen und religiösen Richtungen würden es mit Sicherheit für unmoralisch erachten, eine reprogenetische Methode zu praktizieren, die die Gesundheit oder das Wohlbefinden des Kindes in irgendeiner Form beeinträchtigen würden.

Doch was ihren allgemeinen Gesundheitszustand, ihre Vitalität und Lebensdauer angeht, werden sich Chimärenkinder von anderen Kindern in keiner Weise unterscheiden.[15] Daß das wahr ist, wissen wir aus den Ergebnissen der Untersuchungen an vielen tausend Mäusechimären sowie von der Handvoll Menschen, bei denen man festgestellt hat, daß sie Chimären sind. Auch im Hinblick auf ihre Hirnfunktionen sind menschliche Chimären offenbar völlig normal. Natürlich mögen sich bei einigen wenigen der untersuchten Personen geringfügige Probleme verbergen, doch nach alledem, was wir über ihre Entwicklung wissen, besteht kein Grund, solches zu erwarten.

Doch es gibt nicht nur physische Beeinträchtigungen, sondern auch psychische. Sicher wird mancher argumentieren, daß Chimärenkinder, wenn sie auch noch so normal aussehen und denken mögen, »unglücklich sein« werden, weil sie wissen, daß sie Chimären sind. Wenn im gleichen Atemzug in Armut geborenen Kindern öffentliche Mittel für Nahrung und Unterkunft verweigert werden, erscheint dieses Argument allerdings als reine Heuchelei. Dieselbe Begründung ist auch gegen die In-vitro-Fertilisation, die künstliche Besamung, die Spende von Eizellen und die Leihmutterschaft auf den Tisch gebracht worden. Millionen werdender Eltern haben daran nichts Überzeugendes finden können.

Die einzigen körperlichen Merkmale, durch die Chimärenkinder sich unter Umständen von anderen Kindern unterscheiden könnten, sind Haut- und Haarfarbe. Mit der derzeitigen Technologie ist es nicht möglich, das Risiko für einen fleckigen Teint oder Haarschopf auszuschließen. Ob dieses Problem schwerwiegend und das Risiko für sein Auftreten hoch genug ist, um den Einsatz dieser Technik abzulehnen, ist bislang unklar. Die Haarfarbe ließe sich mit einer Tönung regulieren, eine fleckige Haut aber läßt sich schlechter verbergen und könnte von anderen möglicherweise als unattraktiv empfunden werden.

Das Risiko, daß ein Chimärenkind mit dauerhaften Unregelmäßigkeiten der Haut- und Haarfarbe zur Welt kommen könnte, mag das eine oder andere gleichgeschlechtliche Paar dazu bewegen, auf diese Art der Fortpflanzung zu verzichten. Für sie gibt es einen anderen Ansatz, der nicht auf der Bildung von Chimären beruht, wenngleich er Probleme anderer Art heraufbeschwören könnte. Der Ansatz basiert auf der Idee, daß sich das Erbgut der Frau durch eine Art »Hodenfilter« dazu bringen lassen müßte, mit dem Erbgut einer anderen Frau in denselben Zellen zusammenzukommen. Für Cheryl und Madelaine sähe das folgendermaßen aus:

Cheryl würde mittels einer IVF mit Y-angereichertem Spendersperma eine Schwangerschaft mit einem männlichen Fetus beginnen, Madelaine würde mittels X-Chromosom-angereichertem Spendersperma mit einem weiblichen Fetus schwanger werden. Gegen Ende des dritten Monats würde bei beiden eine Abtreibung herbeigeführt, bei der man die Spermatogonien und Oocyten der beiden Feten gewinnen und zu Spermien und befruchtungsfähigen Eizellen heranreifen lassen könnte. Diese würde man mittels IVF zu Embryonen kombinieren, die man in flüssigem Stickstoff aufbewahren könnte, bis beide Frauen zu einer erneuten Schwangerschaft bereit wären. Die Embryonen würden aufgetaut und eingesetzt, neun Monate später könnten sie ihre gemeinsamen Kinder zur Welt bringen.

Die Kinder, die aus dieser Prozedur hervorgingen, wären mit Cheryl und Madelaine gleichermaßen verwandt. Außerdem bestünde im Gegensatz zu Chimären bei ihnen kein Risiko für Farbunregelmäßigkeiten der Haut, da beide durch die Vereinigung einer einzelnen Samenzelle mit einer einzigen Eizelle zustande gekommen wären. Genaugenommen sind diese Kinder natürlich die *Enkelkinder* von Cheryl und Madelaine. Doch dieses technische Detail sollte unerheblich sein. Mit beiden Ansätzen zur gemeinsamen Fortpflanzung – über Chimärenbildung oder über die Verpaarung von Feten – erhält ein Kind 25 Prozent seines Erbguts von beiden Frauen, die übrigen 50 Prozent von einem männlichen Spender.

Während der Ansatz einer fetalen Verbindung die potentiellen Probleme der Chimärenbildung umgeht, ersteht mit ihm das Schreckgespenst der Tötung von Embryonen zum Zwecke der Erzeugung menschlichen Lebens. Zwar sind Abtreibungen am Ende des ersten Schwangerschaftsdrittels gestattet, und der Fetus verfügt auch noch über keine Empfindungen, aber er sieht wie ein kleiner Mensch aus. Selbst diejenigen, die sich beim Thema Abtreibung vehement für Entscheidungsfreiheit einsetzen, werden die Verpaarung von Feten möglicherweise als abstoßend empfinden. Doch vielleicht haben wir noch eine ganze Weile Zeit, darüber nachzudenken, denn im Jahre 1997 steht die erfolgreiche künstliche Reifung von Spermatogonien in Tierhoden noch aus. Das zuerst erwähnte Chimärenszenario aber ließe sich heute auf der Stelle wie beschrieben durchführen.

Kapitel 16
Kann ein Vater Mutter werden?

Auf Seite eins prangte in vier Zentimeter hohen Buchstaben die Überschrift: »Mann schwanger«. Gleich darunter stand in zwei Zentimeter großen Lettern: »Er wurde für seine unfruchtbare Frau zur Leihmutter.« Man schrieb den 29. September 1987, und der »Nachrichten«-Übermittler war die *Sun*, ein amerikanisches Sensationsblatt.
Allem Anschein nach hatte sich eine Finnin namens Mauna Koinevo, die gern selbst Kinder gehabt hätte, nicht mit dem Gedanken anfreunden können, eine mit ihr nicht verwandte Leihmutter anzuheuern. Dazu ihre Worte: »Ich wußte, daß ich keine Kinder haben konnte, aber dann hörte ich, daß man daran arbeitete, Männer schwanger werden zu lassen.« Sie überredete ihren Ehemann Richard, sich an einer nahegelegenen »Forschungsklinik« in Vaasa nach einem solchen Projekt zu erkundigen, und Richard traf dort auf Dr. Kolavo Sarvast. Der gute Dr. Sarvast erklärte sich bereit, der Familie Koinevo bei der Erfüllung ihres Wunsches behilflich zu sein. »Wir arbeiteten an einer Methode, die es Männern erlauben würde, schwanger zu werden, und wir suchten nach Freiwilligen«, meinte er. »Richard schien der ideale Kandidat zu sein.«
Vier Jahre später, am 30. April 1991, berichtete dasselbe Blatt über die »Story des Jahrhunderts«. Diesmal lautete die Schlagzeile auf dem Titelblatt: »Schwangerer Mann bringt Kind zur Welt – das Baby lebt!« Der schwangere Mann hieß Giovanni DiPenza, Ort des Geschehens war das sizilianische Palermo. Der Artikel zitierte Giovannis Ärzte mit dem Ausspruch: »Mit dieser beispiellosen Operation ist es das erste Mal gelungen, daß ein Mann ein lebendes Baby zur Welt gebracht hat.« Man fragt sich, wie die Herausgeber der *Sun* Richard Koinevo so geflissentlich vergessen konnten.
Die Phantasievorstellung vom schwangeren Mann ist vermutlich so alt wie die Kunst des Geschichtenerzählens. Und bis zur Perfektionierung der IVF im Jahre 1978 blieb sie auch zweifellos im Reich der

Phantasie, denn die IVF mußte natürlich essentieller Bestandteil aller Versuche zur Etablierung einer männlichen Schwangerschaft sein. Nachdem dieses Hindernis aus dem Weg geräumt war, fingen die Reproduktionsbiologen an, darüber nachzugrübeln, ob das Unvorstellbare nicht doch vorstellbar sein könnte.

Seit den frühen achtziger Jahren hatte es sporadisch Berichte über Wissenschaftler gegeben, die laut über die Möglichkeit nachgedacht hatten, eine Schwangerschaft in der Bauchhöhle eines Mannes zu versuchen. Und im Jahre 1985 publizierte Dick Teresi in der Zeitschrift *Omni* den ersten längeren populärwissenschaftlichen Artikel zu diesem Thema – komplett mit allen technischen Details der Prozedur.

Anfang 1995 mag es noch den einen oder anderen Amerikaner gegeben haben, der nichts von Schwangerschaften bei Männern gelesen oder gehört hatte, aber das sollte sich durch den Film *Junior* recht bald ändern. Arnold Schwarzenegger und Danny DeVito verkörpern in dieser Komödie das moderne Äquivalent der IVF-Pioniere Edwards und Steptoe. Aus überaus verwickelten Gründen beschließen die beiden Protagonisten, einen reproduktionsbiologischen Selbstversuch durchzuführen. Der von Danny DeVito gespielte Gynäkologe sieht sich veranlaßt, eine IVF mit einer Spender-Eizelle und dem Sperma seines Kollegen Schwarzenegger durchzuführen. Mit Hilfe seines Ultraschallgeräts sucht er nach einer günstigen Stelle in dessen Bauchhöhle, um das befruchtete Ei zur Einnistung zu plazieren. Eine Woche später hält er den positiven Schwangerschaftstest in der Hand und verkündet trocken: »Du bist vielleicht verrückt, aber du bist außerdem schwanger.«

Durch die tägliche Einnahme von Hormonen ist sein Kollege in der Lage, die Schwangerschaft aufrechtzuerhalten. In einer Szene mit nicht übermäßig dezenten politischen Untertönen entflieht er den Fängen eines schurkischen Institutsdirektors mit dem Ausruf: »Das ist meine Entscheidung! Mein Bauch gehört mir!« Der Film kulminiert in der Geburt eines gesunden Mädchens vermittels eines modifizierten Kaiserschnitts. In der Schlußszene, einer Hymne auf das traute Familienglück, spielen das Baby, sein genetischer Papa, der zugleich seine leibliche Mutter ist, und die Eispenderin, seine genetische Mutter (die sich unterwegs irgendwann in den schwangeren Schwarzenegger verliebt hat) fröhlich an einem kalifornischen Sandstrand.

Filme und Romane, die wissenschaftliche Wirklichkeit und Fiktion miteinander vermischen, hinterlassen in den Köpfen der Allgemeinheit häufig eine gewisse Verwirrung darüber, was tatsächlich möglich ist und was nicht. In aller Regel kann man sich darauf verlassen, daß Wissenschaftler und Ärzte die Dinge rasch zurechtrücken. In Sachen männliche Schwangerschaft allerdings passiert etwas überaus Merkwürdiges: Manche Leute sagen, sie sei möglich, während andere das Gegenteil behaupten. Um verstehen zu können, warum verschiedene Experten zu so unterschiedlichen Schlußfolgerungen gelangen, müssen wir einen Blick auf den Denkprozeß eines Wissenschaftlers und auf den eines Klinikers werfen.

Der Wissenschaftler würde die Voraussetzungen auflisten, die für den Beginn und die Aufrechterhaltung einer menschlichen Schwangerschaft notwendig sind. Die erste Voraussetzung wäre ein befruchtetes Ei. Die zweite wäre eine angemessene hormonelle Umgebung, die die Einnistung und die Fortführung einer Schwangerschaft zuläßt. Die dritte wäre der Bauch eines lebenden Wesens, in dem sich der Embryo einnisten und eine Plazenta bilden kann. Alle drei Voraussetzungen kommen bei einer fruchtbaren Frau natürlicherweise vor. Ließen sie sich bei einem Mann ebenfalls herbeiführen?

Lassen Sie uns zuerst das befruchtete Ei betrachten. Die Geburt von Louise Brown im Jahre 1978 machte deutlich, daß diese mikroskopisch kleine Einheit keine exklusive Domäne fruchtbarer Frauen mehr ist. *In vitro* befruchtete Eizellen ließen sich hinfort mit einer haarfeinen Glasnadel aufnehmen und beliebig irgendwohin verfrachten – warum nicht auch in den Bauch eines Mannes?

Ohne eine angemessene hormonelle Umgebung aber sind Einnistung und Schwangerschaft nicht möglich. Damit lautet die entscheidende Frage, ob es möglich ist, die hormonellen Bedingungen einer Schwangerschaft die ganzen neun Monate hindurch im Körper eines Mannes zu simulieren. Sie sind vielleicht überrascht zu erfahren, daß wir die Antwort bereits kennen; sie lautet: »Ja«.

Auch eine Frau ist jenseits der Menopause nicht mehr in der Lage, die hormonelle Situation herzustellen, die mit einer Schwangerschaft einhergeht. Und doch sind Frauen auch noch lange nach der Menopause – zwischen fünfzig und sechzig, sogar noch zwischen sechzig und siebzig – mit Hilfe gespendeter Eizellen und mit den Methoden der IVF schwanger geworden und haben Kinder bekommen. Diese Schwangerschaften wurden durch Hormoninjektionen etabliert und unterhalten, die die natürliche hormonelle Situation simulierten. Nach allem, was wir derzeit über Endokrinologie wissen, gibt es keinen Grund, warum dies nicht auch bei einem Mann möglich sein sollte.

»Eizellen und Hormone sind ja schön und gut«, mögen Sie vielleicht sagen, »aber die dritte Voraussetzung läßt sich ganz bestimmt nicht nachbilden. Frauen haben eine Gebärmutter, Männer nicht. Und daran wird sich nichts ändern.«

Und wieder einmal zeigt uns Mutter Natur, daß wir mit unseren Intuitionen falschliegen. Ganz selten – bei etwa einer von tausend Schwangerschaften – schafft es das befruchtete Ei nicht bis zur Gebärmutter und landet statt dessen irgendwo in der Bauchhöhle. Das kann passieren, weil der Eierstock nicht direkt mit dem Eileiter verbunden ist, sondern das Ei, um in die Gebärmutter zu gelangen, erst die Öffnung des Eileiters finden muß. Gelegentlich, wenn es sehr nahe an dieser Öffnung zur Befruchtung kommt, »fällt« das befruchtete Ei tatsächlich aus dem Eileiter hinaus und in die Bauchhöhle.

Sie mögen nun vielleicht annehmen, daß die Überlebenschancen einer Eizelle in der Bauchhöhle gleich Null sind. Doch erstaunlicherweise kann sich ein Embryo zum geeigneten Zeitpunkt in nahezu jedem Gewebe einnisten. Und der Bauchraum ist angefüllt mit allen möglichen Arten von Geweben – von Milz und Leber bis zu Darm und Nieren. Gelingt es dem Embryo, sich erfolgreich einzunisten und genug Plazentagewebe zu entwickeln, so kann er ganz normal zu einem Fetus heranwachsen, der die neun Monate einer Schwangerschaft übersteht. Am Ende kann er natürlich nirgendwo hin, und so entbindet man ihn durch einen modifizierten Kaiserschnitt. Die medizinische Literatur berichtet immer wieder von gesunden, lebensfähigen Babys, die von Müttern auf diese ungewöhnliche Art und Weise ausgetragen wurden.

Lassen Sie uns also auf die dritte Voraussetzung für eine Schwangerschaft zurückkommen: den Bauch eines lebenden Wesens, in den sich der Embryo einnisten und eine Plazenta anlegen kann. Wenn der

Bauch einer Frau dazu in der Lage ist, dann sollte der Bauch eines Mannes nicht minder gut geeignet sein.[1] »Völlig klar«, würde der Wissenschaftler schlußfolgern, »damit habe ich gezeigt, daß eine Schwangerschaft beim Mann möglich ist, und zwar bereits heute!«
»Warten Sie einen Augenblick«, würde der Kliniker ihn anflehen, »lassen Sie uns die ganzen Berichte über Bauchhöhlenschwangerschaften noch einmal durchsehen, diesmal aber mit mehr Rücksicht auf die klinischen Details. Und lassen Sie uns mit ein paar allgemeinen Feststellungen der berichtenden Mediziner anfangen«:

> Die Bauchhöhlenschwangerschaft ist ein seltener und lebensbedrohlicher Zustand.[2]

> Sterblichkeit und Gesundheitsrisiken für Mutter und Fetus sind beträchtlich. ... Sobald die Diagnose abgesichert ist, ist in der Regel zu einem sofortigen chirurgischen Eingriff zu raten.[3]

> Die Pflege der betroffenen Patientin stellt höchste Anforderungen.[4]

Eine Bauchhöhlenschwangerschaft wird vor allem deshalb als »lebensbedrohlich« angesehen, weil ein Embryo zwischen sich und dem Körper, der ihn beherbergt, eine extrem enge Verbindung herstellen muß. Bei einer normalen Schwangerschaft heftet er sich an die spezialisierte Gewebeschicht im Inneren der Gebärmutter, an das sogenannte Endometrium. Dessen Zellen bilden mit den embryonalen Zellen zusammen die Plazenta, und zum Zeitpunkt der Geburt löst sich diese leicht von der Gebärmutterwand und folgt dem Baby durch den Geburtskanal. Eine abstoßbare Gewebeschicht produzieren zu können, die in die Plazenta eingebaut werden kann, ist jedoch eine einzigartige Fähigkeit der Gebärmutter.
Wenn ein Embryo sich in der Bauchhöhle niederläßt, dann ist diese Ablösung unglücklicherweise nicht mehr so problemlos. Die Schwierigkeit liegt darin, daß die Entwicklung der Plazenta eine vollständige Vermischung zwischen embryonalem Gewebe und Wirtsgewebe zur Folge haben kann, so daß es zwischen beiden keine klare Grenze

mehr gibt. Je ausgedehnter diese Vermischung ist, desto problematischer wird es, die Plazenta zu entfernen. Der Arzt muß seinen Schnitt zwischen ausgesprochenem Plazentagewebe und dem Gemisch aus mütterlichem Gewebe und Plazenta führen. Dabei werden große Blutgefäße verletzt, und es kann zu schwer kontrollierbaren inneren Blutungen kommen.

Doch die Probleme beschränken sich nicht nur auf das Ende der Schwangerschaft. Bereits lange vor diesem letzten Schritt kann die Plazenta schwere Schäden an dem Organ anrichten, in das sie hineinwächst, und auch hier zu spontanen Blutungen führen, die tödlich sein können.

Ist also eine Schwangerschaft beim Mann möglich? Vermutlich ja.

Ist eine Schwangerschaft beim Mann schon jetzt machbar? Nein, im Augenblick nicht. Das Ganze ist nicht nur eine Frage danach, ob »das Baby lebt«, wie der Regenbogenreporter der *Sun* glaubte, sondern vor allem danach, ob der Mann Schwangerschaft und Geburt überlebt.

Zumindest zum gegenwärtigen Zeitpunkt ist eine Schwangerschaft nichts, wozu sich ein Mann, der seine fünf Sinne beisammen hat, bereit erklären würde, und kein Arzt käme auf die Idee, so etwas vorzuschlagen. Aber wieder einmal: Wir sollten niemals nie sagen. An irgendeinem Zeitpunkt unserer Zukunft ist es wahrscheinlich, daß die Reproduktionsbiologen herausfinden werden, wie sich das Plazentawachstum von den empfindlichen Bauchorganen weg und zu einer leicht ablösbaren, gut durchbluteten Oberfläche hin verlagern läßt.

Doch falls die Schwangerschaft beim Mann eines Tages wirklich machbar sein sollte, werden wir uns vermutlich trotzdem die Frage stellen müssen, welcher Mann sich das Ganze tatsächlich würde zumuten wollen. Wie Danny DeVito als Gynäkologe in *Junior* so treffend bemerkt: »Das Schöne daran, ein Kerl zu sein, ist, daß du nicht schwanger werden mußt.«

Die meisten Männer werden so oder ähnlich empfinden, doch es gibt sicher auch eine ganze Reihe von Ausnahmen. Dazu werden Transsexuelle[5] gehören, die als Mann zur Welt kommen und sich einer Geschlechtsumwandlung zur Frau unterziehen, oder auch verheiratete Männer, die wie der genetische Vater/die leibliche Mutter Richard

Koinevo aus Finnland Leihmutter für ihre unfruchtbare Frau sein wollen.

Wenn wir all die möglichen Variationen zum Thema Vaterschaft und Mutterschaft aus diesem Teil des Buches noch einmal Revue passieren lassen, wird klar, daß diese Konstellationen bald nicht mehr so leicht zu definieren sein werden wie einst, als die menschliche Fortpflanzung ein geheimnisvoller Prozeß war, der, vor den Blicken aller wohlverborgen, im Bauch einer Frau stattfand. In jenen längst vergangenen Tagen hatte ein Kind nur eine Mutter und einen Vater, das war's. Doch mit der Entmystifizierung der menschlichen Empfängnis – die damit buchstäblich ans Tageslicht gezerrt wurde – haben die Reproduktionsgenetiker die Fähigkeit erlangt, den einen schmalen Weg, der Eltern und Kinder bisher verbunden hatte, zu umgehen. Heute gibt es nicht mehr nur einen, sondern viele Wege, die man beschreiten kann, um an sein Ziel – ein »eigenes« Kind – zu kommen. Und bei der Bewertung jedes dieser Wege sollte nicht dessen jeweilige Eigenart das Maß sein, sondern die Liebe, die Eltern ihrem Kind von Geburt an geben werden.

Teil V
Die Kinder von morgen

Sondern Gott weiß: an dem Tage, da ihr davon [von den Früchten am Baum der Erkenntnis] esset, werden eure Augen aufgetan, und ihr werdet sein wie Gott und wissen, was gut und böse ist.

Genesis 3, 5

Kapitel 17
Das virtuelle Kind

Alice

Ein Fenster auf dem Computerbildschirm zeigt das Porträt eines lächelnden jungen Mädchens von etwa sechzehn Jahren. Alice hat ein rundes Gesicht, schmale Lippen, eine leicht verbreiterte Nase, kleine Ohren und haselnußbraune Augen wie ihre Großmutter mütterlicherseits und ein Onkel aus der väterlichen Linie. Ihr dickes, dunkelbraunes, gewelltes Haar hat die Tendenz, leicht fettig zu werden, ansonsten gibt es nichts daran auszusetzen. Rechts von ihrem Bild erscheinen die üblichen Lebensdaten: Geschlecht – weiblich; Größe – zwischen 1,58 und 1,63 Meter; Gewicht – 55 bis 58 Kilogramm. Unter dem Bild findet sich eine Liste allgemeiner Kategorien, die Auskunft darüber gibt, wer Alice ist und was sie vom Leben erwarten kann. Die Kategorien lauten: Schwerwiegende Einzelgendefekte, Prädispositionen für komplexe Erkrankungen und Infektionskrankheiten, Körperliche und physiologische Merkmale und schließlich Angeborene Persönlichkeitsmerkmale und kognitive Fähigkeiten.
Melissas Hand senkt sich langsam auf die Maus und bewegt sie, bis der Pfeil auf der Kategorie Nummer 1 zur Ruhe kommt – »Schwerwiegende Einzelgendefekte«. Durch einmaliges Anklicken öffnet sich ein Fenster mit einer langen Liste von etlichen tausend Krankheiten, jede einzelne davon mit verheerenden Folgen. Aufgeführt sind Sichelzellenanämie, Mukoviszidose, Tay-Sachs-Syndrom und Phenylketonurie. Jede dieser Erkrankungen trifft etwa eines von tausend Kindern. Die übrigen Krankheiten auf der Liste aber sind überaus selten. Eine Spalte neben den Krankheitsnamen zeigt eines von drei möglichen Symbolen – ein grünes »+« als Symbol für zwei normale Kopien des betreffenden Gens, ein gelbes »T« als Symbol für den sogenannten Trägerstatus, bei dem das Gen in einer normalen und einer veränderten Kopie vorliegt, was bedeutet, daß der Betreffende nicht selbst erkankt ist, das mutierte Gen jedoch an seine Nachkommen

weitergeben kann, oder ein leuchtendrotes »K« für zwei mutierte Kopien des Gens und damit den Krankheitsstatus.

Eine Zusammenfassung sämtlicher Informationen läßt sich oberhalb der Liste ablesen. Bei der Version von Alice gibt es in 4234 Fällen grün – das sind die Krankheiten, bei denen sie weder zur Risikogruppe gehört noch Trägerin eines mutierten Gens ist. Bei 6 sehr seltenen Krankheiten weist sie ein gelbes Symbol auf (bei einer beliebigen Durchschnittsperson rechnet man mit 8), und in keinem einzigen Fall ergab der Test ein rotes »K«.

Das Fenster wird geschlossen, und ein Klick auf die Kategorie »Prädispositionen für komplexe Erkrankungen und Infektionskrankheiten« (PKEI) öffnet ein weiteres Fenster mit einer neuen Liste aus etlichen tausend Einträgen. Jede in dieser Kategorie aufgeführte Krankheit entsteht durch das Zusammenwirken von genetischen und umweltbedingten Faktoren. In beinahe allen Fällen verteilt sich die genetische Komponente auf mehrere Gene. In der Spalte neben den Krankheitsnamen beschreibt eine Zahl zwischen 1 und 100 das angeborene Risiko in Relation zur Gesamtbevölkerung. Zahlen unter 50 bedeuten somit ein unterdurchschnittliches Risiko, Zahlen über 50 ein überdurchschnittlich hohes Risiko.

Das Risiko für eine Leukämie im Kindesalter liegt mit 45 leicht unter dem Durchschnitt. Das langfristige Risiko für Brustkrebs liegt leicht über dem Durchschnitt, bei 55. Das bedeutet, daß Alice im Alter von 55 Jahren mit einem Erkrankungsrisiko von 6 statt von 3 Prozent zu rechnen hat. Beim Durchgehen der langen Liste zeigt sich, daß die meisten Risikofaktoren im Durchschnittsbereich liegen, eine Handvoll Parameter ausgenommen, die ein bißchen herausstechen. Alle Risiken über 65 Prozent sind rot markiert.

Einer dieser rotmarkierten Einträge betrifft Herzerkrankungen mit einem Risiko von 70 Prozent. Weitere Informationen lassen sich durch einen zweiten Klick auf den Krankheitsnamen abrufen, der ein kleineres Fenster im Vordergrund erscheinen läßt. Der dortige Text erläutert, daß der Risikofaktor für Herzerkrankungen in Alices Fall auf veränderte Umweltbedingungen anspricht. Die Zahl 70 basiert auf der gewohnten Ernährung und der üblichen körperlichen Betätigung eines Durchschnittsamerikaners. Mit einigen gesondert aufgeführten Veränderungen der Lebensweise ließe sich das Risiko jedoch bis auf 53 Prozent reduzieren – also beinahe auf Durchschnittsmaß. Die anderen rot markierten Einträge erhöhter Risiken sprechen ebenfalls auf eine Veränderung der Lebensweise an beziehungsweise bieten keinen Anlaß zur Sorge.

Ein paar Klicks, und sämtliche PKEI-Fenster sind geschlossen. Nun wendet sich Melissa der Kategorie »Körperliche und physiologische Merkmale« zu, und es erscheint eine Liste der verschiedenen körperlichen Charakeristika und Maße, die sich auf den allgemeinen Gesundheitszustand ebenso auswirken können wie auf Alices sportliche Begabung.

Die Gesamtbeurteilung zeigt an, daß Alice im allgemeinen gesund sein wird. Ein leichter Grund zur Sorge könnte die Tatsache sein, daß ihre Haut sehr empfindlich auf Sonnenlicht reagiert, aber mit Hilfe von Schutzlotionen wird sie Gesundheitsschäden verhindern können. Was ihre sportlichen Fähigkeiten angeht, so gibt es nicht sehr viel Außergewöhnliches zu vermelden für ein Mädchen ihrer Größe und Gestalt. Falls sie wollte und sich selbst sehr forderte, könnte sie es sogar bis zur Schulmannschaft der Turnerinnen bringen.

Melissa wendet sich wieder dem Bild des Mädchens zu. Sie konzentriert ihren Blick und ihr Denken voll und ganz auf das Bild und flüstert leise, sonderbar fragend: »Alice? … Alice?«

Einen Augenblick hält sie inne, dann schließt sie das Fenster zu Alice Nummer 17 und geht zurück zur Hauptliste. Sie sucht die Nummer 43, ein Mausklick, und es öffnet sich ein Fenster mit einem zweiten Mädchen, dessen Gesichtszüge nur wenig Ähnlichkeit mit der ersten Alice haben. Dieses Mädchen hat ein längliches Gesicht mit höheren Wangenknochen, braunen Augen und glattem dunkelblondem Haar. Mit derselben beschwörenden Frage von eben konzentriert Melissa sich auf dieses zweite Bild: »Alice? … Alice?«

Welche von beiden wird ihre reale Alice werden? Zu diesem Zeitpunkt sind nur noch 2 der ursprünglich 96 Versionen übrig. 96 genetische Profile von 96 Embryonen, die ruhig und sicher bei minus 190° Celsius schlummern, während Melissa und ihr Ehemann Curtis versuchen, sich schlüssig zu werden. Die Wahl des genetischen Profils für ihr künftiges Kind ist die wichtigste Entscheidung, die sie in

ihrem Leben zu treffen haben werden, und es besteht kein Grund, sie zu übereilen.
Die erste Durchsicht war einfach gewesen. 27 Profile wiesen Chromosomen-Anomalien oder andere Mutationen auf, die einer normalen Entwicklung entgegengestanden hätten; bei jedem dieser Embryonen wäre es im Falle einer Implantation zu einer Fehlgeburt gekommen. Die übrigen 69 hätten zwar eine Schwangerschaft überstanden, bei 6 von ihnen gab es jedoch Anzeichen für schwere genetische Defekte, die mit großer Wahrscheinlichkeit schon im Kindesalter beziehungsweise im frühen Erwachsenenalter zum Tode geführt hätten. Bei weiteren 22 lag eine Veranlagung für die eine oder andere Krankheit vor, unterdurchschnittliche körperliche oder intellektuelle Voraussetzungen oder der Hang zu dem einen oder anderen Temperamentsextrem, der Melissa oder Curtis nicht wünschenswert erschien.[1] Unter den 41 Profilen, die nach dieser Erstdurchsicht übrig waren, befanden sich 23 Mädchen und 18 Jungen. Melissa und Curtis hatten sich bereits im voraus für ein Mädchen entschieden, und sie hatten auch bereits beschlossen, es Alice zu nennen. Damit kamen nur noch 23 Profile in die engere Wahl ... 23 potentielle Alices.
Melissa und Curtis war bereits zu Beginn ihres Unternehmens klar gewesen, daß die genetische Konstitution ihres Kindes gemäß der Vorgabe ihrer eigenen beiden Profile gewissen Einschränkungen unterliegen würde. Sie wußten, daß sie kein blauäugiges Baby mit blondem Haar erwarten konnten und auch kein Kind mit den körperlichen Voraussetzungen für eine Karriere als Tennis- oder Basketballstar. Aber eine ganze Reihe anderer positiver Merkmale lagen im Bereich des Möglichen. Was sich Melissa am dringlichsten wünschte, war eine Tochter mit einem angeborenen musikalischen Talent, das möglichst sogar ihre eigenen, bereits beträchtlichen Fähigkeiten übertreffen sollte. Curtis' Hoffnungen galten anderen Eigenschaften. Er wünschte sich, daß Alice mit einem Temperament und entsprechenden kognitiven Fähigkeiten ausgestattet sein würde, mit denen sie sich im Geschäftsleben behaupten könnte.
Melissa und Curtis waren sich sehr wohl bewußt, daß es so etwas wie ein perfektes Kind nicht gibt. Seit komplette genetische Profile Realität geworden waren, konnte jeder Erwachsene, der ein solches hatte

anlegen lassen, die ihm und nur ihm eigene Kombination von Fehlern und Unzulänglichkeiten erkennen. Und wenn es an der Zeit war, ein Kind zu bekommen, dann war es an den Eltern zu entscheiden, welche dieser Unzulänglichkeiten und Fehler tolerierbar waren und welche besser vermieden werden sollten.

Jede der 23 potentiellen Alices hatte in Melissas und Curtis' Augen ihre Stärken und Schwächen. Die Version mit dem größten musikalischen Talent war ein bißchen schüchtern, außerdem ging ihr ein angeborenes mathematisches Talent ab, und das gefiel Curtis nicht besonders. Diejenige mit der größten mathematischen Begabung aber hätte die Tendenz, 20 Pfund über ihrem Normalgewicht zu wiegen und nicht besonders musikalisch zu sein. Das konnte Melissa nicht akzeptieren. Damit war ein Kompromiß nötig.

So waren sie schließlich auf die beiden Endkandidatinnen verfallen. Beide schnitten in allen wichtigen Temperamentskategorien gut ab. Sie hatten die Neigung, im großen und ganzen auf lange Sicht glücklich zu sein, und ihr Gefühlsleben würde ausgewogen verlaufen. Sie waren gewissenhaft, gingen in ihrem Verhalten keine übermäßigen Risiken ein, hatten eine selbstbewußte, aber nicht übermäßig aggressive Persönlichkeit und ein offenes Wesen.[2] Zusätzlich verfügten beide über ein deutlich überdurchschnittliches Talent in Musik und Mathematik. Damit verlagerte sich die Entscheidung auf untergeordnete Aspekte der äußeren Erscheinung. Nummer 43 ähnelte in Kinn, Nase und Augen sehr ihrem Vater, und das gefiel Curtis. Melissa war jedoch der Ansicht, daß Nummer 17 insgesamt die hübschere werden würde, obwohl dieser extrem subjektive Aspekt der äußeren Erscheinung bei einem vom Computer entworfenen Porträt mit Sicherheit nur sehr schwer zu beurteilen war. Schließlich trafen Melissa und Curtis ihre Wahl, und neun Monate später teilten sie miteinander den aufregenden Moment der Geburt ihrer Tochter – einer real existierenden Alice.

Der gegenwärtige Stand der Technik

Am 19. April 1990 wurden die bis dahin theoretischen Überlegungen zum Thema virtuelle Kinder Realität. An diesem Tag berichtete das Magazin *Nature* über zwei Schwangerschaften, bei denen die Embryonen auf der Grundlage ihres genetischen Profils sorgfältig ausgesucht worden waren.[3] Die potentiellen Mütter hatten sich freiwillig für diese erste klinische Erprobung einer Methode gemeldet, die man hinfort als »Embryobiopsie« oder als »genetische Präimplantationsdiagnose« (PGD) bezeichnete. Beide waren Trägerinnen einer schweren Mutation, die nur bei Söhnen Folgen hätte, nicht aber bei ihren Töchtern.[4] Solange diese Frauen also ein Mädchen zur Welt brachten, konnten sie sicher sein, daß dieses die Krankheit nicht bekommen würde.

Bei diesem ersten Versuch zur PGD war es nur notwendig gewesen zu bestimmen, ob irgendein beliebiges Stück DNA aus dem Y-Chromosom im Embryo vorhanden war, denn das hätte bedeutet, daß der Embryo männlich war. Fehlte dieses DNA-Stück, so handelte es sich um einen weiblichen Embryo. Nur Embryonen, die als »virtuelle Mädchen« gelten konnten, kamen für die Implantation in Frage. Neun Monate später brachten die Mütter »real existierende« Mädchen zur Welt, die die familiäre Krankheit niemals bekommen würden.

Heute, im Jahre 1997, ist es möglich, in jedem Embryo Tausende verschiedener Gene zu sichten und eine gewisse Aussage darüber zu treffen, wie sehr sich die jeweils mit den einzelnen Embryonen assoziierten virtuellen Kinder voneinander unterscheiden würden. Um sich darüber klar zu werden, was es heißt, »Gene zu sichten«, muß man wissen, worin sich Menschen genetisch eigentlich voneinander unterscheiden.

Es wird zwar oft gesagt, jemand habe »das Sichelzellengen«, ein »Gen für rote Haare« oder »ein Brustkrebsgen« geerbt, aber diese Ausdrucksweise vermittelt kein genaues Bild von dem, was sich auf genetischer Ebene tatsächlich abspielt. In Wirklichkeit ist uns allen derselbe Satz aus 100 000 Genen gemeinsam; diese liegen in jeweils zwei Kopien vor, die sich auf unsere 23 Chromosomenpaare verteilen. Die Gesamtsumme aller Informationen auf diesen Chromosomen wird im allgemeinen Sprachgebrauch als »menschliches Genom« bezeichnet.[5] Kein gegenwärtig (das heißt zu dem Zeitpunkt, da dieses Buch geschrieben wurde) lebender Mensch verfügt über irgendwelche Extragene. Es gibt kein Sichelzellen-, kein »Rothaar«- und kein Brustkrebsgen, sondern lediglich alternative Versionen von Genen, die uns allen gemeinsam sind. Was uns voneinander unterscheidet, sind die verschiedenen Ausgaben derselben Gene, nicht aber der Besitz verschiedener Gene.

Diese alternativen Versionen eines Gens bezeichnet man als *Allele*. Die meisten Allele eines bestimmten Gens unterscheiden sich geringfügig voneinander, manchmal nur durch einen einzelnen DNA-Baustein, eine sogenannte *Base*. Eine Base ist das Analogon eines *Bits*, der Grundeinheit computergespeicherter Informationen. So wie jede Computerdatei aus einer Reihe von (zu Bytes arrangierten) Bits besteht, so besteht ein Gen aus einer Reihe von mehreren 100 oder 1000 Basen. Bereits der Austausch einer einzigen Base kann dramatische Konsequenzen haben: Eines der Gene, die wir alle in uns tragen, ist das Gen für ein Protein namens ß-Globin. Dieses Gen kodiert einen Bestandteil des Hämoglobins, jenes Proteins, das den Sauerstoff in unserem Blut transportiert. Eine einzige Basenänderung in diesem Gen verändert die Struktur des Hämoglobinproteins so, daß daraus die verheerende Sichelzellenanämie entsteht.[6]

Mutationen – Basenänderungen, die zu neuen Allelen führen – müssen nicht notwendigerweise von Übel sein. Wir alle sind Kinder von Mutanten. Jedes unserer Gene ist durch einen Evolutionsprozeß zustande gekommen, an dem eine Mutation um die andere mitgewirkt hat. Wir würden uns normalerweise nie so sehen, weil der Begriff »Mutant« einen so negativen Beigeschmack hat, aber trotzdem ist es so.

Wenn man verschiedene Allele identifiziert hat, wird es möglich, einzelne Embryonen daraufhin zu untersuchen. Solche umfassenden Analysen werden für Krankheiten wie Sichelzellenanämie, Mukoviszidose, das Tay-Sachs-Syndrom und Chorea Huntington bereits unternommen, das heißt für Krankheiten, die durchweg auf das mutierte Allel eines einzelnen Gens zurückzuführen sind. Dieselbe Technologie ließe sich ohne weiteres auch einsetzen, um Allele ausfindig zu machen, die mit positiven Merkmalen assoziiert sind – einem guten Gesundheitszustand beispielsweise, einem besonderen Talent oder Temperament. Sobald zwischen zwei Allelen ein Unterschied in der DNA-Sequenz besteht, kann man diesen Unterschied mit den Methoden der modernen Molekularbiologie nachweisen.

Doch wie, so mögen Sie vielleicht fragen, ist es möglich, die Gene einer einzelnen Zelle zu untersuchen, die man einem Embryo entnommen hat? Noch 1983 hielt man dies in der Tat für absolut *unmöglich*. Sobald Ihnen klar geworden ist, womit man es dabei zu tun hat, werden Sie verstehen, warum. Eine einzelne Zelle enthält ein einzelnes DNA-Molekül mit den Instruktionen für je eine Kopie eines Gens. Der Unterschied zwischen zwei Allelen beschränkt sich manchmal auf ein Dutzend Atome. Wenn Sie also wissen wollen, ob ein bestimmtes Allel in einem Embryo vorhanden ist, dann müssen Sie über eine Technik verfügen, mit der Sie unterscheiden können, ob unter den Billionen von Atomen, aus denen eine Embryonalzelle besteht, ein bestimmtes Arrangement von vielleicht 12 unsichtbaren Atomen in der einen oder anderen Position vorhanden ist oder nicht. Und diese Methode muß schnell, genau, billig und an einer sehr großen Zahl von Proben problemlos durchzuführen ein.

Es gibt keine chemische Methode, mit der sich Informationen über die Atomstruktur eines einzelnen Moleküls gewinnen lassen.[7] Aus diesem Grund hatte die Wissenschaft vor 1983 angenommen, daß es auf ewig unmöglich – nicht unwahrscheinlich, sondern absolut unmöglich – sein werde, an einem noch nicht eingenisteten Embryo eine genetische Diagnose zu stellen. Diese einigermaßen engstirnige Beurteilung wissenschaftlicher Grenzen aber wurde mit der Erfindung der Polymerasekettenreaktion, kurz PCR (nach der englischen Bezeichnung *polymerase chain reaction*) mit einem Schlage hinfällig.[8]

Diese Methode wurde von einem einzelnen exzentrischen Wissenschaftler namens Kary Mullis ersonnen – wie, das gehört schon heute zu den Legenden dieses noch immer sehr jungen Gebiets.[9] Jim Dwyer von den New Yorker *Daily News* beschrieb die Szene im Jahre 1993 nach einem Interview mit Mullis so:

An jenem Abend im April 1983 war Mullis guter Dinge. Er fuhr zu seiner Ranch. »Meine Hände waren beschäftigt, doch den Kopf hatte ich frei«, erzählt er. Er erinnert sich an den Duft der blühenden Kastanien, deren weiße Dolden im Licht der Autoscheinwerfer tanzten und gelegentlich gegen die Fenster schlugen. Wie, so überlegte er, wie könnte man auf einem langen fragilen DNA-Molekül einen einzelnen Punkt ausfindig machen? Über eine Reihe von akrobatischen chemischen Gedankensprüngen kam er zu dem Schluß, daß sich ein DNA-Abschnitt mit einem Gen oder dem Fragment eines Gens darauf abtrennen und unter Einsatz derselben Replikationstechniken zur Vermehrung bringen lassen müßte, mit denen sich DNA normalerweise bei der Zellteilung auch vermehrt. Dann ging ihm etwas derart Verblüffendes auf, daß er am Straßenrand anhalten mußte. Zu Zeiten, als er noch mit Computerprogrammen herumgespielt hatte, war er überaus beeindruckt gewesen von der Macht, die eine reiterative Programmschleife entwickeln konnte, ein Programm, das sich »in den Schwanz beißt«, bei dem sich derselbe Vorgang immer wieder abspielt. Er hatte gesehen, wie rasch Zahlen wachsen können, wenn sie exponentiell zunehmen. Die Replikation von DNA konnte genauso ablaufen: Wenn man die richtigen Chemikalien dazugab, dann konnte sich ein kleiner DNA-Abschnitt automatisch und exponentiell immer weiter reproduzieren – das Fragment würde sich jeweils verdoppeln: von 2 auf 4, auf 8 und immer so weiter. Nach 8 Verdopplungen, so wurde ihm klar, hätte er 256 Kopien seines Gens, nach dem 20. Zyklus bereits 1 048 576. Beim 30. Durchlauf wäre er bei 1 073 741 824 – einer Milliarde Kopien eines einzelnen Gens – *in drei Stunden.*[10]

Zwar sollten die ungeheuren Möglichkeiten der PCR erst später von anderen Leuten in vollem Umfang erkannt werden, doch Kary Mullis hatte in jener Nacht – allein mit seinen Gedanken – eine Methode entwickelt, bei der man seinen Arbeitstag mit einer einzelnen Zelle beginnen konnte und noch vor dem Mittagessen ein Reagenzglas mit Milliarden Kopien eines einzelnen Gens in der Hand hielt. Drei Stunden, um ein Gen mit Hilfe eines Apparats zu klonieren, der weniger als 5000 Dollar kostet (und sich heute bereits in amerikanischen High-School-Labors findet), eine Technik, bei der man morgens mit einem einzelnen DNA-Molekül anfängt, nach dem Essen die DNA-Profile liest und im Laufe eines einzigen Arbeitstages die genetischen Profile von Hunderten verschiedener Embryoproben in der Hand hält. Mehr als jede andere im 20. Jahrhundert entwickelte Technik hat die PCR die Richtung der biologischen und biomedizinischen Wissenschaften geprägt. Abgesehen von den ungeheuren Möglichkeiten, die es für den Bereich der Auffindung und Analyse von Genen verheißt, spielt es heute bereits bei nahezu jedem Experiment in jedem genetischen Labor der Welt eine wichtige Rolle. Die PCR hat es möglich gemacht, daß wir in kurzer Zeit nicht nur beim Menschen, sondern auch bei Tieren und Pflanzen genetische Profile erstellen können – und das hat enorme Konsequenzen für Umweltforschung und Landwirtschaft. Auch für die Gerichtsmedizin war die PCR von kolossaler Bedeutung, läßt sich doch mit ihrer Hilfe schon aus einem einzelnen Haar am Tatort ein genetisches Profil seines Besitzers erstellen. Und die PCR hat es uns ermöglicht, die Vergangenheit zu beleuchten, zu zeigen, daß die Skelette, die man in jener abgelegenen sibirischen Stadt gefunden hatte, tatsächlich die Gebeine des letzten russischen Zaren und seiner Familie waren. Sie trägt uns sogar noch viel weiter zurück, läßt uns genetische Profile von Insekten und Pflanzen erstellen, die schon seit Jahrmillionen ausgestorben sind. Entdeckung und Analyse von in Bernstein eingebetteten Organismen aus dem Zeitalter des Jura lieferten den Grundgedanken für den Film *Jurassic Park*. In Anerkennung der überwältigenden Bedeutung, die diese nächtliche Autofahrt auf zahllose Bereiche menschlichen Wirkens hat und haben wird, wurde Kary Mullis im Jahre 1993 der Nobelpreis für Chemie verliehen.

Nun sind wir endlich in der Lage, den gesamten Vorgang einer genetischen Präimplantationsdiagnose (PGD nach der englischen Bezeichnung *preimplantation genetic diagnosis*), wie sie heutzutage durchgeführt wird, von Anfang bis Ende zu verfolgen: Zuerst wird der Eisprung der künftigen Mutter hormonell stimuliert, so daß eine größere Anzahl von Eizellen heranreift – im typischen Falle etwa ein Dutzend, gelegentlich aber sogar bis zu dreißig. Diese reifen Eizellen werden dann aus den Eierstöcken entnommen und zur Befruchtung mit Spermien in einer Petrischale zusammengebracht. Die neuen Embryonen läßt man über zweieinhalb Tage im Brutschrank weiterwachsen. Zu diesem Zeitpunkt enthält jeder von ihnen zwischen sechs und zehn Zellen. Mit einem »chemischen Bohrer« bohrt man ein kleines Loch in die Eihülle, die den gesamten Embryo umschließt, und entnimmt mit einer mikroskopisch dünnen Nadel ein oder zwei Embryonalzellen. Diese Zellen – und die in ihnen enthaltenen DNA-Moleküle – überführt man in eine Lösung und »amplifiziert« (vervielfacht) ausgewählte Bereiche des Genoms mit Hilfe der PCR-Methodik auf das Milliardenfache. Mit anderen molekularbiologischen Techniken analysiert man anschließend, welche Allele vorhanden sind, und anhand dieser Information werden dann bestimmte Embryonen ausgewählt, um sie der Mutter wieder einzupflanzen.

An dieser Stelle muß allerdings erwähnt werden, daß diese pränataldiagnostische Vorgehensweise noch immer mit empfindlichen Einschränkungen behaftet ist. So ist es erstens in der Regel nicht möglich, nach einer Hormonbehandlung mehr als ein Dutzend Eizellen zu »ernten«. Da nicht alle davon befruchtet werden, beziehungsweise sich in der Petrischale möglicherweise nicht richtig entwickeln werden, reduziert sich die Zahl der Embryonen, die für eine Analyse zur Verfügung stehen, um einiges. Und selbst wenn sich ein Embryo normal entwickelt und die Biopsie erfolgreich war, beträgt die Erfolgsrate bei der Analyse der genetischen Information eines einzelnen Gens nur 90 Prozent. Die Erfolgsrate für die Etablierung eines Profils aus zehn Genen beträgt damit nach den Gesetzen der Wahrscheinlichkeitsrechnung nur noch 35 Prozent.[11] Mit anderen Worten: Wenn ein Elternpaar sein Kind auf der Basis eines genetischen Profils von nur zehn Genen auswählen will, dann bleiben ihm vermutlich weniger als 4 Embryonen (35 Prozent x 12) zur Auswahl. Damit nicht genug, liegt die Wahrscheinlichkeit dafür, daß ein erneut eingeführter Embryo sich auch tatsächlich in der Gebärmutter der Frau einnistet, auch unter den allerbesten Umständen noch immer unter 50 Prozent. Das bedeutet, daß eine beträchtliche Chance besteht, daß sich am Ende des ganzen Vorgangs gar kein Kind entwickeln wird.

Wegen dieser Einschränkungen ist die PGD-Technologie nur für sol-

che Paare eine brauchbare Alternative, bei denen bekanntermaßen das Risiko besteht, ein Kind mit einer schweren Krankheit zur Welt zu bringen, die sich auf ein einzelnes verändertes Allel bei einem oder beiden Eltern zurückführen läßt. In diesem Zusammenhang läßt sich die PGD verwenden, um für den Versuch einer Schwangerschaft Embryonen auszuwählen, die nicht von der Krankheit betroffen sind.
Von den wenigen Paaren, denen sie heute zugute kommt, wird die PGD-Technologie sehr geschätzt. Das eingangs erwähnte Alice-Szenario aber gehört im Augenblick noch in das Reich der Fiktion. Die Frage ist nur, wie lange noch?

Was Wissenschaft und Technik werden leisten können

Bevor das Alice-Szenario Realität werden kann, sind fünf technische Probleme zu lösen, des weiteren muß eine Datenbank etabliert werden. Erstens muß die Effizienz, mit der die genetische Information beliebiger Einzelgene aus einer analysierten Embryonalzelle gewonnen werden kann, entscheidend erhöht werden, das heißt auf faktisch 100 Prozent. Zweitens müssen alle 100 000 menschlichen Gene identifiziert werden, ebenso deren geläufigste Allele, die bei einem Großteil aller Menschen vorkommen. Drittens muß eine Methode entworfen werden, mit der sich alle diese Gene rasch und effizient sichten lassen. Die Ergebnisse einer solchen routinemäßigen Durchsicht ergäben dann ein komplettes genetisches Profil für jeden einzelnen Embryo. An diesem Punkt müßte dann eine Datenbank zur Verfügung stehen, die für jedes genetische Profil eine Beschreibung des entsprechenden virtuellen Kindes liefern würde. Viertens müßte eine Methode gefunden werden, wie sich die Anzahl der Eizellen, die sich für eine IVF gewinnen lassen, auf mindestens 100 erhöhen läßt. Und schließlich muß die Effizienz, mit der ein ausgewählter Embryo sich auch wirklich zu einem Kind entwickelt, auf 90 Prozent oder mehr erhöht werden.
Es mag schwer zu glauben sein, doch auf der Grundlage der uns heute zur Verfügung stehenden Technologien sind schon jetzt Lösungen für

alle fünf Probleme denkbar. Mit an Sicherheit grenzender Wahrscheinlichkeit wird sich auch die benötigte Datenbank im Laufe des nächsten halben Jahrhunderts – wenn nicht sogar eher – rasch bis zur Vollständigkeit ausweiten. Lassen Sie uns die möglichen Lösungen eine nach der anderen untersuchen.

Das erste Problem betrifft die Effizienz, mit der sich die genetische Information aus Einzelkopien der DNA-Moleküle einer einzelnen Embryonalzelle gewinnen läßt. Die PCR ist zwar eine sehr leistungsstarke Methode, aber es ist unwahrscheinlich, daß sich ihre Effizienz auch nur annähernd auf das Niveau wird heben lassen, das notwendig wäre, um die Information aus sämtlichen 100 000 Genen einer einzelnen Zelle zu erhalten. Es gibt jedoch einen alternativen Ansatz, um diesem Problem beizukommen. Statt den Weg der Chemie zu beschreiten und (nach Art der PCR) Kopien von DNA-Molekülen herzustellen, können die Wissenschaftler sich auch der Biologie bedienen.

Der biologische Ansatz bestünde darin, spezielle Nährstoffe und Signale einzusetzen, die jene einzelne Embryonalzelle dazu veranlassen, zu einer größeren Masse aus Tausenden identischer Zellen heranzuwachsen. Mit jedem Zellteilungsereignis aber wird die DNA auf natürliche Weise dupliziert. Bei 1000 Zellen kommt man zu 1000 exakten Kopien von jedem Allel eines jeden Gens, bei 100 000 Zellen zu 100 000 Kopien. Mit einer hinreichenden Menge an DNA aber ist es problemlos möglich, nach dem Vorhandensein von Allelen zu jedem beliebigen bekannten Gen mit sehr hoher Effizienz zu suchen.

Wie viele menschliche Gene kennt man eigentlich? Bis zum heutigen Tage sind weniger als 10 000 menschliche Gene vollständig charakterisiert worden. Doch dank des im Jahre 1991 von den National Institutes of Health ins Leben gerufenen Human Genome Project ändert sich diese Situation sehr rasch. Das Projekt hat zum Ziel, sämtliche 100 000 menschlichen Gene zu identifizieren und zu charakterisieren. Dieses Ziel wird man mit großer Wahrscheinlichkeit bis zum Jahre 2020 erreicht haben. Bis zum Jahre 2030 wird man höchstwahrscheinlich auch alle häufigeren Allele von jedem menschlichen Gen kennen, die es bei den verschiedenen Angehörigen unserer Population gibt.

Im Hinblick auf die PGD-Diagnostik werden uns all diese Informationen jedoch nur wenig helfen, wenn es keine rasche und effiziente Möglichkeit gibt, alle 100 000 Gene eines einzelnen Embryos rasch und zuverlässig zu sichten. Mit der besten genetischen Technologie der Vergangenheit (das heißt vor 1996) hätte diese Aufgabe Jahre in Anspruch genommen, und es wäre daher unmöglich gewesen, routinemäßig komplette genetische Profile zu erstellen.

Doch das war die Vergangenheit, und die Zukunft hat bereits begonnen. Eine kleine Biotechnologie-Firma namens Affymetrix wurde zum Vorreiter bei der Entwicklung sogenannter DNA-Chips, bei denen man die Technologie zur Herstellung von Computerchips mit den chemischen Methoden vereinigte, die man zur Synthese von DNA entwickelt hat. Diese Entwicklung kann die genetische Praxis des 21. Jahrhunderts revolutionieren.[12] DNA-Chips tragen auf ihrer Oberfläche einzelne DNA-Fragmente, die zu mikroskopisch kleinen Blöcken zusammengefaßt und schachbrettartig angeordnet sind. Jeder einzelne Block fungiert als Detektor für die An- oder Abwesenheit eines ganz bestimmten Allels.[13] Um eine Analyse durchzuführen, bringt man den Chip mit seiner Probe zusammen und bedient sich anschließend einer Kombination aus Computersoftware und mikroskopischem Detektorsystem, um das Ergebnis auszuwerten.

Ein DNA-Chip mit einer Fläche von etwas weniger als 6 Quadratzentimetern existiert bereits, er verfügt über eine Kapazität von 400 000 voneinander unabhängigen DNA-Fragmenten – genug also, um von jedem der Gene im menschlichen Genom im Durchschnitt etwa vier Allele zu erfassen. Diese Kapazität wird sich in Zukunft rasch erweitern lassen (der Erfinder der DNA-Chips rechnet damit, daß sich die Kapazität ähnlich wie bei den Computerchips etwa alle 18 Monate verdoppeln wird[14]). Die Kosten werden, sobald das Produkt in die Massenproduktion geht, rasch sinken. Mit Hilfe von DNA-Chips ließen sich für eine beliebige Zahl von Embryonen binnen weniger Stunden komplette genetische Profile erstellen.

Doch selbst, wenn wir über die Möglichkeit verfügten, vollständige genetische Profile zu erstellen, so bliebe ein Großteil der Information auf diesen Chips noch immer bedeutungslos. Die gültige Interpretation eines kompletten Profils setzte ein umfassendes Wissen über die

Verknüpfungen zwischen sämtlichen Allelen des menschlichen Genoms und all den Merkmalen voraus, die von diesen kontrolliert oder beeinflußt werden. Diese Verknüpfungen werden permanent gebildet, auch jetzt, da Sie dieses Buch lesen. Der Einsatz von DNA-Chips in Verbindung mit den Informationen aus dem Human Genome Project wird diesen Prozeß ungemein beschleunigen, so daß ein Eigenschaftsprofil aus dem Computer, wie wir es für Alice beschrieben hatten, um die Mitte des 21. Jahrhunderts verfügbar sein sollte.

Ein vollständiges genetisches Profil erstellen und auswerten zu können würde Eltern allerdings wenig nützen, wenn sie nur maximal ein Dutzend Embryonen zur Auswahl hätten. Diesen Punkt habe ich in unserem Alice-Szenario stillschweigend übergangen und einfach vorausgesetzt, daß eine hinreichend große Ausgangsmenge und damit genügend verschiedene genetische Profile zur Verfügung stehen.

Eine Lösung für dieses Problem wird sich mit großer Wahrscheinlichkeit nicht erreichen lassen, indem man die Methoden zur hormonellen Stimulation des Eisprungs weiter optimiert. Statt dessen wird ein ganz anderer Ansatz verfolgt werden müssen: Mädchen kommen mit einer Million unreifer Eizellen in ihren Eierstöcken zur Welt. Nur sehr wenige von diesen Eizellen werden während der fruchtbaren Jahre einer Frau zum Eisprung heranreifen. Im Laufe dieser Zeit kommt es unablässig zur Degeneration von Eizellen, doch sogar kurz vor der Menopause sind noch immer Zehntausende lebensfähiger Eizellen übrig. Ein winziges Stückchen Eierstockgewebe von einer jungen Frau enthält Hunderte oder Tausende von Eizellen. Mittels der in Kapitel 14 beschriebenen Technologie wird es in Kürze möglich sein, die meisten dieser Eizellen unter Laborbedingungen zur Reifung zu veranlassen. Durch eine In-vitro-Fertilisation ließen sich diese Eizellen zu Hunderten von Embryonen im Frühstadium umwandeln, von denen sich dann mit den oben beschriebenen Techniken jeweils ein Profil anfertigen ließe.

Ein letztes technisches Problem bliebe noch zu lösen, bevor das Alice-Szenario Realität werden kann: Wenn ein Paar sich der Mühe unterzogen hat, ein oder zwei Embryonen als sein potentielles Kind herauszusuchen, dann wäre es – in diesem Stadium der Prozedur – nicht mit einer Erfolgsrate von lediglich 50 Prozent zufrieden, dem gegenwärtig bestmöglichen Ergebnis. Es ist möglich, daß eine Optimierung der derzeit verwendeten Methoden die Implantationsrate weiter verbessern könnte, doch sicher nie bis zu dem hohen Niveau, das nötig wäre, um das von mir im Falle Alice beschriebene Szenario zu gewährleisten. Auch hier wird möglicherweise ein radikal anderer Weg eingeschlagen werden müssen, um das Ziel einer fast hundertprozentigen Implantationsrate zu erreichen.

Der Trick bestünde darin, den ausgewählten Embryo zu einer Masse von tausend oder mehr identischen Zellen zu »klonieren«. Diese Zellmasse lieferte eine im Prinzip unbegrenzte Zahl an Kernen, die sich in das Zytoplasma kernfreier unbefruchteter Eizellen aus demselben Stückchen Eierstockgewebe transferieren ließen, das man der potentiellen Mutter bereits zur Produktion der ursprünglichen, zur Durchsicht vorgesehenen Embryonen entnommen hatte. Wie bereits beschrieben, wurde der Kerntransfer aus Embryonalzellen bereits bei vielen Arten erfolgreich durchgeführt – unter anderem auch bei einem anderen Primaten – dem Rhesusaffen. Vor allem die Resultate bei Affen zeigen uns, daß dieselbe Technik mit an Sicherheit grenzender Wahrscheinlichkeit auch bei menschlichen Embryonen funktionieren wird. Mit diesem »Klonierungsansatz« ließe sich der potentiellen Mutter allmonatlich ein Embryo mit demselben genetischen Profil implantieren, bis es schließlich zu einer erfolgreichen Schwangerschaft kommt.

Was ich Ihnen hier präsentiert habe, sind potentielle Lösungen für sämtliche technischen Probleme, die einer umfassenden Nutzung der Präimplantationsdiagnostik derzeit noch im Wege stehen. Ob diese Ansätze oder auch andere – die sich aus der Entwicklung neuer Technologien ergeben könnten, die wir uns heute noch gar nicht vorzustellen vermögen – wirklich verfolgt werden, ist von untergeordneter Bedeutung. Was zählt, ist die Gewißheit, daß um die Mitte des 21. Jahrhunderts eine Welt der virtuellen Kinder und der genetischen Selektion möglich sein wird.

Nochmals: Allein die Tatsache, daß eine Technologie entwickelt und verwendet werden *kann*, heißt noch nicht, daß sie entwickelt oder verwendet *wird* oder *werden sollte*. Die Debatte über die Selektion von

Embryonen wird höchstwahrscheinlich um so lauter und hitziger werden, je mächtiger diese Technologie werden wird.

Zwischenspiel: Einige Stimmen aus der Öffentlichkeit

Diese Frauen ... wünschen sich nichts mehr, als Mütter zu sein, ihre Ehemänner sehnen sich nicht minder danach, Väter zu sein. Sie träumen nicht von irgendeinem Kind, sondern sie wollen ein Kind von ihrem Fleisch und Blut, *ein Kind, das Vaters Kinn und Mutters Fertigkeiten im Kopfrechnen geerbt hat.*

Barbara Stewart,
Journalistin bei der *New York Times*[15]

Wollen wir wirklich eine Gesellschaft, in der Eltern einen DNA-Katalog durchblättern und ihr eigenes »Boutique-Baby« entwerfen können? Wollen wir akzeptieren, daß es völlig vernünftig ist, jemanden schon vor seiner Geburt zu diskriminieren oder gar seine Geburt zu verhindern, weil uns seine Gene nicht gefallen?

Dean Hamer,
Genetiker am National Cancer Institute und
Entdecker des »Schwulen-Gens«[16]

Warum ist es in Ordnung, wenn Leute das beste Haus, die beste Schule, den besten Chirurgen und das beste Auto wählen, nicht aber, wenn sie versuchen, das bestmögliche Baby zu bekommen?

Mutter eines Kindes,
das durch künstliche Besamung mit dem Sperma
eines Spenders gezeugt wurde, der unter dem Gesichtspunkt
»hohe Intelligenz« ausgewählt wurde.[17]

Für manche hat die Vorstellung, daß ein Vater seinem Sohn ein genetisches »Präsent« macht, etwas Abstoßendes … sie vermittelt genau die falsche Botschaft.

Wissenschaftliche Rezensenten eines Schauspiels
mit dem Titel *The Gift*, das sich mit dem Dilemma
eines Menschen auseinandersetzt,
der auf ein bestimmtes Merkmal wie zum Beispiel
sportliche Begabung selektioniert worden ist.[18]

Wenn die Gesetzgebung Frauen das Recht zugesteht, während der ersten beiden Trimester ohne Angabe von Gründen abzutreiben, dann ist nur schwer einzusehen, welche Rechtfertigung es dafür geben könnte, eine genetische Vorauswahl und den Verzicht auf die Implantation von Embryonen mit Einschränkungen zu belegen.

Bonnie Steinbock,
Professorin für Philosophie an der
State University of New York, Albany[19]

Das wirkliche Problem ist nicht, was wir am meisten fürchten: ein Regierungsprogramm zur Zucht besserer Kinder. Sehr viel wahrscheinlicher ist das genaue Gegenteil, nicht die Gefahr, daß die Regierung sich in reproduktive Entscheidungen einmischt, sondern daß sie genau das nicht tut. Tatsache ist, daß die Genomforschung mit größter Wahrscheinlichkeit dann die schlimmsten Blüten treiben wird, wenn man sie den freien Kräften des Marktes überläßt.

Diane Paul,
Professorin für Politologie an der
University of Massachusetts[20]

Wir formen und lenken unsere Kinder durch äußere Faktoren. Wir geben ihnen Klavierstunden und lassen ihnen jede nur vorstellbare Art von Lehren zukommen. Ich bin nicht sicher, daß man allzuviel gegen den Einsatz der Genetik sagen kann … solange er niemanden verletzt oder … solange nicht irgendwem bestimmte Vorstellungen von Vollkommenheit aufgezwungen werden.

Arthur Caplan,
Direktor des Center for Bioethics
an der University of Pennsylvania[21]

Eine Mahnung zur Vorsicht: Der Mensch ist mehr als die Summe seiner Gene

Stellen Sie sich die persönliche Enttäuschung vor, die Eltern empfinden müssen, wenn ein Merkmal, das sie bei einem Embryo ausgesucht haben, später bei ihrem Kind überhaupt nicht zur Ausprägung kommt. Bei genetisch bedingten Krankheiten wie Mukoviszidose oder Tay-Sachs-Syndrom sollte das nie zum Problem werden (vorausgesetzt, es kommt nicht zu technischen Fehlern): Wenn wenigstens eine normale Kopie des Gens vorhanden ist, kann die Krankheit nicht zum Ausbruch kommen. Doch sobald die Selektion über die Sphäre solcher einfach bedingten Merkmale hinausgeht, spielen unter Umständen auch andere als genetische Faktoren eine Rolle.

Eines Tages werden Eltern in der Lage sein, gegen Allele zu selektionieren, die beispielsweise mit einem gewissen Risiko dafür einhergehen, daß ihr Träger physisch alkoholabhängig wird. Doch auch in Abwesenheit solcher Allele werden manche Leute aus rein psychologischen Gründen übermäßig trinken. Und obgleich es derzeit bereits möglich ist, gegen Mutationen im BRCA1-Gen zu selektionieren, durch die sich das Brustkrebsrisiko auf das Zwanzigfache erhöht, so besteht doch auch bei Frauen ohne diese Mutation ein Risiko von 3 Prozent, bis zum Alter von 55 Jahren an Brustkrebs zu erkranken. Eine angeborene Begabung für Musik, Mathematik oder Sport allein reicht noch nicht, um aus einem Kind einen versierten Musiker, Mathematiker oder Athleten zu machen.

Solange Eltern nicht wissen, mit welchen Einschränkungen sie bei der genetischen Selektion zu rechnen haben, werden manche von ihnen zwangsläufig enttäuscht werden. Insbesondere im Bereich Persönlichkeit und Leistung wird die Umgebung eine ebenso entscheidende Rolle spielen wie das Genom.[22] Denjenigen, die Möglichkeiten zur Embryoselektion anbieten, obliegt es auch sicherzustellen, daß künftige Eltern die Grenzen der Technologie verstehen, bevor sie sich dafür entscheiden.

Wenn es keine Garantie gibt, so mögen Sie sich vielleicht fragen, warum sollte dann jemand den Wunsch dazu verspüren? Dieselbe Frage kann man jedoch auch Eltern stellen, die große Summen für die Schulbildung ihrer Kinder, für Klavierstunden und private Tennislehrer investieren. Kinder können die Träume ihrer Eltern jederzeit platzen lassen, völlig unabhängig davon, worauf sich diese Träume gründen. Hinzu kommt, daß alle Kinder – seien sie nun selektioniert oder nicht – den kapriziösen Launen der Welt um sie herum unterworfen sind. Kinder, die *gegen* das Tay-Sachs-Syndrom oder *für* das perfekte Musikverständnis selektioniert wurden, können den Stürmen moderner Lebensbedingungen genauso leicht zum Opfer fallen wie Kinder, die ohne jede Selektion geboren wurden. Eltern können ihre Kinder nur bis zu einem gewissen Punkt schützen. Darüber hinaus bleibt ihnen nur, das Beste für sie zu hoffen.

Negative Selektion contra positive Selektion

Während manche Menschen sich gegen jede Art der genetischen Selektion wehren, scheinen viele bereit zu sein, eine Grenze zu ziehen zwischen der *negativen Selektion* – gegen Embryonen mit einem Krankheitsallel – und der *positiven Selektion* – zugunsten von Embryonen mit erstrebenswerten Allelen. Diesem weit verbreiteten Standpunkt zufolge ist es akzeptabel, *gegen* Embryonen zu selektionieren, die ein Allel für das Tay-Sachs-Syndrom tragen, nicht aber, *zugunsten* von Embryonen zu selektionieren, die sich zu Kindern entwickeln könnten, die in der einen oder anderen Art und Weise »über dem Durchschnitt« liegen.

Doch es ist ein Trugschluß zu glauben, daß sich der Einsatz der Embryoselektion fein säuberlich in die Kategorien negative und positive

Auswahl wird trennen lassen. Worauf man Embryonen auch selektioniert, immer werden einige davon zur Implantation ausgewählt werden, andere hingegen nicht. Wer hier eine Linie ziehen will, muß dies auf der Basis unterschiedlicher *Genotypen* tun.
Ein Genotyp ist nichts anderes als die Allelkombination, die eine Person oder eine Zelle bezüglich eines ganz bestimmten Gens aufweist. Die Anzahl der möglichen Genotypen ergibt sich aus der Anzahl der möglichen Allele, die an einem bestimmten Gen existieren können: Bei zwei Allelen gibt es drei verschiedene Genotypen.
Lassen Sie uns, um diesen Punkt etwas genauer zu beleuchten, das Beispiel Tay-Sachs-Syndrom betrachten. Die drei möglichen Genotypen sind in diesem Falle normal, erkrankt und Träger. Beim normalen Genotyp, dem häufigsten Fall, gibt es zwei funktionstüchtige Kopien des betreffenden Gens. Bei einem Erkrankten weist der Genotyp zwei defekte Kopien des Gens auf, und die Betreffenden fallen vor dem Erreichen des fünften Lebensjahres unweigerlich einem schrecklichen Tod zum Opfer. Der Genotyp des Trägers – mit einem normalen und einem defekten Allel – wirkt sich auf die Gesundheit des Betreffenden in keiner Weise nachteilig aus, läßt aber die Möglichkeit zu, daß dessen Kind erkrankt (falls der Träger eine Trägerin heiratet).
Jeder, der willens ist, irgendeine Form von Embryoselektion zu akzeptieren, wird die Selektion gegen das Tay-Sachs-Gen zweifelsohne gutheißen. Doch wie steht es mit der Selektion gegen den Genotyp des Trägers? Warum seiner Tochter nicht das optimale psychologische Wohlbefinden geben, in der beruhigenden Gewißheit, daß sie sich nicht in reprogenetische Technologien zu flüchten haben wird, wenn sie eines Tages eigene Kinder möchte?
Praktisch ausgedrückt: Es ist kaum möglich, eine Selektion gegen die Doppelkopie des Tay-Sachs-Gens zu akzeptieren, nicht aber gegen den Träger der Einzelkopie zu selektionieren, weil die Analyse alle drei Genotypen unterscheiden wird. Ob es einem nun gefällt oder nicht, die Wahl wird damit zu treffen sein zwischen Embryonen, die zu den Trägern gehören, und Embryonen mit normalem Genotyp.[23]
Ich kann mir keinen einzigen Grund dafür vorstellen, daß man sich gegen den Normaltyp und zugunsten des Trägers entscheiden sollte. Wenn Sie dem aber zustimmen, dann heißt das, daß Sie eine Selektion

befürworten, die sich gegen etwas anderes als den Genotyp für eine Krankheit richtet.

Manch einer wird vielleicht argumentieren, daß der Träger-Status zwar nicht *per se* und auf der Stelle eine Krankheit zur Folge haben wird, wohl aber möglicherweise in der zweiten Generation, und daß man ihn deshalb in einem anderen Licht zu sehen habe. Die Chance jedoch, daß ein Tay-Sachs-Träger einen anderen heiratet, beträgt weniger als 4 Prozent, und das Wissen um den eigenen Träger-Status gibt einer Person mit Sicherheit die Chance, die Geburt eines erkrankten Kindes zu vermeiden. Damit ist der negative Beigeschmack des Träger-Status in erster Linie ein psychologisches Moment.

Lassen Sie uns nunmehr einen Fall betrachten, bei dem es möglich ist, gegen einen Genotyp zu selektionieren, für den das Risiko, irgendwann im Laufe des Lebens an Brustkrebs zu erkranken, 12 Prozent beträgt, und dies zugunsten eines Genotyps mit einem um das Hundertfache verringerten Risiko. In diesem Falle selektionieren Sie wirklich gegen eine Krankheit, womit man die Situation als gültiges Beispiel für die Negativselektion betrachten könnte. Ganz so einfach liegt die Sache aber nicht, denn die Aussage, daß es in 12 Prozent aller Fälle eine Prädisposition für Brustkrebs gibt, ist ein Durchschnittswert, der sich auf die Gesamtbevölkerung bezieht. In diesem Falle ist die negative Selektion gegen das Krebsrisiko gleichbedeutend mit einer positiven Selektion zugunsten eines Genotyps, der einen relativen Vorteil gegenüber anderen Frauen bedeutet. Mit welcher Begründung akzeptieren Sie diese spezielle Form der Embryoselektion – oder aus welchem Grunde lehnen Sie sie ab?

Wenn Sie bereit sind, die Selektion gegen das normale Brustkrebsrisiko von 12 Prozent und gegen den selteneren, aber an sich nicht krankheitsverursachenden Tay-Sachs-Träger zu akzeptieren, dann folgt daraus logischerweise, daß Sie auch bereit sein müßten, die Selektion zugunsten eines Genotyps zu akzeptieren, der einem Kind eine wie auch immer geartete Verringerung eines Krankheitsrisikos verleiht beziehungsweise seine Chancen verbessert, zu körperlichem und seelischem Wohlbefinden zu gelangen. Dabei ist freilich zu bedenken, daß der solchermaßen selektionierte Embryo auch auf natürliche Weise, ohne jede Selektion hätte geboren werden können. Wenn also

Ihr Kind sowieso mit einem verringerten Krankheitsrisiko oder einem gesteigerten psychologischen Wohlbefinden hätte geboren werden können – warum nicht auf Nummer Sicher gehen?
Der Rest des Kapitels wird dieser kritischen Frage gewidmet sein. Wovon ich Sie aber hier, gleich zu Beginn, überzeugt zu haben hoffe, ist, daß eine immense Schwierigkeit darin liegt, eine moralische Grenze zwischen akzeptablem und nicht akzeptablem Einsatz der Technologie ziehen zu wollen. So wende ich mich in der folgenden ethischen Diskussion vor allem der Embryoselektion zu.

Das Gespenst der Eugenik

Es gibt Leute, die den frühen Embryo mit einem menschlichen Wesen gleichsetzen, das dieselbe Achtung, denselben Respekt verdient wie ein Kind oder ein Erwachsener. Sie gründen ihre Argumentation auf die Vorstellung, daß jedem menschlichen Embryo ein menschlicher Geist innewohnt, der dort zum Zeitpunkt der Befruchtung angelegt wurde. Diese Leute wehren sich generell gegen jede Zerstörung von Embryonen – ob im Laufe der normalen IVF-Praktiken oder als Ergebnis einer Embryoselektion. Eine wissenschaftliche Kritik an diesem Standpunkt findet sich bereits in früheren Kapiteln und soll hier nicht wiederholt werden. Ich möchte mich statt dessen auf die ethischen Bedenken derer konzentrieren, die bereit sind, die traditionelle Vorgehensweise bei einer IVF zu akzeptieren – bei der die Embryonen für den Transfer in die Gebärmutter einer Frau zufällig ausgesucht werden –, denen eine genetische Vorauswahl jedoch besondere Sorgen macht.
Jemand, der nicht der Vorstellung anhängt, daß ein menschlicher Embryo im Frühstadium einem menschlichen Wesen gleichzusetzen ist, kann für die Ablehnung der Embryoselektion dennoch eine Menge Gründe haben, die sich alle unter der Rubrik Eugenik zusammenfassen lassen. *Eugenik.* Allein das Wort läßt Menschen schaudern. Was aber ist Eugenik eigentlich, und was ist daran so schlecht? Bevor wir unsere Diskussion fortführen können, müssen wir hierauf eine Antwort finden.

Leider sind Antworten nicht so einfach zu haben. Wie die Politologin Diane Paul schreibt: »›Eugenik‹ ist ein Wort mit einem scheußlichen Beigeschmack, aber von höchst unbestimmter Bedeutung. Häufig enthüllt es im Grunde mehr über die Haltung dessen, der es verwendet, als über die dadurch bezeichnete Politik, die Praktiken, Intentionen und Konsequenzen. … Die Oberflächlichkeit der öffentlichen Debatte zum Thema Eugenik spiegelt zum Teil diese vielfältigen, einander oftmals widersprechenden Bedeutungen wider, die sich in Argumenten entladen, die häufig danebenzielen.«[24]

In ihrer ursprünglichen Bedeutung bezog sich die Bezeichnung »Eugenik« auf die Idee, daß eine Gesellschaft in der Lage sein könnte, »ihren Genpool zu verbessern«, indem sie das Fortpflanzungsverhalten ihrer Bürger kontrolliert.[25] In Amerika führten die Versuche, dieser Idee zur praktischen Durchführung zu verhelfen, zu Beginn des 20. Jahrhunderts zu Zwangssterilisationen bei Menschen, die man aufgrund einer (angeblich) verminderten Intelligenz, geringfügiger körperlicher Unzulänglichkeiten oder wegen ihres (mutmaßlich) kriminellen Charakters für genetisch minderwertig hielt. Einen zusätzlichen Schutz des »amerikanischen Genpools« erreichte man durch eine vom Kongreß verordnete strikte Einwanderungspolitik, die darauf abzielte, den Zuwandererstrom aus Ost- und Südeuropa einzudämmen – aus Regionen, deren Bevölkerung nach damaliger Anschauung unerwünschte Gene mitbrachte (und zu der alle vier Großeltern des Autors gehörten). Zwei Jahrzehnte später wählte das nationalsozialistische Deutschland eine sogar noch weit drastischere Vorgehensweise bei seinem Versuch, die Träger unerwünschter Gene innerhalb einer einzigen Generation zu eliminieren. Im Nachhall des Zweiten Weltkriegs wurden alle diese irregeleiteten Versuche, Eugenik zu praktizieren, zu Recht als mörderisch und diskriminierend verurteilt, als Eingriff in das natürliche Menschenrecht auf die Freiheit der Fortpflanzung. »Eugenik« war damit eindeutig zum Unwort geworden.

Ursprünglich war der Begriff »Eugenik« im Hinblick auf ein *Ergebnis* definiert worden – das Ziel war die Verbesserung des Genpools einer Gesellschaft. Sein gegenwärtiger Gebrauch aber hat sich auf die Ebene eines *Vorgangs* verlagert. In seiner neuen Bedeutung beschreibt der Begriff »Eugenik« die Tatsache, daß Menschen die Kontrolle über Gene ausüben, die von einer Generation zur nächsten weitergegeben werden – unabhängig davon, ob diese Handlung selbst irgendeine Wirkung auf den »Genpool« haben wird, und unabhängig davon, ob die Gesellschaft als ganzes oder eine einzelne Familie diese Kontrolle ausübt. Nach dieser Definition ist die Praxis der Embryoselektion eindeutig ein Akt der Eugenik. Weil Eugenik etwas so Schreckliches ist, folgt daraus logischerweise, daß auch die Embryoselektion etwas Schreckliches ist.

Obgleich dieser Trugschluß in seiner Logik so leicht zu durchschauen ist, wird er doch von zeitgenössischen Kommentatoren bemerkenswert häufig dazu herangezogen, reprogenetische Technologien zu geißeln. Ein kürzlich erschienenes Buch von Gina Maranto mit dem Titel *The Quest for Perfection: The Drive to Breed Better Human Beings* verwendet dieses Thema wieder und wieder, um damit eine reproduktive Praktik nach der anderen anzuprangern.[26] Doch eine Sache einfach in die Eugenik-Schublade zu stecken macht sie noch nicht automatisch falsch. Das Eugenikprogramm der Nationalsozialisten war ein Verbrechen, aber nicht allein deshalb, weil es einen Massenmord darstellte, sondern auch, weil es versuchter Völkermord war. Die Zwangssterilisationen in Amerika sind zu verurteilen, weil sie die reproduktive Freiheit Unschuldiger beschnitten. Und eine restriktive Einwanderungspolitik, die sich gegen bestimmte Regionen der Welt richtet, ist und bleibt falsch, weil sie dazu dient, bestimmte ethnische Gruppierungen direkt zu diskriminieren. Für die freiwillige Praxis der Embryoselektion durch ein künftiges Elternpaar kann jedoch nichts dergleichen gelten.

Erst wenn wir uns aus der Eugenikfalle befreit haben, wird es möglich, ohne furchteinflößende Schlagworte die ethischen Bedenken zu erwägen, die sich durch die Embryoselektion ergeben. Ich möchte nochmals betonen, daß ich vorhabe, nur die Bedenken zu betrachten, die sich durch einen Akt der genetischen Selektion ergeben, nicht aber die zufällige Auswahl beziehungsweise das Verwerfen von Embryonen im Rahmen einer normalen IVF. Ich beginne mit fünf allgemeinen Bedenken, die sich auf der Grundlage unserer Vorstellungen von Moral und natürlichen Abläufen ergeben. Danach werde ich mich Befürchtungen bezüglich der negativen Konsequenzen zuwenden, die die Embryoselektion auf die Gesellschaft haben könnte, und schließen möchte ich mit einem Ausblick auf das, was unsere Zukunft möglicherweise bereithält.

»Es ist unmoralisch, ein Kind dem anderen vorzuziehen«

Sobald die Embryoselektion mit der Wahl zwischen verschiedenen Kindern gleichgesetzt wird, ist die Ablehnung überdeutlich zu spüren. Das ist nicht schwer zu begreifen. In der Vergangenheit – und mancherorts noch heute – war und ist eine genetische Selektion nur zu oft gleichzusetzen mit Kindesmord. Insbesondere in manchen Ländern der Dritten Welt fiel die Wahl häufig auf Jungen, Mädchen hingegen wurden oft kurz nach der Geburt erstickt oder ertränkt. In anderen Gesellschaften sind es Säuglinge mit körperlichen Beeinträchtigungen, die getötet werden.

Aber die Analogie zwischen Embryoselektion und Kindesmord ist falsch. Die Embryoselektion liefert die Möglichkeit zur Auswahl von Genotypen und ist keinesfalls gleichbedeutend mit der Selektion von Kindern. Bereits heute können Eltern diese Technologie verwenden, um sicherzugehen, daß das *einzige* Kind, das sie in die Welt zu setzen planen, nicht unter dem Tay-Sachs-Syndrom leidet.

Sogar in Zukunft, wenn es möglich geworden ist, auf der Basis von genetischen Profilen Computerbilder zu erstellen, werden Embryonen noch immer nicht mit *wirklichen (real existierenden)* Kindern gleichzusetzen sein. Virtuelle Kinder existieren nur in der Vorstellung, und zu ihrer Entstehung ist noch nicht einmal ein erfolgreich vollzogenes Befruchtungsereignis nötig. Wenn dereinst für jeden Mann und jede Frau ein genetisches Profil erstellt werden kann, wird es auch möglich sein, die virtuellen Keimzellen zu beschreiben, die jeder von beiden bilden wird. Jede Kombination einer virtuellen männlichen Keimzelle und einer virtuellen weiblichen Keimzelle ergibt ein virtuelles Kind. Und jedes einzelne dieser Billionen und Aberbillionen virtueller Kinder, die durch die virtuelle geschlechtliche Vereinigung zwischen einem einzelnen Mann und einer einzelnen Frau (die einander vielleicht noch nicht einmal kennen) möglich sind, ließe sich mittels Computer in einem ebenso ausführlichen und detaillierten Porträt darstellen, wie wir es zu Beginn des Kapitels für Alice gezeigt haben. Am Ende der Geschichte aber stand nur eine einzige real existierende Alice. Und was ihre Eltern ausgewählt hatten, waren lediglich die Allele, die ihr jeder von beiden mitgeben wollte.

»Es ist nicht richtig, der Natur ins Handwerk zu pfuschen«

Dieses Argument wird von vielen Leuten herangezogen, die nicht religiös im traditionellen Sinne sind. Doch auch diese Ansicht basiert auf der Vorstellung, daß die Evolution der Menschheit auf irgendein vorherbestimmtes Ziel hinausläuft und daß sich dieses nur durch den gegenwärtig wirkenden *Zufallsprozeß* erreichen läßt, durch den wir unsere Gene an unsere Kinder weitergeben. Ungehindert wirkende Evolution aber ist niemals vorherbestimmt und auch nicht notwendigerweise vorwärts gerichtet – sie repräsentiert lediglich Reaktionen auf unwägbare Veränderungen der Umweltbedingungen. Wenn jener Asteroid, der unseren Planeten vor 60 Millionen Jahren traf, statt dessen vorbeigeflogen wäre, so hätte es den Menschen nie gegeben.[27] Und wie die natürliche Ordnung auch aussehen mag, sie ist nicht notwendigerweise gut. Auch das Pockenvirus war Teil der natürlichen Ordnung, bis menschliches Eingreifen es ausgerottet hat. Ich bezweifle sehr, daß jemand über diesen Verlust Trauer empfindet.

»Die Embryoselektion auf vorteilhafte Merkmale ist ein Mißbrauch der Medizin«

Sinn und Ziel der Medizin ist es, Leiden zu lindern und Kranke zu heilen. Nimmt man diese Definition als Grundlage, dann ist natürlich klar, daß die Embryoselektion für Zwecke eingesetzt werden könnte, die außerhalb dieses Bereichs liegen. Doch die Ärzte haben ihr Wissen und ihre Fertigkeiten schon immer auch auf nichtmedizinische Bereiche angewandt – so beispielsweise in der therapeutisch nicht notwendigen kosmetischen Chirurgie. Sobald wir das Recht der Ärzte akzeptieren, sich ins nichtmedizinische Geschäftsleben zu begeben, müssen wir auch ihr Recht akzeptieren, private Programme zur Embryoselektion zu starten.

Man könnte argumentieren, daß die Technologie der Embryoselektion, weil sie unter Einsatz öffentlicher Mittel entwickelt wurde, nur für gesellschaftlich akzeptierte Zwecke verwendet werden dürfe. Aber für die Entwicklung fast aller modernen Technologiezweige – medizinischer ebenso wie nichtmedizinischer – war die finanzielle Förderung durch Regierungen notwendig. Diese Tatsache aber wird bei keiner anderen Technologie als Grund dafür angesehen, deren profitorientierte Verwendung in Privatunternehmen einzuschränken.

»Die Embryoselektion nimmt der Geburt eines Kindes das Wunderbare«

Viele werdende Eltern wollen vor der Geburt ihres Kindes dessen Geschlecht nicht wissen, auch wenn es dem Arzt durch eine pränatale Untersuchung bekannt ist. Dahinter steht das Empfinden, daß nur auf diese Weise der Augenblick der Geburt zu einem besonderen Moment elterlicher Erfahrung wird. Wären neben dem Geschlecht auch noch viele andere Eigenschaften des Kindes vorher bekannt, dann, so fürchten viele, ginge der Geburt etwas Wichtiges verloren. Dies ist jedoch eine Frage der persönlichen Einstellung, die vielleicht von Bedeutung dafür sein mag, daß ein Paar für sich selbst die Entscheidung gegen die Embryoselektion fällt, die jedoch für andere Leute mit anderen Gefühlen keinesfalls maßgeblich sein kann.

»Gewollt oder ungewollt könnte die Embryoselektion den Genpool beeinflussen«

Wenn die Embryoselektion allen Menschen auf der Welt zur Verfügung stünde und ihr Einsatz allgemein akzeptiert wäre, dann würde der Genpool vermutlich in der Tat sehr rasch beeinflußt werden.[28] An erster Stelle stünde die nahezu komplette Eliminierung einer Vielfalt von Allelen mit tödlichen Folgen – unter anderem der Allele für das Tay-Sachs-Syndrom, die Sichelzellenanämie und Mukoviszidose.

Einige Leute argumentieren, daß es falsch wäre, solche oder andere Allele zu beseitigen, da diese einen *verborgenen Vorteil für den Genpool* haben könnten.[29] Es handelt sich hierbei um eine andere Version des Arguments zum Thema natürliche Ordnung, das sich in diesem Falle auf die Vorstellung gründet, daß selbst Allele mit nachteiliger Wirkung bei einzelnen Organismen existieren müssen, weil sie für die Spezies als ganze irgendeinen Vorteil bedeuten. Leute, die dieses Argument auf den Tisch bringen, glauben offenbar, daß sämtliche Angehörige einer Spezies in genetischer Hinsicht irgendwie zusammenarbeiten.

Diese Sichtweise entbehrt jeglicher realen Grundlage. Sie entspringt einem tiefverwurzelten Mißverständnis darüber, was ein Genpool eigentlich ist und warum wir uns über ihn Sorgen machen sollten oder auch nicht. Der Begriff »Genpool« stammt von Biologen, die sich mit der Dynamik tierischer und pflanzlicher Populationen beschäftigen und sich damit ein Instrument schufen, diese mittels mathematischer Modelle zu beschreiben. Der Genpool liefert ein Maß für die Häufigkeit, mit der bestimmte Allele bestimmter Gene bei denjenigen Angehörigen einer Population anzutreffen sind, die sich untereinander fortpflanzen können.

Die meisten gesunden Personen sind keine Träger des Tay-Sachs-Allels oder eines Allels für Mukoviszidose, und stellte man sie vor die Wahl, so bezweifle ich sehr, daß irgendwer sein Genom ändern lassen würde, um sich dazu machen zu lassen. Mit welchem Recht können wir also darauf bestehen, daß andere einen Genotyp erhalten, den wir ablehnen? Mit gar keinem. Gene üben ihre Wirkung nicht innerhalb der menschlichen Population aus (außer in einem übertragenen Sinne in den theoretischen Überlegungen von Biologen), sondern innerhalb einzelner Individuen. Und es gibt kein artumfassendes Wissen und keinen Speicher für bestimmte Allele, die man in zukünftigen Generationen einzusetzen gedenkt.

Genaugenommen besteht für eine Art noch nicht einmal die Tendenz, sich selbst zu erhalten. In jedem Stadium der Evolution unserer Vorfahren – von den nagerähnlichen Säugern über die Primaten und den *Australopithecus* zu *Homo habilis*, *Homo erectus* und schließlich zum *Homo sapiens* – wuchs immer wieder kleinen Gruppen von Individuen ein genetischer Vorteil zu, der es ihnen erlaubte zu überleben, sogar Zeuge zu werden, daß die Art, aus der sie hervorgegangen waren, ausstarb! Leben und Evolution finden ihren Ausdruck beim Einzelwesen und nicht auf der Ebene einer Spezies.

Andere Leute machen sich weniger Gedanken über abstrakte Vorstellungen wie Genpool und Evolution, sondern sorgen sich, daß die Eliminierung psychischer Störungen (eine höchst unwahrscheinliche Möglichkeit übrigens) in Zukunft die Geburt von Genies wie Ernest Hemingway und Edgar Allan Poe verhindern würde. Diese Sorge fußt auf der nachgewiesenen Verknüpfung zwischen der manisch-depressiven Erkrankung (auch geläufig unter dem Namen affektive Psychose) und einem kreativen Geist.[30]

Dies könnte für die Gesellschaft der Zukunft in der Tat ein Verlust sein. Aber nochmals: Wie können wir darauf bestehen, daß andere mit einer Veranlagung für eine psychische Störung auf die Welt kommen (einer Störung übrigens, unter der wir selbst nicht würden leiden wollen), nur damit vielleicht ein brillantes Kunstwerk entsteht? Und wenn sich tatsächlich irgendwelche abnormalen Geisteszustände als vorteilhaft für die Gesellschaft erweisen sollten, so wäre doch der gezielte, zeitlich begrenzte Einsatz halluzinogener Drogen oder anderer Arten von Psychopharmaka, die denselben Effekt haben könnten, mutierten Genen durchaus vorzuziehen.[31] Man muß sich in diesem Zusammenhang zudem darüber im klaren sein, daß der in einer zukünftigen Gesellschaft zu erwartende Mangel an wahnsinnigen Genies ein virtueller Mangel ist und nicht in der Realität spürbar wäre. Wäre der manisch-depressive Edgar Allan Poe nie geboren worden, vermißten wir sein Gedicht *The Raven* (*Der Rabe*) nicht. Genauso entbehren wir keines der Klavierkonzerte, die Mozart hätte komponieren können, wenn er nicht bereits mit 35 Jahren gestorben wäre.

»Die Embryoselektion wird Diskriminierungen mit sich bringen«

Mit Hilfe der Embryoselektion werden künftige Eltern in der Lage sein sicherzustellen, daß ihre Kinder frei von einer ganzen Reihe nicht lebensbedrohlicher Beeinträchtigungen zur Welt kommen. Ein breites Spektrum an körperlichen Behinderungen wird hierzu gehören, etliche physiologische Unzulänglichkeiten (wie Blindheit oder Taubheit) und auch Dinge wie Lernstörungen.

Viele Menschen mit Erbleiden führen allen Widrigkeiten zum Trotz ein langes, erfülltes Leben. Diese Menschen hegen die Befürchtung, daß eine weitreichende Akzeptanz der Embryoselektion ihnen gegenüber die Haltung bestärken könnte, daß sie keine vollwertigen Mitglieder der Gesellschaft seien und nicht die entsprechende Liebe und Zuwendung verdienten.

Natürlich können Behinderungen auch durch Umwelteinflüsse zustande kommen. Eine sehr häufige Ursache hierfür war in der Vergangenheit das Poliomyelitis-Virus, das Lähmungen, Muskelatrophien und oftmals bleibende körperliche Behinderungen hervorruft. Die vorbeugende Impfung gegen die Kinderlähmung wurde jedoch keineswegs als Diskriminierung derer gesehen, die bereits mit einer Behinderung zu leben hatten.[32] Warum sollte eine »genetische Prävention« gegen Behinderungen in irgendeiner Weise anders gesehen werden?

Eine mögliche Form der Diskriminierung könnte darin bestehen, daß nicht alle Mitglieder der Gesellschaft denselben Zugang zu dieser Maßnahme haben. Der Polio-Impfstoff wurde allen Kindern gegeben, während die Embryoselektion womöglich nur Familien zugänglich sein wird, die sie sich leisten können. Der Philosoph Philip Kitcher gibt zu bedenken, daß »die genetischen Gegebenheiten, die die Wohlhabenden zu vermeiden suchen, bei den Armen sehr viel häufiger vorkommen werden – sie werden zu Krankheiten der ›unteren Klassen‹ werden, zu Problemen der anderen. Das Interesse, Behandlungsmethoden zu finden oder eine schützende und wohlwollende Umgebung zu schaffen, könnte dadurch deutlich schwinden.«[33]

Das ist ein ernstzunehmender Einwand. Man muß sich allerdings in diesem Zusammenhang darüber im klaren sein, daß die privilegierten Klassen schon heute die Wahrscheinlichkeit für das Auftreten kindlicher Behinderungen und Krankheiten deutlich zu senken vermögen, weil sie sehr viel stärker als andere in der Lage sind, die Umgebung zu kontrollieren, in der sich ein Fetus oder ein Kind entwickelt. Wer also argumentiert, daß die Embryoselektion *nicht* zur Verhinderung schwerer Beeinträchtigungen eingesetzt werden sollte, weil dies unfair gegenüber jenen Familien sei, die sich die Technologie nicht leisten können, sollte logischerweise auch den Zugang privilegierter Kreise zu besseren Umweltbedingungen verbieten. Politische Systeme, die auf solchen Überlegungen fußen, stehen gegen Ende des 20. Jahrhunderts nicht eben gut da.

Die Alternative zu dieser Ungleichheit bezeichnet Kitcher als »utopische Eugenik«. Sie basiert auf George Bernard Shaws Vision einer Gesellschaft, in der alle Bürger einen gleichberechtigten, freien Zugang zu krankheitsverhindernden Technologien (und Umweltbedingungen) haben. Damit gäbe es in dieser utopischen Gesellschaft zwar keine Diskriminierung mehr, die sich auf Klassenunterschiede gründete, doch durch eine Verringerung der behinderten Personen könnte sie noch immer zustande kommen.

Es ist wichtig, sich darüber klar zu werden, welche Beziehung zwischen der Embryoselektion und der Diskriminierung gegenüber Behinderten bestehen könnte. Für sich genommen kann die Embryoselektion nicht Ursache einer Diskriminierung sein, genauso wie der Polio-Impfstoff nicht für eine Diskriminierung derer verantwortlich gemacht werden kann, die unter den Folgen einer Poliomyelitis leiden. Das einzige, was sie zur Folge haben könnte, wäre eine veränderte Haltung der Menschen gegenüber jenen, die weniger glücklich sind als sie selbst. Eine aufgeklärte Gesellschaft aber würde so etwas nicht zulassen. Ist es angebracht, einer Technologie im voraus die

Schuld an den befürchteten moralischen Unzulänglichkeiten einer unaufgeklärten künftigen Gesellschaft zu geben?

»Die Embryoselektion könnte zur Zwangsmaßnahme werden«

Ich habe die Embryoselektion von der furchtbaren Eugenikpolitik der Vergangenheit unter der Voraussetzung abgegrenzt, daß künftige Eltern einer freien Gesellschaft nicht dem Willen des Staates unterworfen sind und sich frei für sie entscheiden können. Infolgedessen stünde der Einsatz dieser Technologie mit keiner Beschränkung der reproduktiven Freiheiten in Zusammenhang.

Kritiker aus den Reihen der Sozialwissenschaftler halten diese Behauptung für naiv. Sie fürchten, daß die gesellschaftliche Billigung der Embryoselektion unausweichlich dazu führen wird, daß man sie als Zwangsmaßnahme mißbraucht. Zwang kann auf unterschwellige Weise ausgeübt werden oder in direkter Form. Ein subtiler Druck wird beispielsweise in Gestalt sozialer Normen existieren, welche die Geburt von Kindern stigmatisieren, die auf die eine oder andere Weise als nicht gut »ausgerüstet« gelten. Ein direkterer Druck wird von Versicherungsgesellschaften oder staatlichen Regelwerken ausgehen, die die Gesundheitsfürsorge auf Kinder beschränken könnten, bei denen bestimmte Krankheiten und Prädispositionen im Embryonalstadium ausgeschlossen worden sind.

Wie diese Art von Zwang gewertet wird, das hängt vom politischen Standpunkt des Betrachters ab. Bürgerrechtler haben die Neigung, jedwede Art von Druck als Beschneidung persönlicher Rechte zu sehen. Viele Liberale würden sich strikt gegen eine Politik verwahren, die Menschen diskriminiert, die mit einer vermeidbaren medizinischen Störung geboren wurden.

Kommunisten hingegen könnten die Weigerung, gegen bestimmte medizinische Probleme zu selektionieren, als zutiefst eigennützig erachten. Eine solche Weigerung würde aus ihrem Blickwinkel die Gesellschaft dazu zwingen, den unglücklichen Kindern zu helfen, also große Mengen an Ressourcen und finanziellen Mitteln zu investieren, die ansonsten verfügbar wären, um dem Wohlbefinden vieler anderer Menschen zu dienen.[34]

Dieser Standpunkt wird von vielen Amerikanern derzeit als schockierend empfunden, denn, wie Diane Paul feststellt, »die Vorstellung, daß die Bedürfnisse des einzelnen manchmal einem größeren sozialen Gut untergeordnet werden sollten, ist aus der Mode gekommen und durch eine Ethik des radikalen Individualismus ersetzt worden.«[35]

»Die Embryoselektion könnte auf lange Sicht dramatische Auswirkungen auf die Gesellschaft haben«

Gegenwärtig wird die Embryoselektion von einem Bruchteil der werdenden Eltern herangezogen, um nach einer minimalen Anzahl von Krankheitsallelen zu suchen. Im Augenblick ist ihr Einfluß auf die Gesellschaft gleich Null. Ja, viele Kritiker sind sogar der Ansicht, hier werde einer biomedizinischen »Neuheit« ohne jegliche Relevanz für die Lösung auch nur eines der vielen Probleme, vor denen die Welt heute steht, viel zu viel Aufmerksamkeit geschenkt. Doch mit jedem Jahr wird diese Technologie mächtiger, ihre Effizienz größer werden. Langsam aber sicher wird die Embryoselektion Teil der amerikanischen Kultur werden, genau wie zuvor auch schon andere reproduktive Techniken. Und früher oder später werden die Menschen gezwungen sein, sich mit den Konsequenzen dieser Technologie für die Gesellschaft, in der sie leben, auseinanderzusetzen.

Wie diese Konsequenzen beschaffen sein werden, das wird ebensosehr vom politischen Status quo und den sozialen Normen der Zukunft abhängen wie von der Leistungsfähigkeit der Technologie selbst. In einer utopischen Gesellschaft von jener Art, wie sie George Bernhard Shaw erträumt hatte, hätten alle Bürger Zugang zu dieser Technologie, jeder hätte die Chance, davon zu profitieren, aber niemand würde gezwungen, sich ihrer zu bedienen. In dieser Vision befände sich die gesamte Gesellschaft auf demselben Weg – wo immer dieser auch hinführen mag. Leider steht dem entgegen, daß diese

Technologie, falls sich die künftige Methodik nicht grundlegend von der derzeit angewandten unterscheiden wird, extrem teuer bleiben wird und diese Utopie ein Land somit in den Ruin treiben würde.[36]

Ein ganz anderes Szenario ergibt sich, wenn die Amerikaner bei ihrer Beurteilung dessen, was der einzelne tun kann und darf, weiterhin an der außerordentlichen Betonung persönlicher Freiheit und persönlichen Glücks festhalten. Zunächst werden die Auswirkungen auf die Gesellschaft nur gering sein. Wohlhabende Eltern werden Kinder haben, die weniger krankheitsanfällig sind und mit großer Wahrscheinlichkeit (im Durchschnitt) erfolgreicher sein werden, als sie es ohnehin schon durch den Einfluß der Umgebung, in der sie aufwachsen, gewesen wären. Doch mit jeder Generation werden sich die Früchte der Selektion anreichern. Wenn Alice und andere Angehörige ihrer selektionierten Klasse sich zusammentun, um die Allele auszuwählen, die sie ihren eigenen Kindern vermachen wollen, dann müssen sie keinen Gedanken mehr an die vielen nachteiligen Allele verschwenden, die ihre Eltern bereits in weiser Voraussicht eliminiert haben. Sie werden statt dessen in der Lage sein, ihre Aufmerksamkeit auf eine Verstärkung bereits angelegter positiver Attribute zu richten. Und mit jeder weiteren Generation würde diese Selektion weiter getrieben.

Es ist unmöglich, das Resultat einer Generation um Generation wirkenden Embryoselektion in seiner Gesamtheit vorherzusagen. Ein paar Dinge sind jedoch relativ wahrscheinlich. Die bereits sehr breite Kluft zwischen Arm und Reich könnte noch wesentlich größer werden, wenn wohlhabende Eltern ihre Kinder nicht mehr nur mit der bestmöglichen Bildung ausstatteten, die für Geld zu haben ist, sondern auch mit »dem besten kumulativen Gensatz« versorgten. Eine ausgeglichene Gemütslage, Zufriedenheit auf lange Sicht, angeborene Talente, eine gesteigerte Kreativität und ein gesunder Körper – das könnte die Ausgangsbasis werden für die Kinder der Reichen. Fettleibigkeit, Herzerkrankungen, Bluthochdruck, Alkoholismus, psychische Störungen und die Prädisposition für Krebs dagegen blieben den Familien der unteren Klasse als Schicksal überlassen.

Doch bevor wir nun eilfertig den Privilegierten jeglichen Einsatz der

Embryoselektion verbieten, müssen wir uns sehr genau überlegen, auf welcher Basis ein solches Verbot steht. Unterscheidet sich dieses Zukunftsszenario in irgendeiner Form – von der Größenordnung einmal abgesehen – von dem derzeitigen, in dem die Embryoselektion überhaupt keine Rolle spielt? Wenn Eltern das Recht haben, mehr als 100 000 Dollar für eine exklusive Privatschulbildung auszugeben, warum sollten sie dann nicht das Recht haben, denselben Betrag zu investieren, um sicherzugehen, daß ihr Kind einen ganz bestimmten Gensatz erbt? Umwelteinflüsse und Gene stehen sich in nichts nach. Beide tragen zu Leistung und Erfolg eines Kindes wesentlich bei, wenngleich keines von beiden diese garantiert. Wenn wir zulassen, daß Geld sich im einen Fall einen Vorteil erkauft, dann ist die Forderung nach einem Verbot im anderen schwer zu begründen. Das gilt insbesondere in einer Gesellschaft, die Frauen das Recht zugesteht, ohne Angabe von Gründen abzutreiben.

Diese Argumentation ist allerdings in Ländern wie Deutschland, Norwegen, Österreich und der Schweiz sowie in einigen amerikanischen Bundesstaaten wie Louisiana, Maine, Minnesota, New Hampshire und Pennsylvania inzwischen vom Tisch. Hier ist die Embryoselektion durch vor kurzem erlassene Gesetze unter allen Umständen verboten.[37] In diesen Ländern und Staaten wird nicht unterschieden zwischen der Verhinderung des Tay-Sachs-Syndroms und der Selektion zugunsten sogenannter positiver Merkmale.

Doch wenn uns die kurze Geschichte der Leihmutterschaft eine Lehre sein kann, dann sind Versuche dieser Art sämtlich zum Scheitern verurteilt. Eltern, die Träger des Tay-Sachs-Allels sind, werden mit Sicherheit der Meinung sein, daß es ihr »gottgegebenes Recht« ist, Zugang zu einer Technologie zu erhalten, die es anderen Paaren vor ihnen erlaubt hat, gesunde Kinder in die Welt zu setzen. Und genauso sicher wird sich in irgendeinem großzügigen Staat oder Land immer eine Klinik finden, die ihren Wünschen entsprechen wird. Und wenn die Technologie für diesen einen speziellen Zweck verfügbar ist, dann wird sie es bald auch für andere Zwecke sein.

Es sieht ganz so aus, als bliebe uns die Embryoselektion auf immer und ewig erhalten – ob es uns gefällt oder nicht –, ein mächtiges Instrument, das von mehr und mehr Eltern eingesetzt werden wird, um die Gene ihrer Kinder auszuwählen. Doch die Wirkungsmacht dieser Technologie ist, wie wir im folgenden sehen werden, sogar noch gering im Vergleich zu dem, was möglich wird, wenn Menschen nicht mehr nur die Chance haben, aus ihren eigenen Genen auszuwählen, sondern aus allen denkbaren Genen, unabhängig davon, ob es diese bereits gibt oder nicht.

Kapitel 18
Designerkinder

… nun wird ihnen nichts mehr verwehrt werden können von allem, was sie sich vorgenommen haben zu tun.

Genesis 11, 6

Sinn und Zweck der Gentechnologie

> Am Schnittpunkt von Reproduktionstechnologie und genetischer Diagnostik kommt es zu erstaunlichen Entwicklungen. Schon wird daran gearbeitet, die DNA genetisch defekter Präembryonen zu verändern. Mit einer Glasnadel, die dünner ist als ein menschliches Haar, entnehmen Wissenschaftler an der East Virginia Medical School in Norfolk einem Präembryo im Reagenzglas eine einzelne Zelle und analysieren deren DNA auf das tödliche Tay-Sachs-Syndrom. Sobald sie das fehlerhafte Gen verändert haben, pflanzen sie den Präembryo in den mütterlichen Uterus ein. Das Ergebnis: ein gesundes Mädchen.[1]

Dieses Zitat aus dem Jahre 1994 läßt den falschen Eindruck aufkommen, daß menschliche Embryonen schon damals gentechnologischen Manipulationen unterworfen wurden, doch dieser Eindruck ist (auch 1997 noch) falsch. Die Journalistin, die diesen Artikel für *Family Circle* verfaßte, war auf dem Holzweg. Doch man kann ihr diesen Fehler kaum zum Vorwurf machen. Es hat tatsächlich den Anschein, als ob hier ein gentechnologischer Eingriff vonstatten gegangen wäre. In Wirklichkeit entstand das gesunde Mädchen durch einen Akt der Embryoselektion und nicht durch eine genetische Veränderung.
Die Embryoselektion wird in beinahe allen Fällen eine ungemein effiziente Methode zur Verhütung schwerster genetischer Erkrankun-

gen darstellen – Erkrankungen, die so dramatisch sind, daß sie Menschen bereits lange vor Erreichen des Erwachsenenalters töten oder schwere Behinderungen verursachen. Der Hintergrund dieser Überlegung ist einleuchtend und einfach: Wenn zwei Leute gesund genug sind, um ein Alter zu erreichen, in dem sie daran denken können, Kinder in die Welt zu setzen, dann müssen sie auch über die Fähigkeit verfügen, embryonale Genome zu bilden, die ihre Nachkommen mit mindestens demselben Potential ausstatten.

Die Embryoselektion allein wird die Weitergabe von Genotypen verhindern können, durch die es zur Ausprägung von Mukoviszidose, Tay-Sachs-Syndrom, Chorea Huntington, Sichelzellenanämie, Phenylketonurie und Hunderten anderer Stoffwechselerkrankungen kommt – solange die Möglichkeit besteht, beide elterlichen Genome zu einem krankheitsfreien Genotyp zu vereinigen. Das wird immer dann möglich sein, wenn ein Elternteil krankheitsfrei ist.[2] Und selbst wenn beide Eltern über den Genotyp für eine dominante Krankheit verfügen – etwa im Falle einer Mutation im Huntington-Gen – so gibt es noch immer die Möglichkeit, jene Embryonen herauszufinden, die von beiden Eltern das normale Allel geerbt haben und daher krankheitsfrei sein werden (und das entspricht einem Viertel der Gesamtzahl). Wann immer man die Wahl hat, wird die Embryoselektion einem gentechnologischen Eingriff vorzuziehen sein, der sich (zumindest im Augenblick noch) sowohl technisch als auch ethisch sehr viel problematischer darstellt.

Nur dann, wenn beide Eltern einen Genotyp mit zwei defekten Allelen desselben Gens aufweisen, funktioniert die Embryoselektion nicht. Das gilt beispielsweise für Genotypen, die mit Krankheiten assoziiert sind, an denen die Betroffenen in der Regel vor dem Erreichen des Erwachsenenalters sterben. Einige wenige dieser schweren Krankheiten sprechen jedoch inzwischen auf medizinische Behandlung an, und das Leben der Betroffenen läßt sich in manchen Fällen mittlerweile bis ins dritte Lebensjahrzehnt verlängern. In seltenen Fällen könnte es also möglich sein, daß zwei Mukoviszidosekranke oder zwei Überlebende einer Sichelzellenanämie sich entschließen, miteinander Kinder zu haben. In einem solchen Falle hätten sämtliche auf natürliche Weise entstehenden Embryonen denselben Krankheits-Ge-

notyp wie ihre Eltern. Diese Kinder könnte nur ein gentechnologischer Eingriff retten.
Sehr viel häufiger wird der Fall auftreten, daß beide künftigen Eltern ein Allel für eine leichter verlaufende Krankheit tragen, die im Normalfalle niemanden daran hindern würde, das Erwachsenenalter zu erreichen oder Kinder zu haben. Beispiele hierfür sind Diabetes mellitus und Herzerkrankungen, Übergewicht, Kurzsichtigkeit, Asthma, die Veranlagung für bestimmte Krebserkrankungen und viele andere Störungen, die die Funktionstüchtigkeit eines menschlichen Organs, eines Gewebes oder eines physiologischen Systems beeinträchtigen. Eine vorbeugende Heilung für all das ließe sich durch einen gentechnologischen Eingriff erreichen.
Die Beeinträchtigung durch eine Krankheit kann von Fall zu Fall sehr unterschiedliche Ausmaße annehmen – das Spektrum reicht von nahezu unmerklich bis lebensbedrohlich. Bei manchen Störungen lassen sich die Symptome mit der richtigen Behandlung vollständig beseitigen – Kurzsichtigkeit beispielsweise läßt sich durch eine Brille ausgleichen. In anderen Fällen – wie den weniger dramatischen Formen von Übergewicht – sind die Symptome zwar nicht lebensbedrohend, beeinträchtigen jedoch bis zu einem gewissen Grad die Lebensqualität der Betroffenen. Und wieder andere gehen wie die Herzerkrankungen mit zunehmendem Alter des Betroffenen mit einem erhöhten Sterberisiko einher.
Es gibt Leute, die glauben, eine moralische Grenze ziehen zu können zwischen akzeptablem und nichtakzeptablem Einsatz gentechnologischer Methoden. Die meisten Vertreter dieser Ansicht würden die Heilung von Krankheiten billigen, Versuche zur »genetischen Optimierung« hingegen nicht. Doch wie wir bereits bei der Embryoselektion gesehen haben, ist es unmöglich, eine objektive Grenzlinie zu ziehen. In jedem einzelnen Fall würde die Gentechnologie benutzt, um dem Genom eines Kindes etwas hinzuzufügen, das in den Genomen seiner beiden Eltern nicht vorkam. Damit stellt sich der gentechnologische Eingriff in jedem dieser Fälle als Akt der genetischen Optimierung dar – gleichgültig, ob diese nun dazu dient, einem Kind etwas mitzugeben, das andere Kinder auf natürliche Weise erhalten haben, oder ob man ihm etwas vollständig Neues verleiht. Aus diesem

Grunde werde ich den Begriff »genetische Optimierung« im folgenden mehr oder weniger synonym mit den Begriffen »Gentechnologie« und »Gentherapie« verwenden.[3]

Noch läßt die genetische Optimierung an menschlichen Embryonen, die ausgetragen werden sollen, auf sich warten, obgleich sie bei Mäusen und anderen Säugern längst Routine geworden ist. Warum machen Reprogenetiker vor dieser letzten biomedizinischen Grenzlinie halt? Lassen Sie uns versuchen, zunächst diese Frage zu beantworten, bevor wir uns weiter damit beschäftigen, wie die genetische Optimierung möglicherweise in Zukunft eingesetzt wird und welche Folgen sie unter Umständen für unsere Art haben könnte.

Die Technologie der genetischen Optimierung

Gentechnologische Versuche an Bakterien wurden im Jahre 1973 zum erstenmal durchgeführt und gehören inzwischen zu den Routineprozeduren der gentechnologischen Industrie. Bakterien kann man problemlos fremde Gene hinzufügen, indem man einfach ein bißchen DNA in ihre Kulturschale kippt, wobei das Ganze in einer Lösung stattfinden muß, die auf der Zelloberfläche in rascher Folge winzige Löcher entstehen und wieder verschwinden läßt. Ist die DNA zur rechten Zeit am rechten Ort, kann sie durch eines dieser Löcher ins bakterielle Zytoplasma schlüpfen. Im typischen Falle passiert das bei nur einer von etlichen tausend Zellen. Die Wissenschaftler haben jedoch einfache Methoden entwickelt, wie sich Zellen, die fremde DNA aufgenommen haben, identifizieren und isolieren lassen. Die Gentechnologie an Bakterien ist infolgedessen leicht durchzuführen und verläuft überaus effizient.

Wenn es sich um vielzellige Organismen handelt, dann ist die einzige Möglichkeit, wie sich garantieren läßt, daß jede Körperzelle das fremde Gen auch wirklich erhält, dessen Hinzufügen im embryonalen Einzellstadium. Doch DNA auf 10 000 Embryonen zu schütten und zu hoffen, daß man den einen herausfindet, der sie aufgenommen hat, ist keine praktikable gentechnologische Methode.

Professor Frank Ruddle und sein Student Jon Gordon entwickelten im Jahre 1980 an der Yale University eine alternative Strategie. Sie verwendeten eine spezielle, mit fremder DNA gefüllt Injektionsnadel von mikroskopisch kleinem Durchmesser, mit der sie Membran und Zytoplasma eines einzelligen Mausembryos zu durchbohren und die Fremd-DNA direkt in dessen Pronucleus zu injizieren vermochten.[4] Die DNA wurde in eines der Chromosomen aufgenommen, treu und brav durch alle Zellteilungen hindurch in jede Zelle der Maus hineinkopiert und an ihre Nachkommen weitergegeben. Ruddle und Gordons Erfolge zeigten zum ersten Mal, daß gentechnologische Veränderungen an menschlichen Embryonen nicht mehr ins Reich der Science-fiction gehören.

Tiere, deren Genom (oder deren Vorfahren) man fremdes genetisches Material hinzugefügt hat, werden in der Wissenschaft als »transgene Tiere« bezeichnet, die Fremdgene selbst als »Transgene«. Binnen weniger Jahre nach dem Bericht von Ruddle und Gordon war die Technologie zur Produktion transgener Tiere in den Labors der ganzen Welt verbreitet, und ein im Jahre 1986 erschienenes Laborhandbuch mit dem Titel *Manipulation of the Mouse Embryo* lieferte im besten Kochbuchstil eine Beschreibung der notwendigen Schritte.[5] Bis zum heutigen Tage hat man durch die Injektion verschiedener Fremd-DNA-Stücke in Embryonen Hunderte transgener Mäuse, Schweine, Kühe und Schafe produziert.

Es mag den Anschein haben, als gäbe uns die derzeit verfügbare Technologie nicht minder leistungsstarke Werkzeuge zur Veränderung menschlicher Embryonen an die Hand. Warum also verwenden die Reprogenetiker diese nicht? Sie mögen vielleicht annehmen, daß, was sie daran hindert, eine Frage der Ethik sei. Aber ethische Bedenken haben auch gegen den Einsatz anderer reprogenetischer Praktiken wie beispielsweise der Leihmutterschaft nichts vermocht. Der wirkliche Grund ist sehr viel profaner. Er hat mit technischen Problemen zu tun, um die sich die Tierembryologen nicht scheren müssen, die ein potentieller menschlicher Kunde jedoch kaum billigen würde.

Zunächst einmal baut weniger als die Hälfte aller Embryonen, denen Fremd-DNA injiziert wurde, diese tatsächlich in eines ihrer Chromosomen ein. In den anderen Fällen wird die DNA nicht richtig kopiert und verschwindet sehr früh in der embryonalen Entwicklung wieder. Schon diese geringe Erfolgsquote wäre für die meisten potentiellen Eltern nicht annehmbar. Aber es gibt noch ein zweites, schwerwiegenderes Problem.

Es besteht darin, daß die Aufnahme von DNA in die Chromosomen, so es dazu überhaupt kommt, zufällig erfolgt. Im Regelfalle entsteht dadurch kein größerer Schaden, denn bemerkenswerte 95 Prozent der DNA in den Genomen sämtlicher Säugetiere (den Menschen eingeschlossen) sind ohne erkennbare Bedeutung für den Einzelorganismus.[6] Fügt ein Transgen sich in eine dieser funktionslosen DNA-Regionen ein, dann entsteht daraus kein Schaden. Die übrigen 5 Prozent der zellulären DNA aber bestehen aus Genen oder haben mit deren Regulation zu tun. Wenn ein Stück Fremd-DNA jedoch mitten in ein Gen hineingerät, so zerstört es dessen Funktion. 5 Prozent aller transgenen Mäuse mögen eine Mutation in irgendeinem beliebigen Gen tragen, doch bei Menschen ist ein Risikofaktor dieser Größenordnung undenkbar für Eingriffe an Embryonen, die später ausgetragen werden sollen.

In nächster Zukunft wird eine neue gentechnologische Methode perfektioniert werden, die das Problem der Genzerstörung aus der Welt schafft. Statt nackte Gene in embryonale Zellkerne zu injizieren, werden die Reprogenetiker der Zukunft ganze Chromosomen benutzen, die »für sich selbst sorgen« können.[7] Diese »künstlichen Chromosomen« werden im Labor hergestellt und bestehen aus Komponenten, die ihre getreue Duplikation und Weitergabe in jede der beiden Zellen sichern, die aus einer Zellteilung des sich entwickelnden Embryo und Fetus hervorgehen. Ein entscheidender Vorteil dieser künstlichen Chromosomen besteht darin, daß sie die Möglichkeit bieten, einem Embryo nicht nur ein einzelnes Gen hinzuzufügen, sondern ein ganzes »Genpaket« aus Hunderten und sogar Tausenden neuer Gene mit vielen verschiedenen Eigenschaften.

Das Problem der Qualitätssicherung wird dennoch immer bestehen bleiben: Es ist immer möglich, daß ein Chromosom bei der Injektion beschädigt wird oder daß der Embryo es nicht aufnimmt. Doch dafür gibt es eine einfache Lösung, und diese besteht – wie bei so vielen anderen technischen Fortschritten im Bereich der Reprogenetik –

nicht in einer unmittelbaren Bewältigung des Problems, sondern vielmehr in dessen Umgehung. Statt die Technik zu verbessern, würde es auch reichen, wenn man jeweils nur diejenigen Embryonen herausfinden und verwenden könnte, die erfolgreich verändert wurden. Die Reprogenetiker könnten zunächst einmal einem Dutzend oder mehr befruchteten Eizellen künstliche Chromosomen injizieren und dann die Entwicklung bis zum Achtzellstadium abwarten. An diesem Punkt entnähme man jedem der Embryonen eine Einzelzelle für eine genetische Analyse, bei der sich feststellen ließe, ob das neue Chromosom unbeschädigt vorhanden ist. Für die Implantation in den Bauch der Mutter kämen dann nur nach Wunsch veränderte Embryonen in Betracht.

Die Technologie zur Herstellung transgener Organismen (wie sie derzeit praktiziert wird) ist allerdings mit einer Einschränkung behaftet: Mit ihr lassen sich lediglich Gene *hinzufügen*, nicht aber bereits vorhandene Gene verändern. In vielen Fällen aber wird das Ziel der Reproduktionsgenetiker darin bestehen, ein »abtrünniges« Gen durch ein normales zu ersetzen. Ein Beispiel in diesem Zusammenhang ist wieder einmal die Sichelzellenanämie, bei der die roten Blutkörperchen mit einem mutierten Hämoglobinmolekül ausgestattet sind. Um diese Krankheit bei Embryonen, die aus den Keimzellen zweier an Sichelzellenanämie erkrankter Personen hervorgehen, zu heilen, würde es naheliegen, das Gen für das mutierte Protein durch ein Gen für das normale Protein zu *ersetzen*. Das aber läßt sich nicht durch die bloße Injektion des normalen Gens erreichen (weil unter diesen Umständen das mutierte Protein noch immer hergestellt würde).

Bei Tieren war man beim Ersatz von Genen inzwischen mit einer ganz anderen Methode erfolgreich.[8] Für die Anwendung beim Menschen sähe das entsprechende Protokoll etwa folgendermaßen aus: Zunächst müßte ein mit Hilfe der In-vitro-Fertilisation gezeugter Embryo unter Laborbedingungen zu einer Masse aus etlichen Millionen Stammzellen herangezogen werden. Dann gibt man zu diesen Kulturen unter Bedingungen, bei denen sich vorübergehend Löcher in der Zellmembran bilden, ein DNA-Fragment mit der korrigierten Version des gewünschten Gens. Somit könnte die neue DNA ins Zytoplasma gelangen, in den Kern eindringen und dort die Originalversion des Gens im Chromosom der Zelle hinauswerfen und ersetzen.

Ob Sie es glauben oder nicht, diese ganze Abfolge von Schritten ist tatsächlich möglich. Aber sie geschieht, wie Sie sich denken können, ungeheuer selten und ist nur bei etwa einem von einer Million Fällen erfolgreich. Glücklicherweise haben die Reprogenetiker Methoden entwickelt, mit denen sich diese eine Zelle aus der Million anderer problemlos herausfinden läßt, und damit sind wir beim dritten Schritt der Prozedur: Die wunschgemäß veränderte Zelle kann dann aus der ursprünglichen Kulturschale herausgefischt und allein in ein neues Schälchen gegeben werden, wo sie erneut wachsen und sich teilen kann. Zum Schluß könnten einzelne Zellen aus dieser neuen Kulturschale mit kernfreien unbefruchteten Eizellen fusioniert werden, und man hätte so die Möglichkeit, eine unbegrenzte Anzahl an Embryonen zu erzeugen, die allesamt dieselbe Genveränderung enthalten würden. Diese Methode zum Ersatz von Genen wurde bereits erfolgreich eingesetzt, um Mäuse mit Tausenden spezifischer Veränderungen zu züchten, und es gibt keinen Grund, warum sie sich nicht auch auf menschliche Zellen anwenden lassen sollte.

Doch noch während ich diese Worte niederschreibe, sind die Reprogenetiker bereits dabei, eine sehr viel einfachere Methode zum Ersatz von Genen zu entwickeln, eine Technik, die das Problem – wieder einmal – umgeht, statt es direkt anzupacken. Diesen neuen Ansatz bezeichnet man als »Anti-Gen-Therapie«.[9] Er basiert auf dem Einsatz von Transgenen, die die Wirkung bestimmter anderer Gene neutralisieren können. In diesem Rahmen ließen sich beispielsweise ein Anti-Sichelzellen-Gen und ein normales Hämoglobin-Ersatzgen zusammen – als Genpaket – in einen Embryo mit Sichelzellen-Genotyp einbringen. Das Anti-Gen würde die Produktion des Sichelzellenhämoglobins unterdrücken, während das normale Transgen an seiner Stelle das korrekte Protein herstellte. Das Kind, das aus diesem Embryo hervorginge, wäre vollkommen gesund, obwohl es zwei defekte Sichelzellen-Gene in sich tragen würde (die neutralisiert worden wären).

Welcher gentechnologische Ansatz wird für künftige Eltern zur Methode der Wahl werden? Im Augenblick scheint das direkte Einfügen künstlicher Chromosomen in einzellige Embryonen der vielversprechendste Ansatz zu sein. Vor dem Hintergrund der raschen Fortschritte auf diesem Gebiet, die wir in der Vergangenheit erlebt haben, wäre ich allerdings nicht überrascht, wenn in naher Zukunft neue und bessere Methoden der Gentechnologie entwickelt würden, die die derzeit (an Tieren) praktizierten Methoden weit in den Schatten stellen. Gleichgültig aber, welche Methode oder welche Methoden sich schließlich durchsetzen, genetische Veränderungen an menschlichen Embryonen werden um die Mitte des 21. Jahrhunderts möglich sowie sicher und effizient durchzuführen sein. Wenn es soweit ist, werden wir der letzten Herausforderung von Medizin und Philosophie ins Auge sehen müssen – der Möglichkeit, das Wesen der Menschheit zu verändern.

Gott ins Handwerk gepfuscht

Die Gentechnologie wird im großen und ganzen aus denselben Gründen angegriffen wie die Embryoselektion. Wir bekommen zu hören, daß es sich dabei um gefährliche, »potentiell eugenische« Überlegungen handele und daß ihr Einsatz ein Angriff auf Freiheit und Würde menschlicher Wesen sei. Wir werden gewarnt, sie könne dem Genpool Schaden zufügen und Generationen der fernen Zukunft die Wünsche und Entscheidungen vergangener Generationen aufzwingen. Wir werden davon unterrichtet, daß es sich um eine unangemessene Anwendung medizinischer Erkenntnisse handelt sowie um eine Ausbeutung gemeinschaftlicher Ressourcen. Uns wird erzählt, daß sie Behinderte diskriminieren werde und unfair denen gegenüber sei, die sie sich nicht leisten können. Und uns wird der Eindruck vermittelt, daß sie nur von herzlosen Eltern herangezogen werden wird, die ihre Kinder wie Besitztümer behandeln, die gekauft und verbraucht werden.
Wie so oft bei Technologien der Reproduktionsmedizin gehören auch hier die wirklichen Einwände sehr viel mehr ins Reich der Spiritualität denn in das der Wissenschaft. Einfach ausgedrückt: Es besteht der weitverbreitete Eindruck, als überschritte die Gentechnologie die Grenze zum göttlichen Wirkungskreis. Und wir alle haben gelernt, daß es unrecht ist, sich in göttliche Sphären einzumischen.
In den Überlieferungen nahezu jeder Zivilisation gibt es warnende Geschichten, die um stets dasselbe Thema kreisen. Adam und Eva

aßen von der verbotenen Frucht und wurden aus dem Garten Eden verstoßen. Die Erbauer des babylonischen Turms kamen dem Himmel zu nahe und sprachen plötzlich lauter verschiedene Sprachen. Prometheus stahl dem griechischen Göttervater Zeus das Feuer, um es den Menschen zu schenken, und blieb dafür den Rest seines Lebens an einen Felsen gekettet, wo ein Adler Tag für Tag von seiner stets nachwachsenden Leber fraß. Pandoras Neugier ließ sämtliche Übel aus ihrer geöffneten Büchse auf die Menschheit los, und Doktor Frankenstein starb durch die Hand der von ihm selbst geschaffenen menschlichen Kreatur. Ein ums andere Mal werden wir davor gewarnt, Dinge zu tun, die wir nicht tun sollten, oder Orte aufzusuchen, denen wir besser fernblieben. Mögen sich auch die Namen ändern, die Botschaft ist immer dieselbe. Heute, in einer modernen, säkularisierten Welt, halten es viele für falsch, »Mutter Natur« – einer weiblich gefaßten Neuauflage eines personifizierten Gottes – ins Handwerk zu pfuschen.[10]

Wie sich angesichts der menschlichen Unfähigkeit, eine einheitliche Sichtweise der Bedeutung Gottes und seiner Beziehung zur Menschheit zu entwickeln, unschwer erwarten läßt, wird auch die Grenzlinie zwischen göttlicher und menschlicher Sphäre von verschiedenen Leuten an ganz verschiedenen Stellen gezogen. Am weitesten gehen dabei heute Gruppierungen wie die Christliche Wissenschaft, die jegliche medizinische Behandlung im Krankheitsfalle ablehnen.[11] Ihrer Ansicht nach gehört der gesamte menschliche Körper zu Gottes Einflußbereich und darf daher nicht von sterblichen Menschen angerührt werden.

Einen weniger dogmatischen Standpunkt vertritt die katholische Kirche, die den Einsatz medizinischer Methoden im großen und ganzen akzeptiert, dabei aber alle Methoden der Empfängnisverhütung ablehnt sowie sämtliche Formen von Fortpflanzung, die vom Geschlechtsverkehr losgelöst sind. Dieser Sichtweise zufolge liegt der menschliche Körper außerhalb des göttlichen Wirkungskreises, der gesamte Prozeß der Reproduktion jedoch nicht.

Für die meisten Angehörigen der westlichen Zivilisation hat sich der göttliche Einflußbereich ohnehin auf einen sehr viel kleineren Bereich verringert, was in erster Linie dem Wissen um moderne Formen der

Geburtenkontrolle und den heutzutage verfügbaren reprogenetischen Methoden zuzuschreiben ist. Im Jahre 1994 billigten immerhin 75 Prozent aller Amerikaner die In-vitro-Fertilisation als Methode zur Behandlung von Unfruchtbarkeit.[12] Damit hat sich die Grenzlinie bis zur äußeren Oberfläche des befruchteten Eis verschoben. Und zum größten Teil akzeptieren diejenigen, die keine prinzipiellen Einwände gegen eine IVF haben, auch andere Hilfstechnologien wie die Injektion von Samenzellkernen ins Zytoplasma einer Eizelle.[13] Vor allem mit der Billigung dieser Technik reduziert sich der Gott vorbehaltene Einflußbereich noch weiter – und zwar bis hinunter auf die Hülle DNA-haltiger Zellkerne, die im Zytoplasma der Eizelle fröhlich ihre Kreise ziehen.

Sie bekommen eine Vorstellung von der Problematik, in die wir da geraten, nicht wahr? Wenn wir die Möglichkeit zulassen, daß sich der »menschliche Wirkungskreis« bis in den Kern hinein – bis hin zur DNA – erstrecken könnte, dann lassen wir damit gleichzeitig Gottes Herrschaftsbereich ins Nichts verschwinden. Diese erschreckende Vorstellung veranlaßt manche Leute dazu, eine letzte Linie zu ziehen – einen echten Schlußstrich –, und zwar rund um die Erbsubstanz. Immerhin lehnen 45 Prozent aller Amerikaner jeden Einsatz gentechnologischer Methoden ab, sogar, wenn sich damit eine schwere Krankheit heilen ließe. Und 85 Prozent würden diese allenfalls zur Behandlung einer schweren Krankheit und aus keinem anderen Grund gestatten.[14] Die britische Öffentlichkeit ist in bezug auf die Gentechnologie sogar noch rigoroser: 89 Prozent lehnen sie ab, wenn es darum geht, mit ihrer Hilfe »Intelligenz zu erhöhen«, und sogar 95 Prozent, wenn es darum geht, durch sie ein »attraktives Äußeres« zu erreichen.[15]

Es bedarf kaum der Erwähnung, daß zwar fast die Hälfte aller Amerikaner den Einsatz gentechnologischer Methoden zur Behandlung von Krankheiten ablehnt, daß jedoch alle (mit Ausnahme der Anhänger der Christlichen Wissenschaft) für genau dieselbe Situation den Einsatz anderer medizinischer (nicht auf genetischer Ebene operierender) Therapieformen akzeptieren würden. Von den britischen Gentechnologiegegnern würde der vier- bis fünffache Prozentsatz den Einsatz von Mitteln wie »Vitaminen« anstelle gentechnologischer

Methoden gutheißen, um Intelligenz und äußere Erscheinung zu verbessern. Und zweifellos würde so gut wie jeder eine Regulierung der Zähne, eine Schönheitsoperation zur Begradigung der Nase sowie eine gute Ernährung und Ausbildung zur Optimierung von Intelligenz billigen.

Alle anderen Eingriffe in den menschlichen Körper kommen auf irgendwelchen Umwegen daher, die Gentechnologie aber scheint am tiefsten Inneren des Lebens zu rütteln – an unserer Seele. Und die Seele gehört nun eindeutig zum göttlichen Herrschaftsbereich. Die Soziologinnen Dorothy Nelkin und Susan Lindess beschreiben das überaus treffend:

> So wie die christliche Seele ein archetypisches Konzept liefert, aufgrund dessen sich Person und Kontinuität des Selbst erfassen lassen, erscheint die DNA der landläufigen Überzeugung nach als eine seelenähnliche Einheit, als heilige, unsterbliche Reliquie, verbotenes Terrain. Die Ähnlichkeiten zwischen Macht und Einfluß von DNA und christlicher Seele gehen über den Bereich von Sprache und Metaphorik hinaus. Die DNA hat die sozialen und kulturellen Funktionen der Seele übernommen. In der Sprache des biologischen Determinismus ist sie das Wesen – der Sitz des wahren Selbst.[16]

In der scheinbar so logischen Gedankenfolge, die Menschen Schritt für Schritt zu der Vorstellung hinführt, daß die Essenz allen menschlichen Seins im genetischen Material verankert ist, gibt es einen schwerwiegenden Denkfehler: daß nicht zwischen den beiden so unterschiedlichen Bedeutungen des Begriffs *Leben* – Leben auf dem Niveau einzelner Zellen und Leben auf dem Niveau von Bewußtsein – unterschieden wird, auf die ich zu Beginn des Buches eingegangen bin. DNA mag durchaus die Essenz allen zellulären Lebens repräsentieren. Aber menschliches Leben – im wahren Sinne des Wortes – existiert nicht in einem einzelligen Embryo oder in einem einzelnen Neuron. Menschliches Leben tritt erst auf einer sehr viel höheren Ebene zutage, dann, wenn all die Milliarden von Hirnzellen zusammenarbeiten. Die Essenz allen menschlichen Lebens findet sich im menschlichen Geist, nicht in irgendwelchen DNA-Molekülen. Ob der menschliche Geist jedoch als Teil des göttlichen Einflußbereichs zu gelten hat oder nicht, das ist bis auf weiteres eine Frage des Glaubens und kein Problem der Wissenschaft.

Doch selbst wenn die Essenz allen menschlichen Seins nicht auf DNA-Ebene zu finden ist, so können doch einige der künftig möglichen gentechnologischen Praktiken das Wesen derjenigen dramatisch verändern, die aus ihnen mit veränderten Genen hervorgehen. Wie wahr das ist, wissen wir aus den Auswirkungen, die die genetischen Veränderungen der Vergangenheit gehabt haben. Vor fünf Millionen Jahren gingen aus Embryonen, die sich nicht von denen unterschieden, aus denen Sie und ich entstanden sind, und deren Genome den unseren zu über 99 Prozent glichen, haarige Affen hervor, denen selbst die geringsten Anzeichen von Menschlichkeit fehlten. Eine genetische Modifikation von nur einem Prozent war alles, was nötig war, um einen Verstand entstehen zu lassen, der fähig ist, ein Bewußtsein seiner selbst zu erlangen, einen Verstand mit der Fähigkeit, weitere genetische Veränderungen zu ersinnen, die wiederum den Verstand künftiger menschlicher Wesen weiter optimieren könnten.

Die menschliche Natur verdankt ihre Existenz der schlichten Tatsache, daß Wesen, die mit ihr ausgestattet waren, andere, denen sie fehlte, übertrumpfen und töten konnten. Wenn aber der menschliche Geist die Fähigkeit besitzt, Veränderungen in den Kopien seines eigenen Genoms zu ersinnen und zu steuern, dann ist er weit mehr als die Summe der Gene, denen er seine Existenz verdankt. Egoistische Gene mögen in der Tat alle anderen Lebensformen unter Kontrolle haben, doch beim Menschen haben Herr und Sklave die Rollen getauscht. Der Mensch hat nicht mehr nur die Fähigkeit, Gene zu kontrollieren, sondern auch die Macht, neue Gene für sich selbst zu erschaffen.

Warum diese Gelegenheit nicht beim Schopf packen? Warum nicht Kontrolle über Dinge erlangen, die in der Vergangenheit dem Zufall überlassen blieben? Wir kontrollieren doch wirklich alle anderen Aspekte unserer Identität und im Leben unserer Kinder durch starke äußere und soziale Einflüsse, in manchen Fällen sogar unter Zuhilfenahme von hoch wirksamen Medikamenten. Mit welcher Begründung können wir einen positiven genetischen Einfluß auf die Eigenschaften einer Person ablehnen, wenn wir doch Eltern in jeder anderen Hinsicht das Recht zugestehen, ihren Kindern einen Vorteil zu verschaffen?

Die Zukunft

Die Reprogenetiker der Zukunft werden sich früher oder später gentechnologischer Verfahren bedienen. Am Anfang werden Methoden stehen, die von einem Großteil der Gesellschaft am leichtesten ethisch akzeptiert werden können: die Behandlung von Krankheiten des Kindesalters, die die Lebensqualität dramatisch einschränken. Die Zahl der Eltern, die diese Dienste in Anspruch nehmen werden, wird minimal sein, aber die Erfahrungen dieser Familien werden dazu beitragen, die Bedenken der übrigen Gesellschaft allmählich aufzuweichen.[17]

Sobald die Ängste nachzulassen begonnen haben, werden die Reprogenetiker ihre Dienste auf die Neutralisation von Mutationen ausweiten, deren Konsequenzen für die betroffenen Kinder weniger schwer sind oder die sich erst im Erwachsenenalter zeigen. In diese Kategorie fällt eine Prädisposition für Übergewicht, Diabetes mellitus, Herzerkrankungen, Asthma und verschiedene Arten von Krebs. Mit der Ausweitung der Technologie wird sich das Spektrum auch auf die Addition zusätzlicher Gene ausweiten, die als genetische Impfungen gegen verschiedene Infektionskrankheiten wirken, unter anderem gegen das AIDS verursachende HI-Virus. Zur selben Zeit werden andere Gene »gesellschaftsfähig« werden, Gene, mit denen sich auch bei Kindern, die nicht mit einem besonderen Problem zur Welt kommen, verschiedene Gesundheitsaspekte und die Resistenz gegenüber Krankheiten optimieren lassen.

Die letzte Hürde werden Verstand und Sinne darstellen. Man wird den Alkoholismus ebenso verschwinden lassen wie die Neigung zu bestimmten psychischen Krankheiten und zu unsozialen Verhaltensweisen, zum Beispiel zu extremer Aggressivität. Bei manchen Menschen werden Sehschärfe und Gehör zur Verbesserung eines bereits vorhandenen künstlerischen Potentials optimiert werden. Und wenn sich unser Wissen um die genetischen Grundlagen der Hirnentwicklung erweitert hat, dann werden die Reprogenetiker künftigen Eltern sogar die Möglichkeit bieten können, die kognitiven Fähigkeiten ihrer Kinder zu gestalten.

Gibt es eine Grenze für das, was sich mittels genetischer Optimierung erreichen läßt? Gibt es bestimmte Merkmale, die wir niemals fest in menschlichem Nachwuchs werden verankern können? Vielleicht. Es gibt jede Menge Experten der Genetik und der Reproduktionsmedizin, die im Zusammenhang mit den Grenzen künftiger Technologien und Kenntnisse das Wort *unmöglich* in den Mund nehmen. Aber, wie der Physiker und Zukunftsforscher Freeman Dyson hierzu bemerkt: »Die Spezies Mensch hat eine tiefverwurzelte Neigung dazu, Fachleute Lügen zu strafen.«[18]

Ein Weg, die Chancen zur Optimierung menschlicher Qualitäten auszuloten und eine Vorstellung von dem zu bekommen, was im Bereich des Möglichen liegt – unabhängig davon, wie abwegig dies auch heute noch erscheinen mag – ist der Vergleich mit anderen lebenden Kreaturen. Wenn sich etwas im Laufe der Evolution bereits entwickelt hat, dann sollte es uns *möglich* sein, dessen genetische Basis zu ergründen und diese ins menschliche Genom zu übernehmen. Ein relativ einfaches tierisches Merkmal, das in diese Kategorie fällt, ist die Fähigkeit, im UV-Bereich sehen zu können oder im Infrarot-Bereich – durch sie ließe sich das Sichtvermögen des Menschen im Dunkeln massiv verbessern. Andere Merkmale sind lichtemittierende Organe (aus Glühwürmchen und Fischen), elektrische Organe (aus Aalen) und Wahrnehmungssysteme für magnetische Strahlung (aus Vögeln). Höhere tierische Fähigkeiten wären beispielsweise die Unterscheidung und Interpretation Tausender verschiedener flüchtiger Moleküle, die in unglaublich geringen Konzentrationen in unserer Atemluft vorkommen (durch einen verbesserten Geruchssinn, wie ihn Hunde und andere Säuger besitzen), sowie die Fähigkeit, hochfrequente Schallwellen auszusenden beziehungsweise ihre Reflektion wahrzunehmen, um über ein biologisches Radarsystem (gleich dem einer Fledermaus) Gegenstände in völliger Dunkelheit zu »sehen«.

Eine weitere mögliche Optimierung unserer Wahrnehmungssysteme bestünde in der »Vierfarbsichtigkeit«. Normale Menschen sind in der

Lage, drei Farben – Rot, Blau und Grün – wahrzunehmen, manche Leute (und die meisten Säugerarten) kommen jedoch farbenblind zur Welt und vermögen nur zwei oder gar nur eine Farbe zu sehen. Jemand, der nur eine Farbe wahrnimmt, sieht die Welt ähnlich wie in einem Schwarzweißfilm, vielleicht mit einem leichten Stich in die eine oder andere Farbe. Eine zweifarbige Welt läßt Menschen beispielsweise nur Schattierungen von Blau und Rot ohne jegliches Gelb oder Grün sehen. Stellen Sie sich vor, was geschähe, wenn jemand, der von Geburt an farbenblind war, plötzlich imstande wäre, alle drei Farben wahrzunehmen. Das müßte einer halluzinogenen Erfahrung gleichkommen. Nur so kann man eine ungefähre Vorstellung davon bekommen, wie eine vierfarbige Welt aus unserer dreifarbigen Perspektive aussehen müßte.

Und dann wäre da noch die *Radiotelepathie*, ein Begriff, den Freeman Dyson geprägt und definiert hat, um die Fähigkeit eines Menschen oder anderer Lebewesen zu beschreiben, Informationen in Form von Radiowellen auszusenden und zu empfangen.[19] Radiowellen und sichtbares Licht sind zwei Strahlungsformen, die verschiedene Bereiche aus dem Spektrum elektromagnetischer Strahlung abdecken. Sie unterscheiden sich lediglich durch die Energiemengen, die ihre Grundeinheiten (Photonen) jeweils transportieren. Was unsere Augen als Farbunterschied wahrnehmen, ist nichts anderes als der Energieunterschied einzelner Photonen, der verschiedenen Frequenzen entspricht. Es gibt keine grundsätzliche biologische Hürde, die der Entstehung eines sensorischen Organs entgegenstünde, das imstande wäre, statt der Frequenzen des sichtbaren Lichts Radiofrequenzen zu unterscheiden. Und es scheint nicht allzuweit hergeholt anzunehmen, daß sich eine neuronale Struktur entwickeln lassen müßte, die der Interpretation von Informationen dient, welche in Gestalt von Amplituden- und Frequenzmodulationen von Radiowellen, den Grundlagen allen Funkverkehrs, daherkommen – genauso wie der auditorische Cortex in unserem Gehirn es uns ermöglicht, Klangmodulationen zu interpretieren, die wir dann als Sprache oder als Musik *hören*. Problematischer als dies gestaltete sich möglicherweise die Entwicklung eines biologischen Organs, das modulierte Radiowellen *emittieren* könnte. Doch auch das ließe sich vorstellen, vielleicht als eine wei-

terentwickelte Version der lichtproduzierenden Systeme von Glühwürmchen und Fischen.
In der nahen Zukunft aber werden die meisten genetischen Optimierungen mit Sicherheit sehr viel profanerer Natur sein. Sie werden kleine Reparaturen all der natürlich vorkommenden genetischen Unzulänglichkeiten sein, die das Leben so vieler Menschen verkürzen. Körperliche und kognitive Fähigkeiten und Merkmale werden zunächst auf kaum merkliche Weise bereichert werden. Und während im Laufe der nächsten zwei Jahrhunderte die Zeit verstreicht, werden Anzahl und Vielfalt möglicher Zusätze zur genetischen Grundausstattung des Menschen eine exponentielle Zunahme zu verzeichnen haben – ähnlich wie die Erweiterungen computergesteuerter Systeme in den achtziger und neunziger Jahren zugenommen haben. Zusätze, die einst unvorstellbar waren, werden unverzichtbar werden … für Eltern, die es sich leisten können.

Epilog
Die Zukunft der Menschheit?

»Ich bin das A und das O, der Erste und der Letzte, der Anfang und das Ende.«

Offenbarung 22, 13

Washington, D.C., 15. Mai 2350

Die Kommission aus führenden Akademikern, die Dr. Albert Varship sechs Monate zuvor einberufen hatte, war in aller Stille in Washington zusammengekommen, um dort ihren Abschlußbericht zu präsentieren. Je ein Vertreter der fünf relevanten Wissenschaftszweige – ein Reprogenetiker, ein Evolutionsbiologe, ein Demograph, ein Soziologe und ein Psychologe – hatten sich um den runden Tisch im Konferenzraum des Department of Health and Human Services versammelt. Einer nach dem anderen präsentierten sie dem Gesundheitsminister jeweils einen Teil des Berichts.

Ihre Befunde waren erschreckend, ihre Prophezeiungen schlechterdings unfaßbar. Und doch konnte Dr. Varship in ihrer Logik keinerlei Trugschluß erkennen und sah keinen Grund, die zentrale Schlußfolgerung ihres gemeinsamen Abschlußkommuniqués anzuzweifeln: »Wenn die Anhäufung genetischer Erkenntnisse und die Fortschritte der Technologien zur genetischen Optimierung weiterhin mit der gegenwärtigen Geschwindigkeit vorangehen, werden sich bis zum Ende des dritten Jahrtausends aus den beiden Klassen der GenReichen und der Naturbelassenen zwei Spezies entwickelt haben – zwei genetisch voneinander vollkommen getrennte Arten ohne jede Möglichkeit zur Kreuzung über die Speziesgrenzen hinweg.«

Die Präsentation dauerte etwas mehr als zwei Stunden. Dr. Varship lauschte den Ausführungen die ganze Zeit über schweigend. Es war zu schrecklich, um wahr zu sein. Unglaublich und doch vollkommen absehbar, genaugenommen bereits vor langer, langer Zeit prophezeit.

Dr. Varships Gedanken wanderten zu seinen Jugendjahren zurück, in denen er ein leidenschaftlicher Leser von Science-fiction-Romanen gewesen war. Er hatte auch die Geschichten von H. G. Wells gelesen, eines der Väter dieses Genres, der Ende des 19. Jahrhunderts gelebt hatte. So vieles von dem, was Wells prophezeit hatte, war schon bald nach ihm Realität geworden – Fernsehen, interkontinentaler Luftverkehr, Raumstationen, Kinofilme, klimatisierte Städte und vieles mehr. Und jetzt auch noch das: »die Aufspaltung der menschlichen Spezies«. In der antiquierten politischen Sprache jener Zeit hatte Wells geschrieben, der Ursprung dieser Spaltung liege »in der immer größer werdenden Kluft zwischen Kapitalist und Arbeiter, die uns gegenwärtig noch zeitlich und gesellschaftlich begrenzt erscheint«.[1] Nun sollte auch das wahr werden.

Der einzige Punkt, in dem Wells sich geirrt hatte, war der Zeitraum, den das Ganze in Anspruch nehmen würde. Raumfahrt und Zeitreisen in andere Welten waren eine Sache, aber die Vorstellung, daß Menschen eines Tages in der Lage sein könnten, ihre eigenen Gene zu manipulieren, mußte in der ersten Hälfte des 20. Jahrhunderts sogar Visionären wie Wells, Huxley und Asimov abwegig erscheinen. Und trotzdem stand man nun an der Schwelle zu einem unglaublichen Evolutionsereignis. Nicht in der Art, wie Wells es sich vorgestellt hatte – als Ergebnis einer natürlichen Evolution, in ferner Zukunft, etwa in 800 000 Jahren –, sondern in weniger als einem Jahrtausend, Endpunkt einer vom Menschen selbst gelenkten Evolution.

Dreihundert Jahre war es her, seit man ernsthaft mit den Methoden zur genetischen Optimierung begonnen hatte. Während dieser Zeit hatten zwölf Generationen von GenReichen gelebt und sich fortgepflanzt. Mit jeder neuen Generation konnten sie auf einem bereits optimierten Genom aufbauen, welches sich weiter verbessern ließ. Und mit jeder Generation wurde es den Reproduktionsmedizinern dank der Zunahme ihres biomedizinischen Wissens und der Verbesserung genetischer Technologien möglich, immer kompliziertere genetische Optimierungen aus Hunderten, manchmal Tausenden zusätzlicher Gene zu erreichen.

Ursprünglich hatte die Betonung wohl auf einer Optimierung von körperlicher und psychischer Gesundheit gelegen, doch schon bald verlagerte sich das Interesse auf Charaktermerkmale und Begabungen kognitiver, sportlicher und künstlerischer Art. GenReiche Elternpaare wählten für ihre Kinder verschiedene Optimierungen aus diesen Bereichen, und diese Unterschiede addierten sich zu den ohnehin schon ständig verbesserten genetischen Rahmenbedingungen, die alle Mitglieder der GenReichen-Klasse nutzen konnten.

Varship war erschüttert über das soeben Gehörte, er suchte nach der richtigen Antwort. Kliniken zur genetischen Optimierung – allgemein nur als GO-Kliniken bezeichnet – gab es in ganz Nordamerika. Sie wurden allesamt als Privatunternehmen geführt und bedurften keinerlei Unterstützung durch die Regierung. Vielmehr gab es schon seit langem Gesetze, die den Einsatz öffentlicher Gelder für die »Embryonenforschung«, wie man das Ganze beschönigend umschrieb, untersagten. Die gewählten Volksvertreter und die GO-Offiziellen fanden dieses Verbot gleichermaßen zweckmäßig als politischen Deckmantel für jene »Vogel-Strauß-Politik«, die die Regierung der GO-Industrie gegenüber mit großer Konsequenz vertrat. Das war auch der Grund gewesen, weshalb Varship seine Kommission in aller Stille gebildet hatte. Doch was konnte er nun, da er ihren Abschlußbericht in den Händen hielt, damit anfangen?

Das Problem war, daß die GO-Industrie einen Umsatz von vielen Milliarden Dollar hatte und ihre Dienste nicht nur amerikanischen Bürgern zugute kamen, sondern auch vielen Ausländern. Die amerikanische GO-Industrie profitierte ungemein von den restriktiven Gesetzen, die in vielen anderen Ländern für Einschränkungen sorgten, und hatte somit großen Einfluß darauf, daß sich die internationalen Handelsbeziehungen zugunsten der amerikanischen Wirtschaft entwickelten. Es überrascht daher nicht, daß Politiker und ihre Anhänger im Geschäftsleben einen großen Bogen um dieses Thema machten. Natürlich hatte der Durchschnittsbürger im Laufe der Jahre gelegentlich seine Bedenken hinsichtlich der langfristigen gesellschaftlichen Konsequenzen der GO-Technologie zum Ausdruck gebracht. Recht auf Privatsphäre, Freiheit des einzelnen und daß es töricht sei, wolle sich die Regierung in den freien Markt einmischen – so und ähnlich

lauteten die Schlagworte, mit denen sich die Entgegnungen der Politiker auf solche Befürchtungen zusammenfassen ließen.
Varship und alle Vortragenden, die an diesem Morgen mit ihm an einem Tisch zusammensaßen, waren selbst GenReiche. Wären sie mit einer anderen genetischen Ausstattung zur Welt gekommen, so hätten sie die Positionen, die sie jetzt innehatten, niemals erreichen können. Alle Kongreßmitglieder, alle Unternehmer, alle anderen Angehörigen qualifizierter Berufe, sämtliche Sportler, Künstler und Unterhaltungskünstler gehörten der Klasse der GenReichen an. Längst hatte auch der talentierteste Naturbelassene keine Möglichkeit mehr, sich in diese Sphären emporzuarbeiten.
Was war zu tun? Was war möglich? Die ganze Sache auf der Stelle beenden? Sämtliche Praktiken der genetischen Optimierung samt und sonders gesetzlich verbieten? Ein Aufschrei würde durch die Reihen der GenReichen gehen. Ein Kongreß voller Abgeordneter aus der Klasse der GenReichen würde so etwas niemals zulassen. Doch selbst, wenn ein solches Gesetz durchginge – was für einen Unterschied machte das noch? Sicher, kurzfristig – ein paar Monate lang – würden sich die Dinge ein wenig langsamer entwickeln. Aber die GO-Zentren würden ihre Tätigkeit einfach auf ferne Inseln und in unterentwickelte Länder verlagern, wo man jeden zusätzlichen Dollar an Steuergeldern stürmisch begrüßen würde. Und die zukünftigen Eltern aus der Klasse der GenReichen würden ihnen folgen.
Wenn die hier und dort erlassenen gesetzlichen Restriktionen fruchtlos bleiben mußten, gab es dann andere Möglichkeiten, die Praktiken der GO zu unterbinden? Varship überdachte die moralische Seite. Vielleicht konnte er den Präsidenten – unter dessen rauher politischer Schale sich ein menschliches Gewissen regte – dazu bringen, seinen gewaltigen Einfluß ins Spiel zu bringen und gegen die Sünden der GO zu predigen. Vielleicht ließe sich eine Kampagne anstrengen, mit der man allen GenReichen die erschreckenden moralischen Konsequenzen der GO für die Menschheit als Ganzes erklären konnte.
Ohne es zu merken, hatte Varship den Kopf geschüttelt, als ihm klar wurde, daß die Beendigung der GO eine hoffnungslose Sache war. Alle Eltern wollen ihren Kindern den größtmöglichen Vorteil im Leben verschaffen. So war es seit Hunderttausenden von Jahren gewe-

sen. Wie sollte man Eltern dazu bringen können, ihre instinktiven persönlichen Bedürfnisse zum Wohle der Gesellschaft zurückzustellen? Jedes einzelne Elternpaar würde antworten. »Die genetische Optimierung meines eigenen Kindes allein hat überhaupt keinen Einfluß auf die Gesellschaft. Warum ist es unmoralisch, wenn ich für meine Kinder nur das Beste will? Ich schade doch niemandem durch mein Handeln.«

So vieles hatte sich geändert und müßte wieder rückgängig gemacht werden, damit alles wieder so wäre wie früher (wie immer es früher wirklich gewesen sein mochte). Die Kluft zwischen den GenReichen und den Naturbelassenen hatte nicht nur mit den Genen zu tun, sondern schlug sich in jedem anderen Aspekt ihres Lebens und ihrer Lebensgemeinschaften nieder, am allermeisten freilich in ihren finanziellen Mitteln. Selbst wenn man den GO-Praktiken an diesem Punkt der Geschichte einen Riegel vorschöbe, so brächte man die Klassen doch nicht wieder zusammen.

Wenn es keine Möglichkeit gab, die GO-Technologie zu unterbinden, gab es dann eine Möglichkeit, das Zerfallen der Menschheit in zwei Arten zu verhindern? Varship stellte sich eine utopische Gesellschaft vor, in der jeder freien Zugang zu den GO-Praktiken hätte und in der alle Naturbelassenen auf das Niveau der GenReichen angehoben würden. Einen Augenblick zauberte dieser Gedanke ein Lächeln auf sein Gesicht, aber wirklich nur einen Moment lang, länger nicht. Den Weihnachtsmann gab es nur in der Phantasie der Kinder, und selbst wenn die Gesellschaft es gewollt hätte, so ließ sich keine Möglichkeit denken, wie sie es sich hätte leisten können, allen ihren Bürgern diesen teuren Service anzubieten.

Wo war man vom rechten Weg abgekommen? Hatte es in der Vergangenheit irgendeinen Punkt gegeben, an dem man einen anderen Kurs hätte einschlagen sollen? Varship war mit der Frühgeschichte der GO wohlvertraut. Die ersten Praktiker hatten noch eine moralische Grenzlinie zwischen der Vermeidung von Krankheiten und der Optimierung von Merkmalen gezogen. Wie konnte jemand die Verhütung von Kinderkrankheiten nicht gutheißen? Doch schon bald wurde klar, daß eine solche moralische Grenze nur Einbildung war. Denn im Grunde war alles eine Form der genetischen Optimierung.

Jeder Eingriff wurde unternommen, um ein Kind mit dem einen oder anderen Vorteil auszustatten, den es anderweitig nicht gehabt hätte. Und was war daran verwerflich? Was war daran verwerflich, Kindern zu einem besseren Leben zu verhelfen?
Die Geschichtsbücher ließen keinen Zweifel daran, daß die Wissenschaftler zu Beginn des 21. Jahrhunderts versagt hatten, als es darum ging, die kumulativen Auswirkungen der GO-Technologie vorherzusehen. Noch als sich der wissenschaftliche Kenntnisstand und die technologischen Möglichkeiten um sie herum mit rasender Geschwindigkeit erweiterten, glaubten sie weiter daran, daß ihre Zukunft genauso aussehen würde wie ihre Gegenwart und daß komplexe physische und kognitive Eigenschaften sich auf ewig außerhalb ihrer Reichweite befänden. Varship durchzuckte ein schrecklicher Gedanke, der ihn die Augen weit aufreißen ließ: Ihm wurde schlagartig klar, daß die meisten Wissenschaftler seiner Zeit unter derselben geistigen Blockade litten wie ihre Vorfahren.
Es war zu spät, resümierte Varship. Zu spät, um überhaupt noch etwas zu unternehmen, resignierte er hilflos. Sie waren auf der Reise in eine sich immer rascher entwickelnde Zukunft, eine Reise, die kein Mann und keine Frau würde aufhalten können. Und niemand konnte sagen, wohin sie führen würde.

Die Milchstraße, 1. Juni 2997

Wie Dr. Varship 647 Jahre zuvor geargwöhnt hatte, waren seine Wissenschaftlerkollegen bei ihren Prognosen darüber, wohin die GO die Menschheit bringen würde, von geradezu sträflichem Leichtsinn gewesen. Und alles nur deshalb, weil sie die Macht exponentieller Entwicklungen unterschätzt hatten – nicht nur im Hinblick auf die Technologie, sondern auch in bezug auf das Wesen der Menschheit.
Sogar einfache kumulative Ereignisse brachten es fertig, die Wissenschaftler der Vergangenheit zu überraschen. Ende des 20. Jahrhunderts hatten die Evolutionsbiologen gewußt, daß sich die Ahnenreihe ihrer Art in direkter Linie auf eine affenähnliche Mutter zurückverfolgen ließ, die fünf Millionen Jahre zuvor gelebt hatte und aus deren

Kindern im weiteren Verlauf beide Arten hervorgegangen waren – Menschen und Schimpansen. An keinem Punkt hatte irgendein Kind dieser Linie aus Millionen Generationen sehr viel anders ausgesehen als seine Eltern. Und doch: Am Anfang hatte ein Affe gestanden, am Ende ein menschliches Wesen.

Nachdem die frühen Menschen begonnen hatten, bewußt in diesen Prozeß einzugreifen, waren die spektakulären Veränderungen immer rascher aufeinandergefolgt. Die Menschen hatten aus einer einzigen Wolfsart innerhalb von hundert Generationen Französische Pudel und Bernhardiner, Jagdhunde, Schäferhunde und viele andere Varianten gezüchtet, die sich in Aussehen und Verhalten derart voneinander unterschieden, daß man sich kaum vorstellen konnte, lauter entfernte Cousins vor sich zu haben.

All das war Ende des 20. Jahrhunderts bekannt. Außerdem gab es seinerzeit bereits beachtliche Fortschritte auf jenen Wissenschaftsgebieten, die miteinander die Grundlage der GO bildeten. Die Wissenschaftler näherten sich in Riesenschritten einem umfassenden Verständnis davon, wie die einzelnen Gene innerhalb des menschlichen Genoms funktionierten. An anderen Säugetierarten waren gentechnologische Verfahren bereits erfolgreich durchgeführt worden. Der Prototyp eines künstlichen menschlichen Chromosoms war bereits erfunden. Natürlich mußte jemandem, der diese Ereignisse ablaufen sah, klar sein, wohin das alles führen würde. Wie konnten die Biologen selbst so blind sein, nicht zu erkennen, daß Veränderungen an ihrer eigenen Art – jede von ihnen im vorhinein geplant und festgelegt – sich sehr viel rascher addieren mußten als die zufälligen Veränderungen, die die frühen Menschen domestizierten Tieren und Pflanzen aufgezwungen hatten?

Statt dessen aber wurde die wissenschaftliche Szene von konservativen Skeptikern beherrscht. Zwar werden wir, so die Biologen, bald jedes Gen identifiziert haben, aber wir werden *nie* wirklich verstehen, wie alle diese Gene während der Entwicklung eines Menschenlebens miteinander zusammenwirken. Das menschliche Genom mag eine Vorlage liefern, aber diese Vorlage wirkt indirekt, und es ist unmöglich, sie in irgendeinem anderen Zusammenhang zu lesen als in einem sich entwickelnden menschlichen Embryo und Fetus. Das ist und bleibt so, weil jede einzelne der Milliarden Einzelzellen in einem Fetus als eigenständiger kleiner Computer arbeitet, der die in seiner DNA verschlüsselten genetischen Instruktionen im Zusammenhang mit seiner eigenen kleinen Umgebung interpretiert. Infolgedessen, so sagten die Wissenschaftler, wird es selbst dem leistungsstärksten Computer *unmöglich* sein, allein aufgrund der in einem einzelligen Embryo vorhandenen Information die Entwicklung eines menschlichen Wesens zu simulieren. Und deshalb, so fuhren sie fort, werden größere Veränderungen am menschlichen Genom niemals versucht werden, denn die Reprogenetiker hätten keine Möglichkeit, im voraus zu wissen, wie sich diese Veränderungen wirklich auf das Kind auswirken würden, das zur Welt käme.

Aber diese Wissenschaftler des ausgehenden 20. Jahrhunderts machten denselben Fehler wie so viele ihrer Vorfahren. Die genaue Beschaffenheit von Genen verstehen zu lernen, liege »jenseits der Möglichkeiten sterblicher Menschen«, stellten sie 1935 fest. Im Jahre 1974 erklärten sie, es sei *unmöglich*, die Sequenz des gesamten menschlichen Genoms aufzuklären. 1984 sagten sie, es sei *unmöglich*, bestimmte Gene in einem Embryo zu verändern. Ein Jahr später erklärten sie, es sei *unmöglich*, die genetische Information einer einzelnen Embryonalzelle zu lesen. Es sei *unmöglich*, Menschen aus den Zellen Erwachsener zu klonieren, behaupteten sie 1996. Jede dieser Unmöglichkeiten war nicht nur möglich geworden, sondern sogar noch zu Lebzeiten der Skeptiker in die Realität umgesetzt worden.

Es fällt schwer zu glauben, daß sie nicht hatten absehen können, daß man nicht nur alle genetischen Wechselwirkungen aufdecken würde, sondern daß darüber hinaus auch die Computer leistungsstark genug werden würden, um die Auswirkungen jeder nur vorstellbaren genetischen Veränderung und jedes möglichen Genomzusatzes zu simulieren. (Inzwischen würde natürlich kein Gentechniker auch nur im Traum daran denken, einen Embryo mit einem zusätzlichen Genpaket auszustatten, ohne dessen Auswirkungen zuerst per Computersimulation getestet zu haben).

Im 24. Jahrhundert hatte Dr. Varships Kommission vorausgesagt, daß die Menschen sich in zwei Arten aufspalten würden – in die GenReichen und die Naturbelassenen. Die Naturbelassenen verfügten über die Standardausstattung von 46 Chromosomen, die der menschlichen Art schon seit Urzeiten eigen war, während die GenReichen jener Zeit ein zusätzliches Chromosomenpaar in sich trugen, das eigens dazu angelegt war, in jeder neuen Generation zusätzliche Genpakete aufzunehmen. Mit 48 Chromosomen und Tausenden zusätzlicher Gene waren die GenReichen ohne Zweifel im Begriff, sich von den Naturbelassenen abzuspalten.

Doch was die Reprogenetiker des 24. Jahrhunderts nicht vorhergesehen hatten, war die ungeheure Macht, die der GO-Industrie zuteil werden würde, der Konkurrenzdruck, der dort herrschen würde, sowie die Auswirkungen der irdischen Bevölkerungsexplosion. Bis zum Ende des 24. Jahrhunderts waren sich die Reprogenetiker einig gewesen und hatten stets ein und dasselbe Chromosom als Grundlage für die Einführung genetischer Zusätze verwandt. Im 25. Jahrhundert aber änderte sich alles. Die drei Giganten der Szene, Mikrogen, Unigen und Macingen, gründeten rund um den Erdball unabhängige GO-Zentren. Schon bald danach begann jede Firma im Eifer des Konkurrenzkampfes, die Chromosomen, die sie ihren Kunden anbot, auf unterschiedliche Art und Weise zu verändern, so daß sie mit den Produkten anderer Firmen nicht mehr kompatibel waren. Familien, die sich in Mikrogen-Kliniken hatten optimieren lassen, begannen sich infolgedessen von denen abzusondern, die sich an den Kliniken von Macingen optimieren ließen, und beide trennte mehr und mehr von denen, die in Unigen-eigenen Kliniken gewesen waren. Bis zum 26. Jahrhundert hatten sich aus der ursprünglichen Spezies *Homo sapiens* nicht nur zwei, sondern bereits vier verschiedene Arten entwickelt – und das war erst der Anfang.

Im 26. Jahrhundert hatte die Überbevölkerung auf der Erde die Lebensqualität derart vermindert, daß viele genReiche Eltern beschlossen hatten, ihren Kindern besondere genetische Gaben zu verleihen, die es ihnen ermöglichen würden, in fremden Welten zu überleben, die für Nichtoptimierte unbewohnbar waren. Die Entwicklung dieser neuen Genpakete basierte unter anderem auf genetischen Informationen aus verschiedenen Lebewesen, die unter extremen Bedingungen auf der Erde lebten: darunter Riesenmuscheln, Röhrenwürmer und mikroskopisch kleine Bakterien, die – von Licht und freiem Sauerstoff meilenweit entfernt – in den kochendheißen Schwefelgewässern um die Vulkankrater des Meeresbodens gediehen. Oder von Geschöpfen, die eine Art von biologischem Frostschutzmittel verwendeten, um in der Antarktis überleben zu können. Außerdem hatten die Gentechniker eine Symbiose zwischen Mensch und Pflanze zustande gebracht, indem sie Embryonen mit Photosynthese-Einheiten versahen.[2] Damit waren diese Menschen nicht nur in der Lage, ihre Energie direkt von der Sonne zu beziehen, sondern sie konnten auch einen Teil ihres Sauerstoffbedarfs genau wie Pflanzen aus Wasser und Kohlendioxid selbst decken.

Das Zeitalter neuer Entdeckungen begann mit Siedlungen am Rande der eisbedeckten Nordpolregion des Mars. Die dickhäutigen dunkelgrünen Menschenabkömmlinge mit veränderten Lungen, die auf dem vierten Planeten der Sonne zu siedeln begannen, hatten nur noch wenig mit den primitiven Naturbelassenen zu tun, die noch immer auf dem dritten Planeten, der Erde, umherstreunten. Natürlich hatten diese grünen Menschen dafür gesorgt, daß sie auf dem Mars zusammen mit einer großen Vielfalt an speziell konstruierten Tier-Pflanzen-Geschöpfen anlangten, die ebenfalls ihrer neuen Welt auf einzigartige Weise angepaßt waren. Manche von ihnen dienten als Nahrung, andere als Haustiere, und wieder andere waren dazu da (mit Hilfe der Energiequelle Sonnenlicht), große Mengen Sauerstoff aus dem gefrorenen Wasser zu gewinnen, um so in den riesigen ballonförmigen Biosphären optimale Lebensbedingungen zu unterhalten.

Während die irdische Bevölkerung weiter zunahm, besiedelten andere Arten von GenReichen andere Planeten, Monde und Asteroiden unseres ursprünglichen Sonnensystems, wobei sie mit Hilfe der GO-Industrie die Fähigkeiten ihrer eigenen Kinder, in den von ihnen gewählten Welten zu überleben, immer weiter optimierten. Als die Kapazität des ersten künstlichen Chromosomenpaares erschöpft war, wurden den nachfolgenden Generationen verschiedene andere Typen von Chromsomenpaaren hinzugefügt. Um die Mitte des 27. Jahrhunderts gab es mindestens ein Dutzend verschiedener Arten menschlicher Abkömmlinge mit Chromosomenzahlen zwischen 46 bei den Naturbelassenen und bis zu 54 bei den maximal optimierten GenReichen Individuen.

Lange hatte man nach einer genetischen Optimierung gesucht – und sie im 27. Jahrhundert schließlich auch verwirklicht –, die es möglich machte, an Reisen in andere Sonnensysteme zumindest einmal zu *denken*. Diese Optimierung bildete ein Genpaket aus den Händen der Firma Macingen, das den Alterungsprozeß zum Schneckentempo verlangsamte. Kinder, die mit dem AGEBUSTER-Genpaket zur Welt kamen, konnten Hunderte von Jahren – vielleicht sogar noch länger – leben, ohne daß Körper oder Geist an Leistungsfähigkeit abnahmen. Wie alle jungen Forschungsreisenden der menschlichen Geschichte vor dem 20. Jahrhundert sagten sie ihren Familien Lebewohl in dem Bewußtsein, daß sie sie niemals wiedersehen würden. Sie begaben sich an Bord riesiger kernenergiebetriebener Raumschiffe von stadtähnlichen Ausmaßen, mit denen sie zu den einladenderen Planeten benachbarter Sonnensysteme reisten, die die Astronomen entdeckt hatten.

Und nun sitzen wir hier im Jahre 2997 und fragen uns, was die Zukunft bringen wird. Durch weitere Optimierungen im AGEBUSTER-Genpaket und die Technologie der bemannten Raumfahrt wird sich die Reichweite des Menschen mit Sicherheit quer durch unsere Galaxie und vielleicht noch darüber hinaus ausdehnen. Damit werden weit voneinander entfernte Kolonien langsam den Kontakt zueinander verlieren.[3] Manche von ihnen werden sogar die kulturelle Erinnerung an den Ursprung ihrer Art verlieren, die auf irgendeinem dritten Planeten in irgendeinem nicht näher beschriebenen Sonnensystem irgendwo unter den Milliarden Systemen der Milchstraße entstanden war. Am Ende werden die Nachfahren des Menschen durch Millionen von Jahrhunderten reisen, Millionen von Welten erforschen und sich zu Millionen verschiedener Arten entwickeln, die allesamt nur noch sehr wenig Ähnlichkeit mit den Menschen des 20. Jahrhunderts haben … während sie den vielen Wegen nachsinnen, die jene erste Zelle – die Mutter *allen* Lebens – damals vor langer, langer Zeit auf dem Planeten Erde genommen hat.

Das Universum, ????

Das Unglaublichste am ursprünglichen menschlichen Genom war, daß es den Menschen mit einem menschlichen Bewußtsein versah, das sich all die in diesem Buch beschriebenen Dinge hatte ausdenken können. Der Weg aus drei Milliarden Basen genetischer Information bis hin zum menschlichen Bewußtsein ist lang und voller Umwege, doch seit den Tagen von Watson und Crick, den Entdeckern der DNA-Struktur, hatte kein Wissenschaftler allen Ernstes daran zweifeln können, daß dieser Weg im Laufe der Entwicklung eines jeden menschlichen Wesens tatsächlich zurückgelegt wird.

Die zweite unglaubliche Eigenart des menschlichen Genoms war die Bereitwilligkeit, mit der es der Menschheit seine Geheimnisse enthüllte. Das größte Geheimnis allerdings hatte lange Zeit bestanden: die Details der genetischen Grundlagen von Bewußtsein und Intelligenz. Es hatte Leute gegeben, die glaubten, daß sich »Intelligenzgene« finden lassen müßten, indem man die Genome sogenannter kluger Leute mit denen sogenannter dummer Leute verglich, doch diesem Ansatz hatten äußere Faktoren vehement entgegengestanden. Andere waren der Ansicht gewesen, daß sich die Antworten nur in einem tiefgreifenden Verständnis der genauen Vernetzung des Gehirns finden lassen würden. Doch die Neurowissenschaftler des 21. Jahrhunderts verfügten weder über das Instrumentarium noch über die geistigen Fähigkeiten, die Billionen und Aberbillionen Verknüpfungen zu verstehen oder zu kartieren, die zwischen einzelnen Neuronen bestehen. Der Durchbruch gelang schließlich von einer ganz anderen Seite her – über einen Rückblick auf die eigene Evolution.

Um diesen Ansatz nachvollziehen zu können, ist es angebracht, einmal die Art und Weise zu beleuchten, wie Genetiker Dingen im allgemeinen auf den Grund gehen: Die genetische Basis für die Sichelzellenanämie wurde nicht allein dadurch entdeckt, daß man erkrankte Personen betrachtete, sondern vor allem dadurch, daß man nach dem Unterschied zwischen Erkrankten und Gesunden suchte. Und ganz ähnlich fand man die genetische Basis für menschliches Bewußtsein und menschliche Intelligenz nicht dadurch, daß man verschiedene Menschen miteinander verglich, sondern dadurch, daß man das allen

Menschen gemeinsame Genom mit dem unserer nächsten Verwandten verglich – mit dem der Schimpansen.
Den Wissenschaftlern des 20. Jahrhunderts, die zum ersten Mal genauer hinsahen, muß es unglaublich erschienen sein, daß das Genom des Schimpansen mit dem des Menschen nahezu identisch ist. Rückblickend betrachtet sollte dies im Grunde nicht allzusehr überrascht haben, hatten sich doch die beiden Arten erst fünf Millionen Jahre zuvor getrennt. Dennoch bildete das menschliche Genom die Grundlage für menschliches Bewußtsein, während dem Schimpansengenom nur eine primitivere Form von menschenähnlichem Bewußtsein entsprang. Es war klar, daß sich die genetische Basis für das in hohem Maße optimierte Bewußtsein und die Intelligenz des Menschen in den wenigen deutlichen Unterschieden zwischen diesen beiden Genomen finden lassen mußte.
Gegen Ende des 22. Jahrhunderts hatte man sämtliche genetischen Optimierungen identifiziert, mit denen sich einem Schimpansen (zumindest theoretisch) ein menschlicher Verstand verleihen ließe, obwohl es noch seine Zeit dauern sollte, bis man genau wußte, worum es bei einem menschlichen Verstand wirklich geht. In den Augen mancher Leute hatte man damit das Genpaket Gottes entdeckt. In den Augen der Reprogenetiker aber handelte es sich lediglich um ein willkommenes Werkzeug. Denn wenn sich ein Schimpansengehirn »auf dem Papier« zu einem menschlichen Gehirn umwandeln ließ, dann sollte sich mit *genau denselben Genen* ein menschliches Gehirn in etwas sehr viel weiter Entwickeltes verwandeln lassen.
Das war der entscheidende Wendepunkt in der Geschichte des Universums gewesen. Denn als die erste Generation von erkenntnis-optimierten GenReichen herangewachsen war, gingen aus dieser Wissenschaftler hervor, die sämtliche Genies früherer Epochen weit in den Schatten stellten. Und diese Wissenschaftler machten bei der weiteren Erforschung des menschlichen Gehirns unglaubliche Fortschritte, sie schufen immer ausgeklügeltere reprogenetische Verfahren, mit denen sich die kognitiven Fähigkeiten der nächsten Generation von GenReichen noch stärker optimieren ließen. In jeder Generation seither war es zu einer Art Quantensprung gekommen. Und die ganze Zeit über hatte es immer Leute gegeben, die behaupteten, weiter könne es nun

nicht mehr gehen, man sei an den Grenzen seiner mentalen Fähigkeiten und des technologischen Fortschritts angelangt. Doch sämtliche dieser prophezeiten Grenzen wurden mit der unaufhaltsamen Zunahme an Intelligenz, Wissen und technologischen Möglichkeiten eine nach der anderen weggefegt.
Heute, etliche Jahrhunderte später, ist ein herausragender Punkt der Entwicklung erreicht. In diesem Zeitalter gibt es eine besondere Gruppe mentaler Wesen. Obgleich diese die Reihe ihrer Vorfahren direkt auf den *Homo sapiens* zurückführen können, unterscheiden sie sich von Menschen in etwa demselben Maße, wie Menschen sich von den primitiven Würmern mit winzigen Gehirnen unterscheiden, die lange vor ihnen auf der Erdoberfläche umherkrabbelten. Sechshundert Millionen Jahre hatte es gedauert, bis die Evolution von jenen Würmern bis zum Menschen gelangt war. Bis aus dem Menschen im Laufe der von seiner eigenen Hand gelenkten Evolution jene heute existierenden Wesen geworden waren, hat es bei weitem nicht so lange gedauert.
Es ist nicht leicht, Worte zu finden, mit denen sich die Eigenschaften dieser Wesen beschreiben lassen. »Intelligenz« wird ihren kognitiven Fähigkeiten nicht gerecht. »Wissen« erfaßt nicht die Tiefe ihres Verständnisses – sowohl, was das Universum betrifft, als auch in bezug auf ihr eigenes Bewußtsein. »Macht« reicht bei weitem nicht hin, um zu umschreiben, in welchem Ausmaß sie Technologien kontrollieren, mit denen sich das Universum gestalten läßt, in dem sie leben.
Diese Wesen widmen ihr langes Leben der Beantwortung dreier trügerisch einfach scheinender Fragen, die sich jede Generation der Vergangenheit auch gestellt hat:
»Woher kommt das Universum?«
»Warum gibt es etwas anstelle von nichts?«
»Welche Bedeutung hat eine bewußte Existenz?«
Nun, da sie die Antworten kennen, stehen sie ihrem Schöpfer Auge in Auge gegenüber. Was sehen sie? Ist es etwas, das die Menschen des 20. Jahrhunderts sich in ihren wildesten Träumen nicht hätten ausmalen können? Oder sehen sie, wenn sie ihre Existenz an den Anfang aller Zeit zurückverfolgen, etwa nur ihr *eigenes* Bild im Spiegel...?

Anhang

Anmerkungen

Prolog
Ein Blick in die Zukunft

1 In mancherlei Hinsicht nehmen die Vereinigten Staaten unter den Ländern des Westens eine Sonderstellung ein, vor allem in der zentralen Rolle, die sie den Eltern bei der Entscheidung zuweisen, wie ihre Kinder aufwachsen und wie sie unterrichtet werden sollen. In den meisten anderen Industrieländern übernimmt die Gesellschaft als ganze die Verantwortung für die Sozialisation und Ausbildung der Kinder. Die Bürger solcher Länder wären natürlich stärker legitimiert, wenn sie nach Kontrollen über den individuellen Gebrauch reprogenetischer Technologien riefen.

Kapitel 1
Was ist Leben?

1 Bis 1828 war man der Ansicht, daß lebende Materie sich von nichtlebender Materie grundlegend unterscheide. Lebende Materie wurde als »organisch«, nichtlebende als »anorganisch« betrachtet. Nur lebende Wesen konnten – durch göttliches Zutun – organisches Material produzieren. Somit waren lebende Wesen klar zu erkennen: Sie produzierten organische Materie und bestanden selbst daraus. Dieses Weltbild geriet im Jahre 1828 ins Wanken, als es dem Chemiker Friedrich Wöhler gelang, die organische Substanz Harnstoff im Labor aus ausschließlich anorganischen Ausgangsstoffen herzustellen. Heute bezeichnen Wissenschaftler mit dem Wort »organisch« allgemein alle komplexen Moleküle auf Kohlenstoffbasis. Obwohl die meisten der von Lebewesen produzierten komplexen Moleküle »organischer« Natur sind, können sie – ebenso wie viele andere organische Moleküle, die man in der belebten Welt nie gesehen hat – mit den Techniken der organischen Chemie im Labor hergestellt werden.

2 Eine lebendige Darstellung der Geschichte dieses Gebiets gibt Steven Levy in *Artificial Life: The Quest for a New Creation,* New York 1992.

3 Der Name HAL war ursprünglich als Anspielung auf IBM gedacht gewesen: Rückt man die Buchstaben IBM im Alphabet um eine Position zurück, erhält man die Buchtstabenkombination HAL.

4 Der Begriff »künstliche Intelligenz« wurde in den fünfziger Jahren geprägt, um Maschinen zu beschreiben, von denen man annahm, daß sie eines Tages vielleicht menschliche Eigenschaften wie Denken, Selbsterkenntnis und Gefühl würden entwickeln können.

5 Man mag einwenden, daß die Existenz von Sporen dieser Behauptung widerspricht. Sporen sind eingetrocknete Zellen, die über Hunderte von Jahren in einem »untätigen« Zustand verharren können und doch zu Lebewesen auskeimen, sobald sie auf günstige Umweltbedingungen treffen. Sie mögen zwar von lebenden Wesen abstammen und das Potential haben, sich zu Lebewesen zu entwickeln, doch sie selbst betrachtet man besser als einen Zustand »latenten Lebens«.

6 Man kann dazu einwenden, daß Gene ein zweites essentielles Merkmal von Leben im allgemeinen sind. Dieses Argument ergibt sich unmittelbar aus dem Prinzip, daß alles Leben Produkt einer Kombination aus Reproduktion und Evolution ist. Rein theoretisch kann ein Lebewesen zu seiner Fortpflanzung zwei verschiedenen Strategien folgen. Zum einen könnte es eine von Kopf bis Fuß identische Kopie seiner selbst herstellen. Die meisten Biologen sind sich darüber einig, daß genau dies der Weg war, den die allerersten lebenden Dinge der Erde gegangen sind: sich selbst reproduzierende Moleküle, aus denen irgendwann die erste lebende Zelle hervorging. Auch die Roboter in der soeben erzählten Geschichte gingen diesen Weg.

Er stellt die allereinfachsten Lebewesen allerdings vor ein ernsthaftes Problem, denn nur Komponenten mit der Fähigkeit, sich selbst zu vervielfältigen, können so reproduziert werden. Damit sind die Evolutionsmöglichkeiten einfacher Lebensformen stark eingeschränkt. Eine Membran beispielsweise, die sich durch Zufall um ein sich selbst vervielfältigendes Molekül gebildet hat, würde zwar dessen Überlebenschance möglicherweise erhöhen, doch das Molekül hätte nicht die geringste Möglichkeit, seinen Nachkommen eine ähnliche Hülle zu vererben, womit die Membran evolutionsbiologisch bedeutungslos wäre. Mit einer solchen Strategie kämen die einfachen Lebensformen also nicht sehr weit. Übrigens könnte es demnach auch keine sich selbst vervielfältigenden Roboter geben, die ihren Ursprung einem intelligenten Schöpfer verdanken. (Wobei sie dennoch das beste Gegenbeispiel zu der Behauptung bleiben, Leben könne nicht ohne Gene existieren.)

Um über das einfachste Lebensstadium hinaus gelangen zu können, muß ein Wesen in der Lage sein, Strukturen zu produzieren, die es schützen. Die besten dieser Strukturen (und das zu ihrer Produktion benötigte

Verfahren) aber werden nicht imstande sein, sich selbst zu vervielfältigen. Damit diese Strukturen vererbt werden können, müssen die Eltern ihren Nachkommen also *Instruktionen* mitgeben, die ihnen sagen, wie diese Strukturen hergestellt werden. Damit sind wir bei der zweiten Reproduktionsstrategie: Gib deinen Kindern die richtigen Anweisungen und ein Minimum an Grundaustattung und laß sie sich selbst zusammenbauen.

Diese zweite Strategie ist im Hinblick auf Reproduktion und Evolution ungemein leistungsstark. Benötigt ein Wesen tausend identische Teile einer bestimmten Oberflächenstruktur, dann genügt es, dieselbe Instruktion wieder und wieder abzulesen. Eine Veränderung dieser einen Anweisung allerdings veränderte sämtliche tausend Einzelteile. Falls diese Veränderung das Wesen widerstandsfähiger gegen einen Angriff oder gegen eine altersbedingte Degeneration werden ließe, dann würde diese Anweisung an mehr Nachkommen weitergegeben, so daß am Ende die gesamte Population dieses Merkmal aufwiese. Das ist Evolution.

Die Anweisungen, die diese hypothetischen Kreaturen tragen, sind das Äquivalent dessen, was Wissenschaftler als Gene bezeichnen: Informationspakete, die über den Prozeß der Reproduktion von einer Generation zur nächsten weitergegeben werden. Gene machen es möglich, daß ein Kind im weitesten Sinne das Abbild seiner Eltern ist. Die molekulare Grundsubstanz, die die genetischen Instruktionen in einer Form enthält, die sowohl gelesen als auch kopiert werden kann, ist das *genetische Material.*

Jedes Lebenssystem, das eine unabhängige Evolution durchläuft, verfügt über sein eigenes genetisches Material. Die DNA ist ein in jeder Hinsicht wunderbares Molekül – und doch ist sie nichts als Zufall. Könnten wir den Lebensfilm an den Beginn aller irdischen Existenz zurückspulen (wie Stephen Jay Gould so gern sagt) und das Leben *aus dem Nichts* neu entstehen lassen, so würde sich ein anderes wunderbares Molekül als genetisches Material ergeben. Wenn also ein Astronaut der Zukunft unser Sonnensystem verläßt und auf einem anderen Planeten auf Lebewesen stößt, die wie wir DNA als genetisches Material verwenden, dann könnte er ziemlich sicher davon ausgehen, daß die in Kapitel 2 vorgestellte Panspermie-Theorie der Wahrheit entspricht und daß diese außerirdischen Wesen sich aus derselben DNA-enthaltenden Lebensform wie wir entwickelt haben, ihre Vorfahren es also irgendwie fertiggebracht haben müssen, von einer Welt zur anderen zu wandern.

7 Dieser Ausspruch ist der Titel einer berühmten Vorlesung von Theodo-

sius Dobzhansky; sie wurde publiziert in *The American Biology Teacher* 35 (1973), S. 125.

8 KL-Konstrukte selbst mögen diesem Prinzip nicht gehorchen, aber sie sind abhängig von der Komplexität des Computers, in dem sie funktionieren.

9 In ihrem 1818 erschienenen Roman *Frankenstein* beschrieb Mary Shelley als erste die Idee, daß Wissenschaftler einst in der Lage sein könnten, menschenähnliche Kreaturen entstehen zu lassen. Zahlreiche Schriftsteller haben sich seither mit diesem Thema befaßt, unter anderem auch mit der Frage, ob es eine ethische Grenzlinie gibt, vor der die Wissenschaft haltzumachen habe. Im Jahre 1920 legte der tschechische Autor Karel Capek mit dem Schauspiel R.U.R. (Rossum's Universal Robots) eine modernisierte und sehr treffende Neuauflage des Frankenstein-Themas vor und prägte den Begriff »Roboter«. Capeks menschenähnliche Automaten ebneten den Weg für moderne Filmversionen des Frankenstein-Motivs: *The Stepford Wives* (1974), *Blade Runner* (1982) und *The Terminator* (1984).

10 In *The Stepford Wives* bringen gutsituierte Geschäftsmänner einer New Yorker Vorstadt ihre »anspruchsvollen« Gattinnen um und ersetzen sie durch Roboterkopien, die genau wie das Original aussehen, sich aber verhalten wie ein perfektes Abbild der idealen amerikanischen Hausfrau der fünfziger Jahre. Wie in *Terminato*r wird auch in diesem Film die Roboter-Natur der Protagonisten erst allmählich deutlich, und zwar durch deren Mangel an gewissen menschlichen Verhaltensweisen – womit beide Filme im Grunde der Shelleyschen Vorstellung huldigen, daß nur Gott den entscheidenden Lebensfunken verleihen kann, der die Essenz alles Menschlichen ausmacht. Erst der Film *Blade Runner* rüttelt an dieser Vorstellung.

Kapitel 2
Woher kommt Leben?

1 Eine Zelle hat im typischen Falle einen Durchmesser von etwa einem hundertstel Millimeter.

2 Man kann in diesem Zusammenhang die Frage stellen, ob auch Viren als lebendig gelten können. Lassen Sie uns diese Frage einmal anhand unserer soeben diskutierten Definition von Leben im allgemeinen untersuchen. Ein Virus besteht im Grunde nur aus einem Stückchen genetischen

Materials, einer Handvoll Gene, und das Ganze ist von einer schützenden Proteinhülle umgeben. Es ist hundert- bis tausendmal kleiner als eine Zelle und mit einem normalen Mikroskop nicht zu sehen. Allein kann ein Virus weder Energie verbrauchen noch sich fortpflanzen; sein Zustand ist vollkommen statisch. Aber wenn er in eine Zelle eindringt und seine Hülle auflöst, können seine nunmehr freigelegten Gene den zellulären Apparat »unterwandern« und die Produktion neuer – identischer – Viren veranlassen. Diese werden dann freigesetzt, gelangen zu anderen Zellen, und das gleiche Spiel wiederholt sich. Damit balanciert ein Virus auf dem schmalen Grat zwischen belebt und unbelebt. Es kann sich reproduzieren und eine Evolution durchlaufen, aber nur in der förderlichen Umgebung einer Zelle. Viren waren ursprünglich aus Zellen »entfleuchte« Gene, und alle Viren können nur einen begrenzten Grad an Komplexität erreichen. Die Möglichkeit, voll funktionstüchtige Viren im Labor entstehen zu lassen, sie aus ihren kleinsten molekularen Komponenten zusammenfügen zu können, war von großem philosophischem Interesse. Als dies in den siebziger Jahren zum erstenmal gelungen war, hielt man den endgültigen Beweis dafür in der Hand, daß es der sogenannten Lebenskraft nicht bedarf, um Leben entstehen zu lassen. Plötzlich stimmte die Behauptung nicht mehr, daß Leben nur durch Leben hervorgebracht werden kann.

3 Die Vorstellung vom Wirken einer Lebenskraft entspringt derselben Tradition, die zuvor einen entscheidenden, einen »göttlichen« Unterschied zwischen organischem und anorganischem Leben postuliert hatte. Sobald bewiesen war, daß Moleküle allein zur Unterscheidung von belebten und unbelebten Dingen nicht ausreichen, konnte dieser Unterschied nur durch die Annahme einer besonderen Kraft garantiert werden, die Molekülen Leben verleiht. Daher das Konzept »Lebenskraft«. Sie mag von verschiedenen Befürwortern auf verschiedene Weise definiert worden sein, doch die zugrundeliegende Idee ist allen Varianten gemeinsam: eine lenkende Kraft (Geist), von der die Moleküle durchdrungen werden. Nun ist eine solche lenkende Kraft zum Verständnis einer lebenden Zelle zwar keineswegs nötig, doch manche Leute argumentieren auf der Basis ihrer religiösen Überzeugungen noch immer für ihre Existenz – als immaterielle Größe, die mit den chemischen Prozessen des Lebens nichts zu tun hat. In dieser Gestalt aber – selbst materie- und energiefrei sowie unfähig, mit Materie zu reagieren – hört sie in den Grenzen einer rationalen Welt zu existieren auf.

4 Zwar enthält das genetische Material sämtliche Informationen, die eine Zelle benötigt, um sich und ihre Nachkommen aufbauen zu können, die

eigentliche Arbeit im Zellinneren aber wird von Molekülen – Proteinen – erledigt. Jedes lebende Wesen auf der Erde besteht in erster Linie aus Proteinmolekülen, die, was Form und Funktion angeht, von beinahe unbegrenzter Variabilität sind. Aus diesem Grunde waren die frühen Molekularbiologen in den sechziger Jahren auch so fasziniert, als sie endlich die genauen Sprachregeln verstanden, nach denen die Zelle ihre genetische Information in Proteinmoleküle umsetzt. Bevor ich diese Regeln (in einer späteren Anmerkung) genauer beschreibe, ist es wichtig, etwas über die chemische Beschaffenheit von Proteinen zu wissen.

Chemiker bemessen die Größe von Molekülen nach deren *Molekulargewicht.* Seine Grundeinheit ist das Gewicht des kleinstmöglichen Atoms – des Wasserstoffatoms –, das aus einem einzigen Proton und einem einzigen Elektron besteht. Das Wassermolekül zum Beispiel besteht aus zwei Wasserstoffatomen und einem Sauerstoffatom und wiegt achtzehnmal so viel wie ein einzelnes Wasserstoffatom. Damit hat Wasser ein Molekulargewicht von 18.

Lebende Zellen produzieren sehr große und komplexe Moleküle, indem sie zahlreiche relativ einfache Bausteine aneinanderfügen. Die Bausteine der Proteine sind die Aminosäuren. Von ihnen gibt es 20 verschiedene Formen, ihr Molekulargewicht liegt zwischen 57 und 186. Im Jahre 1953 gelang es dem Chemiker Stanley Miller, 8 dieser Aminosäuren spontan in einem Laborgefäß entstehen zu lassen, das eine Atmosphäre aus Wasserstoff, Wasserdampf, Methan und Ammoniak enthielt und »Umweltbedingungen« unterworfen war, von denen man annahm, daß sie vor 4 Milliarden Jahren auf der neu gebildeten Erde geherrscht haben mögen (blitzähnliche elektrische Entladungen beispielsweise). Damit war der erste Befund zugunsten der Hypothese erbracht, daß Leben auf der Erde spontan entstanden sein könnte.

Die 20 Aminosäuren bestehen aus zwei Teilen – einem allen gemeinsamen Grundgerüst und einem jeweils anderen »Rest«. Miteinander verbunden werden sie über ihr gemeinsames Grundgerüst, der Rest definiert die individuellen Eigenschaften jeder Aminosäure. Manche von ihnen tragen positive oder negative elektrische Ladungen, andere sind neutral. Manche sind langgestreckt, andere eher klobig, manche biegsam, andere starr, manche ziehen Wasser an, andere stoßen es ab.

Diese Auswahl an Bausteinen von so wunderbarer Vielseitigkeit erlaubt es Zellen, Dinge hervorzubringen, die so verschieden sind wie die kristallklare Linse, die das Licht auf Ihrer Netzhaut fokussiert, die Haarsträhnen auf Ihrem Kopf und das kontraktionsfähige Gewebe Ihrer Muskeln. Alle diese Dinge bestehen aus Proteinen, die sich nur in Art und Anordnung ihrer Aminosäuren unterscheiden. Manche Proteine verfügen über eine sogenannte enzymatische Aktivität, das heißt, sie sind imstande, verschiedene chemische Reaktionen in Gang zu bringen. Mit dieser Fähigkeit halten sie die »Maschinerie« der Zelle in Gang.

Proteine lesen die genetischen Informationen ab, bauen nach dieser Vorlage neue DNA-Moleküle und bilden auch jeden anderen Bestandteil jeder Zelle Ihres Körpers.

Proteine werden in der Zelle als lange Kette von Aminosäuren synthetisiert und über ihr Grundgerüst miteinander verknüpft. Eine kurze Aminosäurekette wird als Peptid bezeichnet. Eine lange Kette (aus meist mehr als 100 Aminosäuren) nennt man ein Polypeptid. Die kleinsten Proteine, die eine Zelle produziert, bestehen aus einer Handvoll Aminosäuren und wirken als molekulare Signale, die sich rasch von einer Zelle zur anderen bewegen können. Ein Protein von durchschnittlicher Größe enthält etwa 500 Aminosäuren, das entspricht einem Molekulargewicht von 55 000. Das größte aller bekannten Proteine enthält 3685 Aminosäuren und hat ein Molekulargewicht von über 400 000. Es wird in Muskelzellen hergestellt und heißt Dystrophin. Mutationen in diesem Protein führen zur Muskeldystrophie.

Proteine können nicht nur verschiedene Polypeptidketten enthalten, sondern auch verschiedene andere kleinere Molekularstrukturen. Ein gutes Beispiel hierfür ist das Hämoglobin unserer roten Blutkörperchen, das beispielsweise den Sauerstoff über das Blut zu jeder unserer Körperzellen transportiert. Hämoglobin besteht aus vier Polypeptidketten (Globinketten), die um ein zentrales eisenhaltiges Modul – das Häm – angeordnet sind. Für Krankheiten wie Sichelzellenanämie und Thalassämie sind genetisch bedingte Veränderungen der Globinketten verantwortlich.

Obwohl der wissenschaftlichen Definition nach ein Protein größer ist als ein einzelnes Polypeptid, wird doch im wissenschaftlichen Sprachgebrauch »Protein« häufig synonym mit »Polypeptid« gebraucht.

Ein Letztes, das Sie noch über Proteine wissen sollten, ist die Tatsache, daß sie zwar »eindimensional«, das heißt als Kette von Aminosäuren, hergestellt werden, in einem weiteren Schritt jedoch zu hochkomplexen, dreidimensionalen Strukturen gefaltet werden. Die überwiegende Mehrheit aller Aminosäuren in einem Protein ist im Grunde nur dazu da, sich mit anderen ganz speziellen Aminosäuren wie Teilchen eines Puzzles zusammenzufinden, um die korrekte Faltung und Drehung zu eben dieser dreidimensionalen Struktur zu garantieren, denn ein Protein kann nur dann richtig funktionieren, wenn seine dreidimensionale Struktur ganz genau stimmt. Schon ein einzelner Aminosäurenaustausch kann ein Protein daran hindern, die richtige Form einzunehmen und damit – wie im Falle der Sichelzellenanämie – dramatische Folgen für den gesamten Organismus haben.

5 Die DNA (*deoxyribonucleic acid*; Desoxyribonukleinsäure) einer lebenden Zelle ist im Vergleich zu anderen Arten von Molekülen der belebten und unbelebten Natur riesengroß. Ein durchschnittliches menschliches Protein mit einem Molekulargewicht von 50 000 mag sich riesig ausnehmen in Relation zu Molekülen, die sich in der unbelebten Natur auf natürliche Weise bilden, doch verblaßt es völlig im Vergleich zu einem durchschnittlichen menschlichen DNA-Molekül mit einem Molekulargewicht von näherungsweise 80 Milliarden.

Falls Sie ein DNA-Molekül aus einer Zelle entfernen und, ohne es zu zerbrechen, ausstrecken könnten, dann würde es sich als unglaublich langer, unglaublich dünner Faden darstellen. Alle DNA-Moleküle haben den gleichen Durchmesser von 2 Nanometern – das entspricht dem millionsten Teil des in Kapitel 1 beschriebenen Zelldurchmessers. Diese Dimensionen sind mit einem herkömmlichen Mikroskop nicht sichtbar.

Mit einem typischen DNA-Molekül sieht es dagegen ganz anders aus. DNA-Moleküle sind unterschiedlich lang, im Durchschnitt etwa 4,5 Zentimeter. Würde man alle DNA unserer 46 Chromosomen aneinanderreihen, dann ergäbe sich die unglaubliche Länge von ungefähr 2 Metern. Da der DNA-Faden so dünn ist, läßt er sich jedoch trotzdem in seiner Gesamtheit in einen Zellkern verpacken, und so enthält jede der 100 Billionen Zellen Ihres Körpers ihre 2 Meter an DNA.

Es gibt einen guten Grund für das Verhältnis zwischen Länge und Breite bei der DNA: Genetische Information wird der Länge nach notiert. Eine gute Analogie dazu ist die Vorstellung, daß man den gesamten Inhalt dieses Buches in eine Zeile fassen würde. Die Breite einer solchen Zeile beträgt ungefähr 1,5 Millimeter, der Länge nach ergäben sich gut 1,5 Kilometer. In diesem Falle betrüge das Verhältnis 470 000 zu 1, bei einem durchschnittlichen DNA-Molekül des Menschen beträgt es 22 000 000 zu 1, wobei zu bemerken ist, daß sich DNA-Moleküle beim Menschen ebenso wie bei jeder anderen Art je nach den in ihnen enthaltenen Informationen sehr stark in ihrer Länge unterscheiden, so daß der Begriff »durchschnittliches DNA-Molekül« sehr willkürlich ist.

Wenn Sie sich die Information auf einer Seite dieses Buches ansehen, dann stellen Sie fest, daß sich diese in kleinere wohldefinierte Untereinheiten

heiten unterteilen läßt. Es gibt Absätze verschiedener Länge, die aus verschieden langen Sätzen mit einer unterschiedlichen Anzahl an Worten bestehen. Und schließlich besteht jedes Wort aus Buchstaben. Der einzelne Buchstabe repräsentiert in diesem Falle die kleinste Informationseinheit, die sich nicht weiter unterteilen läßt. Wenn wir die Länge eines Worts angeben, dann sprechen wir nicht von Millimetern, sondern von Buchstaben.

Auf ähnliche Weise läßt sich die Information einer Computerdiskette in kleinere Einheiten unterteilen. Die größte Einheit, mit der es ein Benutzer zu tun hat, ist eine Datei, die ihrer Größe nach stark variieren kann. Innerhalb einer Datei gibt es kleinere Einheiten von einheitlicher Größe, mit denen sich Informationen speichern oder übermitteln lassen, diese können 256 Bytes lang sein. Ein Byte besteht seinerseits aus 8 Bits, und ein Bit ist die Grundeinheit der Information in einem Computer.

Sowohl bei geschriebener Sprache als auch im Falle der Computerinformation gibt es nur eine begrenzte Zahl von Werten, die die Grundeinheit annehmen kann. Die geschriebene Information auf dieser Seite verteilt sich auf 26 Buchstaben und auf eine begrenzte Anzahl an Hilfszeichen – wie Leertasten und Satzzeichen. Bei einem Computer kann die Informationseinheit nur zwei Werte annehmen, Null und Eins. Aber, wie wir alle wissen, diese minimale Zahl an Alternativwerten begrenzt in keiner Weise die Menge an Information, die eine Datei beinhalten kann.

Die zu DNA verschlüsselte genetische Sprache verfügt ebenfalls über eine Grundeinheit. Sie besteht in einem molekularen Grundbaustein, den man als *Nukleotid* oder einfach auch als *Base* bezeichnet. Es gibt 4 verschiedene Basen, die wieder und wieder benutzt werden und zu einem DNA-Molekül aneinandergereiht werden. Diese Basen werden mit dem ersten Buchstaben ihres chemischen Namens bezeichnet: A (für Adenin), C (für Cytosin), G (für Guanin) und T (für Thymin).

6 Dies trifft nur mit Einschränkungen zu. Bakterien zum Beispiel sind noch nicht in Kompartimente unterteilt. Ihr genetisches Material liegt frei im Zytoplasma. Und andere spezialisierte Zellen komplexer Organismen werfen sogar ihre Kerne weg und funktionieren allein mit ihrem Zytoplasma bemerkenswert gut. Hierzu gehören beispielsweise unsere roten Blutkörperchen.

7 Sämtliche Informationen, die notwendig sind, um die dreidimensionale Struktur eines Proteins entstehen zu lassen, sind in der eindimensionalen Abfolge von Aminosäuren enthalten. Diese eindimensionale Sequenz ihrerseits wird einzig und allein von einem Informationspäckchen auf dem

DNA-Molekül festgelegt, durch ein Gen. Zwischen Genen und Polypeptiden besteht ein Eins-zu-eins-Verhältnis. Aber ein Polypeptid sieht völlig anders aus als ein DNA-Molekül. DNA besteht aus nur 4 Bausteinen – A, C, T und G –, ein Polypeptid aus 20. Das heißt, daß der Informationstransfer von einer Sequenz aus DNA-Basen (einer DNA-Sequenz) in eine Polypeptidkette oder Aminosäuresequenz nicht über eine einfache Eins-zu-eins-Umsetzung geschehen kann, sondern daß die Polypeptidsequenz irgendwie in der Gensequenz verschlüsselt sein muß. Wie aber lautet der genetische Code?

Nachdem James D. Watson und Francis H. Crick im Jahre 1953 die Struktur der DNA-Doppelhelix aufgeklärt hatten, brauchten die Molekularbiologen noch ein weiteres Dutzend Jahre, um den genetischen Code zu entschlüsseln. Seine Entdeckung gilt als bedeutender Durchbruch der Wissenschaft, es folgt eine Kurzversion:

Jede Aminosäure eines Polypeptids wird durch eine bestimmte Abfolge aus 3 Basen kodiert. Diese 3 Basen bezeichnet man als Codon. Da 4 Basen zur Verfügung stehen, gibt es 4 x 4 x 4 = 64 verschiedene Möglichkeiten, ein Codon zu bilden, dreimal so viele also, wie Aminosäuren vorhanden sind. Im Durchschnitt kodieren etwa 3 verschiedene Codons für dieselbe Aminosäure, wobei diese Zahl stark schwankt. ATT, ATC und ATA beispielsweise stehen für die Aminosäure Isoleucin.

Von den 64 möglichen Codons spezifizieren 61 die eine oder andere Aminosäure, die übrigen 3 (TAA, TAG und TGA) sind so etwas wie Satzzeichen und markieren das Ende eines Gens. Man nennt sie deshalb auch Stop-Codons. *Kodierende Regionen* beginnen stets mit dem sogenannten Start-Codon ATG, das für die Aminosäure Methionin steht. Jedes Polypeptid beginnt also mit Methionin. Die genaue Anordnung aller weiteren Aminosäuren ergibt sich damit aus der Codonfolge – der Abfolge von Basen-Dreiergruppen – zwischen Start und Stop.

8 Die Anzahl der verschiedenen Möglichkeiten, wie sich die einzelnen Buchstaben eines Alphabets aus 26 Buchstaben 26 verschiedenen Klängen zuordnen ließen, errechnet sich aus einer Multiplikationsfolge der Art 26 x 25 x 24 … 2 x 1. Der mathematische Begriff hierfür lautet »26 Fakultät« und schreibt sich »26!«.

9 Bei bestimmten Organismen gibt es einige geringfügige Abweichungen von diesem allgemeingültigen Code, doch selbst sie stimmen noch zu über 90 Prozent mit dem von unseren Zellen verwendeten Code überein, und das heißt, daß diese Unterschiede *nach* der Entstehung der ersten Zelle entstanden sein müssen.

10 Die gravierendste Veränderung war die Umwandlung einer kohlendioxidreichen, nahezu sauerstoffreien Atmosphäre in ihr gegenteiliges Extrem. Zu dieser dramatischen Umwandlung kam es, weil die Billionen und Aberbillionen primitiver Zellen, die vor Jahrmilliarden die Erdoberfläche bedeckten, eifrig Photosynthese betrieben. Im Verlauf der Photosynthese wird aus Kohlendioxid und Wasser chemische Energie gebildet, wobei als Abfallprodukt Sauerstoff freigesetzt wird. Erst die Ansammlung dieses Abfallprodukts machte jene Evolution tierischen Lebens möglich, aus der auch wir Menschen hervorgegangen sind.

11 S. L. Miller, »The Prebiotic Synthesis of Organic Compounds as a Step Toward the Origin of Life«, in: *Major Events in the History of Life*, Hg. J.W. Schopf, Boston 1992, S. 1–28.

12 W. Gilbert, »The RNA World«, in: *Nature* 319 (1986), S. 618.

13 Diese Idee war der Anstoß für Cricks Buch *Life Itself: Its Origin and Nature*, New York 1981.

14 Dem Bericht der *New York Times* vom 25. Oktober 1996 zufolge stellte der Papst fest: »Neue Erkenntnisse weisen darauf hin, daß die Evolutionstheorie mehr ist als nur eine Hypothese.«

15 Stephen Jay Gould, *Wonderful Life: The Burgess Shale and the Nature of History*, New York 1989. (Titel der deutschen Ausgabe: *Das Wunder des Lebens als das Spiel der Natur*, München 1991).

16 Steven Weinberg, *The First Three Minutes*, New York 1977.

17 Freeman Dyson, *Infinite in All Directions*, New York 1988, S. 8.

18 John D. Barrow und Frank J. Tipler, *The Anthropic Cosmological Principle*, New York 1986; Martin Rees, *Before the Beginning: Our Universe and Others*, New York 1997.

19 Dazu Witten: »Was mir am Anthropischen Prinzip am meisten mißfällt, ist die Tatsache, daß es uns aller Überraschung beraubt. Das heißt, daß wir, nachdem wir die konventionellen (nicht anthropischen) Erklärungen durchgegangen sind, feststellen müssen, daß die Dinge schon allein aus »rein theoretischen« oder »rein mathematischen« Gründen so liegen müssen, daß Leben möglich wird. Das ist ein bißchen so, als würden wir lernen, daß Leben nur möglich ist, wenn Pi zwischen 3,1414 und 3,1416 liegt, und dann nach exakten Messungen am Einheitskreis herausfänden, daß das stimmt. Ich sehe das Anthropische Prinzip als Vorwand, die Forderung nach einer wissenschaftlichen Erklärung abzuweisen. Ein solches Bestreben erweist sich auf lange Sicht immer als fehlgeleitet.« (Persönliche Mitteilung, 1997)

20 Die herrschenden Theorien der Physik sind die Quantenmechanik und

Einsteins Relativitätstheorie. Die Quantenmechanik ist gut geeignet, um elektrische und nukleare Kräfte zu beschreiben, die Relativitätstheorie eignet sich zur Beschreibung der Schwerkraft. Beide Theorien kollidieren aber bei ihrer Beschreibung dessen, was geschieht, wenn sich zwei Elementarteilchen sehr nahe kommen, und daher wissen die Physiker, daß irgend etwas fehlt. Außerdem kann keine der beiden Theorien erklären, warum Elementarteilchen genau die Masse haben, die ihnen eigen ist, oder warum eine Kraft genau die ihr eigene Stärke hat und keine andere. Diese grundlegenden Konstanten sind in der Natur zu beobachten und werden einfach in Theorien eingebunden. Physiker wie Ed Witten und David Gross hoffen, daß ein neues mathematisches Denkgebäude, die »String-Theorie«, imstande sein wird, Quantenmechanik und Gravität zusammenzubringen und eine Erklärung für die Größen der fundamentalen Konstanten zu geben.

21 Dyson, *Infinite in all Directions*, S. 298.

22 Ebd., S. 297.

23 Einen Standpunkt, der dem meinen diametral entgegengesetzt ist, findet die Leserin/der Leser in einem Buch von John Horgan, *The End of Science*, Reading, Massachussetts, 1996 (Titel der deutschen Ausgabe: *An den Grenzen des Wissens*, Neuwied 1997).

Kapitel 3
Gebührt Ihrer ersten Zelle ein besonderer Respekt?

1 Eine exzellente Analyse dieser Frage aus politischer Perspektive gibt Alta Charo in »The Hunting of the Snark: The Moral Status of Embryos, Right-to-Lifers, and the Third World Women«, in: *Stanford Law and Policy Review* 6 (1995), S. 11–37.

2 Die eine Ausnahme bildet das Geschlechtschromosomenpaar. Im Gegensatz zu den anderen 22 Paaren gibt es bei ihm 2 verschiedene Formen: X und Y. Frauen haben 2 X-Chromosomen, die – wie die anderen Chromosomenpaare auch – zu 99,9 Prozent gleich sind, Männer haben ein X- und ein Y-Chromosom mit jeweils sehr unterschiedlichen genetischen Informationen.

3 Persönliche Mitteilung von Alan Trounson vom Centre for Early Human Development, Monash Medical Center, Clayton, Australien, am 20. Juni 1996.

4 Zum Zeitpunkt der Fertigstellung dieses Buches ist die Bedeutung des Wortes »Präembryo« weder in der Online-Version des *Oxford English Dictionary* enthalten noch in *Merriam Webster's Collegiate Dictionary,* Tenth Edition, wohl aber im *American Heritage Electronic Dictionary* von 1992.

5 Der berühmte Biochemiker Erwin Chargaff wettert seit langem gegen den Einsatz gentechnologischer Verfahren für biologische Zwecke. Kurz nach der Einführung des Begriffs »Präembryo« war von ihm folgendes zu lesen: »›Präembryo‹ ist eine Bezeichnung, die in meinen Augen völlig ungerechtfertigt ist. Ich fürchte, er hat eine reine Alibifunktion. Der Versuch, mit wissenschaftlichen Mitteln ein Stadium zu definieren, in dem das, was man unzählige Male als menschliche Seele bezeichnet hat, zum ersten Mal in Erscheinung tritt, ist lächerlich. Das Festsetzen eines solchen Stichtags dient lediglich als Vorwand für die Durchführung von Versuchen, die die Ehrfurcht vor menschlichem Leben normalerweise verbieten würde...« Erwin Chargaff, »Engineering a Molecular Nightmare«, in: *Nature* 327 (1987), S. 199–200.

6 Im Jahre 1982 richtete das britische Parlament ein Komitee ein zur Analyse der »sozialen, ethischen und gesetzlichen Konsequenzen der derzeitigen und künftig möglichen Entwicklungen auf dem Gebiet der assistierten menschlichen Fortpflanzung«. Das Warnock-Komitee – wie man es nach seiner Vorsitzenden Mary Warnock bald nannte – gab seinen Bericht am 25. Juni 1984 heraus. Diese Abhandlung aus 63 einzelnen methodischen und juristischen Empfehlungen hatte einen ungeheuren Einfluß darauf, wie die Reproduktionstechnologie – nicht nur in Großbritannien, sondern weltweit – in den folgenden Jahren angesehen war. Das Warnock-Kommitee war die erste hochrangige Regierungskommission, die sich zu In-vitro-Fertilisation, Eizell- und Spermienspenden, zum Einfrieren von Embryonen, zur Befruchtung über Speziesgrenzen hinweg, zu nichtmenschlichen Leihmüttern und vielen anderen weniger hochfliegenden Reproduktionstechnologien äußerte und dazu Empfehlungen abgab.

7 John Robertson, *Children of Choice: Freedom and the New Reproductive Technologies*, Princeton, New Jersey, 1994, S. 102.

8 Leon Kass, »The Meaning of Life – In the Laboratory«, in: *Ethics of Reproductive Technology,* Hg. Kenneth D. Alpern, S. 98–116.

9 Väterliche und mütterliche DNA-Moleküle treten nur in den Keimzellen miteinander in Wechselwirkung, die zur Bildung der *nächsten* Generation von Samen- oder Eizellen führen. Bei Männern geschieht dies erst in der Pubertät, bei Frauen bereits in den Eierstöcken des Fetus.

10 Umgekehrt heißt das, wenn die Empfängnis den Beginn neuen menschlichen Lebens markiert, lassen Menschen sich nicht klonieren. Für diesen alternativen Standpunkt gibt es zwar keinen wissenschaftlichen Beweis, aber es ist die einzig mögliche Schlußfolgerung für diejenigen, die von der Ansicht nicht lassen können, daß »Leben mit der Empfängnis beginnt«. Diese Überlegungen sind in einem Aufsatz dargelegt, der mir von Bruder Anthony Zimmerman aus Nagoya, Japan, zugeschickt wurde. Herr Zimmerman ist der Überzeugung, daß man sich keine Gedanken über etwaige Konsequenzen aus der Klonierung von Menschen zu machen brauche, da es dazu nie kommen könne.

11 Der Respekt für lebende Wesen gestaltet sich ein bißchen komplizierter, als ich es hier dargestellt habe. Man kann sich vorstellen, Respekt für das Überleben einer bestimmten Tier- oder Pflanzenart zu entwickeln oder für das komplexe Zusammenspiel lebender Wesen, die man in einem bestimmten Ökosystem antrifft. Diese Art von Achtung geht über den Einzelorganismus hinaus und erinnert an die Art von Respekt, die wir unbeseelten Gegenständen gegenüber zollen, wenn sie uns als Symbol für etwas gelten.

12 Robertson, *Children of Choice*, S. 102.

13 Die absurde Ansicht, daß sogar Samenzellen Respekt verdienen, karikiert Monthy Python in dem Film *The Meaning of Life* mit dem Lied »Every Sperm is Sacred« von Michael Palin und Terry Jones.

14 Robertson, *Children of Choice*, S. 252.

15 Ad Hoc Group of Consultants to the Advisory Committee to the Director of the NIH, *Report of the Human Embryo Research Panel*, Vol. 1 (NIH publication number 95–3916, September 1994).

Kapitel 4
Von Ihrer ersten Zelle zu Ihnen

1 Meine eigene Einstellung zu der Frage, wann menschliches Leben beginnt, ist in hohem Maße beeinflußt durch die wissenschaftliche Argumentation von Harold Morowitz und James Trefil in *The Facts of Life*, New York 1992.

2 Dieses Bild stammt von Robert Edwards, einem der Miterfinder der IVF, in *Life before Birth: Reflections on the Embryo Debate*, London 1989, S. 50.

3 Eine wenig erfreuliche Ausnahme von dieser Regel bildet der Beginn des

Tumorwachstums mancher Krebsarten, bei dem die angehenden Tumorzellen wieder ein früheres Differenzierungsstadium einnehmen. Zu diesem Prozeß der Dedifferenzierung kommt es durch Mutationen im genetischen Material der Zelle, die oft erst spät im Leben entstehen. Seit den Experimenten von Ian Wilmut et al. sieht es allerdings so aus, als ließe sich eine solche Rückführung auch durch Manipulationen im Reagenzglas erreichen.

4 Diese Feststellung ist von wenigen Ausnahmen abgesehen beinahe universell gültig. Zu diesen Ausnahmen gehören bestimmte Zellen des Immunsystems, in denen winzige DNA-Abschnitte aus einer bestimmten Chromosomenregion herausgeschnitten werden, um sich mit anderen DNA-Bausteinen zu neuen Genen zu vereinigen, die für jede einzelne Zelle anders aussehen. Rote Blutkörperchen geben beim letzten Differenzierungsschritt ihren Kern sogar ganz auf.

5 Das Intrauterinpessar blockiert nicht die Befruchtung, sondern verhindert die Einnistung des Embryos.

6 C. R. Austin, *Human Embryos: The Debate on Assisted Reproduction*, Oxford 1989, S. 17.

7 Es gibt einige wenige Fälle, in denen ein Neugeborenes in der oder vor der 22. Schwangerschaftswoche außerhalb des Mutterleibs überlebt haben soll. Nach allem, was man über die Fetalentwicklung weiß, hat es allerdings sehr den Anschein, als wurde das Alter dieser Feten einfach falsch beurteilt.

8 Gewisse Fortschritte bei der *Ektogenese* – mit diesem Begriff würde man eine Schwangerschaft außerhalb des menschlichen Körpers bezeichnen – hatte vor nicht allzu langer Zeit eine japanische Arbeitsgruppe zu verzeichnen, der es gelungen war, Ziegenfeten über drei Wochen hinweg in einem Inkubator mit künstlichem Fruchtwasser am Leben zu erhalten. Doch auf dem Weg zu einer künstlichen Gebärmutter ist dies erst ein winziger Schritt. Die Ergebnisse dieser Arbeitsgruppe finden sich in N. Unno, Y. Kuwabara, T. Okai, K. Kido, H. Nakamaya et al., »Development of an Artificial Placenta: Survival of Isolated Goat Fetuses for Three Weeks with Umbilical Arteriovenous Extracorporal Membrane Oxygenation«, in: *Artificial Organs* 17, (1993), S. 996–1003.

9 Morowitz und Trefil, *Facts*, S. 117.

10 Ebd., S. 146.

11 Setzt man den Beginn des menschlichen Lebens mit dem Erwachen eines menschlichen Bewußtseins gleich, dann stünde – so der Philosoph Michael Tooley – der logischen Konsistenz halber dem Neugeborenen kein

größeres Recht auf Leben zu als dem Embryo. Von diesem Blickpunkt aus argumentiert Tooley, daß auch früher Kindesmord moralisch akzeptabel wäre. Michael Tooley, *Abortion and Infanticide*, New York 1983.

Kapitel 5
Babys ohne Sex

1 Natürlich sind Sorgen über die Zulässigkeit oder die Unzulässigkeit von Empfängnisverhütungsmitteln bei Infertilitätsbehandlungen sinnlos. Denn eine Empfängnis ist vollkommen unmöglich, wenn zum Beispiel die Eileiter einer Frau blockiert sind. Eine weitere Komplikation der von der katholischen Kirche gebilligten Methode zur Spermienentnahme besteht darin, daß bei Männern mit Fertilitätsstörungen sehr unterschiedliche Spermienmengen in der Samenflüssigkeit vorkommen.

2 Ähnlich ist der Tenor des katholischen Philosophen Oliver O'Donovan, der geschrieben hat: »Ich bekenne, daß ich nicht weiß, was ich von einem IVF-Kind halten soll … außer daß ich es als *Kreatur* [Hervorhebung im Original] der Ärzte bezeichnen muß, die an seiner Entstehung beteiligt waren.« O. O'Donovan, »Begotten or Made?«, in: *Ethics*, Hg. Kenneth D. Alpern, S. 195–202.

3 Gena Corea, *The Mother Machine*, New York 1985, S. 288–290.

Kapitel 6
In-vitro-Fertilisation als Beginn eines neuen Zeitalters

1 Robert Edwards, *Life Before Birth: Reflections on the Embryo Debate*, London 1989, S. 126.

2 Der erste dokumentierte Embryo-Transfer von einem Säugetier zu einem anderen wurde 1890 von Walter Heape beschrieben: »Preliminary Note on the Transplantation and Growth of Mammalian Ova within a Uterine Foster-Mother«, in: *Proceedings of the Royal Society* 48 (1890), S. 457–458. Heape übertrug Embryonen aus einer Vereinigung zweier Angora-Kaninchen in den Eileiter einer belgischen Häsin. Diese Häsin brachte zwei Kaninchen zur Welt, die alle Eigentümlichkeiten der Angora-Rasse aufwiesen: weißes Fell, »langes seidiges Haar, wie es für diese Züchtung typisch ist« und die »Angewohnheit, den Kopf langsam hin und her zu

bewegen, wenn sie einen ansehen«. Die belgische Häsin, mit der Heape experimentierte, ist somit das erste Säugetier in der Geschichte, das Nachwuchs fremder genetischer Herkunft zur Welt brachte.

3 Edwards und Steptoe berichteten erstmals über ihren Erfolg bei der menschlichen In-vitro-Fertilisation in einem Artikel mit dem Titel »Early Stages of Fertilization In Vitro of Human Oocytes Matured In Vitro«, in: *Nature* 221 (1969), S. 632. Schon ein Vierteljahrhundert zuvor hatten John Rock und Miriam Menkin von der Harvard Medical School behauptet, diese Aufgabe gelöst zu haben (»In Vitro Fertilization and Cleavage of Human Ovarian Eggs«, in: *Science* 100 (1944), S. 105–107), doch ist bei Zugrundelegung moderner Analysemethoden davon auszugehen, daß diese Forscher ihr Datenmaterial fehlinterpretiert haben.

4 Statistische Daten, durch die Society for Assisted Reproductive Technology (SART) bei allen registrierten IVF-Zentren in den USA erhoben, werden alljährlich in der Zeitschrift der American Society for Reproductive Medicine (ASRM), *Fertility and Sterility*, veröffentlicht. Zusammengefaßte Informationen sind auch auf den Internet-Seiten der ASRM zugänglich (http://www.asrm.com). Schriftliche Berichte können bei der ASRM unter der US-Rufnummer (205) 978–5000 angefordert werden.

5 Informationen über die weltweite Anwendung von IVF-Methoden sind einem 1994 von der pharmazeutischen Firma Organon erstellten Überblick entnommen, der im Internet unter http://www.bris.ac.uk/Depts/ObsGyp/crm/ivf94.html abrufbar ist.

6 P. J. Neumann et al., »The Cost of Successful Delivery with In Vitro Fertilisation«, in: *New England Journal of Medicine* 331 (1994), S. 239–243 und 270–271.

7 In seinem Beitrag »Genetic Puzzles and Stork Stories: On the Meaning and Significance of Having Children« zu dem von ihm herausgegebenen Sammelband *The Ethics of Reproductive Technology* (New York 1992, S. 147–169) untersucht der Philosoph Kenneth D. Alpern das breite Spektrum der Antworten von Leuten, die gefragt worden waren, warum sie denn Kinder haben wollten, und beurteilt die Stichhaltigkeit einer jeden Antwort.

8 Das gilt allerdings nicht uneingeschränkt. Hunderttausende von Segmenten unseres genetischen Materials scheinen eher »egoistische« Ziele zu verfolgen. Wenn es sich um ganz kleine Bruchstücke handelt, spricht man von »egoistischer DNA«, sonst von »egoistischen Chromosomen«. Wer sich für diesen Aspekt interessiert, sei verwiesen auf: L. M. Silver, »The Peculiar Journey of a Selfish Chromosome: Mouse t Haplotypes

and Meiotic Drive«, in: *Trends in Genetics* 9 (1993), S. 250–254; L. E. Orgel und F. H. C. Crick, »Selfish DNA: The Ultimate Parasite«, in: *Nature* 284 (1980), S. 604–607; W. F. Doolittle und C. Sapienza, »Selfish Genes, the Phenotype Paradigma and Genome Evolution«, ebd., S. 601–603.

9 Vgl. Edward O. Wilson, *In Search of Nature*, Washington, D.C. 1996, S. 18–30.

10 Es gibt immer noch Sozialwissenschaftler, die die Idee ablehnen, der menschliche Wunsch, Kinder zu haben, sei instinktiv. Vielmehr behaupten sie: »Der Gedanke, ein Verlangen nach Kindern sei natürlich und instinktiv, kann auch als unbewußte Ideologie gelten«, die auf einem »sozialen Konstrukt« basiert (H. B. Holmes, *Issues in Reproductive Technology*, New York 1992, S. 271). Anders gesagt, das *einzige* Motiv, warum Menschen Kinder haben wollen, ist demnach, daß die Gesellschaft ihnen ein entsprechendes Gefühl vermittelt, ohne daß sie selbst sich dessen bewußt sind. Wer solchen Unsinn verzapft, hat nicht das geringste Verständnis für die Evolution im allgemeinen und für den genetischen Beitrag zu Verhaltensprädispositionen im besonderen.

11 Laut einer Gallup-Meinungsumfrage aus dem Jahre 1990 hätten 84 Prozent der kinderlosen Erwachsenen unter 40 Jahren gern Kinder und wünschen sich 60 Prozent der kinderlosen Erwachsenen aus der Altersgruppe von 40 Jahren und älter, daß sie Kinder hätten.

12 Allerdings ist es nicht möglich, die Erfolgsrate von IVF-Verfahren bei der Infertilitätsbehandlung mit einer einzigen Prozentzahl zu erfassen. Weil die IVF-Industrie in den USA keinerlei Regulierung unterliegt, kann nämlich jeder zugelassene Arzt seine eigene IVF-Klinik aufmachen. Folglich gibt es viele Kliniken mit überholter Ausrüstung oder nicht absolut kompetentem Personal, deren Erfolgsrate dann auch entsprechend niedrig ausfällt (bis hin zu null Prozent). Datenerhebungen auf nationaler Ebene unterscheiden aber nicht zwischen guten und schlechten Kliniken, so daß die ermittelten geringen durchschnittlichen Erfolgsraten eigentlich keine Aussagekraft haben.

Selbst in den besten Kliniken wird es erhebliche Schwankungen der Erfolgsrate geben, und sei es nur wegen der unterschiedlich gelagerten Infertilitätsfälle aufgrund des Alters der potentiellen Eltern und vieler anderer Faktoren. Unter den günstigsten Umständen – wenn IVF nur, wie in Kapitel 17 beschrieben, als Mittel genutzt wird, um krankheitsfreie Embryonen für die Implantation bei einer jungen, fruchtbaren Frau auszuwählen – kann die Rate erfolgreicher Schwangerschaften und Geburten genauso hoch oder sogar noch höher sein als die auf rein natürlichem Wege erreichbare.

13 Vgl. M. Maleszewski, Y. Kimura und R. Yanagimachi, »Sperm Membrane Incorporation into Oolemma Contributes to the Oolemma Block to Sperm Penetration: Evidence Based on Intracytoplasmic Sperm Injection Experiments in the Mouse«, in: *Molecular Reproduction and Developmental Biology* 4 (1996), S. 256–259.

14 Im Bereich der IVF-Technologie wimmelt es von – teilweise recht kurzlebigen – Akronymen für Teiltechnologien. Für die meisten allgemein Interessierten fallen all diese jedoch unter »IVF« zusammen. Deshalb benutze ich die Abkürzung IVF im ganzen Buch für sämtliche Verfahren, die folgende Merkmale gemeinsam haben: Befruchtung im Labor mit anschließendem Embryo-Transfer in den Körper einer lebenden Frau.

15 R. L. Brinster und J. W. Zimmermann, »Spermatogenesis Following Male Germ-Cell Transplantation«, in: *Proceedings of the National Academy of Sciences USA* 91 (1994), S. 11 298–11 302.

16 »Exploring Life As We Don't Yet Know It«, in: Nature (7.3.1996), S. 89.

17 Ergebnis einer Meinungsumfrage der Princeton Survey Research Associates vom Mai 1994 für die Zeitschrift *Family Circle*.

18 S. J. Kleegman und S. A. Kaufman, *Infertility in Women*, Philadelphia 1966, S. 178.

19 Die Anwendung gentechnologischer Verfahren zur Erreichung von Immunitätsschutz gegen eine Infektion mit dem HI-Virus ist über das Stadium rein gedanklicher Hypothesen bereits hinausgekommen. 1996 belegten Forscher die Existenz einer kleinen Gruppe von Männern, die deshalb HIV-resistent waren, weil sie eine bestimmte Variante (ein Allel) eines bestimmten Gens besaßen. Diese Information könnte man sich zunutze machen, um Embryonen gentechnisch so zu verändern, daß die daraus hervorgehenden Kinder tatsächlich ebenfalls HIV-resistent wären.

Kapitel 7
Tiefgefrorenes Leben

1 »The New Origins of Life«, *Time* vom 10. September 1984, S. 40.

2 Alan Trounson, »Preservation of Human Eggs and Embryos«, in: *Fertility and Sterility* 46 (1986), S. 1–12.

3 Zitiert in dem Artikel von Fred Barbash in der *Washington Post* vom 1. August 1996: »British Law to Thaw 3,000 Embryos«.

Kapitel 8
Von der Science-fiction zur Realität

1 Ergebnisse einer *Time*/CNN-Umfrage am 26. und 27. Februar 1997, Artikel in *Time* vom 10. März 1997. Über die Ergebnisse einer gleichzeitigen Umfrage von ABC *Nightline* wurde in der *Chicago Tribune* vom 2. März 1997 berichtet.

2 Zitate des Bioethikers Arthur Caplan in der *Denver Post* vom 24. Februar 1997; des Bioethikers Thomas Murray und des Kongreßabgeordneten Vernon Elders in der *New York Times* vom 6. März 1997; des Evolutionsbiologen Francisco Ayala im *Orange County Register* vom 25. Februar 1997.

3 James A. Geraghty, der Präsident der Firma Genzyme Transgenics (einer biotechnologischen Firma in Massachusetts), sagte laut *Washington Post* vom 13. März 1997 vor einem Senatskomitee: »Einhellig und unbestritten gilt in der biotechnologischen Industrie die Überzeugung, daß in unserer Gesellschaft das Klonieren menschlicher Lebewesen keinen Platz hat.«

4 Befragung von 1005 Erwachsenen, über die im *St. Louis Post-Dispatch* vom 9. März 1997 berichtet wurde, und Ergebnisse einer *Time*/CNN-Umfrage, über die am 5. März 1997 in der *New York Times* berichtet wurde.

5 Leonard Bell, Präsident und Geschäftsführer von Alexion Pharmaceuticals, wurde am 3. März 1997 in der *New York Times* mit den Worten zitiert: »Es herrscht eine gesunde Skepsis bei der Frage vor, ob diese Ergebnisse auch bei einer anderen Spezies erreichbar sind.«

6 Diese zusammenfassende Interpretation der Einschätzungen von Wissenschaftlern wurde von Michael Specter und Gina Kolata in der *New York Times* vom 3. März 1997 sowie von Wray Herbert, Jeffrey L. Sheler und Traci Watson in *U.S. News and World Report* vom 10. März 1997 vorgetragen.

7 Zitat von Ian Wilmut in einem Artikel von Tim Friend in *USA Today* vom 24. Februar 1997.

8 Was bei der ICSI-Prozedur vor allem Sorge bereitete, war, daß hier – anders als beim *natürlichen* Befruchtungsvorgang – genetisch gesundes Sperma genetisch ungesundes nicht aus dem Felde schlagen kann. Demnach könnte, wenn allein der Reprogenetiker das Sperma für die Befruchtung auswählt, mangels Wettbewerb der Spermien untereinander ein höherer Prozentsatz »genetisch schadhaften« Spermas an der Entstehung

der Embryonen beteiligt sein. Derartige Bedenken hat zwar eine ganze Anzahl prominenter Ärzte geäußert, doch liegen weder wissenschaftliche Daten zur Stützung dieser Annahme vor noch überhaupt eine systematisch begründete Hypothese. Im Gegenteil, die Mehrheit der neuen Mutationen wird auf die Fähigkeit der Spermien, den Befruchtungsvorgang durchzuführen, keinen Einfluß haben. Folglich werden sich Spermien mit speziellen Mutationen nicht anders verhalten als Spermien ohne diese Mutationen. Gleichwohl gilt nach wie vor, daß die Sicherheit jeder neuen medizinischen Technologie nicht ohne experimentelle Daten abschließend festgestellt werden kann.

9 H. J. Webber benutzte das Wort »clon« erstmals in der Ausgabe vom 16. Oktober 1902 der Zeitschrift *Science* (S. 502). C. L. Pollard modifizierte die Orthographie zu »clone« (ebd., 21. Juli 1905, S. 88). »Clone« ist vom griechischen Wort für »Zweig« (*klon*) abzuleiten.

10 Molekularbiologen und Mikrobiologen denken, wenn sie »Klon« hören, in der Tat zuerst an eine Bakterienkolonie, nicht an eine Kolonie von Menschen. Seit 1975 hat das Wort überdies noch eine Spezialbedeutung, etwa in den Begriffen »DNA-Klon« oder »Gen-Klon«. Hier bezieht sich »Klon« auf die Millionen oder Milliarden identischer Kopien eines spezifischen DNA-Fragments, etwa von Menschen oder Mäusen, die unter Verwendung einer speziellen Technologie in einem Klon bakterieller Zellen erzeugt werden.

11 R. Briggs und T. J. King, »Transplantation of Living Nuclei from Blastula Cells into Enucleated Frogs' Eggs«, in: *Proceedings of the National Academy of Sciences USA* 38 (1951), S. 455–463.

12 J. B. Gurdon, »Transplanted Nuclei and Cell Differentiation«, in: *Scientific American* 219 (1968), S. 24–35.

13 J. McGrath und D. Solter, »Inability of Mouse Blastomere Nuclei Transferred to Enucleated Zygotes to Support Development In Vitro«, in: *Science* 226 (1984), S. 1317–1319.

14 Der schnelle Wandel des Begriffsinhalts läßt sich gut nachvollziehen, wenn man einen Science-fiction-Roman zum Vergleich heranzieht: *The Clone* von T. L. Thomas und K. Wilhelm, New York 1965. In diesem Roman ist ein Klon ganz im Sinne der klassischen Wortbedeutung ein Organismus, der sich wie Bakterienkolonien oder Hefe ungeschlechtlich fortpflanzt. Eine Anwendung des Begriffes auf den Menschen bleibt völlig außerhalb des Horizonts dieses Buches. Das änderte sich dann innerhalb eines Jahrzehnts schlagartig.

15 Alvin Toffler, *Future Shock*, New York 1970. Deutsche Ausgabe: *Der*

Zukunftsschock, München 1970; Zitat aus der Buchclubausgabe des Bertelsmann-Verlages, S. 155.

16 Der Verleger mußte zwar gerichtlich kapitulieren, aber der Autor Rorvik behauptet nach wie vor standhaft, seine Darstellung entspreche der Wahrheit. Zwei Jahrzehnte später wurde das Thema im Zusammenhang mit den Berichten über Dollys Geburt wieder aufgegriffen. In der Online-Ausgabe der Zeitschrift *Omni* vom Juni 1997 (http://www.omnimag.-com) sieht sich Rorvik jetzt darin bestätigt, daß das Klonieren von Säugetieren tatsächlich möglich und relativ einfach zu bewerkstelligen ist. Die meisten Wissenschaftler sind jedoch immer noch überzeugt, daß 1978 die Voraussetzungen für das Klonieren von Menschen mit Sicherheit noch nicht gegeben waren.

17 J. L. Hall, D. Engel, G. L. Motta, P.R. Gindoff, R. J. Stillman, »Experimental Cloning of Human Polyploid Embryos Using an Artificial Zona Pellucida«, in: *American Fertility Society Program Supplement: Abstracts of the Scientific Oral and Poster Sessions* S 1 (1993).

18 Tatsächlich hatten die Wissenschaftler bewußt Embryonen ausgewählt, die mit zwei Spermien befruchtet worden waren und die schon aus diesem Grund nur wenige Tage hätten überleben können. Die Annahme der beteiligten Wissenschaftler lautete, daß Experimente mit solchen Embryonen – denen das Potential fehlt, auch nur die frühesten fetalen Differenzierungsstadien zu erreichen – keine ethischen Bedenken hervorrufen könnten. Das Experiment war zuvor von der Ethik-Kommission des betreffenden Krankenhauses gebilligt worden. Die Kommissionsvorsitzende Gail Povar sagte später: »Es handelt sich hier um nicht lebensfähiges menschliches Chromosomengewebe. Ich halte das Ganze nicht für einen Fall von Menschen-Klonierung. Ich halte es für eine Manipulation von pathologischen Proben.« (Zitiert nach *New Scientist*, 30. Oktober 1993, S. 7.) Außerdem ist unbedingt darauf hinzuweisen, daß viele andere Wissenschaftler auf dem Gebiet der Reproduktionsbiologie in den von Hall und Stillman durchgeführten Arbeiten nichts Besonderes sehen konnten. Die Techniken für das Aufsplitten von Tierembryonen waren schon viele Jahre zuvor entwickelt worden, und auch die Techniken zur Zelltrennung im menschlichen Embryo wurden zu dieser Zeit schon weithin praktiziert, um Biopsie-Material für genetische Diagnosen zu erhalten (vgl. Kapitel 17). Das einzige neue Ergebnis von Hall und Stillman bestand darin, daß mehrere getrennte Zellen desselben Embryos am Leben bleiben und in einer Kulturschale über einen Zeitraum von einigen Tagen weitere Zellteilungen durchlaufen durften.

19 Von den 6870 im Jahre 1993 in den USA geborenen IVF-Kindern waren nach einem Bericht in der Juli-Nummer 1995 der Zeitschrift *Fertility and Sterility* 65,9 Prozent Einzelgeburten, 27,5 Prozent Zwillingsgeburten, 5,4 Prozent Drillingsgeburten und 0,4 Prozent Vierlings- oder Fünflingsgeburten.

20 Zitiert in einem Artikel von Philip Elmer-Dewitt, »Cloning: Where Do We Draw the Line?«, in der *Time* vom 8. November 1993, S. 64.

21 Zitiert ebd.

22 Der erste Zeitungsartikel unter dieser Schlagzeile stammt von Gina Kolata und erschien am 24. Oktober 1993 in der *New York Times*.

23 J. McGrath und D. Solter, »Nuclear Transplantation in the Mouse Embryo by Microsurgery and Cell Fusion«, in: *Science* 220 (1983), S. 1300–1302.

24 S. M. Willadsen, »Nuclear Transplantation in Sheep Embryos«, in: *Nature* 320 (1986), S. 63–65.

25 Dem liegt die Annahme zugrunde, diese Proteinsignale seien im Zytoplasma einer befruchteten Eizelle nicht mehr vorhanden, weil sie bereits die DNA der eingedrungenen Samenzelle besetzt hätten.

26 N. L. First und M. Sims, »Production of Calves by Transfer of Nuclei from Cultured Inner Cell Mass Cells«, in: *Proceedings of the National Academy of Sciences USA* 90 (1994), S. 6143–6147.

27 Bericht von Michael Specter und Gina Kolata in der *New York Times* vom 3. März 1997.

28 K. H. S. Campbell, J. McWhir, W. A. Ritchie, I. Wilmut, »Sheep Cloned by Nuclear Transfer from a Cultured Cell Line«, in: *Nature* 380 (1996), S. 64–66.

29 I. Wilmut, A. E. Schnieke, J. McWhir, A. J. Kind, K. H. S. Campbell, »Viable Offspring Derived from Fetal and Adult Mammalian Cells«, in: *Nature* 385 (1997), S. 810–813.

Kapitel 9
»Menschenverschnitt«

1 Verschiedene Wissenschaftler haben jedoch die Ansicht vorgetragen, es könnte andere – allein auf den Klonierungsprozeß bezogene – genetische Probleme geben. Drei spezifische Befürchtungen wurden genannt.
Die erste bezieht sich auf spezialisierte DNA-Strukturen, sogenannte Telomere (»Endglieder«), die an beiden Spitzen eines jeden Chromosoms

als eine Art »Sicherung« fungieren. Bei jedem normalen DNA-Kopiervorgang, also bei einer jeden Zellteilung, gehen winzige Schnipsel davon verloren. Manche Forscher glauben, daß der allmähliche Verlust von Telomeren im Laufe eines ganzen Lebens ein wesentlicher, wenn nicht gar der entscheidende Faktor für den Alterungsprozeß sei. Offenkundig muß es jedoch einen Weg geben, wie sich die Telomere bei jedem neuen Menschen oder jedem neuen Tier regenerieren, denn sonst wäre alles Leben auf der Erde bald ausgelöscht. Genau für diesen Aufbauvorgang ist ein spezielles Zell-Enzym namens Telomerase zuständig, doch scheint dieses Enzym nur in Keimzellen und im embryonalen Frühstadium vorhanden zu sein. Daraus resultiert die Befürchtung, die Spenderzelle könnte beim Klonieren mit ihren gealterten Chromosomen dafür sorgen, daß das neugeborene Kind eine geringere Lebenserwartung hat und eine größere Krankheitsanfälligkeit aufweist.

Diese Möglichkeit läßt sich nicht ausschließen, bis die Tierversuche beendet sind, doch erscheint sie gemäß einem Grundprinzip der Entwicklungsbiologie eher unwahrscheinlich: dem Prinzip der Kompensation. Ein Embryo kann in vier Teile zerbrechen, deren jeder nur ein Viertel der Originalgröße aufweist, und doch haben die identischen Vierlinge, die daraus hervorgehen, als Kinder alle die normale Größe. Auf ähnliche Weise würde wahrscheinlich der Embryo im Frühstadium die ursprünglich zu kurzen Telomer-Längen dadurch wettmachen, daß er sich besonders anstrengt, sie wieder auf Normallänge zu bringen.

Die zweite Befürchtung bezieht sich auf den Prozeß der sogenannten genomische Prägung, der überhaupt erst in den letzten fünfzehn Jahren bekannt wurde. Beobachtet wurde, daß bestimmte Gene unterschiedlich funktionieren, je nachdem ob sie von der Mutter oder vom Vater abstammen. Diese funktionalen Unterschiede werden durch chemische Modifizierungen der DNA hervorgerufen. Nun macht man sich Sorgen, daß sich die genomische Prägung der DNA in Spenderzellen, die zum Klonieren herangezogen werden, von dem Status in einem normalen einzelligen Embryo unterscheiden könnte und daß ein solcher Unterschied die Entwicklung beeinflussen könnte. Auch in diesem Punkt werden wir Sicherheit erst gewinnen können, wenn die Tierversuche abgeschlossen sind. Schon die Tatsache, daß sich Dolly als gesundes Lamm erwies, läßt indes anderes erwarten (zumindest beim Schaf). Wenn gesunde Affen (aus den Zellen erwachsener Tiere) geklont werden können, wird die genomische Prägung auch beim Menschen sicher kein Problem darstellen.

Die dritte Befürchtung betrifft die Reorganisation der Chromosomen.

Hierbei handelt es sich nicht um einen genetischen Prozeß im engeren Sinne, sondern um einen biochemischen Vorgang. Damit man überhaupt erfolgreich klonieren kann, müssen die auf der DNA der Spenderzelle vorhandenen Proteinsignale durch solche ersetzt werden, die aus der beteiligten Eizelle kommen. Wenn dieser Proteinersatz nicht präzise und vollständig gelingt, wird das korrekte Entwicklungsprogramm der Genaktivitäten nicht ausgeführt. Eine unvollständige Chromosomen-Reorganisation ist wahrscheinlich weitgehend dafür verantwortlich, daß aus den 277 Fusionen, die Ian Wilmut gelangen, nur ein einziges lebend geborenes Schaf hervorging.

Letztlich dürfte die Chromosomen-Reorganisation das Hauptproblem darstellen, wenn es um eine Abwägung der Machbarkeit und Sicherheit des Klonierens geht. Obwohl ich vermute, daß die Erfolgsrate bei der vollständigen Chromosomen-Reorganisation dramatisch ansteigen wird, wenn in weiteren Versuchen die Bedingungen optimiert werden können, wird man wahrscheinlich eine Methode benötigen, mit deren Hilfe zwischen »vollständig reorganisierten« und »untauglichen« Embryonen unterschieden werden kann, wenn man jemals routinemäßig Menschen klonieren will.

2 Ergebnisse einer *Time*/CNN-Umfrage am 26. und 27. Februar 1997, Artikel in *Time* vom 10. März 1997. Über die Ergebnisse einer gleichzeitigen Umfrage von ABC *Nightline* wurde in der *Chicago Tribune* vom 2. März 1997 berichtet.

3 Zitiert in einem Artikel von Jeffrey Kluger in *Time* vom 10. März 1997.

4 Zitiert in einem Artikel von Carol McGraw und Susan Kelleher im *Orange County Register* vom 25. Februar 1997.

5 Zitiert in der Online-Ausgabe des *Arlington Catholic Herald* vom 16. Mai 1997 (http://www.catholicherald.com/bissues.html).

6 *New York Times* vom 28. Februar 1997.

7 Zitiert nach der deutschen Übersetzung von Herbert H. Herlitschka aus dem Jahre 1932 (Kapitel 1).

8 Es wurde zwar eine Person ermittelt, deren Gewebe kompatibel gewesen wäre, doch diese machte in letzter Minute einen Rückzieher, weil ihr die ganze Sache zu aufwendig erschien.

9 Nach dieser wahren Begebenheit wurde 1993 ein Fernsehfilm gedreht: *For the Love of My Child: The Anissa Ayala Story.*

10 Zwei nach dem Zufallsprinzip ausgewählte Menschen weisen immer eine genetische Ähnlichkeit von mindestens 99,9 Prozent auf, selbst wenn sie seit Menschengedenken keine gemeinsamen Vorfahren hatten. Bei Ge-

schwistern erhöht sich die Ähnlichkeit auf 99,95 Prozent, bei eineiigen Zwillingen auf 100 Prozent.

11 Zitiert in einem Artikel von Craig Quintana in der *Orlando Sentinel Tribune* vom 2. April 1990.

12 Zitiert in einem Artikel von Mike Graham in der Londoner *Sunday Times* vom 1. April 1990.

13 Zitiert in einem Artikel von Michael Specter in der *Washington Post* vom 25. März 1990.

14 Zitiert in einem Artikel von David Gorgan, Nancy Matsumoto und Kristina Johnson in *People* vom 5. März 1990.

15 Zitiert in *Time* vom 10. März 1997.

16 Eine Reihe von Kritikern, darunter auch Arthur Caplan, gab zu, daß die Ayalas sich nicht unethisch verhielten, weil sie gesagt hatten, sie würden ihr Kind in jedem Fall lieben, ganz gleich ob es nun als Gewebespender für Anissa tauge oder nicht. Was die meisten Kritiker wirklich bewegte, ließen einige anklingen: Daß andere Familien auf der Suche nach einem geeigneten Organspender wiederholt abtreiben lassen könnten – so lange, bis sich ein Fetus mit kompatiblem Gewebe im Mutterleib entwickelt hätte. Ein solches Verhalten wäre nach John Fletcher und anderen eindeutig unethisch. Ich muß gestehen, daß ich die Logik dieser Erörterungen nicht verstehe – zumal bei Bioethikern, die sich in der Abtreibungsfrage für die Entscheidungsfreiheit der Frau aussprechen. Wenn man dieses Recht befürwortet, erscheint die Untauglichkeit des Fetus als Organspender als Abtreibungsgrund mindestens ebenso akzeptabel wie die Begründung: »Mir ist im Augenblick einfach nicht danach, ein Kind zu bekommen.«

17 In der *Washington Post* vom 25. März 1990.

18 Noch 1987 schätzte das Alan Guttmacher Institute, daß 54 Prozent aller Schwangerschaften in den Vereinigten Staaten nicht beabsichtigt waren (zitiert in *The Record* vom 15. April 1990).

19 Die Frau, deren genetisches Material dazu diente, das Kind zu erschaffen, ist nicht die genetische Mutter, wie weiter unten noch ausführlich erörtert wird. Doch weil sie das Kind im Rahmen einer Familie aufziehen wird, ist es trotzdem sinnvoll, diese Frau als Mutter zu bezeichnen.

20 Bei einer *Time*/CNN-Umfrage am 26. und 27. Februar 1997 (vgl. den Bericht in *Time* vom 10. März 1997) und einer gleichzeitigen Umfrage von ABC *Nightline* (vgl. *Chicago Tribune* vom 2. März 1997) wurden dieselben Prozentsätze ermittelt. Bei der ABC-Erhebung lautete die Frage: »Wenn es möglich wird, würden Sie sich dann gern klonieren lassen, um

ein Kind zu bekommen, das genau wie Sie selbst aussieht und das eine genaue Kopie Ihrer eigenen Gene in sich trüge?«

21 Daniel Callahan in der *New York Times* vom 26. Februar 1997.

22 *New York Times* vom 27. Februar 1997.

23 Zitat aus einer Senatsanhörung zum Thema »Klonen« in einem Artikel von Gina Kolata in der *New York Times* vom 13. März 1997.

24 Vgl. *The Business Wire* vom 10. März 1997.

25 Am 6. März 1997 erhielt das Roslin Institute, in dem Dolly zur Welt kam, von der World Intellectual Property Organization (WIPO), einer Genfer Agentur der Vereinten Nationen, zwei internationale Patente für das »Klonieren von Tieren«. Der Wortlaut des Patentantrags ist absichtlich so gefaßt, daß auch das Klonieren von Menschen eingeschlossen ist, damit die Erfinder des Verfahrens das Patent als rechtliche Handhabe verwenden können, um zu verhindern, daß diese besondere Anwendungsmöglichkeit von irgend jemand anderem genutzt wird (denn die Wissenschaftler am Roslin Institute sind strikt gegen das Klonen von Menschen). Es ist jedoch zweifelhaft, ob die Angst vor einer Verletzung der Patentrechte irgendwelche Auswirkungen auf Klonierungsunternehmen in Ländern haben wird, die sich weigern, die WIPO-Regeln anzuerkennen. Und das Patent läuft auf jeden Fall im Jahre 2017 aus.

Kapitel 10
Wohin wird uns das Klonen noch führen?

1 G. R. Martin, »Isolation of a Pluripotent Cell Line from Early Mouse Embryos Cultured in Medium Conditioned by Teratocarcinoma Stem Cells«, in: *Proceedings of the National Academy of Sciences USA* 78 (1981), S. 7634–7638; M. Evans und M. H. Kaufman, »Establishment in Culture of Pluripotential Cells from Mouse Embryos«, in: *Nature* 292 (1981), S. 154–156.

Kapitel 11
Drei Mütter und zwei Väter

1 Bezieht man das Klonieren ein, sind sogar drei unterschiedliche biologische Mütter möglich. Neben der genetischen und der austragenden Mutter kann eine dritte Frau das benötigte Eizytoplasma zur Verfügung stellen. Dieses enthält Organellen, sogenannte Mitochondrien, die ihre eigene DNA besitzen, welche kopiert und in jede Zelle des Körpers übermittelt wird. Der Umfang der durch die Mitochondrien verbreiteten genetischen Informationen ist um das Zweihundertmillionenfache geringer als der Umfang des Erbgutes im Kern einer menschlichen Zelle, und normalerweise trägt diese DNA nicht zu den vererbten Unterschieden zwischen individuellen Menschen bei. Allerdings gibt es einige sehr seltene Krankheiten, die durch Mutationen in der DNA der Mitochondrien verursacht werden. Die Trägerin einer solchen Krankheit könnte diese durch eine unbefruchtete Eizelle weitergeben, die im Klonierungsprozeß Verwendung findet.

2 Susan Robinson und H. F. Pizer, *Having a Baby Without a Man: The Woman's Guide to Alternative Insemination*, New York 1985.

3 Von der American Association of Tissue Banks anerkannte Samenbanken sind im Internet aufgelistet unter: http://www.fertilitext.org/banks.html.

4 Carole Colum, »Co-Parent Adoptions: Lesbian and Gay Parenting«, in: *Trial* 29 (1993), S.28.

5 Wenn ich hier nur von einem »Mutterleib« und nicht von einer »Frau« spreche, liegt darin keine menschenverachtende Absicht. Ich sehe Frauen nicht nur als »Gebärmaschinen« an. Mir geht es vielmehr darum, die Liste des Benötigten so präzise wie möglich zu fassen. Für die Entwicklung des Fetus wird man immer einen Mutterleib benötigen, aber es muß, wie in Kapitel 16 noch zu zeigen sein wird, nicht unbedingt eine Gebärmutter sein; auch muß der Vorgang nicht unbedingt im Körper einer Frau stattfinden.

6 Martha A. Field, *Surrogate Motherhood*, Cambridge, Massachusetts, 1988, S. 162.

Kapitel 12
Leibliche Mütter per Vertrag

1 »The Cloning Era Is Almost Here«, in *Time* vom 19. Juni 1978, S. 100.

2 »Leihmutter« (*surrogate mother*) wird im *Oxford English Dictionary* wie folgt definiert: »Eine Frau, deren Schwangerschaft daher rührt, daß man ihr eine befruchtete Eizelle oder einen Embryo von einer anderen Frau in den Uterus implantiert hat.« Es folgt jedoch ein Beispiel, das der Definition in gewisser Weise widerspricht, weil es in diesem Fall durch den Vorgang der künstlichen Besamung zur Schwangerschaft kommt. Die Definition des OED beschreibt eine Leihmutterschaft im engeren Sinne, bei der die Frau das Kind nur für eine andere Frau austrägt, während das folgende Beispiel sich auf die traditionelle Ersatzmutterrolle bezieht. Eine bessere Definition, die beide Aspekte umfaßt, bietet die *Encyclopaedia Britannica*: »Eine Praktik, bei der eine Frau (die Leihmutter) für ein Paar, das nicht in der Lage ist, auf normalem Wege Kinder zu bekommen, ein Kind zur Welt bringt. Meistens ist dabei die Ehefrau unfruchtbar oder aus anderen Gründen nicht in der Lage, eine Schwangerschaft erfolgreich zu beenden.«

3 Martha A. Field, *Surrogate Motherhood*, S. 5.

4 Genau genommen ist die Leihmutter während der Schwangerschaft jedoch nur eine zukünftige Ersatzmutter. Ersatz*mutter* kann sie erst sein, nachdem sie das Kind geboren und den Auftraggebern übergeben hat.

5 Neuerdings kann man auch über Kontaktanzeigen im Internet eine Leihmutter finden. Frauen bieten ihre Dienste als Leihmutter an, Interessenten geben Suchanzeigen auf. The American Surrogacy Center bietet auf seiner Internetseite Annoncen beider Art – mit allgemeinen Informationen, Personenbeschreibungen und manchmal sogar Fotos (http://www.surrogacy.com). Wer jedoch auf direktem Wege mit einer Leihmutterkandidatin handelseinig wird und auf die Vermittlerdienste einer Spezialagentur verzichtet, geht ein gewisses Risiko ein, das im vorliegenden Kapitel noch verdeutlicht werden wird.

6 Diese Zahl basiert auf Informationen, die das Center for Surrogate Parenting & Egg Donation im Internet bereitstellt (http://www.surroparenting.com/surrpar.html).

7 Leon Kass, »The Meaning of Life – In the Laboratory«, in: *The Ethics of Reproductive Technology,* Hg. Kenneth D. Alpern, New York 1992, S. 98–116.

8 Herbert T. Krimmel, »Surrogate Mother Arrangements from the Perspective of the Child«, ebd., S. 57–70.

9 Margaret Jane Radin, »Market-Inalienability«, ebd., S. 174–194.

10 John Robertson, *Children of Choice: Freedom and the New Reproductive Technologies*, Princeton 1994, S. 130–132.

11 Lori Andrews, »Surrogate Motherhood: The Challenge for Feminists«, in: *The Ethics of Reproductive Technology*, Hg. Kenneth D. Alpern, S. 205–219; zuerst erschienen in: *Law, Medicine and Health Care* 16 (1988), S.72–80.

12 Zitiert im Artikel von Lori Andrews.

13 Wie bereits verschiedene Kritiker dargelegt haben, ist der Begriff »Spender/Spenderin« eigentlich unangemessen, wenn die »Spende« finanziell vergütet wird. Der Begriff hat sich jedoch im populären wie im wissenschaftlichen Sprachgebrauch eingebürgert. Deshalb verwende auch ich ihn weiterhin.

14 Zitiert bei Field, *Surrogate Motherhood*, S. 3.

15 In der angelsächsischen Rechtstradition, die in den USA gilt, kann Legalität oder Illegalität auf zwei verschiedene Weisen begründet werden: durch Urteile nach Gerichtsverfahren (»case law«) oder durch förmliche Statuten und Gesetze der staatlichen Legislative (»statutory law«). Der gesetzliche Status der Leihmutterschaft kann sich in jedem Staat durch neue Gesetze oder Gerichtsurteile jederzeit ändern. In vielen der nicht erwähnten Staaten ist die Rechtssituation zum Zeitpunkt der Niederschrift dieses Buches noch nicht eindeutig. Interessenten sollten für allgemeine Informationen die Internet-Seite des American Surrogacy Center konsultieren (http://www.surrogacy.com/legals/map.html).

16 Internet-Seite des American Surrogacy Center (http://www.surrogacy.-com/agencies/articles/litz/index.html).

Kapitel 13
Kauf und Verkauf von Spermien und Eizellen

1 Bis Mitte der achtziger Jahre wurde der Begriff »artificial insemination by donor« noch mit AID abgekürzt; um Verwechslungen mit AIDS vorzubeugen, ist seither DI gebräuchlicher.

2 John Timson, »Lazzaro Spallanzani's Seminal Discovery«, in: *New Scientist*, 13. Dezember 1979; K. J. Betteridge, »A Historical Look at

Embryo Transfer«, in: *Journal of Reproduction and Fertility* 62 (1981), S. 3.

3 Gina Maranto, *Quest for Perfection: The Drive to Breed Better Human Beings*, New York 1996, S. 132.

4 Vgl. Robert Francoeur, *Utopian Motherhood: New Trends in Human Reproduction*, London 1971, S. 11–13.

5 Gena Corea, »The Subversive Sperm: A False Strain of Blood«, in: *Ethical Issues in the New Reproductive Technologies*, Hg. R. Hull, Belmont, Kalifornien, 1990, S. 56–68; Maranto, *Quest for Perfection*, S. 11–13.

6 R. Snowden und G. D. Mitchell, *The Artificial Family: A Consideration of Artificial Insemination by Donor*, London 1981, S. 68–69.

7 Office of Technology Assessment, U.S. Congress, *Artificial Insemination: Practice in the United States: Summary of a 1987 Survey-Background Paper, OTA-13P-BA-48*, Washington, D.C., 1988.

8 Ebd. Den Anfang machten das Vermont Women's Health Center und das Feminist Women's Health Center im kalifornischen Oakland, das auch über eine eigene Samenbank verfügt. Eine umfassende Liste von Ärzten, die auf Fertilitätsfragen spezialisiert sind, und von Samenbanken, die alleinlebenden Frauen und Lesbierinnen gegenüber aufgeschlossen sind, findet sich im Internet auf der »Lesbian Mom's Web Page« unter http://www.lesbian.org/moms/drssb.html.

9 Vgl. Anmerkung 7.

10 Vgl. http://www.surroparenting.com.

11 Vgl. etwa The Atlanta Reproductive Health Center, http://www.ivf.com/dnr2col.html.

12 Vgl. http://www.surrogacy.com.

13 Meiner Kollegin Angela Craeger, die Wissenschaftshistorikerin in Princeton ist, verdanke ich den Hinweis, daß die Ärzte, die das Verfahren der künstlichen Insemination mit Spendersamen jahrzehntelang unter Kontrolle hatten, bewußt oder unbewußt versuchten, sich selbst und ihren Stand zu reproduzieren.

14 R. Snowden und G. D. Mitchell, *The Artificial Family*, S. 64.

15 Kein gegenwärtig verfügbares Untersuchungs- und Selektionsverfahren kann das Risiko einer genetischen Erkrankung bei einem mit Spendersperma gezeugten Kind vollkommen ausschließen. So kann man etwa latente mentale und physische Leiden, die im Leben eines Spenders erst wesentlich später zum Ausbruch kommen, nicht erfassen. Außerdem kann der Spender Träger verborgener Krankheitsanlagen sein, die, ohne daß die Empfängerin der Spende es weiß, auch in ihrem genetischen Ma-

terial angelegt sind, so daß bei einem Kind die latente Krankheit zum Ausbruch kommen könnte. Statistisch gesehen, reduziert eine effektive Spender- und Spenderinnenkontrolle jedoch die Wahrscheinlichkeit für genetische Erkrankungen im Verhältnis zum Risiko der Gesamtbevölkerung deutlich.

16 *New York Times* vom 27. Mai 1982.

17 United Press International, Pressemeldung vom 12. Juni 1982.

18 Die Zitate stammen aus einer Zeitungsreportage von Jennifer Bojorquez, »In His Image«, in: *Sacramento Bee*, 19. Dezember 1994.

Kapitel 14
Verwirrende Erbkonstellationen

1 Der Ausdruck »eigenes Kind« bezeichnet im allgemeinen Sprachverständnis ein leibliches Kind, das mit einer eigenen Keimzelle, sei es Sperma oder Eizelle, gezeugt worden ist. Dieser Begriffsgebrauch wertet jedoch die starken Eltern-Kind-Bindungen zwischen Adoptivkindern und ihren Eltern ab. Deshalb habe ich ihn, wo immer dies möglich war, vermieden. An dieser Stelle verwende ich den Begriff jedoch bewußt, um seine Bedeutung in Frage zu stellen. Das wird in Kürze deutlich werden.

2 Gemeint ist eine Adoption im modernen westlichen Sinne. In der *Encyclopaedia Britannica* ist zu lesen: »In den meisten antiken Zivilisationen und auch in bestimmten späteren Kulturen unterschieden sich die Adoptionsziele wesentlich von denen, die in moderner Zeit meistens in den Vordergrund gerückt werden. ... Die adoptierte Person war auf jeden Fall männlich und befand sich oft bereits im Erwachsenenalter. Darüber hinaus war das Wohlergehen des Adoptierenden in dieser Welt und im Jenseits von vorrangiger Bedeutung. Dem Wohlergehen des Adoptierten wurde hingegen kaum Aufmerksamkeit geschenkt.«

3 In der befruchteten Eizelle, die sich schließlich zu einem Kind entwickelt, befindet sich von der Mutter nur eine einfache Kopie der DNA für jedes der 23 Chromosomen. Ein zweiter Satz von 23 DNA-Molekülen wird in derselben Eizelle vom genetischen Vater deponiert. Die in jedem dieser 46 DNA-Moleküle enthaltenen Informationen werden dann im Laufe der Zeit in 100 Billionen neue Chromosomensätze hineinkopiert, die während der fetalen und kindlichen Entwicklung in jede neue Zelle gelangen. Jedes dieser DNA-Moleküle wird aus Rohmaterial aufgebaut,

das aus der Nahrung gewonnen wird, welche die Mutter und später das Kind allein zu sich nehmen.
Und wohin gelangen die 23 DNA-Moleküle, die tatsächlich von der Mutter kamen, am Ende? Nun, die meisten, wenn nicht gar alle, verschwinden lange vor der Geburt des Kindes. Weniger als jede achte Zelle aus dem frühembryonalen Stadium gelangt tatsächlich in den Fetus. Die restlichen Zellen werden – gemeinsam mit mindestens 87 Prozent der ursprünglichen elterlichen DNA – in Plazenta- oder Gebärmutterzellen gelenkt, die vom mütterlichen Körper nach der Geburt ausgestoßen und als Abfall entsorgt werden. Von den mütterlichen DNA-Molekülen, die im Fetus selbst überleben, enden viele in kurzlebigen Zellen, etwa im Blut, in der Haut oder in den Eingeweiden, die ständig degenerieren und durch neugebildete Zellen ersetzt werden. Wenn Zellen sterben oder abgestoßen werden, dann zersetzen sich die darin enthaltenen DNA-Moleküle in kleinere Einheiten oder sogar in die Einzelatome, aus denen die DNA ursprünglich aufgebaut wurde.
So überlebt also, wenn es hochkommt, nur eine Handvoll DNA-Moleküle, die ursprünglich von der Mutter stammen, in einigen wenigen verstreuten Zellen unter insgesamt 100 Billionen Zellen des kindlichen Körpers.

4 Die Herausbildung eines Penis kann beim Fetus nur erfolgen, wenn auch Hodengewebe vorhanden ist. In Tims Fall müssen also während der fetalen Entwicklung unreife Hoden vorhanden gewesen sein, die aus unbekannten Gründen vor der Geburt degenerierten. Bei Tim kann die Rückbildung keine genetischen Ursachen gehabt haben, weil sein eineiiger Zwillingsbruder nicht unter Anorchie (so lautet die medizinische Bezeichnung für fehlende Hoden) litt.

5 Sherman J. Silber, »Transplantation of a Human Testis for Anorchia«, in: *Fertility and Sterility* 30 (1978), S. 181–187.

6 Auch nachdem Tims Fertilitätsproblem kuriert war, kam es noch nicht gleich zu einer Schwangerschaft, weil nun bei Jannie Zyklusprobleme entdeckt wurden. Nach Abschluß einer entsprechenden Behandlung waren die Twomeys einige Monate darauf endlich werdende Eltern. Vgl. S. J. Silber und L. J. Rodriguez-Rigau, »Pregnancy after Testicular Transplant: Importance of Treating the Couple«, in: *Fertility and Sterility* 33 (1980), S. 454–455.

7 Der Philosoph Kenneth D. Alpern beschreibt weitere interessante »genetische Verwirrungen«, auch mit Blick auf die Bedeutung des Begriffes »eigenes Kind«, in »Genetic Puzzles and Stork Stories: On the Meaning

and Significance of Having Children«, in: *The Ethics of Reproductive Technology*, Hg. Kenneth D. Alpern, New York 1992, S. 147–169.

8 Zitiert in einem Artikel von Earl Lane in *Newsday* vom 13. März 1997.

9 K. Y. Cha, J. J. Koo, J. J. Ko, D. H. Choi, S. Y. Han und T. K. Yoon, »Pregnancy after In Vitro Fertilisation of Human Follicular Oocytes Collected from Non-stimulated Cycles, Their Culture In Vitro and Their Transfer in a Donor Oocyte Program«, in: *Fertility and Sterility* 55 (1991), S. 109–113.

10 Zitiert in einem Artikel von Gina Kolata in der *New York Times* vom 6. Januar 1994.

11 Zitiert ebd.

12 Zitiert ebd.

13 D. E. Clouthier, M. R. Avarbock, S. D. Maika, R. E. Hammer und R. L. Brinster, »Rat Spermatogenesis in Mouse Testis«, in: *Nature* 381 (1996), S. 418–421.

14 M. R. Avarbock, C. J. Brinster und R. L. Brinster, »Reconstitution of Spermatogenesis from Frozen Spermatogonial Stem Cells«, in: *Nature Medicine* 2 (1996), S. 693–696.

15 Zitiert in einem Artikel von Gina Kolata in der *New York Times* vom 30. Mai 1996.

Kapitel 15
Gemeinsame Mutterschaft

1 Derzeit gibt es noch keine publizierten Berichte über eine gemeinsame *genetische* Mutterschaft, doch es gibt zumindest einen dokumentierten Versuch, bei einem gleichgeschlechtlichen Paar eine gemeinsame *biologische* Mutterschaft herbeizuführen.

Am 25. August [1997] berichtete die *Mail On Sunday* (ein britisches Boulevardblatt), daß ein lesbisches Paar einen IVF praktizierenden Arzt gebeten habe, einer der beiden Frauen Eizellen zu entnehmen, sie mit dem Samen eines Spenders zu befruchten und dann in die Gebärmutter der anderen einzupflanzen. Das Baby hätte dann zwei biologische Mütter – die eine wäre seine genetische Mutter, die andere seine leibliche Mutter –, für die die Mutterschaft »eine gemeinsame Erfahrung wäre«. Leider trug der Arzt ihr Anliegen der Ethikkommission des Krankenhauses vor, und diese entschied sich dagegen. Wenn auch diesem einen Paar sein Ziel versagt blieb, so scheint es doch wahrscheinlich, daß andere –

vor den Augen engstirniger Mediziner und der Presse wohlverborgen – denselben Weg erfolgreich gegangen sind.

2 Um den Text nicht allzu zähflüssig zu gestalten, habe ich an dieser Stelle ein paar Einzelheiten unterschlagen. Der mütterliche Pronucleus wird der zweiten Eizelle zusammen mit einer geringen Menge Zytoplasma und einem Stückchen Membran entnommen. Der solchermaßen umhüllte Pronucleus kommt einer Minizelle gleich. Er wird bei der zweiten Eizelle in den Zwischenraum zwischen Membran und Eihülle plaziert. Mit Hilfe eines chemischen oder elektrischen Stimulus werden die große Eizelle und das Mini-Ei miteinander fusioniert, und der fremde Pronucleus gelangt in das neue Zytoplasma.

3 J. McGrath und D. Solter, »Completion of Mouse Embryogenesis Requires Both the Maternal and Paternal Genomes«, in: *Cell* 37 (1984), S. 179–183.

4 Dieser Befund, der seither von anderen Wissenschaftlern bestätigt wurde, widerspricht den Ergebnissen des Schweizer Embryologen Karl Illmensee, der im Jahre 1976 für sich in Anspruch nahm, daß bei seinen Experimenten nicht nur Mäuse mit zwei Müttern, sondern auch Mäuse mit nur einem einzigen weiblichen Elternteil lebend geboren worden seien. Zu Beginn der achtziger Jahre stellte sich heraus, daß Illmensee seine Resultate gefälscht und niemals solche Mäuse erhalten hatte.

5 Kristof Tarkowski, »Mouse Chimaeras Developed from Fused Eggs«, in: *Nature* 190 (1961), S. 875–860.

6 Ein »Kochrezept« zur Herstellung von Mäusechimären findet sich in B. Hogan, R. Beddington, F. Constantini, und F. Lacy, *Manipulating the Mouse Embryo: A Laboratory Manual, Second Edition*, Cold Spring Harbor 1994. Das schier unglaubliche Foto einer »Schiege« (einer Chimäre aus Schaf und Ziege) findet sich auf Seite 37 in C. R. Austin und R. V. Short, *Reproduction in Mammals; Book 5 Manipulating Reproduction*, Cambridge 1986, und als Titelbild des *Nature*-Hefts vom 16. Februar 1984.

7 Manche Forscher wehren sich gegen die Bezeichnung »Chimäre«, weil sie einen so negativen Beigeschmack hat. Sie ziehen Bezeichnungen wie beispielsweise »tetraparental« vor – für ein Tier, das aus zwei Embryonen von zwei verschiedenen Elternpaaren hervorgegangen ist. Die meisten Tierembryologen verwenden allerdings noch immer den Begriff »Chimäre«.

8 G. Krob, A. Braun und U. Kuhnle, »True Hermaphroditism. Geographical Distribution, Clinical Findings, Chromosomes and Gonadal Histolo-

gy«, in: *European Journal of Pediatrics* 153 (1994), S. 2–10; Patricia Tippett, »Human Chimeras«, in: *Chimeras in Developmental Biology*, London 1984; A. J. Green, D. E. Barto, P. Jenks, J. Pearson und J. R. Yates, »Chimaerism Shown by Cytogenetics and DNA Polymorphism Analysis«, in: *Journal of Medical Genetics* 31 (1994), S. 816–817; S. Uehara, M. Nata, M. Nagae, K. Sagisaka, K. Okamura und A. Yajima, »Molecular Biologic Analysis of Tetragenetic Chimaerism in a True Hermaphrodite with 46,XX/46,XY«, in: *Fertility and Sterility* 63 (1995), S. 189–192.

9 Vielleicht fragen Sie sich, warum es nicht häufiger zur Bildung von Chimären kommt. Das liegt daran, daß befruchtete Eizellen typischerweise bis unmittelbar vor ihrer Einnistung in eine Eihülle verpackt sind. Diese schützt einerseits den Embryo und verhindert andererseits, daß die Embryonen miteinander in Kontakt treten. Damit kann die Chimärenbildung nur auf zwei Arten geschehen: Entweder, wenn beide befruchteten Eizellen ihre Eihülle zu früh verlieren und dann aneinander kleben bleiben, oder aber wenn beide ihre Eihülle zur richtigen Zeit verlieren und sich sehr dicht nebeneinander einnisten, so daß sie im Laufe der weiteren Entwicklung miteinander zu einem Embryo verschmelzen. Letzteres scheint bei den meisten natürlich gebildeten Chimären der wahrscheinlichste Weg zu sein.

10 Männliche und weibliche Geschlechtsorgane entwickeln sich aus demselben zunächst geschlechtslosen Gewebe, das sich früh in der Embryonalentwicklung bildet. Die Entwicklungsrichtung entscheidet sich je nach An- oder Abwesenheit eines bestimmten Signals, das von einem Gen auf dem Y-Chromosom übermittelt wird. Ist dieses Signal vorhanden, dann wirkt es der natürlichen Tendenz des Fetus entgegen, sich zu einem weiblichen Organismus zu entwickeln. Ohne das Signal werden sich die fetalen Keimdrüsen zu Eierstöcken entwickeln, mit dem Signal zu Hoden. Der fetale Phallus wird entweder zur Klitoris oder zum Penis, das darunterliegende äußere Gewebe entwickelt sich zu Vulva oder Hodensack.

11 Man betrachtet eine Person als echten Hermaphroditen, wenn sich bei ihm/ihr sowohl Eierstockgewebe als auch Hodengewebe gebildet hat (unabhängig von der äußeren Erscheinung). Als intersexuell betrachtet man Personen, die eine Mischung aus weiblichen und männlichen Geschlechtsmerkmalen besitzen. Hermaphroditismus und Intersexualität können gemeinsam oder getrennt auftreten. Etwa 25 Prozent aller menschlichen Hermaphroditen sind Chimären. Für die anderen Fälle von

Hermaphroditismus und Intersexualität gibt es eine Vielfalt an Ursachen. Vgl. G. Krob, A. Braun und U. Kuhnle, »True Hermaphoditism«.

12 Außer dem Risiko für eine fleckige Haut- oder Haarfarbe besteht bei gleichgeschlechtlichen Chimären allem Anschein nach keinerlei Gefahr für das Auftreten von ungewöhnlichen physiologischen Merkmalen. Und nach allem, was wir über Entwicklungsphysiologie wissen, gibt es auch eigentlich keinen Grund, weshalb dem so ein sollte. Sämtliche Zellen in einem Chimären-Embryo stammen vom Menschen. Sie alle verfügen über dieselben Fähigkeiten, können dasselbe Repertoire an molekularen Signalen produzieren beziehungsweise darauf reagieren. Und jede Zelle – welcher Herkunft sie auch sein mag – ist darauf programmiert, mit ihren Nachbarn zusammenzuarbeiten, um jedes der in einem menschlichen Körper vorhanden Gewebe entstehen zu lassen. Das treffendste Wort, mit dem sich zelluläres Verhalten im sich entwickelnden menschlichen Embryo und Fetus beschreiben ließe, wäre *Teamwork*. Und da diese Kooperation auch zwischen genetisch unterschiedlichen Zellen greift, kann jedes Organ des Körpers funktionsgerecht gebaut werden.

13 Dieser Prozentsatz kommt zustande, wenn man bei der Berechnung das Geschlecht nicht berücksichtigt. In diesem Falle beträgt die Wahrscheinlichkeit dafür, daß der erste Embryo männlichen Geschlechts ist, 0,5, dasselbe gilt für den zweiten. Kombiniert ergibt sich damit die Wahrscheinlichkeit für einen durch und durch männlichen Embryo als 0,5 x 0,5 = 0,25. Für einen durch und durch weiblichen Embryo gilt genau dasselbe. Daher sind die verbliebenen 50 Prozent intersexuelle Individuen.

14 G. Levinson, K. Keyvanfar, J. C. Wu, E. F. Fugger, R. A. Fields, G. L. Harton, F. T. Palmer, M. E. Sisson, K. M. Starr, L. Dennison-Lagos et al., »DNA-Based X-enriched Sperm Separation as an Adjunct to Preimplantation Genetic Testing for the Prevention of X-Linked Disease«, in: *Human Reproduction* 10 (1995), S. 979–982.

15 Kinder, die als Chimären geboren werden, könnten unter Umständen sogar über eine erhöhte Resistenz gegen Krankheiten verfügen, denn sie tragen vier statt zwei Kopien sämtlicher Immungene in sich. Eine größere Anzahl an Genen für die Ausbildung des Immunsystems könnte für den Betreffenden die Chance erhöhen, gegen eine beliebige Krankheit immun zu sein.

Kapitel 16
Kann ein Vater Mutter werden?

1 Ein Arzt und Wissenschaftler namens Cecil Jacobson von der George Washington University Medical School behauptete Mitte der sechziger Jahre, bei einem Pavianmännchen eine Schwangerschaft etabliert zu haben (vgl. den Artikel »Not Half-Dad« von Julie Wheelwright im *Guardian* vom 9. April 1992). Zwar hat Jacobson diese Arbeit niemals publiziert, doch viele Wissenschaftler und Schriftsteller habe diese Behauptung als Unterstützung für die Ansicht genommen, daß sich auch beim Mann eine Schwangerschaft etablieren lassen müßte. Im Jahre 1992 wurde eben dieser Cecil Jacobson allerdings in 52 Fällen des Betrugs und der Falschaussage angeklagt, weil er erstens bei unfruchtbaren Frauen sein eigenes Sperma zur künstlichen Befruchtung verwendet hatte und zweitens mehrfach behauptet hatte, von ihm behandelte Frauen seien schwanger geworden, wenn dieses nicht zutraf. Diese Ereignisse ließen auch Skepsis über die Verläßlichkeit seiner früheren Versuche wachsen.

2 A. Wagner und A. J. Burchardt, »MR Imaging in Advance Abdominal Pregnancy. A Case Report of Fetal Death«, in: *Acta Radiologica* 36 (1995), S. 193–195.

3 W. A. Alto, »Abdominal Pregnacy«, in: *American Family Physician* 41 (1990), S. 209–214.

4 S. Yu, J. A. Pennisi, M. Moukhtar und E. A. Friedman, »Placental Abruption in Association with Advanced Abdominal Pregnancy. A. Case Report«, in: *Journal of Reproductive Medicine* 40 (1995), S. 731–735.

5 Einem Vertreter der Transsexual Support Group UK zufolge »würde die Mehrheit aller Transsexuellen gern Kinder bekommen. Dennoch gibt es in Amerika wegen der damit zusammenhängenden moralischen Fragen nur wenig Forschung zu diesem Thema.« (Julie Wheelwright, »Not Half-Dad«, *Guardian* vom 9. April 1992)

Kapitel 17
Das virtuelle Kind

1 Gene statten uns mit einem Verstand aus, mit dem wir auf eine Art und Weise denken können, die selbst die Fähigkeiten unserer evolutionsbiologisch nächsten Verwandten, der Schimpansen, bei weitem übertrifft. Kein moderner Wissenschaftler würde diese Feststellung anzweifeln.

Heftig umstritten ist dagegen die Frage, in welchem Maße sich die genetischen Unterschiede zwischen einzelnen Menschen in den kognitiven Fähigkeiten und in der Gesamtpersönlichkeit niederschlagen. Inzwischen weiß man, daß Gene und Umweltfaktoren bei der Ausprägung nahezu jeder menschlichen Eigenschaft zusammenwirken. (Eine hervorragende Diskussion der Unmenge an wissenschaftlichen Daten zu dieser Frage liefert Robert Plomin in *Nature and Nurture: An Introduction to Human Behavioral Genetic*, Pacific Grove, Kalifornien, 1990.)
Welcher dieser beiden Faktoren bei der Ausprägung eines bestimmten Merkmals von größerer Bedeutung ist, wird in vielen Fällen durch die besonderen Umstände entschieden, in die der einzelne durch die Unwägbarkeiten des Lebens gerät. Aus diesem Grund können die von Wissenschaftlern errechneten Prozentsätze nicht auf Einzelpersonen angewandt werden. Genetiker, die auf diesem Gebiet arbeiten, sind sich dieser Einschränkung sehr wohl bewußt. Der grundlegende Parameter – der genetische Beitrag – kann *einzig und allein* im Zusammenhang mit einer bestimmten analysierten Population definiert werden und gilt nicht für die Einzelorganismen in dieser Population. Bei der Analyse einer anderen Population ergibt sich unter Umständen ein ganz anderer Wert für den Beitrag der Genetik. Diese Unterscheidung wird in vielen Diskussionen leider nicht hinreichend gewürdigt.
Am besten kann man sich den genetischen Beitrag zu Persönlichkeit und kognitiven Fähigkeiten als eine Reihe von *Startpositionen* vorstellen. Jede Person kommt mit Hunderten verschiedener Startpositionen zur Welt, die alle Aspekte ihres oder seines späteren Lebens mit bestimmen werden. Aber wie Winifred Gallagher in einer umfassenden Darstellung des Beitrags von Umwelt und Erziehung auf die Identität einer Person schreibt: »Wir werden weit weniger durch unser in Wirklichkeit riesiges genetisches Potential eingeschränkt als vielmehr durch den dürftigen Nutzen, den die meisten von uns und ihre Umgebung daraus ziehen.« (Winifred Gallagher, *I.D.: How Heredity and Experience Make You Who You Are*, New York 1996)
Andererseits gibt es Bereiche intellektueller, künstlerischer und körperlicher Leistungen, die die meisten von uns niemals zu erreichen imstande sein werden. Wir alle sind uns dieser Einschränkungen bewußt, und wir alle wissen, daß uns andere in manchen Dingen überlegen sein werden. Vor diesem ganz persönlichen Hintergrund kann sich jeder von uns den Beitrag der Genetik zu den Fähigkeiten des einzelnen leicht verdeutlichen.

2 Von jedem der hier aufgeführten Temperamentsaspekte ist bekannt, daß er in hohem Maße genetischen Einflüssen unterliegt. Eine Übersicht hierzu gibt Robert Plomin in *Nature and Nurture*. Im Jahre 1996 wies eine Artikelserie zum ersten Mal Verknüpfungen zwischen bestimmten Genen und besonderen Persönlichkeitszügen nach. Über die Ergebnisse in puncto risikofreudiges Verhalten berichten J. Benjamin, L. Li, C. Patterson, B. D. Greenberg, D. L. Murphy und D. H. Hamer, »Population and Familial Association Between the D4 Dopamine Receptor Gene and Measures of Novelty Seeking«, in: *Nature Genetics* 12 (1996), S. 81–84, sowie R. P. Ebstein, O. Novick, R. Umansky, B. Priel, Y. Osher, D. Blaine, E. R. Bennett, L. Nemanov, M. Katz und R. H. Beimaker, »Dopamine D4 Receptor (D4DR) Exon III Polymorphism Associated with the Human Personality Trait of Novelty Seeking«, ebd., S. 78–80.

Über die Ergebnisse zum Thema Ängste berichten K. P. Lesch, D. Bengel, A. Heils, S. Z. Sabol, B. D. Greenberg, S. Petri, J. Benjamin, C. R. Muller, D. H. Hamer und D. L. Murphy, »Association of Anxiety-Related Traits with a Polymorphism in the Serotonin Transporter Gene Regulatory Region«, in: *Science* 274 (1996), S. 1527–1530.

3 A. H. Handyside, E. H. Kontogianni, K. Hardy und R. M. L. Winston, »Pregnancies from Biopsied Human Preimplantation Embryos Sexed by Y-Specific DNA Amplification, in: *Nature* 344 (1990), S. 768–770.

4 An der ersten klinischen Studie waren 5 Paare beteiligt. Bei jedem dieser Paare war die Frau Trägerin einer Mutation, die zu einer der folgenden Krankheiten führen konnte: X-assoziierte geistige Behinderung, Adrenoleukodystrophie, Lesch-Nyhan-Syndrom und Duchenne-Syndrom (vgl. Handyside et al.). Jede dieser Mutationen befindet sich in einem anderen Gen auf dem X-Chromosom. Der männliche Partner wies in keinem dieser Gene eine Mutation auf.

Alle Mädchen erhalten je ein X-Chromosom von Mutter und Vater. Selbst dann also, wenn sie von der Mutter ein mutiertes Gen erhielten, könnte dieses durch eine »gesunde« Kopie vom Vater ausgeglichen werden, so daß die Krankheit bei ihnen nicht zum Ausbruch käme. Jungen hingegen erhalten nur eine einzige Kopie des X-Chromosoms, und die stammt von ihrer Mutter. Ist diese einzige Kopie eines bestimmten Gens mutiert, wird der Junge unweigerlich krank zur Welt kommen.

5 Jede Tier-, Pflanzen- und Mikrobenart wird durch das ihr eigene typische Genom charakterisiert. Jede Art verfügt über ihren Satz von Genen, die sich auf eine definierte Anzahl an Chromsomen verteilen.

6 Eine umfassende Beschreibung aller der Medizin bekannten genetisch

bedingten Krankheiten ist verfügbar über die Internetseite des Center for Medical Genetics der Johns Hopkins University in Baltimore und des National Center for Biotechnology Information, National Library of Medicine, Bethesda, Maryland. Der Name dieser Auflistung ist »Online Mendelian Inheritance in Man, OMIM«. Sie enthält nicht nur eine ausführliche Kurzbeschreibung jeder Krankheit, sondern liefert auch Querverweise auf andere Informationsquellen, unter anderem auf Originalpublikationen sowie auf DNA- und Polypeptid-Sequenzen. Die OMIM-Adresse im Internet lautet: http://www3.ncbi.nlm.nih.gov/omim/. Jedes Gen und jede Krankheit in der Datenbank sind mit Namen und Nummer versehen. Das bei der Sichelzellenanämie mutierte Gen heißt HEMOGLOBIN-BETA LOCUS. Es wird abgekürzt mit dem Symbol HBB, die ihm zugeordnete Nummer ist 141 900.

7 Das moderne Zeitalter der molekularen Genetik und der Gentechnologie nahm seinen Anfang in den siebziger Jahren durch die Entwicklung dreier wichtiger Techniken: der *DNA-Klonierung*, die es möglich machte, einzelne Gene aus dem menschlichen Genom zu isolieren, der *DNA-Sequenzierung*, die es möglich machte, die in den isolierten Genen enthaltene Information rasch zu lesen, und schließlich der *DNA-Synthese*, mit deren Hilfe sich neue DNA-Fragmente schaffen lassen, die zum einen für die Gentechnologie verwendbar sind, und zum anderen zur weiteren Analyse komplexer Genome und der darin enthaltenen Gene. Diese drei Techniken haben Biologie und Medizin ein völlig neues Gesicht gegeben, denn sie haben es den Wissenschaftlern ermöglicht, sich sehr genau im Genom umzusehen, und die Funktionsweise von Genen verstehen zu lernen.

Die durch diese Techniken ermöglichte Forschung litt jedoch hauptsächlich unter zwei Einschränkungen: Selbst wenn die Sequenz eines bestimmten Gens bereits bekannt war, erforderte es unter Umständen Wochen intensiver Arbeit einer ganzen Arbeitsgruppe, um das Gen zu klonieren und die Sequenzen aller anderen Allele dieses Gens ausfindig zu machen. Und man konnte zweitens eine Klonierung nur mit DNA-Mengen durchführen, die man seinerzeit für minimal hielt. Doch auch diese für damalige Begriffe geringen Mengen entsprachen noch immer dem Material aus etlichen tausend Zellen. Beide Einschränkungen wurden mit der Einführung der PCR-Technologie überwunden. War die Gentechnologie schon vor der Einführung der PCR recht effizient gewesen, so war sie danach um ein Tausendfaches leistungsfähiger.

8 Die Ähnlichkeit mit dem Begriff »nukleare Kettenreaktion« ist beabsich-

tigt. In beiden Fällen wird ein Prozeß beschrieben, bei dem ein einzelnes Anfangsereignis mit jedem Schritt einer »Kette« exponentiell vervielfacht wird: Aus einem Produkt gehen zwei hervor, aus diesen weitere vier, dann acht und so weiter.

9 Eine Geschichte der PCR, der an ihrer Entwicklung beteiligten Menschen und der Atmosphäre, in der sie entwickelt wurde, erzählt Paul Rainbow in *Making PCR: A Story of Biotechnology*, Chicago 1996. Für Unterrichtszwecke sehr gut geeignet ist ein Videoband der Cold Spring Harbor Laboratories *Introduction to a Decade of PCR*, erhältlich bei Cold Spring Harbor Press, Cold Spring Harbor, New York.

10 Das Zitat stammt von der Internetadresse http://www.uky.edu/~holler/mullis.html, November 1996.

11 Diese Hochrechnung basiert auf den Standardmethoden der Wahrscheinlichkeitsanalytik. Die Wahrscheinlichkeit P, mit der eines von N möglichen unabhängigen Einzelereignissen eintritt, von denen jedes einzelne mit der Wahrscheinlichkeit p vorkommt, beträgt p^N. Angenommen, p sei 0,9, dann beträgt für N=10 die Wahrscheinlichkeit $P=(0,9)^{10}=0,35$. Das bedeutet umgekehrt, daß eine Chance von 65 Prozent dafür besteht, daß zumindest für eines der 10 untersuchten Gene kein verwertbares Ergebnis vorliegen wird.

12 David Stipp, »Gene Chip Breakthrough«, *Fortune* vom 31. März 1997. Mark Chee, Robert Yang, Earl Hubbell, Anthony Berno, Xiaohua C. Huang, David Stern, Jim Winkler, David Lockhart, Macdonald S. Morris und Stephen A. Fodor, »Accessing Genetic Information with High Density DNA Arrays«, in: *Science* 274 (1996), S. 610–614.

13 Man findet ein Allel durch einen Prozeß namens »Hybridisierung«. Bei der Hybridisierung machen sich Molekularbiologen die Tatsache zunutze, daß sich komplementäre DNA-Stränge bereitwillig aneinander binden. Um diesen Vorgang zu verstehen, muß man zunächst wissen, wie ein DNA-Molekül aufgebaut ist.

Die DNA besteht aus zwei langen spiralförmig ineinandergewundenen Molekülketten – der klassischen Doppelhelix. Jeder der beiden Stränge besteht aus aneinandergereihten Basen (A, C, G oder T). Die Abfolge der Basen entspricht der verschlüsselten genetischen Information. Keiner der beiden Stränge enthält eine genetische Information, die sich nicht auch auf dem anderen Strang fände, doch die beiden Stränge sind nicht identisch, sondern *komplementär* zueinander.

Ein DNA-Molekül läßt sich vielleicht am besten mit einer langen vertikalen Leiter mit lauter gleichmäßig angeordneten horizontalen Sprossen

vergleichen. Die beiden Seitenholme der Leiter repräsentieren das Gerüst der beiden Ketten, jeder Sprosse entsprechen zwei Basen, die von den beiden Seitenketten abzweigen und einander in der Mitte treffen. Zu einem solchen Paar können sich nur zwei sogenannte komplementäre Basen vereinigen, die physikalisch wie zwei Puzzleteilchen ineinanderpassen. Die Basen G und C sind zueinander komplementär, ebenso die Basen A und T.
Angenommen, die Basensequenz der einen Kette des DNA-Moleküls lautete ATTGCG, dann müßte die Sequenz des komplementären Strangs TAACGC heißen. Die beiden komplementären Sequenzen verhalten sich zueinander wie Spiegelbilder. Aus diesem Grunde kann man sagen, daß beide dieselbe Information enthalten, obwohl sie nicht identisch sind.
Das zweite, was man über die DNA wissen muß, ist, daß die beiden Basen auf der Mitte einer jeden Stufe nicht durch eine starke kovalente Bindung (ähnlich der, die die drei Atome eines H_2O-Moleküls verbindet) zusammengehalten werden, sondern durch eine schwächere Form der Bindung – sogenannte Wasserstoffbrücken –, derselben Kraft, die Wassermoleküle in einem Regentropfen zusammenhält. Sobald man die Temperatur hinreichend erhöht, fallen die beiden Stränge der Doppelhelix auseinander. Senkt man die Temperatur erneut, dann finden sich komplementäre Sequenzen zu einer neuen Doppelhelix zusammen.
Jeder mikroskopisch kleine Block auf einem DNA-Chip enthält viele identische Kopien eines kleinen Abschnitts aus einem DNA-Einzelstrang – die Sequenz eines ganz bestimmten Allels eines ganz bestimmten Gens. Die zu untersuchende DNA-Probe wird in einer Lösung erhitzt, so daß sie in Einzelstränge zerfällt. Dann bringt man Chip und Probe zusammen, wobei die Temperatur wieder gesenkt wird. Befindet sich in der Lösung nun ein Einzelstrang, der zu der Chipsequenz komplementär ist, so wird er an dem entsprechenden Chipabschnitt hängenbleiben, an ihn *hybridisieren*, wie man sagt. Nach einer gewissen Zeit wird alle DNA, die noch nicht an einen Abschnitt hybridisiert hat, weggewaschen, und der Chip wird unter einem Mikroskop automatisch analysiert, um festzustellen, für welchen Block (für welches Allel also) komplementäre Stränge in der Probe gefunden wurden und für welche nicht.

14 Vgl. Stipp, »Gene Chip Breakthrough«.

15 Zitat aus einem Artikel von Barbara Stewart, »Tough Choices: In Vitro vs. Adoption«, *New York Times* vom 8. Januar 1995.

16 Dean Hamer und Peter Copland, *The Science of Desire: The Search for the Gay Gene and the Biology of Behavior*, New York 1994, S. 219.

17 Zitiert in einem Artikel von Jennifer Bojorquez, »In His Image«, *Sacramento Bee* vom 19. Dezember 1994.

18 Aus einer Theaterrezension von Alan F. Wright und A. Christopher Boyd, »Choosing Genes«, in: *Nature* 383 (1996), S. 312. Das Stück mit dem Titel *The Gift* stammt von Nicola Baldwin.

19 Bonnie Steinbock, »Ethical Issues in Human Embryo Research«, in: *Papers Commissioned for the NIH Human Embryo Research Panel, Volume II*, National Institutes of Health, Bethesda, Maryland, 1994, S. 39.

20 Diane Paul, »Eugenic Anxieties, Social Realities, and Political Choices«, in: *Are Genes Us? The Social Consequences of the New Genetics*, Hg. C. F. Cranor, New Brunswick, New Jersey, 1994, S. 142–154.

21 Vgl. Bojorquez, »In His Image«.

22 Die Biologen der Gegenwart, insbesondere die Molekularbiologen, werden von ihren Kollegen aus den Sozialwissenschaften in vielen Fällen beschuldigt, in ihrer Sicht des Lebens zu »genozentrisch« zu sein. »Leben ist sehr viel mehr als die Summe aller Gene«, erklären sie, »und doch scheint Ihr Euch um nichts anderes zu kümmern und an nichts anderem zu experimentieren als an Genen!« Damit haben unsere Kritiker in der Tat recht. Insbesondere menschliches Leben ist sehr viel mehr als die Summe seiner Gene, und dennoch scheinen Gene im Zentrum nahezu aller aufregenden biomedizinischen Forschungsprojekte zu stehen, die regelmäßig die Titelseiten der Zeitungen zieren.

Meiner Meinung nach gibt es für diesen unausgewogenen Zustand einen weit weniger dramatischen Grund, als man zunächst glauben möchte. Das alles hat nichts damit zu tun, daß die modernen Biologen allen Ernstes der Ansicht wären, sie würden eines Tages imstande sein, die Welt zu kontrollieren, wenn sie nur erst gelernt hätten, wie Gene zu kontrollieren sind. Die meisten Grundlagenforscher hegen wirklich keinerlei derartige Gedanken. Sie sind im Grunde immer nur daran interessiert, den nächsten kleinen Schritt zu tun, das nächstliegende, eng gefaßte Problem zu lösen.

Dabei wird einem guten Wissenschaftler jedes Werkzeug recht sein, dessen er habhaft werden kann. Und heute, gegen Ende des zweiten Jahrtausends, basieren nun einmal die leistungsstärksten Werkzeuge, die uns zur Analyse zahlloser Aspekte von Leben und Gesundheit zur Verfügung stehen, auf dem Einsatz molekularbiologischer Technologien.

Daß sich so viele biomedizinische Wissenschaftler mit Genen beschäftigen, liegt also darin begründet, daß dies ein (im relativen Sinne des Wortes) einfacher Ansatz ist. Im Gegensatz zu den Vorwürfen vieler Sozialwissenschaftler ist das Gebiet der Biomedizin also keineswegs von einer »genetischen Ideologie« durchdrungen. Falls ein alternatives Instrumentarium (auf den Grundlagen der Biochemie oder der Biophysik beispielsweise) die Genetik bei der Analyse der grundlegenden Lebensvorgänge an Leistungsfähigkeit übertreffen sollte, würden sich künftige Wissenschaftler mit Sicherheit ohne Zögern darauf stürzen.

Eine unglückselige Konsequenz hat unsere Beschränkung auf das Gen allerdings wirklich. Sobald die Medien über irgendwelche neuen, aufregenden Studien berichten, denen zufolge bei einer menschlichen Eigenschaft oder Krankheit ein gewisser genetischer Beitrag besteht, dann vermitteln sie in vielen Fällen den Eindruck, daß hierfür Gene *allein* verantwortlich seien. Auch den besten Wissenschaftsreportern, Leuten, die wirklich versuchen, ein ausgewogenes Bild zu präsentieren, passiert es nur zu oft, daß die Allgemeinheit sich nur an jenen Bruchteil erinnert, der soeben entdeckt worden ist, und nicht an den großen Teil, der noch im dunkeln liegt. Eine Häufung solcher Berichte kann durchaus das Gefühl verbreiten, daß es so etwas wie einen genetischen Determinismus gibt, obwohl die Genetiker selbst die Welt eigentlich nur aus dem Blickwinkel von Statistiken und einzelnen Wahrscheinlichkeiten betrachten.

23 Es gibt noch eine weitere Möglichkeit, die hier nicht erwähnt wurde: Ein Arzt könnte, nachdem er die Embryonen mit dem Genotyp für die Erkrankung eliminiert hat, alle Testergebnisse vernichten oder die übrigen Embryonen vermischen. Damit hätte er keine Möglichkeit mehr, zwischen Embryonen mit normalem und solchen mit Träger-Status zu unterscheiden. Stellen Sie sich einmal selbst die Frage, ob es in irgendeiner Weise sinnvoll wäre, absichtlich Infomationen verschwinden zu lassen, die Ihrem Kind in irgendeiner Form von Vorteil sein könnten.

24 Paul, »Eugenic Anxieties«, S. 142–154.

25 Eine ausführliche Darstellung zur Geschichte der Eugenik gibt Daniel Kevles in *In the Name of Eugenics: Genetics and the Use of Human Heredity*, New York 1985.

26 New York 1996.

27 Der Asteroid stürzte auf die mexikanische Halbinsel Yucatan. Durch den Aufprall gelangten solche Staubmassen in die Atmosphäre, daß die Sonne über Jahre hinweg verdunkelt blieb und es zu einem massiven Pflanzensterben kam, in dessen Folge sämtliche Großtiere, unter anderem auch die Dinosaurier, ausstarben. Kleinere Tierarten wie einige nagerähnliche Säugetiere konnten sich von Samen und anderen spärlich vorhandenen Früchten ernähren und überlebten diese Zeit in stark reduzier-

ten Populationen. Als der Staub sich jedoch gesetzt hatte und die Sonne am Himmel wieder sichtbar wurde, gelangte das Pflanzenleben zu neuer Blüte, und die Erde wurde ein fruchtbarer Ort mit vielen ökologischen Nischen. Den Säugetieren gereichte diese neue Situation zum Vorteil, und ihre Evolution zu den vielen heute lebenden Arten – Menschen eingeschlossen – verlief geradezu explosionsartig.

28 Die Wahrscheinlichkeit dafür, daß weltweit jeder freien Zugang zu den Methoden der Embryoselektion haben könnte, ist – aus Gründen der Ökonomie – geringer als die Wahrscheinlichkeit dafür, daß es gelingen könnte, weltweit die Armut zu beenden. Das aber war die politische Voraussetzung von Huxleys *Schöner neuer Welt*, und sie ist im Jahre 1997 mehr denn je im Reich der Phantasie angesiedelt, weit stärker noch als jede der im Epilog dieses Buches angeführten Phantasiegeschichten.

29 Die Überlegung, daß ein schädliches Allel auch *gute* Auswirkungen haben könnte, wird häufig mißverstanden. Die wissenschaftliche Grundlage für dieses Prinzip läßt sich gut an jener Mutation im Hämoglobin-Gen verdeutlichen, durch die es zur Sichelzellenanämie kommt. Das Sichelzellenallel findet sich bei manchen afrikanischen Populationen mit einer Häufigkeit von über 10 Prozent. Dieses enorm hohe Aufkommen hat es erreichen können, weil Personen, die nur *ein* solches Allel haben, also nicht erkranken, gleichzeitig resistent gegen Malaria sind. In einer Umgebung, in der Malaria häufig vorkommt, hat damit ein Träger des Sichelzellenallels eine größere Chance, das Erwachsenenalter zu erreichen und seinen Kindern das Allel weiterzugeben. Diesem Vorteil steht die Tatsache entgegen, daß manche Kinder mit zwei Kopien des Allels zur Welt kommen und an Sichelzellenanämie erkranken werden. Dieses Erkrankungsrisiko nimmt also mit steigender Häufigkeit des Sichelzellenallels in einer Population zu. Irgendwann wird sich letztlich ein Gleichgewicht in bezug auf die Allelhäufigkeit einstellen.

Im Einzelfall wird allerdings ein wichtiger Gesichtspunkt oft übersehen: Für jemanden, der in seinem Leben nie mit Malariaparasiten in Berührung kommt, bedeutet das Sichelzellenallel überhaupt keinen Vorteil. Das heißt, ein Träger des Sichelzellenallels in Nordamerika (wo es so gut wie nie zu Infektionen mit Malaria kommt) genießt gegenüber jemandem ohne dieses Allel keinerlei Vorteile. Im Gegenteil: Die Wahrscheinlichkeit dafür, daß er einen anderen Träger des Sichelzellenallels heiraten und mit der Geburt eines erkrankten Kindes zu rechnen haben wird, ist größer als die Wahrscheinlichkeit für eine Infektion mit dem Malariaparasiten.

Mathematische Modelle sagen dem Populationsgenetiker, daß Allele, die einer ganzen Reihe genetisch bedingter Erkrankungen wie der Phenylketonurie, der Mukoviszidose und dem Tay-Sachs-Syndrom zugrunde liegen und bei bestimmten ethnischen Gruppierungen oder in gewissen geographischen Regionen häufiger vorkommen als woanders, ihren Trägern *einst* auch irgendeinen Vorteil verschafft haben müssen. Doch welche Umweltfaktoren diese Mutationen auch bedingt haben mögen – es gibt sie nicht mehr. Damit gibt es aber auch keinen Grund mehr dafür, daß jemand ein Träger würde sein wollen, und auch keinen Grund dafür, daß jemand irgendeinem entfernten Nachfahren den Träger-Status (für eines von mehreren tausend inzwischen bekannten Krankheitsallelen) wünschen würde.

30 W. Gallagher, *I.D.: How Heredity and Experience Make You Who You Are*, New York 1996, S. 38–39.

31 Diese provokante Aussage habe ich nicht getroffen, um zum Drogenkonsum zu ermuntern, sondern um die absurde Behauptung zu widerlegen, daß psychische Erkrankungen der Gesellschaft dienlich sein könnten.

32 Mein Dank an John Robertson (University of Texas, Austin), der mich auf diesen interessanten Vergleich hinwies.

33 Philip Kitcher, *The Lives to Come*, New York 1996, S. 198.

34 Ebd., S. 201.

35 Paul, *Eugenic Anxieties*, S. 148.

36 Die Embryoselektion wird, da sie nur von speziell ausgebildeten Personen (Ärzten und Naturwissenschaftlern) durchgeführt werden kann, immer eine kostspielige Angelegeheit bleiben. Das bedeutet, daß sie immer denen vorbehalten bleiben wird, die sich am oberen Ende des sozioökonomischen Spektums befinden.

37 Lori B. Andrews und Nanette Alster, »Cross-cultural Analysis of Policies Regarding Embryo Research. Appendices«, in: *Papers Commissioned for the NIH Human Embryo Research Panel, Volume II,* National Institutes of Health, Bethesda, Maryland 1994, S. 65–407. Die derzeitige Gesetzgebung gegen die Embryoselektion speist sich vor allem aus dem religiösen Bestreben, Embryonen grundsätzlich vor Schaden zu bewahren, und weniger aus dem altruistischen Wunsch, Güter und Dienste allen Bürgern zugänglich zu machen.

Kapitel 18
Designerkinder

1 Margery Stein, »Making Babies or Playing God«, in *Family Circle* vom 20. September 1994.

2 Eine Ausnahme von dieser Regel könnte die extrem seltene Situation sein, daß jemand zwei mutierte Kopien des Chorea-Huntington-Gens in sich trägt. Sämtliche Keimzellen dieser Person würden die Mutation enthalten, und alle Embryonen, die aus einer Befruchtung hervorgingen, trügen die Mutation ebenfalls. Da Chorea Huntington eine dominante Erkrankung ist, würden alle Embryonen diesen Genotyp aufweisen. Die Häufigkeit für diesen seltenen homozygoten Chorea-Huntington-Genotyp wird für die Weltbevölkerung mit 1 zu 100 Millionen angegeben, in isolierten Populationen mit einem hohen Krankheitsaufkommen könnte sie jedoch durchaus höher sein.

3 Die Begriffe »Gentherapie« und »Gentechnologie« werden nicht nur benutzt, um die Veränderung von genetischem Material bei Embryonalzellen zu beschreiben, sondern gelten auch für Veränderungen am Genom von Zellen im Körper eines Kindes oder eines Erwachsenen. Diese unterschiedlichen Begriffsverwendungen werden durch weitere Umschreibungen präzisiert: An Embryonen durchgeführte Genmanipulationen bezeichnet man als Keimbahntherapie, Manipulationen an Körperzellen als Gentherapie an somatischen Zellen. Der Unterschied zwischen diesen beiden Anwendungen derselben Ausgangstechnologie besteht darin, daß die Veränderungen, die sich durch eine Therapie an somatischen Zellen ergeben, nicht an künftige Generationen weitergegeben werden, die Resultate einer Keimbahntherapie hingegen wohl. Eltern haben aber nach Ansicht vieler Ethiker nicht das Recht, ihren Kindern und Kindeskindern ihre eigenen genetischen Wertvorstellungen aufzuzwingen. Dieser Logik zufolge ist die zufällige Vererbung von Genen – auch von krankheitsverursachenden Genen – einer genetischen Auswahl vorzuziehen, auch wenn diese darauf angelegt sein sollte, Krankheiten zu verhindern.
Verschiedene Ansätze zur Gentherapie an somatischen Zellen befinden sich bereits im Stadium der klinischen Erprobung. Ich möchte in diesem Buch jedoch nicht auf diese Form der Gentherapie eingehen. Die beiden Begriffe »Gentherapie« und »Gentechnologie« beziehen sich also in diesem speziellen Zusammenhang ohne weitere Zusätze grundsätzlich auf genetische Manipulationen an Embryonalzellen, die von einer Generation auf die nächste weitergegeben werden können.

4 J. W. Gordon, G. A. Scangos, D. J. Plotkin, J. A. Barbosa und F. H. Ruddle, »Genetic Transmission of Mouse Embryos by Microinjection of Purified DNA«, in: *Proceedings of the National Academy of Sciences USA* 77 (1980), S. 7380–7384. Die Methode selbst ist ausgesprochen einfach. Unter einem Spezialmikroskop, mit dem sich das Innere der Embryonalzellen und die beiden Pronuclei deutlich ausmachen lassen, greift man mit Hilfe eines Manipulators einzelne Embryonen aus einem Schälchen mit befruchteten Eizellen und injiziert mit einer haarfeinen Nadel, die wiederum mit Hilfe eines Manipulators gesteuert wird, die gewünschte DNA in einen der beiden Pronuclei.

Was sich nun im Inneren des winzigen Embryos abspielt, ist bemerkenswert. Er *sieht* buchstäblich die winzigen DNA-Fragmente, die er soeben erhalten hat (so wie eine Zelle eben sieht), und ist gar nicht glücklich darüber, daß sie so ganz allein da herumliegen. Die Erfahrung aus Milliarden Jahren der Evolution sagt der Zelle, daß verwaiste DNA-Fragmente nur aus beschädigten Chromosomen herausgefallen sein können und daß die beste Überlebensstrategie darin besteht, sie irgendwo wieder hineinzustopfen. Und genau das macht die Zelle mit der injizierten Fremd-DNA. Sie packt sie irgendwo in ein beliebiges Chromosom. Und ist die fremde DNA erst einmal ordnungsgemäß in das herkömmliche DNA-Molekül des Chromosoms integriert worden, dann hat sie dieselbe Zukunft wie alle anderen Gene in diesem Embryo.

5 B. Hogan, R. Beddington, F. Castantini und E. Lacy, *Manipulating the Mouse Embryo: A Laboratory Manual,* Cold Spring Harbor, New York, 1994.

6 Weniger als 3 Prozent der 3 Milliarden Basen im menschlichen Genom bestehen aus Genen. Viele andere Informationspäckchen haben zwar nichts mit Genaktivitäten zu tun, sind aber für die Zelle anderweitig sehr nützlich. Eines davon enthält beispielsweise das DNA-Fundament für die Bildung einer speziellen Chromosomenstruktur, des sogenannten Zentromers, das als eine Art physikalischer »Henkel« dient, an dem sich bei der Zellteilung ganze Chromosomen bewegen lassen. Eine andere Struktur aus lauter DNA-Sequenzen – das Telomer – schützt die empfindlichen Enden der Chromosomen. Doch wenn man all diese Einzelstücke – nützliche Information und Gene – zusammennimmt, kommt man immer noch auf höchstens 5 Prozent des Genoms.

Wozu sind die übrigen 95 Prozent gut? Vermutlich nicht für Sie und mich. Die wahrscheinlichste Erklärung ergibt sich aus dem Konzept vom »egoistischen Gen«, das Richard Dawkins in seinem gleichnamigen

Buch entwickelte. Nach Dawkins' Ansicht findet die gesamte Evolution auf der Ebene einzelner DNA-Fragmente statt und nicht auf der von Personen, Tieren oder Arten. DNA-Fragmente verwenden uns, um mit Dawkins' Worten zu sprechen, lediglich als eine Art »Überlebensapparat«. Und obwohl es durchaus DNA-Fragmente gibt, die dem Überlebensapparat beim Überleben behilflich sind (unsere 100 000 menschlichen Gene zum Beispiel), so führt doch der ganze Rest unserer DNA – der allergrößte Teil, um genau zu sein – nichts weiter als ein Schmarotzerdasein.

7 In nichtembryonale Zellen hat man bereits erfolgreich künstliche menschliche Chromosomen eingeführt. Siehe Nicolas Wade, »Artificial Human Chromosome Is New Tool for Gene Therapy«, *New York Times* vom 3. April 1997, sowie die Originalveröffentlichung: J. J. Harrington, B. Van Bokkelen, R. W. Mays, K. Gustashaw und H. F. Willard, »Formation of De Novo Centromeres and Construction of First Generation Human Artificial Microchromosomes«, in: *Nature Genetics* 15 (1997), S. 345–355.

8 T. Doetschman, R. G. Gregg, N. Maeda, M. L. Hooper, D. W. Melton, S. Thompson und O. Smithies, »Targeted Correction of a Mutant HPRT Gene in Mouse Embryonic Stem Cells«, in: *Nature* 330 (1987), S. 576–578; K. R. Thomas und M. R. Capecchi, »Site-Directed Mutagenesis by Gene Targeting in Mouse Embryo-Derived Stem Cells«, in: *Cell* 51 (1987), S. 503–512; S. Thompson, A. R. Clarke, A. M. Pow, M. L. Hooper und D. W. Melton, »Germ Line Transmission and Expression of a Corrected HPRT Gene Produced by Gene Targeting in Embryonic Stem Cells«, in: *Cell* 56 (1989), S. 313–321.

9 Larry A. Couture und Dan T. Stinchcomb, »Anti-gene Therapy: The Use of Ribozymes to Inhibit Gene Function«, in: *Trends in Genetics* 12 (1996), S. 510–515.

10 Die Sichtweise, daß Gott und die Natur eins sind, gibt es schon seit den alten Griechen, man bezeichnet sie als Pantheismus.

11 Bei Augen, Zähnen und Knochenbrüchen machen die Anhänger der Christlichen Wissenschaft eine Ausnahme; ihre Ablehnung gilt eigentlich in erster Linie dem Einsatz von Medikamenten – Chemikalien – zur Behandlung von Krankheiten.

12 Ergebnis einer Umfrage der Princeton Survey Associates für die Zeitschrift *Family Circle* im Mai 1994.

13 Diese Methode wird angewandt, wenn ein Mann nicht in der Lage ist, Spermien zu bilden.

14 Eine andere Umfrage, 1992 durchgeführt von der March of Dimes Foundation, kommt allerdings zu dem Schluß, daß 87 Prozent der Befragten »wenig oder gar nichts von Gentherapie verstanden«. Dieses Ergebnis legt nahe, daß einige der zum Thema Gentechnologie Befragten vielleicht die Fragen nicht verstanden haben.

15 Theresa Marteau, Susan Michie, Harriet Drake und Martin Bobrow, »Public Attitudes Towards the Selection of Desirable Chracteristics in Children«, in: *Journal of Medical Genetics* 32 (1995), S. 796–798.

16 Dorothy Nelkin und M. Susan Lindee, *The DNA Mystique: The Gene as a Cultural Icon*, New York 1995, S. 41–42.

17 Bedenken Sie, daß anstelle eines gentechnologischen Eingriffs die Embryoselektion in den allermeisten Fällen völlig ausreichen würde, um tödliche Erkrankungen zu vermeiden.

18 Freeman Dyson, *Infinite in all Directions*, New York 1988, S. 126.

19 Ebd., S. 130–137.

Epilog
Die Zukunft der Menschheit?

1 H. G. Wells, *Die Zeitmaschine (The Time Machine,* 1895*)*, erstmals auf deutsch 1904, zitiert nach der Ausgabe München 1996, S. 78.

2 Die photosynthetisch aktiven Einheiten von Pflanzenzellen befinden sich in winzig kleinen Organellen im Zytoplasma, den sogenannten Chloroplasten. Sämtliche Chloroplasten lassen sich auf einen einzelligen, photosynthetisch aktiven Vorfahren zurückführen, der von einer größeren photosynthetisch nicht aktiven Zelle verschlungen wurde. Doch statt daß die große Zelle die kleinere auffraß, kam es zu einer Symbiose, die derart erfolgreich war, daß aus ihr das gesamte Pflanzenreich hervorging. Als immerwährende Erinnerung an ihre unabhängigen Wurzeln enthalten die Chloroplasten ihr eigenes Genom.

3 Freeman Dyson erklärt warum: »Sogar Botschaften, die mit Lichtgeschwindigkeit reisen, brauchen fünfzigtausend Jahre, um die ganze Galaxie zu durchqueren. Zwischen einem Telefonanruf und der Antwort darauf werden ganze Zeitalter der Geschichte vergangen, Kulturen aufgeblüht und niedergegangen sein. Jedes kleine Stückchen der Galaxie wird eine Welt für sich sein, durch die Unermeßlichkeit des Raumes und die Kurzlebigkeit der Zeit von allen anderen galaktischen Bestandteilen

getrennt. Mit unseren Nachbarn aus der Vergangenheit werden wir reiche Kommunikation pflegen, von unseren Nachbarn der Gegenwart werden wir nichts wissen können. Freeman Dyson *Imagined Worlds*, Cambridge, Massachusetts, 1997, S. 163.

Danksagung

Normalerweise nennen Autoren jene, die während der Entstehungszeit eines Buches die *wichtigsten* Beiträge geleistet haben, erst am Ende der Danksagung – so wie bei Schönheitskonkurrenzen die Siegerin erst ganz am Schluß präsentiert wird. Ich dagegen möchte diese Personen ganz an den Anfang stellen:

Dieses Buch hätte ohne meine Frau Susan und ohne die beständige Liebe, Kameradschaft und die weitgespannten Gespräche, die unser gemeinsames Leben seit dem 26. September 1984 prägen, einfach nicht geschrieben werden können. Sie ist meine beste Kritikerin gewesen, ihr habe ich am meisten vertraut, und das wird auch in Zukunft so bleiben. Sie ist es, die mir sagt, wie man außerhalb des Elfenbeinturms der Wissenschaft und der Universität wirklich über die Dinge denkt. Wenn es mir gelungen sein sollte, der selbstgestellten Aufgabe gerecht zu werden, Laien das Wesen der Wissenschaft näherzubringen, dann habe ich das meiner Frau zu verdanken.

Meine Kinder haben mich vieles gelehrt, vor allem habe ich durch sie die Bedeutung des Lebens schätzen gelernt. Gemeinsam haben sie unsere Familie zu einer Einheit gemacht, die im beständigen Wirbel von Aufregung und Abenteuer zusammenhält. Als wir die Sahara auf Fahrspuren durchquerten, die anschließend wieder im Sand verschwanden; als wir in Korsika vor Bomben in Deckung gingen; als wir uns in einem baskischen Separatisten-Café in Spanien niederließen; als wir verlassene mittelalterliche Burgen an der Côte d'Azur erkundeten; als wir in einem sibirischen Dorf herumlungerten, auf eine Klippe in Maine kletterten oder einfach in einem eleganten Restaurant in der Provence oder in der Toskana dinierten – immer haben sie das Leben in vollen Zügen genossen und mit ihrer Freude mein eigenes Leben viel erfüllter gemacht. Außerdem danke ich meiner Tochter für ihre überbordende Kreativität und dafür, daß sie nimmermüde auf Widersprüche in meinem Denken und Tun hinweist. Meinem mittleren Sohn danke ich für seinen Überschwang, sein gutes

Wesen und seine Fähigkeit, mich dazu zu bringen, daß ich Dinge tue, die ich sonst niemals täte. Und meinem Jüngsten danke ich dafür, daß er mir einen Spiegel meines weit zurückliegenden Ichs vorhält, wenn er mit großen Augen darüber staunt, wie die Welt funktioniert.

Meine Eltern waren immer da, um mir Unterstützung und Ermutigung zu geben, aber auch ein Gefühl der Identität. Mein Bruder und meine Schwester, Bruce und Susan, sowie meine Schwäger und Schwägerinnen, Dave, Dave, Jay, Jane und Lee, meine Schwiegereltern, Nichten und Neffen bilden eine Großfamilie, die gleichfalls für ein stabiles Umfeld sorgt, das als Voraussetzung für produktives Schreiben so wichtig ist.

Nach den Mitgliedern meiner Familie ist die Person, die die wichtigste Rolle bei der Entstehung dieses Buches gespielt hat, meine Agentin Theresa Park. Theresa hat viele Rollen gespielt: Sie hat mich angefeuert, beraten, lektoriert und beschützt, und sie hat den Weg zur Publikation dieses Buches geebnet. Meine Assistentin Barbara Smith verdient besondere Anerkennung, weil sie Ordnung in ein Leben am Rande des Chaos gebracht hat. Barbara hat immer dafür gesorgt, daß ich war, wo ich sein sollte, und sie wußte immer, was ich brauchte, ehe ich überhaupt darum bitten konnte (sofern ich überhaupt daran dachte, darum zu bitten).

Meiner Lektorin bei Avon Books in New York, Rachel Klayman, danke ich für die fundierten Kommentare, die mich zwangen, an kritischen Stellen des Buches meine Gedanken und Ideen wirklich so klar wie möglich auszudrücken. Ferner danke ich ihr dafür, daß sie auf vielfältige Weise dieses Buch bis zur Publikation begleitet hat. Meinem Lektor Dick Marek verdanke ich Hinweise auf bestimmte Eigentümlichkeiten meines Schreibstils, die ich ohne ihn nie entdeckt hätte.

Kollegen, Familienmitglieder und Freunde haben sich, obwohl sie selbst mehr als genug zu tun hatten, Zeit genommen, um einzelne Abschnitte dieses Buches zu lesen und zu kritisieren. Hier gilt mein besonderer Dank Vincenne Adams, Angela Creager, Gideon Rosen, Norman Fost, Basil Remis, Harold Shapiro und Sherill Cohen sowie den Mitgliedern des Princetoner »Chapter of Reality Check« – Vincenne, Gideon und Angela, dazu Norton Weiss, Hope Hollecher,

Charlie Gross, Rena Lederman, Emily Martin, Alison Jolly und Ben Heller –, die besonders den Buchteil über das virtuelle Kind kritisch unter die Lupe nahmen und mir verdeutlichten, in welchem sozialen Kontext die biomedizinische Wissenschaft arbeitet.

Andere Freunde verdienen besondere Erwähnung für die Gespräche, die mir dabei halfen, die wissenschaftlichen, politischen, historischen und philosophischen Ansichten zu formen, die sich in diesem Buch finden. Sherill danke ich für ihre feministische Perspektive auf die reproduktiven Rechte der Frau; Sheldon Garon für sein tiefes Verständnis von Politik und (großen wie kleinen) Gesellschaften; Angela und Gideon für ihr weites historisches und philosophisches Hintergrundwissen; Madelaine Shellaby und Rich Shapiro für Erkenntnisse in Fragen des Geistes und der Politik; Jonathon Weiner für viele gemeinsame Ideen über Evolution und Verhaltensweisen; Gina Kolata für ihr breites Wissen im Bereich von Biologie und Medizin sowie für ihre Kenntnis derjenigen, die heute entscheidend an der Praxis in diesen Disziplinen mitwirken; und schließlich Ed Witten und Chiara Nappi für die Diskussionen über Wissenschaft, das Leben – und die Princetoner Schulaufsicht.

Mein Aufbruch in das Reich von Wissenschaft und Gesellschaft begann, als ich an einem Kurs als Gasthörer teilnahm, den Frank von Hippel an der Woodrow Wilson School der Princeton University hielt. Frank danke ich für frühzeitige Ermutigung in dieser Richtung. Auch meine Mitgliedschaft in der Arbeitsgruppe für neue Reproduktionstechnologien (Task Force on New Reproductive Technologies), die in den achtziger Jahren von der New Jersey Bioethics Commission eingerichtet wurde, war sehr lehrreich. Ich danke allen Mitgliedern dieser Gruppe, besonders aber Alan Weisbard, Ruth Macklin, Adrienne Asch und Mary Sue Henifin, für ihre fundierten Einsichten zum Themenkreis Leihmutterschaft.

Eine Reihe von Menschen verhalf mir zu speziellen Informationen oder Ideen, die direkten Eingang in dieses Buch gefunden haben. Brigid Hogan gewährte mir Zugang zu Materialien, die vom Human Embryo Research Panel im Auftrag der NIH gesammelt worden waren, und sie erzählte mir eine wunderschöne persönliche Anekdote. Alan Trounson bestätigte meinen Verdacht, daß die Pronuclei im einzelligen menschlichen Embryo *nicht* verschmelzen. John Robertson erläuterte mir die Rechtsgrundlagen für die individuellen Fortpflanzungsrechte. Sydney Brenner brachte mich zum Nachdenken über evolutionäre genetische Ansätze zum Verständnis des menschlichen Bewußtseins. Und Sara Storey aus Ridgewood, New Jersey, ließ mir ein Licht aufgehen, welche Konfusionen sich ergeben können, wenn sich eineiige Zwillinge gegenseitig mit Keimzellen oder einer Leihmutterschaft aushelfen.

Außerdem möchte ich hier die immer sehr anregenden Studentinnen und Studenten der Princeton University nennen, die mich gezwungen haben, über vieles nachzudenken, das mir vorher noch nicht wirklich klar war. In diesem Sinne danke ich besonders denen, die an folgenden drei Seminaren beteiligt waren, die ich in Princeton abgehalten habe: meinem Anfängerseminar »Sex, Babies, Genes, and Choices« im Jahre 1995, meinem Fortgeschrittenenseminar »Genetics and Politics in a Brave New World« im Jahre 1991 und meinem Policy-Task-Force-Kurs »Human Reproduction« im Jahre 1987 an der Woodrow Wilson School of Public Affairs and International Policy. Ferner möchte ich den vielen wunderbaren Undergraduates, Graduates, Postdocs und Besuchern danken, die in meinem Labor im Department of Molecular Biology in Princeton gearbeitet haben.

Viele der in diesem Buch vorgestellten Ideen haben sich aus jahrelangen Diskussionen mit zahlreichen Freunden, Kollegen und Studenten entwickelt, die hier nicht im einzelnen genannt sind. Ferner ergab sich natürlich eine Synthese aus früheren Veröffentlichungen anderer Autoren. Ich habe versucht, all jene, die wichtige Beiträge geleistet haben, an dieser Stelle zu bedenken – und in den Anmerkungen am Ende des Buches. Leider verblassen Erinnerungen mit der Zeit, und so ist mir der genaue Ursprung vieler Ideen heute nicht mehr klar. Ich entschuldige mich deshalb bei allen, die ich hier vielleicht übersehen habe. Ich kann keineswegs den Anspruch erheben, daß die Gedanken des Buches allein meine Schöpfung sind. Andererseits übernehme natürlich ich für eventuelle Fehler und Irrtümer in der Darstellung wissenschaftlicher Konzepte und Techniken die Verantwortung. Ich habe versucht, in allen wissenschaftlichen Diskussionen so akkurat und ehrlich wie möglich zu sein, und doch wird es sicher Punkte geben, in denen ich unrecht habe. Auch für diese unabsichtlichen Irrtümer entschuldige ich mich bereits im voraus. Ich hoffe, sie richten keinen Schaden an.

Der größte Teil dieses Buches wurde im heilsamen Klima der Côte d'Azur geschrieben, in dem mittelalterlichen Bergdorf Saint Jeannet, mit Blick auf das Mittelmeer. Ich werde Georges Carle immer dankbar sein, der es meiner Familie und mir ermöglicht hat, acht Monate lang in Frankreich zu bleiben; ferner Patrick Gaudray, der mich in sein CNRS Department an der Universität Nizza einlud, und Claude Turc-Carel, die mir großzügig gestattete, einmal pro Woche in ihr Büro einzufallen. Ferner danke ich dem Patron der Auberge du Quatre Routes für den täglichen *café double et un croissant* und den anderen zweitausend Bewohnern von Saint Jeannet für ihre außerordentliche Wärme und Gastfreundschaft.

Schließlich halte ich es noch für wichtig, jene zu erwähnen, denen ich niemals begegnet bin, die das Schreiben dieses Buches aber gleichwohl erleichtert haben. Ich danke den Schöpfern des Macintosh-Computersystems dafür, daß sie meine Forschungen und das Schreiben zum reinen Vergnügen gemacht haben, sowie den Software-Entwicklern von WordPerfect, Endnote Plus, Netscape und Timbuktu dafür, daß sie mir Instrumente in die Hand gegeben haben, mit deren Hilfe ich meine Gedanken organisieren und von meinem kleinen französischen Dorf aus virtuell die ganze Welt erobern konnte. Dafür, daß sie meinen Geist beruhigten und in mir den Drang weckten, über die Bedeutung des menschlichen Bewußtseins nachzudenken, danke ich schließlich Paul Simon, John Lennon und Wolfgang Amadeus Mozart.

Register